建筑声学工程师手册

郎宇福　唐子清　谢　辉　蒋昭旭　著

中国建筑工业出版社

图书在版编目（CIP）数据

建筑声学工程师手册 / 郎宇福等著 . —北京：中
国建筑工业出版社，2023.5
ISBN 978-7-112-28683-6

Ⅰ. ①建⋯　Ⅱ. ①郎⋯　Ⅲ. ①建筑声学—技术手册
Ⅳ. ① TU112-62

中国国家版本馆 CIP 数据核字（2023）第 074043 号

本手册共分七章：建筑声学基础、声学材料和隔声隔振构造、建筑声学设计、噪声振动控制、声学工程施工通用做法、建筑和室内空间声环境设计、建筑声学测量。从声学工程师的职业特征出发，本手册在编写上注重了声学技术在声学工程中的可操作性，全面而翔实地回应了此类从业者对当前声学项目中可能涉及的有关理论与应用操作两个层面上的切实诉求，构建出建筑声学工程师应具备的知识和能力框架，更是一部供使用者极为方便查询的建筑声学工具书。本书系统地从声学基础到完整声学设计方法进行了阐述，内容主要用于相关专业大专院校和培训机构的专项设计课程，还可作为声学工程类设计、施工、监理、评测等声学专项技术的工具书。

责任编辑：边　琨
责任校对：姜小莲

建筑声学工程师手册

郎宇福　唐子清　谢　辉　蒋昭旭　著

*

中国建筑工业出版社出版、发行（北京海淀三里河路9号）
各地新华书店、建筑书店经销
北京雅盈中佳图文设计公司制版
北京盛通印刷股份有限公司印刷

*

开本：787 毫米 ×1092 毫米　1/16　印张：31　字数：692 千字
2023 年 5 月第一版　2023 年 5 月第一次印刷
定价：**99.00** 元
ISBN 978-7-112-28683-6
（40883）

编委会

作者介绍

郎宇福　字汉宸，生于重庆，噪声控制专业，工商管理博士。

2010 年创建北京维也纳声学技术有限公司，完成了大量商业地产、政府、军队项目的建筑声学设计和技术顾问工作；2011 年创办"声讯网"；2015 ~ 2016 年同中国建筑装饰协会和清华大学联合举办"清华大学建筑声学设计与工程技术培训"，为推动声学行业发展积极贡献力量；2016 年创办声环境学院网校，全面推广和普及健康声环境建设基础知识；2017 年联合北京声学学会举办"噪声与振动控制工程师高级研修班"培训；主编 2020 年住房和城乡建设部主管中装协主办的《中国建筑装饰装修》月刊杂志声学专刊栏目内容；2021 年联合 ICCED 和中国声学学会在北京主办声学工程师培训班。

2022 年受聘深圳市装饰行业协会专家库成员；北京市建筑装饰协会专家库成员；陆续常态化开展并主持声学工程设计咨询和专项技术培训工作。2023 年受聘深圳市人居环境研究会人居声环境分会会长。

声学工程设计和顾问工作

人民大会堂部分厅堂、大河文明主会场、航天院报告厅、河北武警训练中心、湖南省博物馆、新疆和田博物馆、张家口图书馆、张家口档案馆、张家口博物馆、湖南株洲国际会展中心、恒大滨海国际会展中心、新乡县蒜都会展中心、美的和祐医院、佛山万豪万怡酒店、长沙恒广大酒店、包头师范学院音乐厅、南川文化艺术中心、梦回巴国剧场、北师大庆阳大剧院、北京海外剧场、长江有声记忆博物馆、顺义福尼亚剧场、洛阳音乐学院大剧院和音乐厅、长春装配式地铁站、重庆市农委礼堂、深圳交易集团总部大楼、河源巴伐利亚庄园学校、福州外语外贸学院礼堂、山东滨州渤海实验学校、成都银泰中心隔声工程等项目，其中包含长城杯、鲁班奖获奖工程和中国绿建认证、LEED 认证、WELL 认证项目。

参与声学实验室建造

北京荣耀听音室、北京华为影音室、华为东莞声学实验室；重庆大学城规学院声学实验室；电影学院录音系声学实验室；传媒大学声学教学实验室；绿创设计院 CMA 实验室；安声科技实验室等。

参与的装饰工程项目

人民大会堂部分厅堂、CCTV 演播大厅；世博会城市未来馆；冬奥会主委会园区；奥运会硬地滚球馆、击剑馆；BTV 新大楼；湖北省科技馆；和田博物馆；福州广电大厦；山东海天中心；江苏省广电大楼；重庆渝北电视台演播厅；银保监会大厦；广阳岛会议中心；清华大学百年礼堂；微软北京总部等。

论文发表

ICA 发表《国内两座公共建筑声学设计的数字化重建与比较》《AGG 透声技术研究》《玻纤板在装饰工程中的新应用》《穹顶建筑声聚焦现象及其解决方案》等论文。

参编标准

团标《建筑用隔声毡》；团标《聚酯纤维装饰吸声板》；行标《住宅建筑噪声控制技术规程》；行标《旅馆建筑声环境设计标准》T/CECS 1136—2022；

行标《医院建筑噪声与振动控制设计标准》T/CECS 669—2020；国标《建筑吸声产品的吸声性能分级》GB/T 16731—1997；国标《厅堂、体育场馆扩声系统听音评价方法》GB/T 28047—2011；

国标《厅堂、体育场馆扩声系统验收规范》GB/T 28048—2011；国标《厅堂、体育场馆扩声系统设计规范》GB/T 28049—2011；

国标《厅堂扩声特性测量方法》GB/T 4959—2011；团标《道路交通定向声预警系统》；团标《教室均匀声场扩声阵列系统》；

团标《中小学校声环境设计规范》

出版著作

《建筑和室内空间声学材料与构造》《建筑和室内空间声环境营造》《健康人居声环境营造方法》《室内装饰声学施工图集》

唐子清　任职于太原理工大学建筑学院，博士，讲师，现主讲课程有《建筑构造》《建筑设计基础》《房屋建筑学》等。主要研究方向为城乡空间规划与设计、建筑声学、建筑环境控制等。已在国内外高水平学术期刊、会议上发表相关论文 15 余篇，参编完成行业标准 1 部、参与完成撰写著作 4 部，住房和城乡建设部"十四五"规划教材 1 部，建筑声学工程师培训教材系列 1 部，现主持 1 项省级人文项目，2 项横向项目，参与完成 2 项国家级与省级基金项目。

谢辉　男，博士，重庆大学建筑城规学院研究员、博士生导师、副院长。重庆市高层次人才，重庆大学百人计划人才，欧洲声学学会（EAA）噪声委员会常务理事，中国声学学会理事，重庆市声学学会副理事长，全国声学标准化技术委员会委员，中国建筑学会建筑物理分会理事，中国城市科学研究会健康城市专委会委员，中国工程建设标准化协会建筑环境与节能专委会委员。国际期刊《Building Acoustics》编委，英国声学学会正式会员（MIOA），英国注册环境工程师（CEnv）。第 21 届、第 24 届、第 25 届国际振动与声学大会（ICSV），第 11 届欧洲声学大会（EuroNoise）分会场主席。

蒋昭旭 硕士，环境保护（噪声）专业高级工程师。2014 年至 2018 年负责筹建声学实验室，目前独立负责具有 CNAS（实验室认可）和 CMA（资质认定）第三方检测资质的专业检测工作，多年来完成多项建筑声学专业第三方检测任务。参加工作以来，获得多项国家专利，包括 3 项发明专利和 10 余项实用新型专利。参编完成国家标准 1 项、企业标准 1 项、团体标准 1 项。

序

　　建筑声学研究与建筑有关的声学问题，是声学、建筑物理和环境工程等多学科交叉的一个分支学科。建筑声学通过研究建筑物的声学特性，使建筑内有一个不受外界干扰的声环境，以利于语言清晰度和音乐的音质。建筑声学的应用范围广泛：一方面涉及音乐厅、影剧院、演播间、录音棚等专业场所的声学设计，提高音乐音质；以及机场、车站、商场、体育场馆、娱乐场所等公共空间的声学问题，提供良好的语言清晰度。另一方面，涉及居民住宅、学校教室、图书馆、办公场所、工厂车间等人居环境，通过噪声控制等措施，提供愉悦、舒适的生活、学习和工作空间。此外，汽车、飞机、船舶的乘员舱室的声环境也是建筑声学的一部分。

　　现代建筑声学的发展起始于十九世纪末。华莱士·赛宾（Wallace Sabine）在福格博物馆报告厅的声学优化问题中，首次将现代科学方法应用于建筑声学，提出房间混响时间概念并建立了著名的赛宾公式，随后将新发现的知识应用于波士顿交响乐厅的设计。这是现代声学发端的标志性成果之一。经过百年来的发展，建筑声学已发展成为一个集科学、技术和艺术为一体的综合性交叉学科，涉及基础声学、结构声学、材料声学、心理/生理声学、环境声学、电声学等方面的专业知识，并得到大规模的实践和应用。近三十年来，我国进入大规模现代化、城市化的阶段，基建规模世界第一，相关建筑工程技术也是突飞猛进，不少都达到国际或国际领先水平。我国的建筑声学研究和工程应用也得到大幅度的提高和增加，从事科研和工程技术的人员群体也是不断扩大。

　　不过由于学科设置等方面的原因，我国培养的声学专业人才整体欠缺。大部分从事建筑声学工作的工程技术人员，缺少声学专业系统的教育和培训，专业知识不足。虽然目前有不少优秀的建筑声学相关的专著和教材，但是由于专业性过强，不适于建筑声学一线工程师的培训和实践指导。

　　本书作者长期从事建筑声学设计、施工和材料研发工作，同时具有专业培训和教学的经验，对声学工程师的工作流程和专业需求有很深的认识。本书结合作者多年工程实践经验，集知识点梳理、材料应用、方案编制、技术节点、模拟仿真、声学检测等工程应用板块为一体，为广大声学工程师提供了一套完整且实用的工程应用参考，对建筑声学一线工程师能力提升和实践具有指导意义。

李晓东

博士生导师

中国声学标准化委员会主任

中国科学院声学研究所研究员

前　言

　　声学工程师作为一种新兴职业，已经逐渐被社会认可。声学工程师的主要工作是对新建建筑中容易产生的声学问题进行梳理和指导工程建设的设计、施工，改善建筑环境存在的声学缺陷，比如楼板的隔声隔振、隔墙隔声、管道隔振隔声等部件的声学性能不良、隔声门窗的选配失当等问题，从而满足新建、改建建筑的使用需要，使其符合声学指标要求，满足人居声环境使用要求，并对社会生活排放、交通噪声振动、工业噪声振动进行控制，达到环境噪声振动排放标准。当前我们国家相关专业大专院校缺乏对于声学工程师的系统性培训教材，专业设置少，覆盖面窄，而且相关书籍中的内容大多偏研究方向，声学基础理论、计算机模型模拟、施工、设计、工艺做法、材料应用等一体化教学资料较少，此外，资料中的声学基础知识点繁多，学习过程让众多声学工程爱好者望而生畏，止步于前。本书针对声学工程师培训和应有所需的知识点进行甄选，适用于声学工程爱好者、建筑和室内设计师、建筑声学工程师、噪声控制工程师、人居环境工程师、绿色建筑设计师、工程施工、环保测试、工程监理、声学材料设备技术等人群的系统性学习提升。建筑声学技术应用广泛，除了剧场剧院音乐厅、录音棚、听音室、演播厅等专业空间以外，我们所见到的量大面广的项目，如体育馆、会议厅堂、酒店建筑、医院建筑、学校建筑、博物馆、图书馆、博览建筑、高要求民用住宅等工程也都需要建筑声学技术的融入，通过音质设计和噪声控制可以提高设计质量，增强声环境体验。

　　我国的声学工程建设还处于发展早中期，大量细分领域当中的声学规范与标准有待完善。通过本书的推广应用，结合系统化学习，提升大家对建筑声学的认知，并能够积极贡献力量，参与各种声学相关标准规范的编制与申报工作，早日完善我国声学相关标准体系，为社会主义建设助力。大家都知道，我国的绿色建筑认证工作已经广泛开展，为提升建筑品质，增加建筑功能亮点，国内很多建筑也在积极申请 Well 和 Leed 等的国际标准认证。声学技术要求是绿色建筑认证中的重要组成内容，我们经过系统学习声学技术能速配合绿色建筑设计工作。另外，我们国家对于噪声排放的法律法规逐渐完善，执法力度也越来越大，全面学习建筑声学技术并用于工程实践中，可最大程度避免完工工程不达标从而受到噪声投诉。最后，我们通过对声学工程技术的系统学习和了解，对如何提升设计品质，营造健康建筑提出新的工作思路，希望通过专业院校和社会力量培训，扩大声学工程师从业队伍，积极提升中国建筑和环境建设的品质。

　　本手册浅显易懂，内容设置具有很强的逻辑性，通过系统学习书中内容，可以快速地了解声学工程师的具体工作方法，从声学工程师的特征出发，本手册在编写上注重了声学工程中的可操作性，全面而翔实地回应了此人群对当前声学项目中可能涉及的有关理论与应用操作两个层面上的切实诉求，构建出建筑声学工程师应具备的知识和能力框架，更是一部供使用者极为方便查询的建筑声学工具书。本书系统地从声学基础到完整声学设计方法进行了阐述，内容主要用于相关专业大专院校和培训机构的专项设计课程，还可作为声学工程类设计、施工、监理、评测等声学专项课程的教学用书。作者除本书以外还陆续出版《建筑和室内空间声学材料与构造》《建筑和室内空间声环境营造》《健康人居声环境营造方法》《室内装饰声学施工图集》等专著，全面系统地进行声学应用技术梳理和声学工程应用指导，既能满足系统教学要求，还提供了大量的设计案例作为启发设计思路之用，对于工程专项施工也具有极大的参考意义。

本手册编制筹备期将近三年时间，笔者进行了大量的数据收集与修改比对，内容不断优化，希望去其糟粕取其精华，让读者把有限的学习时间用于应用技术的学习上，力保具有工程实用性和落地性。编制过程中得到了很多声学行业的专家前辈支持，在这里重点感谢重庆大学谢辉教授、太原理工大学唐子清老师的参与及贡献，感谢北京维也纳声光技术有限公司李顺团队、蒋昭旭（高级环保工程师）对本书的数据整理，感谢供应链数据服务平台阿奇找找提供的数据支持，感谢为本书提供大力支持的其他友人。本书为系统性应用技术书籍，内容和数据参考了大量技术文献，阅读过程中发现任何问题请广大读者予以批评指正，同时欢迎大家谏言。

作者邮箱：lang9999@126.com

目 录

第一章

建筑声学基础

建筑声学是研究建筑环境中有关声学问题的学科，涉及声音的传播规律、评价以及控制等，本书主要阐述的建筑声学内容是室内厅堂音质、噪声控制、隔声隔振原理以及人居声环境方面的解决方法。

1.1 基本名词术语及概念

1.1.1 声音的产生与传播

声源通常是受到外力作用产生振动的物体，物体振动引发周围介质的质点振动，继而向外辐射声音。介质的质点只是振动而不移动，声音传播呈现出一种波动，如图 1-1 所示。

例如拨动琴弦、敲击音叉产生的现象，或者运转的机械设备引起的与其连接的建筑部件的振动。声波也可能因为空气的剧烈膨胀带来空气扰动而产生，例如汽笛或喷气引擎的尾波。

1. 声波、纵波、横波、波长、频率和周期

纵波与横波　声波是一种机械波，分为横波与纵波。

横波　即发生于金属等介质中的声波传导，表现为声能在传播过程中所涉及的每一个质点会在自己的平衡位置附近上下振动。声波传导的相邻质点的振动步调存在一个相位差。传播状态为具有波峰与波谷的"波浪起伏"的振动状态，需要强调的是此时介质中的质点并不随波前进。

纵波　即疏密波，是发生在空气中的声音传播。声源振动时，临近空气介质受到交替的压缩和扩张，空气分子形成疏密相间的状态，依次向外传播形成了声波的传播方向。

波长　声波在传播时，振动一个周期所传播的距离，或者声波相邻同相位的两个质点之间的距离称为"波长"，记作 λ，单位是米（m）。

频率　声源及声波振动的速率，即 1s 内振动的次数称为频率，记作 f，单位是 1/s，或者赫兹（Hz），它与周期 T 呈倒数关系，如式 1-1 所示。

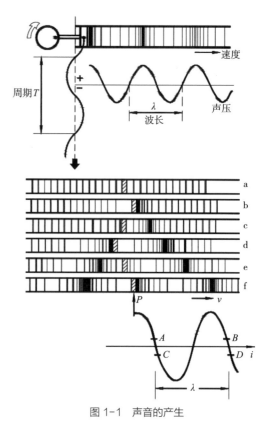

图 1-1　声音的产生

$$f = \frac{1}{T} (\text{Hz}) \qquad\qquad (1-1)$$

周期　声源完整振动一次所经历的时间称为"周期"，记作 T，单位为秒（s）。

声速　声波在弹性介质中的传播速度，即声波每秒在介质中传播的距离。声速描述的是振动状态传播的速度，而非质点振动的速度，记作 c，单位为米每秒（m/s）。声速的大小与介质的弹性、密度及温度有关。

2. 反射、折射、衍射和扩散

反射　当声波进入或到达密度有明显改变的介质时，一些能量会被反射。图 1-2 中说明声能反射遵循光学原则，就像镜子对光的反射，入射角等于反射角那样，声波也同样遵循入射角等于反射角的规律。典型的反射面是光滑而坚硬的表面。

折射　正像光通过棱镜会弯曲，介质条件发生某些改变时，虽不足以引起声波的反射，但声速却发生了变化，这样声波传播方向会随之改变。这种由声速引起的声传播方向改变称之为折射。除因材料或介质不同而改变，声速在同样介质中的不同温度部位传播速度也不一样，如图 1-3（a）（b）所示。

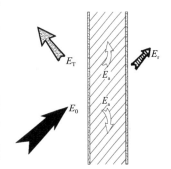

图 1-2　波的反射、折射与吸收

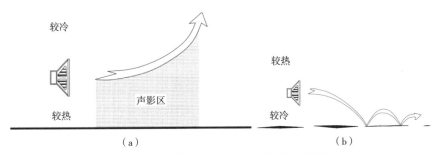

（a）　　　　　　　　　　　　　　　（b）

图 1-3　声波在同样介质中，不同温度部位传播速度不同

（a）随高度的增加而气温降低时的折射；（b）随高度的增加而气温上升时的折射

衍射　声衍射原理削弱了开敞式办公室隔断或室外噪声隔声屏障的声音衰减效果。声波沿墙体的周边弯曲并越过这些墙体。显然，声衍射影响到降噪效果的原理与隔断采用的是什么材料并无关联。图 1-3（a）也显示了这种原理的作用，在声源与听者之间的视线与声线均被阻隔，声音像光一样形成影子区域，称之为"声影区"。

扩散　声场是各向同性且均衡的。扩散能获得房间内更一致的声音能量分布的声场响应，有利于给听音者提供声场的包围感，缺点是扩散过多将难以定位声源。评价房间中声音扩散的主要方法是稳态测量，输入频率变化的信号，观察并记录输出信号，以获得功放的频率响应。图 1-4（a）~（f）表示了声波的几种传播现象。

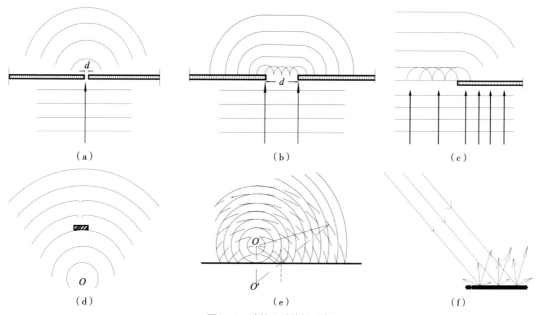

图 1-4　波的几种传播现象

（a）小孔对声波的影响；（b）大孔对声波的影响；（c）声波的绕射；（d）障板对声波的影响；
（e）声波的反射；（f）声波的散射

3. 质点速度、波腹和波节

质点速度　连续弹性介质中的质点，因声波传播而引起其在平衡位置附近的振动速度，单位为米每秒（m/s）。

波腹　存在于驻波场，用于描述声场特性的一个物理量，是振幅最大的点、线或曲面。在一维驻波中表现为振幅最大的位置，即声压最大的地方。描述波腹时要说明其类型。

设驻波由一列右行波 y_1 和一列左行波 y_2 合成，按下式计算：

$$y_1 = A \cos \left(\omega t - kx + \varphi_1 \right) \tag{1-2}$$

$$y_2 = A \cos \left(\omega t + kx + \varphi_2 \right) \tag{1-3}$$

其中 $k = \dfrac{2\pi}{\lambda}$ 为波数，合成的波按下列公式计算：

$$y = y_1 + y_2 = 2A \cos \left(kx + \frac{\varphi_2 - \varphi_1}{2} \right) \cos \left(\omega t + \frac{\varphi_2 + \varphi_1}{2} \right) \tag{1-4}$$

由波腹的定义，波腹所处的位置满足，按式计算：

$$\left| \cos \left(kx + \frac{\varphi_2 - \varphi_1}{2} \right) \right| = 1 \tag{1-5}$$

得到

$$kx + \frac{\varphi_2 - \varphi_1}{2} = n\pi \quad (n \in Z) \tag{1-6}$$

则
$$x = \frac{n\pi}{k} - \frac{\varphi_2 - \varphi_1}{2k} \left(n \in Z, \; k = \frac{2\pi}{\lambda} \right) \tag{1-7}$$

若已知相位差 $\varphi_2 - \varphi_1$，则可求出全部波腹 x 的位置；反之，若已知某个波腹的位置，则可求相位差。

波节　对应于波腹，在驻波场中描述声场特性的某一物理量，是振动幅值为零的点、线或面，在一维驻波中表现为振幅居中的位置，即声压最小的地方。描述波节时要说明其类型。

4. 驻波、平面波、球面波、柱面波、弯曲波、波阵面和拍

驻波　在同一介质中传播的两列波，在某一区域内相交后，仍保持各自原有的特性（频率、传播方向、声压、质点位移、速度和加速度等），不受另一波的影响而继续传播。两列相同的波在同一直线上相向传播时，叠加后产生的波称为"驻波"，形成过程如图 1-5 所示。

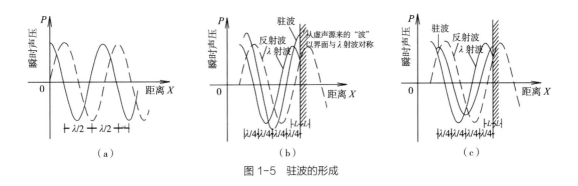

图 1-5　驻波的形成

平面波垂直入射到全反射壁面时，入射波与反射波叠加产生"驻波"现象。当声波纵波（又称为疏密波）向前传播时，周期变化的压力波（瞬时声压）也向前传播，遇到全反射的壁面时，入射波与反射波的声压是相等的。反射波相当于从虚声源处发出的波，它与入射波的波形总是关于反射壁面的"镜像"对称图形。不论哪一时刻，距离反射表面 L 处，入射波与反射波声压的叠加等于同一列波相距 $2L$ 的两点声压的叠加。

平面波　平面波（plane wave）传播时波面（即波的等相面）为平面的波，如图 1-6 所示。

分析平面波是一种将 3 维波简化为 2 维波的分析方法。此种方法可以表征电磁波的特性，但实际中并不存在平面波，只是在一些远场问题分析时可以将 3 维电磁波等效于 2 维平面波分析。

波传播的空间称为波场。在波场中，代表波传播方向的射线称为波射线，也简称为波线。最简单的情况就是波的振动如正弦函数一样，波场中同一时刻振动相位相同的点的轨迹，称为波面。某一时刻波源最初的振动状态传到的波面叫做波前或波阵面，即最前方的波面。因此，任意时刻只有一个波前，而波面可有任意多个。

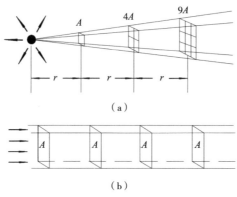

（a）

（b）

图1-6　声能通过的面积与距离的关系
（a）球面波；（b）平面波

球面波　声源为点声源时，发出的声波为球面扩散，如图1-7所示。
柱面波　声源为线声源时，发出的声波为柱面扩散，如图1-8所示。

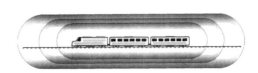

图1-7　点声源的球面波传播　　　　　　图1-8　线声源的柱面波传播

弯曲波　弯曲波是指在点、线力驱动下，或入射声波的激励下，板或棒作弯曲运动并向周围空间辐射的声波。

弯曲波的严谨分析十分复杂。常见情况下，剪切力对横向位移的贡献小于弯曲力，薄板或棒的弯曲波传播速度可由式（1-8）计算：

$$V = \sqrt{\omega} \left(\frac{m}{D} \right)^{\frac{1}{4}} \tag{1-8}$$

其中，ω为角频率；D是单位宽度的弯曲劲度（N/m）；m为单位面积质量（kg/m^2）。

由于弯曲波的传播速度与频率有关，因此任一复杂波形将随传播距离而改变它的形状。

波阵面、平面波　声波在传播过程中，同一时刻振幅与相位相同的声波轨迹称为波阵面。波阵面与传播方向垂直的波称为平面波（如前所述），例如管道中活塞的往复运动，带动管内同一截面上的各质点具有相同的振幅与相位，这一截面上的声波就是平面声波。

拍　传播方向相同，两个幅值和频率相近的简谐波叠加时，会出现幅值忽高忽低的现象，也就是"拍"现象。人耳听到的声音强弱取决于声波的幅值，拍即为幅值上出现的周期性的变化，一强一弱的变化为一次拍。

1.1.2　声压、声压级和分贝

声压　空气质点由于声波作用而产生振动时所引起的大气压力起伏称为声压，记作 p，单位是牛每平方米（N/m²）。声压是定量描述声波的最基本物理量。

声压级　声音的有效声压与基准参考声压之比，取以 10 为底的对数，再乘以 20，单位为分贝（dB），可由式（1–9）计算：

$$20 \times \lg \frac{p_e}{p_{ref}} \tag{1–9}$$

其中，p_{ref} 为基准参考声压，空气中一般取值为 2×10^{-5}（Pa）。

分贝　声源功率与基准声功率比值的对数乘以 10 的数值。分贝是以美国发明家亚历山大·格雷厄姆·贝尔命名的，他因发明电话闻名。因为贝尔的单位粗略，为充分描述我们对声音的感觉，前面加了"分"字，代表十分之一贝尔，因此 1 贝尔是 10dB。分贝物理符号为 dB，是无量纲的。用对数标度时，所得到的是比值，代表着被量度量比基准量高出多少"级"。

1. 有效声压、瞬时声压

有效声压　在一定时间内将瞬时声压对时间求均方根值得到，单位是帕斯卡（Pa）。计算公式为式（1–10）：

$$p_e = \sqrt{\frac{1}{N} \sum_{n=1}^{N} x^2(n)} \tag{1–10}$$

其中，N 为时域采样点数，$x(n)$ 为时域采样点的值（标准化后的值，取值 –1 到 1）。

瞬时声压　声波传播过程中通过介质中的某一质点时，在该质点产生的压力瞬时变化。与该质点的静压力相比，因声波的存在而在某一瞬时所产生的瞬时声压是小量。

2. 频带声压级

频带声压级　声音在某一频带的声压级，频带的宽度和基准声压必须指明。

1.1.3　声强与声强级

声强　在声波传播过程中，每单位面积波阵面上通过的声功率称为声强，记为 I，单位是瓦每平方米（W/m²）。在自由声场中，某点的声强与该点的声压的关系为式（1–11）所示：

$$I = \frac{p^2}{\rho_0 c} \tag{1–11}$$

其中，p 为有效声压（N/m^2）；

ρ_0 为空气密度（kg/m^3）；

c 为空气中的声速（m/s）。

声强级　某一处的声强级，是指该处的声强与参考声强的比值常用对数的值再乘以 10，度量单位为分贝，符号为 dB。参考基准声强是 $10 \sim 12W/m^2$，其单位为贝尔声强级（贝尔，Bel）。

实验研究表明，人对声音强弱的感觉并不是与声强成正比，而是与其对数成正比的。这正是人们使用声强级来表示声强的原因。

$$L = \lg [I/I_0] = \lg (I/I_0) \qquad (1\text{-}12)$$

一般人对强度相差十分之一贝尔的两个声音便可区别出来，因此用贝尔的十分之一来作为声强的单位则更为方便，这个单位称为分贝尔（decibel），简称分贝（dB），即

$$SIL = 10\lg [I/I_0] = 10\lg (I/I_0) \qquad (1\text{-}13)$$

式中，I 为声强，$I_0=10\text{-}12W/m^2$（基准声强）。

声源强度　声源在单位时间内作用于单位面积上声音能量的大小，与声源振幅有关，振幅越大，强度越大。

1.1.4　声功率、级和声功率级

声功率　是指声源在单位时间内向外辐射的声音能量，记作 W，单位为瓦（W）或微瓦（μW）。在建筑声学中声源辐射的声功率一般可看作是不随环境条件改变的，是声源本身的一种特性。例如，一个人在室内讲话时自己感觉到合适时，声功率大概是 $10 \sim 50\mu W$，能够看出，这一数值十分微小。

级　一般指等级，对于声音而言，可以按照声音的强弱或者用分贝来划分声音的等级。

声功率级　声功率与基准声功率之比的以 10 为底的对数乘以 10，以分贝计。基准声功率必须指明，其数字表示式为 $L_w=10\lg (W/W_0)$，常用基准声功率 W_0 为 $10^{-12}W$。

1.1.5　声级和噪声级

声级　与人们对声音强弱的主观感觉相一致的物理量，单位为分贝，dB。

噪声级　即描述噪声大小的等级分类，噪声级为 $30 \sim 40dB$ 是比较安静的正常环境；超过 50 分贝影响睡眠和休息，70dB 以上干扰谈话，影响工作效率，甚至发生事故；长期工作或生活在 90dB 以上的噪声环境，会严重影响听力和导致其他疾病的发生。

1.1.6 声阻抗、声阻抗率和特性阻抗

声阻抗 指媒介在波阵面某个面积上的声压强与通过这个面积的体积速度的复数比值，单位是声欧。

声阻抗率 单位面积上的声阻抗。表示声波在介质中波阵面上的声压与该面上质点的振动速度之比。

特性阻抗 声波在介质中传播时所受到的阻力。平面自由行波在媒质中某一点的压强与通过该点的有效质点的比值。

1.1.7 声音的度量

利用频率、声波、声速、声压、声压级等声学物理量，用于描述某一声音的声学特性。

1.1.8 声场混响时间

是在室内声音停止后，房间内产生一定时间长度的声音衰减，如 30ms、60ms 的时间段上的声音衰减。

1.1.9 室外声传播

在室外，对于点声源和线声源来说，在声波传播途径上如果没有障碍物，距点声源的距离每增加一倍声压级会衰减 6dB，距线声源的距离每增加一倍声压级衰减 3dB。无论声波遇到什么材料和介质条件，这种情况都会发生。声音出现这一衰减率的原因是在传播过程中声能（不会改变）被扩展到面积不断随距离增长的球面（点声源）或柱面（线声源）上，如图 1-7 所示。影响室外声传播的三个最常见的环境因素是风、温度和湿度。当声波在室外传播，距离声源超过 60 ~ 100m（相当于 200 ~ 300ft）时，其他因素和距离一起将影响声波的衰减。这些因素包括大气吸收、折射、风向以及地形的影响等，要说明的是，在距声源 304m（1000ft）以上时，这些因素对声压级的影响为 ±20dB。

1.1.10 声音感知

声能传播到人耳的鼓膜时，刺激听觉神经，引发大脑的"听觉机构"翻译成信号，因而人可以感知到声音。

1. 响度与频率

每一条等响曲线都是由 1kHz 参考频率数值所定义，响度级用"方"来表示。例如，穿过 1kHz 处声压级为 40dB 的等响曲线被称为 40 方等响曲线。以此类推，100 方的等响曲线是穿过 1kHz 声压级为 100dB 的位置。等响曲线上每一条方的曲线代表不同的响度级，及数值相当的声压级，整个曲线谱能表示出响度级或声压级在各个倍频程上随频率的变化而变化的趋势，从而能反映人对某一音质的主观听觉感受及评价。等响曲线的形状包含的是主观信息。贝尔实验室的响度级实验方法如下：每一组选取并设定 13 个纯音的声压级，将每个频率不同的纯音声压级与 1kHz 的参考声进行响度对比，让被试者从中找到与参考声响度相同的那个声音，从而确定出每一个声音的响度级。等响曲线的数据是通过纯音获得的，故而不能直接用于音乐或其他声谱复合的声音信号的评判。响度级与声压级（SPL）的读数是不一样的。

响度 是指听觉的主观感受，单位为宋，而响度级是通过广泛心理试验后确定的。响度级，即方的标度考虑了人耳对不同频率的声音的灵敏度变化，因此，响度级，即方的标度是一种客观的物理量度。

固有频率 也称为自然频率。物体受到外界激励产生运动时，如做自由振动时的位移随时间按正弦或余弦规律变化，振动的频率与初始条件无关，而仅与系统本身的固有特性有关（如质量、形状、材质等），称为固有频率，其对应周期称为固有周期。

响度控制 基于不同响度级的人耳频率响应的变化，通过许多音频设备的补偿实现房间内对特定响度级的增补。例如，在一个以音乐声级为最高的演奏和录制室内，环境内响度级较大（80 方），就需要增加低频和高频声音，以调节混合声的声谱组分，使得达到合适的声音比例。

2. 可听声

频率在 20 ~ 20000Hz 范围内能引起人耳听觉的机械声波，简称为可听声或可听声音。

3. 声源的定位

人耳将直达声与反射声在外耳道的入口处汇集叠加，转化为方向信息与编码，之后到达鼓膜、中耳及内耳，最终通过大脑解码，确定声源位置。声音信号表现为外耳道入口处的传输函数与耳道内的传输函数合并，大脑将它们转化为声音并产生对声音来源、方向的感知与判断。

4. 双耳定位

双耳的共同作用会实现大脑对水平方向的声源定位，声音信号合成在大脑中产生对声音方向的判断。由于头部的遮挡会造成声音到达双耳的声压差和时间差（相位），这种作用对低频声影响较小，而对高频声来说，使得靠近声源一侧的耳朵接收到更高的声压级。双耳与声源的距离差别，使得靠近声源的耳朵会比另一只更早获得声音。在 1kHz 以下频率，相位（时间）差起到主要作用，而在 1kHz 以上，声压差起主要作用。

1.1.11　信号、语言、音乐和噪声等

1. 信号

声音**信号**，也称为音频信号。音频的频率范围、音质的评价标准一般认为在 20 ~ 20kHz 之间，这一范围是人耳的听觉频带，称为"声频"。处于这一频带的声音称为"可听声""可闻声"，高于 20kHz 的声音称为"超声"，低于 20Hz 的声音则称为"次声"。

语言、音乐和噪声都属于声音信号，存在于人们的日常生活中。声谱是语言、音乐和噪声这三类声音的共同属性。自然界中的声音构成的能量在时间、声压级以及频率的三个维度上不断变化。声谱能够显示出全部的这三个变量。每一个声音都有自己的频谱特征。

声谱当中的声压级以轨迹密度表示，即颜色越深的轨迹说明声音的瞬时能量越大，垂直刻度表示声音频率，水平刻度表示时间。例如，随机噪声在可听范围内的所有频率上形成斑驳的矩形，口哨声先以一个短暂的上升的音符开始，之后出现间隙，接着为类似形状但时间延续较长的上升音符，但是频率开始下降。鼓声则为断断续续的随机声音。警笛为一个单音，中间伴有些许的频率调制。

2. 语言

语言　是有文字语义内容的人类声音，人的口腔发声器官还能发出类如婴儿的哭声、歌声、笑声、咳嗽声、打鼾声、漱口声等不同于语言的声音。语言的产生依靠两个相对独立的结构——声源和声道。原始声音通过声源产生，随后在声道中形成语言。由声带产生的浊音，由牙齿、舌头形成的清音，由牙齿、舌头和嘴唇形成的摩擦音，以及由呼吸的停顿形成的爆破音，是人们说话时形成单字、词、句的来源。这些声源或信号源能够通过数字化设备来实现传输、扩声等。信号发生器产生声源，接着通过计数器转换为脉冲（相当于声带振动产生浊音），数字滤波器对脉冲整形（相当于声道共振），这些信号都是受控的，形成了数字化的语言，最后为模拟出的终端信号。

语言具有频率响应和指向性两个特性。人类语言的形成十分复杂，嘴唇、颌、舌头和软腭等构造的位置改变，使得声源声音的共振峰在频率上发生改变，从而形成我们想要的词语。语言传递信息的过程是声音频率以及声压级（密度）随时间快速变化的过程。口腔发声器官的共振频率或共振峰，即最大的频率响应，位于 2 ~ 3kHz 的频率区域。

语言的指向性是受嘴巴的指向性、头和躯干声学阴影的影响导致的。在水平平面上，125 ~ 250Hz 频带上前后仅有 5dB 声压级的指向作用。1400 ~ 2000Hz 的频带上，前后声压

级相差12dB，而在这个频段上的语言频率相当重要。垂直平面上，上述两个频带上前后的声压级差与在水平平面上的相差无几。

3. 音乐

音乐 音乐声可能是单个的人声或乐器声，也可能是合唱团或交响乐团的混合声。音乐声是较为复杂而剧烈变化的，每个乐器和人声，主控音调结构都不相同。乐器音乐主要有弦乐、木管乐，乐音为非谐波泛音。

语言和音乐的声压级的动态范围、功率、频率范围、可听范围都不相同，见表1-1。不同乐器的峰值功率如图1-9所示。

常见语言和音乐、乐器各项数据对比表   表1-1

常见的语言和音乐、乐器的类型	声压级的动态范围	功率范围	频率范围	可听范围
普通说话声	30 ~ 40dB 42dB（均值）	20 ~ 200μW	170 ~ 4000Hz 80% ≤ 500Hz，很少 ≤ 100Hz	4.5 个倍频程
较大演讲声	60 ~ 70dB			
音乐厅中的交响乐团演奏	75dB	70W	50 ~ 8500Hz	

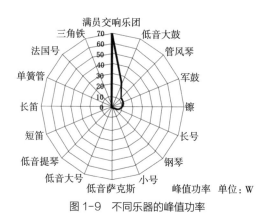

图 1-9 不同乐器的峰值功率

4. 噪声

噪声 从生理学观点来看，凡是干扰人们休息、学习和工作以及对人们所要听的声音产生干扰的声音，即不需要的声音，统称为噪声。物理学上，噪声指一切不规则的信号（不一定是声音），比如电磁噪声，热噪声，无线电传输时的噪声，激光器噪声，光纤通信噪声，照相机拍摄图片时画面的噪声等。

随机噪声　在幅度、相位以及频率上连续地变动。其频谱如图 1-10 所示，随着时间延展，随机噪声不显示周期性特征，且波动是随机的。可见于任何一个模拟电路中，影响很大。噪声控制中，采用倍频带或 1/3 倍频带分析噪声，测量得到的结果是频带谱，当中的声级是频带声级，称为倍频带或 1/3 倍频带声级，见表 1-2。滤波器能帮助我们感觉到各种波段的音高，这些频带噪声可用作声学测量使用的信号声源。

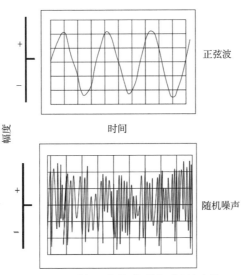

图 1-10　随机噪声随时间的振动幅度变化

倍频带或 1/3 倍频带的划分（Hz）　　　　　　表 1-2

倍频带		1/3 倍频带		倍频带		1/3 倍频带	
中心频率	截止频率	中心频率	截止频率	中心频率	截止频率	中心频率	截止频率
16	11.2 ~ 22.4	12.5	11.2 ~ 14.1	1000	710 ~ 1400	800	710 ~ 900
		16	14.1 ~ 17.8			1000	900 ~ 1120
		20	17.8 ~ 22.4			1250	1120 ~ 1400
31.5	22.4 ~ 45	25	22.4 ~ 28	2000	1400 ~ 2800	1600	1400 ~ 1800
		31.5	28 ~ 35.5			2000	1800 ~ 2240
		40	35.5 ~ 45			2600	2240 ~ 2800
63	45 ~ 90	50	45 ~ 56	4000	2800 ~ 5600	3150	2800 ~ 3550
		63	56 ~ 71			4000	3550 ~ 4500
		80	71 ~ 90			5000	4500 ~ 5600
125	90 ~ 180	100	90 ~ 112	8000	5600 ~ 11200	6300	5600 ~ 7100
		125	112 ~ 140			8000	7100 ~ 9000
		160	140 ~ 180			10000	9000 ~ 11200
250	180 ~ 355	200	180 ~ 224	16000	11200 ~ 22400	12500	11200 ~ 14100
		250	224 ~ 280			16000	14100 ~ 17800
		315	280 ~ 355			20000	17800 ~ 22400
500	355 ~ 710	400	355 ~ 450	—	—	—	—
		500	450 ~ 560				
		630	560 ~ 710				

倍频带或 1/3 倍频带的中心频率 f_m 与频率带宽 Δf 具有以下关系（f_1, f_2 为截止频率）：

对于倍频带有：

$$f_2 = 2f_1, \frac{f_m}{f_1} = \frac{f_2}{f_m} = \frac{2f_1}{f_m} \qquad (1-14)$$

$$f_m = \sqrt{f_1 f_2} = \sqrt{2}\, f_1, \ \Delta f = f_1 = \frac{1}{\sqrt{2}} f_m = 0.707 f_m \qquad (1-15)$$

对于 1/3 倍频带有：

$$\frac{f_m}{f_1} = \frac{f_2}{f_m} = 2^{1/6} \qquad (1-16)$$

$$\Delta f = f_2 - f_1 = f_m \left(2^{1/6} - 2^{-1/6}\right) = 0.23 f_m \qquad (1-17)$$

对于频率 f、声强 $I_s/1Hz$ 的白噪声为例，频谱声级 L_s、倍频带声级 L_1 和 1/3 倍频带声级 $L_{1/3}$ 之间的关系，

$$L_s = 10\lg \frac{L_s}{I_0} \quad (dB) \qquad (1-18)$$

对于倍频带声级而言：$L_1 = 10\lg\dfrac{\Delta f I_s}{I_0} = 10\lg\dfrac{I_s}{I_0} + 10\lg\Delta f = L_s + 10\lg\left(0.707 f_m\right)$ （1-19）

对于 1/3 倍频带而言：

$$L_{1/3} = L_s + 10\lg\left(0.23 f_m\right) \qquad (1-20)$$

因声强与中心频率 f_m 成正比，相邻频带每倍频带声强增加 3dB。

白噪声 是在每 1Hz 的带宽当中有着相同的平均功率，它在全频带范围内的声音频谱连续且相等，声源能量分布一致。这与连续光谱中的白光类似，如图 1-11 所示。

粉红噪声 粉红噪声在每个倍频程或者 1/3 倍频程有着相同的平均功率。连续的倍频程包含了逐渐增多的频率范围，粉红噪声的低频能量更多，且以 3dB/ 倍频程的斜率向下倾斜，

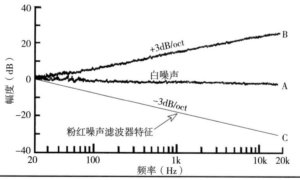

注：（A）白噪声在每赫兹都有着相同的能量。如果利用固定带宽的分析仪来测量白噪声，那么所测得的频谱将会是一条沿频率方向水平的直线。

（B）如果利用固定比例带宽的以分析仪进行测量，其频谱将会是一条上升的直线，斜率为 3dB/oct。

（C）粉红噪声是利用以 3dB/oct 衰减的低通滤波器对白噪声进行过滤所获得的。当使用粉红噪声进行测量时，使用固定比例带宽滤波器，例如 1 倍倍频程或者 1/3 倍频程滤波器，会获得平直的频率响应曲线。在测量一个系统时，如果使用粉红噪声作为输入信号，若系统响应平直的。则通过类似（1/3）oct 的滤波器可以获得平直的输出响应

图 1-11 白噪声与粉红噪声的频率与幅度变化关系

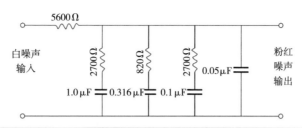

一个可以把白噪声转化成粉红噪声的滤波器。实际上是把每赫兹相同能量的白噪声转变为每倍频程能量相等的粉红噪声。在声学测量当中，利用固定比率带宽的分析仪来进行粉红噪声测量是非常有用的

图 1-12　白噪声转化为粉红噪声的作用原理示意

如图 1-11 所示。白噪声与粉红噪声转化可以使用滤波器，如图 1-12 所示。粉红噪声的能量分布与人耳的主观听音方式接近，常被用于声学测量；而白噪声通常被用于电子设备的测试信号。

5. 复音、分音和泛音

具有某种音调的声音称之为音，纯音是单一频率的声音。或者说如果点声源以恒定速率振动，便产生纯音，可以用单一频率或单一振动速率描述该声源，例如敲击音叉或吹奏柔和的低音长笛产生的都是单一音调。

自然界中纯音很少存在，多数声音包含许多可听频率。很多乐器发出的声音包括某些附加的频率，称为复音。其中最低频率的声音称为基音，此频率称为基频，人们据以辨别其音调；较高频率的成分称为陪音或泛音；当陪音的音频为基音的简单整数倍时，则称为谐音。不同的乐器泛音不同。

1.1.12　响度与音色

响度　是指听觉的主观感受。图 1-13 表示出声压级变化时对声音响度的影响。

音色　不同乐器的声音听起来都不一样，即使具有相同的音调和音量，每种乐器发出的声音特点也不一样，这是因为它们的音色不同。正弦波所示的纯音音色最为简单，复合音的声音组分不同而音色各异。通过频谱可以比较不同音色，频谱由频率解析和声压级测得。每个频率 f 的声压级是 1Hz 带宽时的声音强度。

音乐声由于包括和声，所以其频谱是不连续的。噪声的频谱一般是连续的。

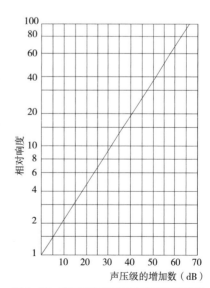

图 1-13　声压级变化时对声音响度的影响

音乐的音色　音阶中最高的基音大约是 4000Hz，每个乐器的音质都依据其和声组分的不同而改变，其频谱中可能包括非常高的频率。小提琴的琴弓穿过琴弦，钢琴琴弦声音衰减变化，这些建立了乐器发音的频谱，构成了音色。乐器准确传递音色的频率可听范围是 30 ～ 16000Hz。有时候，超声波能使得乐器产生高保真的音效，超声的频率范围超过了人耳听觉范围的上限。

1. 纯音

具有某种音调的声音称之为音，纯音是单一频率的声音。或者说如果点声源以恒定速率振动，便产生纯音，可以用单一频率或单一振动速率描述该声源，例如敲击音叉或吹奏柔和的低音长笛产生的音都是单一音调的纯音。

2. 音程和音调

音程　音乐中，指两个音级在音高上的相互关系，即两个音在音高上的距离，单位为度。

音调　声音频率的高低叫作音调，是声音的三个主要的主观属性之一。表示人的听觉分辨一个声音的调子高低的程度。

1.1.13　宋、响度级和等响曲线

宋　响度的单位是宋，响度是指人对所听到的一个声音的主观感受。宋是 40 方 1000Hz 处纯音的响度。如果我们听到 2 倍于 1 宋的声音，其响度为 2 宋，如果听到的是 10 倍，响度是 10 宋。

响度级　单位为方，这是通过广泛的心理试验后确定的。响度级，即方的标度，考虑了人耳对不同频率的声音的灵敏度变化，因此，响度级，即方的标度是一种客观的量度。响度级可以定义声音听觉的等响度，而不能用来直接与声音的声压级建立联系。例如，200 方的声音听起来并非比 100 方的声音响 2 倍。

Fletcher（菲莱奇尔）通过试验将以方为单位的响度级与以宋为单位的主观响度建立起了关系，并逐渐形成为标准。

等响曲线　响度相同的点组成的频谱特征曲线，反映了听觉响度与测量声压级之间的关系，如图 1-14 所示。这一关系的测量由 20 世纪 20 ～ 30 年代美国贝尔实验室开展进行。人耳在中频段的灵敏度高于低频段与高频段，在不同频率上，相同的响度对应的声压级却各不相同，相同声压级引发的听觉响度也不同。频率越低，听觉能感知到的声压级越高，如 35Hz 处 65dB，1000Hz 处 0dB 与 4kHz 约 4dB 的三个纯音都刚好能引起听觉；低频 53Hz 的 70dB 声音与高频 8kHz 的 60dB 的声音听起来一样响。

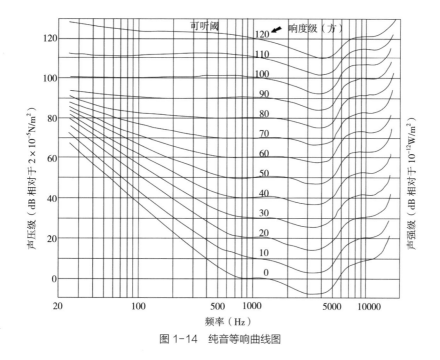

图 1-14　纯音等响曲线图

1.1.14　音质和音质设计

音质　声音在音响技术中的体现，包含了三方面因素：音量、音高和音色。根据声音内容分为语音音质、乐音音质、主观听判音效等。音质有质感、弹力、密度感等多种音感，密度感又可划分为更细腻多样的音质感受。

音质设计　在建筑设计过程中，从音质上保证建筑适合声学要求所采取的措施。音质设计时需要考虑建筑物的体型、容积、声场分布、混响时间、直达声强度、早期反射声的控制、噪声等多种因素。

1.1.15　主观与客观

声音的主观音质评价与客观测量之间有很大的差别。人们对厅堂声学当中的感受表现为主观，如低沉、清晰、有回响、丰满、现场感、宏伟、亲切、响亮、明晰等。人们对声音的主观感受不仅定义了音乐与噪声的差异，也反映着与之沟通的空间品质之良莠。客观测量的对象为用于描述一定空间当中的声学特征的物理量，测量结果有具体的数值。

1.1.16　职业与听力损伤

工作噪声造成的神经性耳聋，被认为是严重的健康问题。在很多职业当中，例如工业生产、产品制造等的噪声环境中，员工的听力经常会受到损伤，特别是长时间的噪声暴露，给听力造成不可逆的伤害。环境噪声越高，允许暴露的时间要求越短，在诸如此类的职业环境中，应当采取听力保护措施，如在高噪声的设备周围安装隔声装置，员工佩戴防护耳塞等。危险的噪声听力损失除了出现于职业当中，也存在在娱乐当中。听力保护所使用的重要衡量工具是听力敏度图。

1.2　室内声学

研究房间音质问题的科学。

建筑声学处理的是建筑环境中的声学。室内声学研究的目的，是关于在建筑物中实现"满意的听声环境"的布置、设计和计划。这里"满意的听声环境"，应该是使得听众和设计人都觉得满意的环境。对"良好听声"的概念随设计人与听众的不同理解而有所区别，主要是依据一般人的评价及愿望确定。

影响室内听声环境，主要有五个要素，即：

（1）混响与回响。

（2）吸声材料的选用和分布。

（3）房间的布局和大小。

（4）噪声。

（5）声源的响度。

1.2.1　几何声学和物理声学

几何声学　忽略声音的波动性质，以几何学的方法分析声音能量的传播、反射、扩散的方法叫"几何声学"。

物理声学　以声音波动为对象的分析方法叫"物理声学"或"波动声学"。

几何声学中，以与声波波阵面垂直的"声线"的传播方向与路径为研究的基本简化单位。随之，直达声与反射声可以借助这一概念去分析声波的传播路径、延迟、声波的聚焦与发散等许多室内声学现象。

物理声学只能分析体型简单的室内空间和频率较低的声波。实际空间中，情况非常复杂，单纯地用波动声学分析声学问题，会引起很大的误差，此时应该利用几何声学的方法解决实际室内声学问题。

1.2.2　声场、声线和直达声

声场　通常是指室内声场。具体是说，在封闭空间内，声波传播时将受到各个界面（墙面、顶棚、地面等）的反射与吸收，反射声波与直达声波的波形相互重叠，形成复杂的声场，引起一系列的声学特性。如果用虚声源来表示声波的声源与接收点的位置关系，如图 1-15 所示。

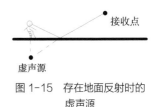

图 1-15　存在地面反射时的虚声源

对于存在室内地面反射的情况，有如下表达式（1-21）：

$$L_p = L_w - 20 \lg r - 8\text{dB} \qquad （1-21）$$

声线　是几何声学中的名词。与声波波阵面相垂直的直线，代表了声音的传播方向与路径。

直达声　是声源发出声波后，声波不经过任何的反射面，以直线的形式直接传播到接收者的声音。

1. 自由场、扩散场和半消声场

自由场　只有直达声没有反射声的声场，如室外开阔的旷野、消声室等。

扩散场（又称为混响场）　声能均匀分布，声线在各个方向上做无规则传播的声场，如混响室，可以用来测量材料的隔声、吸声性能，以及声源声功率等。

半消声场　指以地板为反射面的消声室，模拟半自由空间的房间。利用全反射的地面作为镜面使有效尺寸加倍的原理而设计的。

2. 近场、远场和扩散场距离

近场　自由声场中，声源附近瞬时声压与瞬时质点速度基本上不同相地声场。距离为两倍波长以内的声场，声波的最长波长（即频率为 20Hz 时）为 17m。故对于整个音频范围来说，小于 34m 的声场为近场，近场的房间称为小房间。在近场的情况下，声音将发生干涉，声场中会存在菲涅尔声干涉区。

远场　自由声场中，距离声源远处瞬时声压与瞬时质点速度基本上同相的声场。远场中的声波呈球面发散，声源在某点产生的声压与该点至声源中心的距离成反比。大于两倍波长的声场，声波的远场波长（即频率为 20Hz 时）为 17m。故对于整个音频范围来说，大于 34m 的声场为远场，尺寸达到远场的房间为大房间。在远场的情况下，声音之间可视为无干涉，距离每增加一倍，声压级衰减 6dB。

扩散场距离　在声学中又称为混响半径，是指在有混响的房间内，各方向平均的均方直达声压与均方混响声压相等的点到声源的声中心的距离。

1.2.3 干涉

干涉 声波在传输过程中具有相互干涉作用。两列频率相同、振动方向相同且步调一致的声源发出的声波相互叠加时就会出现干涉现象。如果相位相同、叠加后幅度增加声压加强；反之，相位相反，叠加后幅度减小声压减弱，如果波幅一样，两列波将完全抵消，如图 1-16 所示。

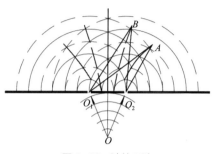

图 1-16 波的干涉

1.2.4 混响

混响声 当在室内发出稳定的声音后，声压逐渐增长，在大多数房间内，经一秒钟后便达到稳态值。

同样，当声源停止发声后，在声音衰减到听不到以前，要经历一段时间。声源停止发声后，声音在封闭空间反射延续的时间称为混响。在厅堂内，混响对听觉条件具有明显的效果，因为它有助于人们聆听突然开始或停止的瞬态声音。在有混响控制的厅堂中，为了得到很高的语言可懂度和欣赏丰满的音乐，保持与加强语言和音乐的瞬态声是很重要的。由于在音质设计中，控制混响是一个很重要因素，因而需要制定相应的测量标准，这就是混响时间（RT）。

1. 混响和混响时间

混响 来自 2014 年的建筑学名词。声音由声源发出后，在空气中传播，传播过程中在房间的界面上产生反射、吸收、扩散、透射、干涉和衍射等波动作用，形成复杂的室内声场，使人产生混响感。当室内声场达到稳定的情况下，声源停止发声，由于声音的多次反射或散射而使得声音延续的现象，称为混响，而这一混响声场中经过多次反射和散射的声音称为混响声。

混响时间 是在室内声音停止后声压级降低 60dB 所需的时间。如上所述，由赛宾（W.C.Sabine）首先建立起混响时间与室内体积和室内表面总吸声量的定量关系。到本书完稿为止，仍然是采用赛宾公式来计算 RT 值，即空气的吸收系数与空气的温度、湿度和声音的频率有关。计算混响时间的简化公式为：

$$RT = (T_{60}) = \frac{0.161V}{S\,\bar{a}} \qquad (1-22)$$

式中 RT——混响时间（sec）；

   V——室内体积（m³）；

S——室内总表面积（m^2）；

$\bar{\alpha}$——室内平均吸声系数。

$S\bar{\alpha}$ 又可以表示为 E，代表室内总吸声量（$m^2 \cdot sab$）。

赛宾公式适用于室内平均吸声系数 $\bar{\alpha} < 0.2$ 的情况。在此基础上有人在进行了大量研究后，对其修正，特别是考虑了空气的相对湿度和温度时对吸声性能的影响，给出了工程界普遍应用的伊林（Eyring）公式（$\bar{\alpha} > 0.2$），借此计算 RT（T_{60}）：

$$T_{60} = \frac{0.161V}{-S\ln(1-\bar{\alpha}) + 4mV} \tag{1-23}$$

式中　$4m$——空气衰减系数，见表1-4。

室内表面的吸声量是面积 S 乘以它的吸声系数 α，而室内总吸声量 A 还要加上人、座椅、地毯和帷幕等的吸收，即

$$A = S_1\alpha_1 + S_2\alpha_2 + S_3\alpha_3 + \cdots + S_n\alpha_n \tag{1-24}$$

式中　$S_1 \cdots S_n$——各个面的面积（m^2）；

　　　$\alpha_1 \cdots \alpha_n$——吸声系数。

空气吸收系数 $4m$ 值见表1-3。

空气吸收系数 $4m$ 值（室内温度20℃）　　　　　表1-3

频率（Hz）	室内相对湿度			
	30%	40%	50%	60%
2000	0.012	0.010	0.010	0.009
4000	0.038	0.029	0.024	0.022
6300	0.084	0.062	0.050	0.043

对比两个公式，不难发现，当 $\bar{\alpha}$ 较小时，$-\ln(1-\bar{\alpha})$ 与 $\bar{\alpha}$ 很接近，两者的计算结果相似。而由于考虑了空气对高频声的吸收，因此伊林公式降低了高频混响时间的计算误差，见表1-4。

空气衰减系数 4m 值（m^{-1}，室内温度20℃）　　　　　表1-4

相对湿度	倍频程中心频率（Hz）			
	500	1k	2k	4k
50%	0.0024	0.0042	0.0089	0.0262
60%	0.0025	0.0044	0.0085	0.0234
70%	0.0025	0.0045	0.0081	0.0208
80%	0.0025	0.0046	0.0082	0.0194

假定室内噪声水平不高，那么室内的交混回响时间就最为重要了。交混回响不仅指在标准频率 1000Hz 的交响混响时间，且含有交混回响特性的含义在内，也就是随着声音的频率而发生的交响混响时间的变化。进一步说，则交混回响特性包含了声音的衰减曲线，描述了在交混回响的声音强度到达人可听闻到的低限这一时刻之前，当声源停止发声之后，其声强便急转直下，形成衰减曲线，直至混响时间延长至可听低限为止。

1.2.5　室内音质

对不同厅堂建筑中的演讲或音乐演出，人们使用一些评价术语去描述与评判当中音质的差别，包括主观感受的评价指标与客观物理指标。客观指标可以使用仪器测量及公式计算，以指导厅堂的声学设计。

1. 音质评价及标准

音质评价是针对语言声与音乐声两种声音类型的主观评价与客观评价。

对于语言声的主观评价，主要包含清晰度、可懂度和响度的要求；对于音乐声的主观评价，除了清晰度和响度的要求外，还有丰满度、平衡感和空间感等方面的要求。

2. 清晰度、可懂度和丰满度

清晰度　清晰度可以用 dB 来衡量，有时被定义为前 80ms 声音能量与 80ms 之后的晚期混响能量的差值，用 C_{80} 表示。室内清晰度 C_{50} 指脉冲响应中有益声能（对清晰度有帮助的声能，取直达声能和 50ms 以内的反射声能）占全部声能的比例。

对语言声听闻主要有清晰度与可懂度两个指标。可懂度是指对有字义联系的发音内容，通过房间传输，听者能正确辨认出的百分数。清晰度（又称为明晰度）是指无字义联系的发音内容，房间传输后，听者能听清的百分数。上下文有字义联系，有助于听者猜测及推断，因此可懂度往往高于清晰度。语言清晰度可通过主观评价测试得到，最后取所有听者测听结果的评价值作为该房间语言清晰度百分数，其中猜测修正项为式（1-25）：

$$\frac{1}{N-1}\left(\frac{E}{T}\right) \times 100\% \qquad （1-25）$$

式中　T——发音字数；

E——听错字数；

N——测听时每个字可供选择的字数，通常 $N = 5$。

对于音乐声听闻，有丰满度，指的是音乐在室内演奏时，由于室内各界面的反射声对直达声起到增强和烘托的作用，声音听起来饱满、浑厚而有力，缺乏反射声的音质环境干涩，这种由反射声带来的音质提高的程度称为丰满度。其中，低频反射声丰富的音质被称为有温暖度，而中、高频反射声丰富的音质被称为有活跃度。

3. 回声、多重回声和颤动回声

回声　回声的定义是发声体通过声音向远距离传递出去后，在近距离范围内没有任何其他环境声音，碰到大的反射面（如建筑物的墙壁、大山山体等障碍物）时，被阻挡后，声波发生反射，听到的与原声能明显区分开的反射声波，称为回声。

多重回声　2014 年公布的建筑学名词。同一声源所发声音的一连串可分辨的回声。

颤动回声　平行墙壁间声音相互多次反射引起的声音颤动现象，属于严重的建声缺陷，会造成再现声音音量不稳定、音质不良等。最有效的消除方法是避免平行墙壁、采用强吸声材料，调节吸声材料的摆放位置以及将墙壁表面处理成凹凸不平的漫反射结构等。

4. 声聚焦和染色

声聚焦　凹面对声波形成集中反射，使得反射声聚焦于某个区域，造成声音在该区域特别响的现象。

声染色　亦称音染，由于室内声音（有时也指音响设备）频率响应变化，使原始声音信号被赋予外加频率，原信号频谱发生某种改变，某些频率的声音得到加强的现象。例如，当扬声器外安装有音箱时，音箱腔体的机械共振和腔体内的声学共振会产生一种振动模态，表现为音箱发出的声音中某些频率成分过强，产生声染色现象出现，而这些频率上也可能发生声反馈。

5. 陡度和初始时间间隙

陡度　室内声音增长曲线达到稳态之前称为陡度。稳态声级以下 5dB 处的切线斜率，用于表示声级的增长率。

初始时间间隙　音乐厅中的一个重要的自然混响特性。在一个座位上，最先到达的是直达声，随后，混响声到达，直达声与混响声之间的时间间隔称为初始时延间隙（ITDG）。40ms 以内的时间间隔会使得耳朵感觉两个声音是连续的，这个指标是除混响时间之外的另一个重要指标。特别是，在音乐厅的设计和人工混响算法中，它提供了厅堂的尺寸信息。

6. 空间响应性和脉冲响应

空间响应性　厅堂内对某一声源发出的声音所做出的声压级响应、频率响应、脉冲响应、混响时间响应等与空间特性相关联的一系列响应表现。

脉冲响应　脉冲响应反映了厅堂的线性声学系统特性。一个脉冲响应（Impulse Response，IR）可以定义为一个被测系统在一个脉冲激励信号输入时，所得到的时域（时间－幅度）的响应特性。这一系统可以是一个麦克风、一个扬声器单元、一台滤波器、整套的音响系统，还可以是一个音乐厅、一个体育馆，或者场馆和音响系统的总和。脉冲响应包含了到达时间、直达声的频率成分、离散反射声、混响衰减特性、信噪比、语言可懂度、整体的频率响应等声学系统的必要的众多的声学信息。模拟声场的脉冲响应是厅堂声学仿真的核心内容。

一个系统的脉冲响应和频域的传输函数实际上是二者正向和反向傅里叶变换的结果。

传输延时（Propagation Delay）

直达声从声源传播至测试位置所需的时间被称为传输延时。除声音在空气中传播造成的延时，传输延时还可能包含信号流程中经过数字处理器而带来的延时。

直达声到达（Arrival of Direct Sound）

由于两点之间的最短路径是其直线距离，我们在观察一个脉冲响应时首先看到的总是直达声的到达，不论我们用怎样的声源来激励被测系统。根据所要考察的内容，我们可能使用的激发声源可能是场地原有的音响系统，或者一个专门用于测试的全指向性音箱，或者气球爆破声，空膛手枪的射击声，或者有必要时可以用拍掌声或者拍击空盒子的声音。

在大多数情况下，我们认为首先到达的声音总是声压最大的，对应到脉冲响应中就是我们所看到的最高峰值，绝大多数情况下这个假设都是成立的。在偶然情况下可能会出现不同的结果，但是在大多数情况下这一结论都是适用的。

离散反射声（Discrete Reflections）

在直达声之外，我们关注的最重要的特性是通过较短的非直线路径传播而至的声音。从声源位置经过一次界面反射到达测试位置的声音被称为一阶反射声（first order reflection），经过两次界面反射的即为二阶反射声，以此类推。反射声有利有弊，这取决于它与直达声的相对幅度和时间，以及其在多大程度上能和漫射混响声（diffuse reverberant sound）区别开来。

早期衰减、混响建立和混响衰减（Early Decay, Reverberant Build-up, and Reverberant Decay）

在直达声和最低阶的反射声到达之后，声音将会在混响空间内继续来回反射，产生越来越高阶数的反射声。在任何听音位置，部分反射能量会在相对较短的时间内产生叠加，从而实现混响声的建立，此后空气损耗和反射面的装饰材料吸收作用开始占据主动。在这一时间点，混响衰减的过程开始了。

在实践中，你不一定能够在脉冲响应中将混响建立与直达声及早期反射声区别开。有时候它清晰可辨，有时则不一定。传统上，采用脉冲反向积分法（reverse-time integrated IR）所测得的直达声之后最先衰减的 10dB 被视为早期衰减。混响衰减通常考察的幅值范围是在完整的脉冲响应中小于直达声 5dB 直至衰减 -30dB 之间，有时也会取 -20dB。

本底噪声（Noise Floor）

理论上，脉冲响应的混响衰减的过程是个永久持续的过程，按照理想的指数型曲线无限趋近于零。在实际中，它会很快地衰减至不可辨认的幅度，并被测量的本底噪声所淹没。脉冲测量中的噪声有很多来源，包括环境的声学噪声，被测系统及测试系统本身的电子噪声，在信号分析时将信号数字化的量化噪声，以及在分析中的数字处理过程所造成的处理噪声。

7. 增长时间和早期衰减时间

增长时间　当在房间中产生一个声音时，它包含一定的能量，随着能量的逐渐增加会达到一个稳态值。到达这个稳态值所需要的时间，称之为增长时间，这个时间取决于声音的增长率，之后，声源停止振动，声波开始衰减。图 1-17 表示了室内吸收不同对声音增长和衰减的影响。

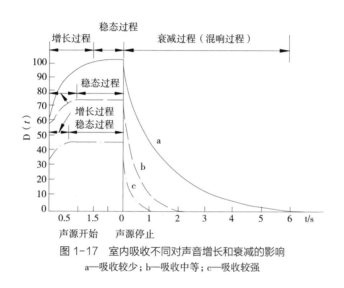

图 1-17　室内吸收不同对声音增长和衰减的影响
a—吸收较少；b—吸收中等；c—吸收较强

早期衰减时间　与混响时间 RT 相关的另一表征室内声衰变的物理指标称为早期衰变时间 EDT。定义为稳态声级由 0 ~ 10dB 的衰变率乘以 6 而得出的衰变时间。

8. 掩蔽

在聆听一个声音的同时，由于被另一个声音（称为隐蔽声）所掩盖而听不见的现象。被掩蔽声的频率越接近掩蔽声时，掩蔽量越大；掩蔽声的声压级越高，掩蔽量越大；低频声容易掩蔽高频声，而高频声较难掩蔽低频声。例如，在音乐进行的过程中，人们感觉不到噪声的存在，但在音乐停止或间歇的时段内，人们可以明显感觉到音箱发出的本底噪声，这种现象就是掩蔽效应。

9. 哈斯效应

双声源系统的一个效应，两个声源中的一个声源延时时间在 5 ~ 35ms 以内时，听音者感觉声音来自先到达的声源，另一个声源好像并不存在。若延时为。0 ~ 5ms，则感觉声音逐步向先到的音箱偏移；若延时为 30 ~ 50ms，则可感觉有一个滞后声源的存在。1973 年美国的海尔博士发明了一种扬声器，是将振膜折叠成褶状，声音发出后，振膜不是前后振动，而是像子风琴风箱似的在声波辐射的横方向振动，是一种特殊结构的电动式扬声器，主要用于高频。

10. 沉寂室和活跃室

沉寂室　内部混响时间非常短的房间，例如音/视频房间内的声学环境，如语音室。通常情况下，在语音室内的吸声非常多，尤其是对低频及高频声吸收过量，导致记录的语言信号听起来非常"干涩"，后期制作的时候需要添加一定的混响。如果不依靠音频设备，只单纯利用语音室原本的声学条件，无法给配音员以良好的声音反馈，房间内"干涩"的声音不能支持语音播报或旁白等工作，使这一房间的用途受到很大限制。

活跃室　内部混响声占主要成分的房间。活跃室是通过对界面及交界处做吸声处理，控制空间内声传播的简正模式，达到反射体反射声量与吸声体吸声量相当，门窗部位处理方法相同，以保证房间声场整体且连贯。例如，基于大量半圆管状吸声体与反射体在墙面的有序排列，交界面使用1/4圆形管状吸声体。缺点是这种装修做法的活跃室由于反射面宽度小，窗户尺寸为了与之配合，难以获得开阔的可见采光。

11. 扩声系统

将讲话者的声音实时放大的系统称为扩声系统，包括扩声设备和声场两部分。其中，扩声设备也就是声源，包括把声音转变为电信号的话筒，将电信号放大并对信号加工的放声设备，传输线，以及把电信号转变为声信号的扬声器，声场即为外部听众区的声学环境。

12. 声反馈和声耦合

声反馈　由于房间的形状及声学状况，音箱频响的起伏与振动模态特性，对声音灵敏度高的传声器的频响曲线特性等影响因素的存在，当传声器与音箱同时使用时，扬声器系统发出的声音又返回到传声器的现象，称之为声耦合现象。声音能量的一部分通过不同的声传播方式，使得最终的声场频率响应特性不好，产生梳状滤波器效应。当这种反馈满足声振荡条件时将产生啸叫现象，这种啸叫甚至出现在多个频率点上，导致破坏了声场的整体音质。

声耦合　两个房间互相连通交换声能的过程称为声耦合，这样的两个房间称为耦合房间。在耦合房间内，声能的降低不按简单的指数规律呈现，两个房间的混响过程互有影响。

1.2.6　平均自由程

在一个空间内，连续反射声音之间，它们传播的平均距离被称为平均自由程。这个距离表达公式为：

$$\text{MFP} = \frac{4V}{S} \qquad (1-26)$$

式中　MFP——平均自由程；

V——空间的体积，单位为 m³ 或者立方英尺（1 立方英尺 =0.028m³）；

S——空间的表面积，单位为 m² 或者平方英尺。

一方面，这个物理量能帮助计算出声音到达平均距离所需的时间；另一方面，在该空间中，在单位时间内，如 1s 内，将会发生反射的次数。

1.2.7　声能比、声能密度和声能通量

声能比　早后期声能比，指一个脉冲声在某点形成的脉冲响应中，早期时间界限以内的声能与早期时间界限以后的声能之比的以 10 为底的对数乘以 10，单位为 dB（分贝）。用于语言环境或音乐环境时，早期时间界限值分别取 50ms 或 80ms。

声能密度　平面波的声强 I 等于单位面积上 1s 声传播的能量，该空间的声能密度 E 可用下式表示：

$$E = I/c = P^2/\rho c^2 \ (\text{W}\cdot\text{s/m}^3 \ \text{或 J/m}^3) \qquad (1-27)$$

式中，c 为声速。采用声能密度不需考虑方向，用来描述房间中来自各个方向的反射声形成的声场的能量密度。

声能通量　声波传播时伴随着声能的传递，单位时间内通过某一截面的声能称为声通量。

1.2.8　房间常数

用数字标注的各种斜度曲线以一个新量表示：房间常数 R，表示房间内总吸声量用 1 与平均吸声系数之差除所得的商，是与计算房间混响声有关的一个常数。从根本上讲，R 是房间总吸声量的变量，计算式如下：

$$R = S\bar{\alpha}/(1-\bar{\alpha}) = A/(1-\bar{\alpha}) \qquad (1-28)$$

式中　R——房间常数；

S——房间内的总表面积（m²）；

$\bar{\alpha}$——房间内各倍频带的平均吸声系数；

A——房间内各倍频带的总吸声量（m²）。

房间常数 R 与平均吸声系数 $\bar{\alpha}$ 有关，$\bar{\alpha}$ 愈大，R 就愈大。房间常数 R 表示了这个房间对声音的处理能力，与房间的墙面面积和吸声能力有关，大房间这个值较大。房间常数 R 是一个小于 1 的常数。房间常数小，表示室内声场的声音非常活跃；房间常数大，说明室内吸声量很大。

1.2.9 脉冲声、反射脉冲谱

脉冲声（impulsive sound）是 2014 年公布的建筑学名词，指的是由正弦波的短波列或爆炸声形成的短促的声音。

1.2.10 听阈

能引起听觉的最小声压，即人耳能够听到的最小声音，听闻上移即耳背现象。

1.2.11 声场到达稳态室内声场分布

1. 室内声压级计算

当一个点声源在室内发声时，声场充分扩散，室内声场经过直达声，反射声的若干次反射，逐渐达到一定的稳定状态。图 1-18 给出了室内声压级计算图表。这时，使用稳态声压级公式可以计算离开声源不同距离处的声压级，如式 1-29 所示：

$$L_P = L_W + 10\lg\left(\frac{Q}{4\pi r^2} + \frac{4}{R}\right) \text{（dB）} \tag{1-29}$$

式中　L_W——声源声功率级（dB）；

　　　　r——离开声源的距离（m）；

　　　　Q——声源指向性因数；

　　　　R——房间常数，$R = S\bar{\alpha}/(1-\bar{\alpha})$；

　　　　S——室内总表面积（m²）；

　　　　$\bar{\alpha}$——室内平均吸声系数。

上式忽略了空气的吸声作用，温度、湿度假定是在通常条件下的取值。Q 是声源指向性因数，如图 1-18 所示。当采用无指向性声源，且位于完整的自由空间时，$Q = 1$；当无指向性声源贴于墙面或顶棚面上时，只有 1/2 个自由空间，$Q = 2$；当无指向性声源贴于两个墙面或一个墙面一个顶棚面或一个墙面和一个地面上（两面角）时，只有 1/4 个自由空间，$Q = 4$；当无指向性声源贴于两个墙面和一个顶棚面或两个墙面和一个地面上（三面角）时，只有 1/8 个自由空间，$Q = 8$。

2. 混响半径的计算

根据室内稳态声压级的计算公式，如图 1-19 所示，室内声能密度有两部分构成：第一部分是直达声，相当于 $\frac{Q}{4\pi r^2}$

	点声源位置	指向性因素
A	整个自由空间	 $Q=1$
B	半个自由空间	 $Q=2$
C	1/4 自由空间	 $Q=4$
D	1/8 自由空间	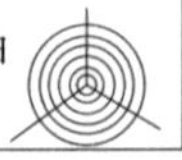 $Q=8$

图 1-18　声源指向性因数

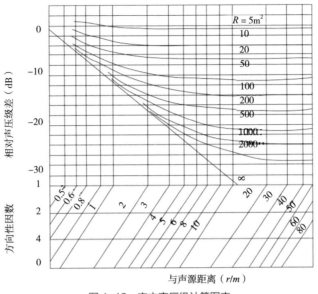

图 1-19　室内声压级计算图表

表述的部分；第二部分是扩散声（包括第一次及之后的反射声），相当于 $\dfrac{4}{R}$ 表述的部分。声能密度标度的混响时间曲线如图 1-20 所示。不难推得，在距离声源较近处，$\dfrac{Q}{4\pi r^2} > \dfrac{4}{R}$，直达声大于扩散声；在距离声源较远处，$\dfrac{Q}{4\pi r^2} < \dfrac{4}{R}$，扩散声大于直达声。在直达声的声能密度与扩散声相等的地方，距离声源的距离称为混响半径，或称为"临界半径"，即：

$$\frac{Q}{4\pi r_0^2} = \frac{4}{R} \tag{1-30}$$

式中　Q——声源指向性因数；

　　　r_0——混响半径（m）；

　　　R——房间常数（m^2）。

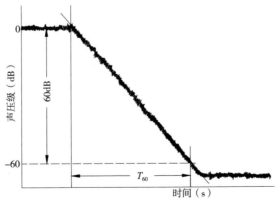

图 1-20　室内声能密度用 dB 标度的混响时间曲线

上式可以转换为：

$$r_0 = 0.14\sqrt{QR} \tag{1-31}$$

房间常数 R 越大，室内吸声量越大，混响半径越大；R 越小，则刚好相反，室内吸声量越小，混响半径越小。这是室内声场分布的一个重要特性。接收点若位于混响半径 r_0 之内，根据 $\dfrac{Q}{4\pi r_0^2}$，如果通过有意增加房间吸声量来提高 R，以降低室内噪声时，接收到的主要是声源的直达声，降低噪声的效果不明显；接收点若位于混响半径 r_0 之外，根据 $\dfrac{4}{R}$，接收到的主要是声源的扩散声，此时增加房间吸声量，提高 R，$\dfrac{4}{R}$ 变小，则噪声降低效果明显。

对于听者而言，要获得较高的室内清晰度，要求声场中直达声较强，可使用指向性因数 Q 较大（$Q = 10$）的电声扬声器，可明显提高室内稳态声场直达声的声压级。人说话时，发出的声音的声压级角度与指向性的图案关系如图 1-21 所示。

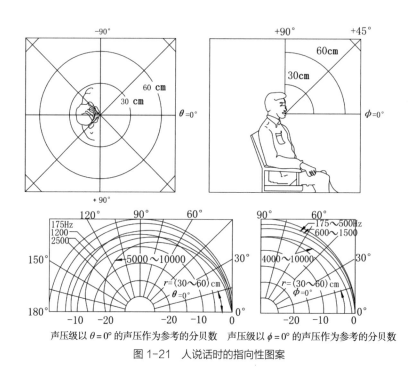

图 1-21　人说话时的指向性图案

假定我们将一个小的全指向声源放在一个房间常数 $R = 200\text{m}^2$ 的房间中，如在距离声源中心 0.25m 处测量声压级，那么沿直线远离声源时，首先能观测到声压级会以距离的平方关系降低。但在距离声源约 1m 的位置处，平方反比关系就不再适用。在距声源 6m 或更远的位置时，由于已处于稳态混响声场，声压没有实质性变化，且直达声已不再对测量值产生可察觉的影响。

1.2.12　可变声学设计

现如今，几乎所有的厅堂建筑都提出能满足多功能使用的需求，甚至连专业性很强的如电影院、音乐厅也不例外。因此若要确保各种功能都配以满足要求的良好音质，必须考虑可变声学的设计。

（1）混响时间的可调节幅度。

（2）可变吸声体构造的形式。

国内采用过的构造形式主要有：翻板可调吸声结构、推拉式可调吸声结构、旋转式可调吸声结构、升降式和胀合式可调吸声结构、盒式可调吸声结构、帘帐可调吸声结构、活动式声学屏障。

（3）可变吸声体的设计准则。

①对录音棚的音质要求。②要求的可调混响幅度。③录音棚的平、剖面形式。④建筑投资和施工条件。

实际工程中，要根据以上四方面的具体情况，按照需求和条件对可调吸声结构进行选择。

（4）可调结构控制系统的选择。

（5）可调容积的确定。

1.3　吸声

1.3.1　声吸收、吸声系数和声反射系数

声波遇到壁面或其他障碍物时，一部分声能被反射，少部分声能透射至另一侧，还有主要的入射声能被壁面材料的表面或内部媒质吸收而转化为热能。反映某种材料或结构的吸声能力大小的一个物理量，用 α 表示。吸声系数越大，对声能吸收越多，即：

$$\alpha = \frac{E_\alpha + E_t}{E_0} = \frac{E_0 - E_r}{E_0} = 1 - r \qquad (1-32)$$

式中　α——吸声系数；

　　　E_t——透射声能（J）；

　　　E_α——吸收声能（J）；

　　　E_r——反射声能（J）；

　　　E_0——入射声能；

　　　r——反射系数，$r = \dfrac{E_r}{E_0}$。

当吸声材料紧贴于房间的一面墙壁或顶棚上时，吸声系数是除了被反射的声能以外的吸收声能和透射声能之和除以总声能的比值；如果吸声材料位于房间中央，由于透过材料的声能仍在房间中，故透射声能不包括在吸声系数的计算中，此时，$\alpha = E_\alpha / E_0$。图 1-22 反映出声能吸收、声能反射、声能透射三者之间的关系。

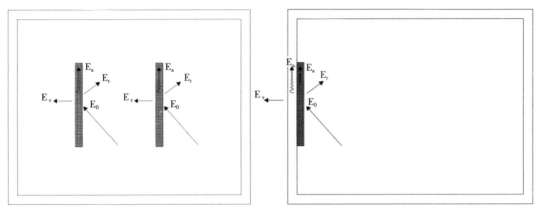

图 1-22 声能吸收、声能反射、声能透射三者之间的关系

1.3.2 等效吸声面积、吸声量和房间吸声量

等效吸声面积 与某物体或表面吸收本领相同而吸声系数等于 1 的面积。

吸声量 又称等效吸声面积。即与某表面或物体的声吸收能力相同而吸声系数为 1 的面积。一个表面的等效吸声面积等于它的吸声系数乘以其实际面积。物体在室内某处的吸声量等于该物体放入室内后，室内总的等效吸声面积的增加量，如式 1-33 所示，单位为 m^2。

$$A = \alpha S \qquad (1-33)$$

式中 A——吸声量（m^2）；

α——某频率声波的吸声系数；

S——吸声面积（m^2）。

按上式，若 $50m^2$ 的某种材料，在某频率下的吸声系数为 0.2，则该频率下的吸声量应为 $10m^2$。或者说，它的吸声本领与吸声系数为 1 而面积为 $10m^2$ 的吸声材料相同，此 $10m^2$ 即为等效吸声面积。

房间吸声量 为房间内各表面和物体的总吸声量加上房间内媒质中的损耗。

1.3.3 降噪系数

同一种材料和结构对于不同频率的声波有不同的吸声系数。通常采用 125Hz、250Hz、

500Hz、1000Hz、2000Hz、4000Hz 六个频率的吸声系数来表示材料和结构的吸声频率特性。有时也把 250Hz、500Hz、1000Hz、2000Hz 四个频率吸声系数的算数平均值称为"降噪系数"（NRC），用在吸声降噪时粗略地比较和选择吸声材料。

1.3.4　流阻和有效流阻

流阻是影响多孔材料吸声性能的三个主要参数之一。定义为在稳定的气流状态下，材料两面的压力差与气流通过该材料的线速度的比值。另外两个参数为多孔吸声材料的孔隙率与结构因数，此外还有材料厚度、密度及背后条件等参数。

1.3.5　吸声材料和孔隙率

吸声材料和吸声结构的种类很多，依其吸声机理可分为三大类，即多孔吸声材料、共振型吸声结构和兼有两者特点的复合吸声结构，如矿棉板吊顶结构等。根据材料的外观和构造特征，吸声材料大致可分为多孔吸声材料，穿孔板结构、薄板吸声结构、薄膜吸声结构、多孔材料吊顶板、强吸声结构等。比较典型的强吸声结构是消声室，如图 1-23 所示，用于各种声学实验和测量。室内声场要求尽可能地接近自由声场，因此所有界面的吸声系数应接近于 1。

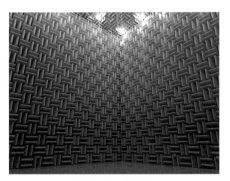

图 1-23　消声室

在消声室等特殊场合，需要房间界面对于在相当低的频率以上的声波都具有极高的吸声系数，有时达 0.99 以上。这时必须使用强吸声结构。吸声尖劈是最常用的强吸声结构，如图 1-24 所示。用棉状或毡状多孔吸声材料，如超细玻璃棉、玻璃棉等填充在框架中，并外包玻璃丝布或塑料窗纱等罩面材料制成。对吸声尖劈的吸声系数要求在 0.99 以上，这在中高频容易达到，而低频时则较困难，达到此要求的最低频率称为"截止频率"f_c，并以此表示尖劈的吸声性能。

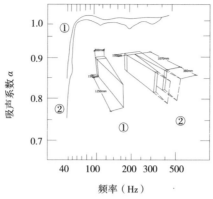

图 1-24 吸声尖劈的吸声特性（材料：玻璃棉；容重 40kg/m³）
①单尖劈；②双尖劈

孔隙率，它由穿透材料内部自由空间孔隙的体积与材料总体积的比值来确定，吸声材料的孔隙率一般在 70% 以上，多数达 90%。

1.3.6 多孔吸声材料

所有的纤维板、软质抹灰、矿棉、毛毡等多孔材料都属于吸声材料，是由相互之间联系的无数具有间隙和连续微孔的网状物构成的。入射声波进入微孔后，一部分被吸收转化为热能，其余部分从材料内部的微孔表面反射出去。各类吸声材料的构造区别如图 1-25 所示。

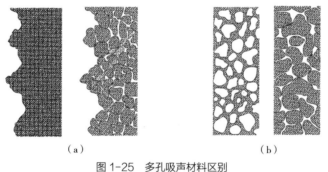

（a） （b）
图 1-25 多孔吸声材料区别
（a）与粗糙表面的区别；（b）与闭孔材料的区别

影响多孔吸声材料的因素主要有：材料的厚度、密度、流阻、孔隙率、结构因子、材料表面的装饰层特性及背后的空气层，外部的使用条件等，这些因素之间彼此又有一定的联系。

1.3.7 吸声结构和空间吸声体

吸声结构 大体分为薄板共振吸声结构，如图 1-26 所示，穿孔板吸声结构如图 1-27、图 1-28 所示，微穿孔板，如图 1-29 所示和超微孔吸声结构及各类空间吸声体四类。

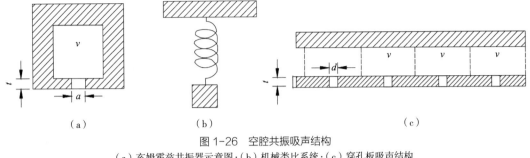

图 1-26　空腔共振吸声结构
（a）亥姆霍兹共振器示意图；（b）机械类比系统；（c）穿孔板吸声结构

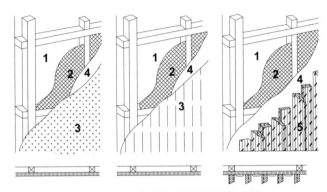

图 1-27　穿孔板组合共振吸声结构实例
1—空气层；2—多孔吸声材料；3—穿孔板；4—布（玻璃布）等护面层；5—木板条

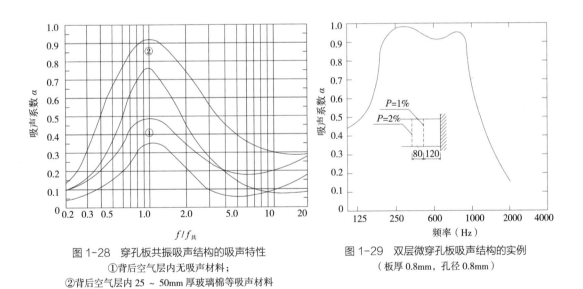

图 1-28　穿孔板共振吸声结构的吸声特性
①背后空气层内无吸声材料；
②背后空气层内 25～50mm 厚玻璃棉等吸声材料

图 1-29　双层微穿孔板吸声结构的实例
（板厚 0.8mm，孔径 0.8mm）

空间吸声体　多数是将多孔性吸声材料组合形成一定形状和尺寸的结构，形成定制产品，吊挂在需要吸声的地方，灵活方便且经济实用。空间吸声体可以根据使用场合的具体条件，把吸声特性的要求与外观艺术处理结合起来考虑，设计成各种形状（如平板形、锥形、球形或不规则形状），可收到良好的声学效果和建筑效果。几种空间吸声体的示例如图 1-30 所示。

1.3.8　电子吸声器

具有较高吸收声能力的仪器设备，称为电子吸声器（又称电子消声器），用于有源降噪。吸声原理是利用电子线路和扩声设备产生与噪声相位相反的声音——反声，从而抵消原有的噪声达到降噪的目的，也称为反声技术，其原理与利用吸声材料将声能转化为热能的降噪技术截然不同。

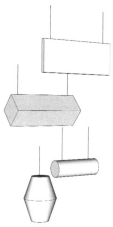

图 1-30　空间吸声体

1.4　隔声

人居住在城市之中，由于这一大环境的关系，人会经常感觉到噪声的烦恼。实际上噪声不但可能影响身体和精神上的健康，还会大为降低工作效率。为了增进健康并提高工作效率，有必要提出一些措施，防止噪声侵入室内。可惜的是，通常隔声的构造与措施往往需要很多预算与资金，或者在已有的建筑物中，弥补噪声这一缺陷必须采用的隔声设备，也常因为预算过高而不容易实现。如果用较少的花费获取较大的收效，从而获得真正的工程经济，应在施工之前就妥善考虑隔声设计和实施等问题，方能节省可观的费用。

一般评价噪声的大小与程度，要理解噪声的响度与声音透射入室内的情况。

各类建筑物中，对于内部噪声的大小（响度）的要求并不相同，其所容许的噪声大小，也有各自的规定，见表 1-5 给定的各类房间的容许噪声限值。假若室外的噪声响度为 A，那么室内的噪声隔声量为 B，在室内所发生的噪声限度为 C，而在室内所容许的（即设计的）噪声响度为 D，如此，则有：

$$D = A - B + C \qquad （1-34）$$

式中　D，A，B，C 均以 dB 为单位。

一般地，剧院或者电影院内，在开演时的噪声响度约为 20 ~ 40dB；在普通公共建筑物内，噪声响度约为 15 ~ 30dB。

各类房间的容许噪声限值　　　　　　　　　　　　　表 1-5

房间的使用类型	容许的噪声响度（dB）
电影摄影棚，唱片录音室	6 ~ 8
广播电台播音室	8 ~ 10
医院	8 ~ 12
音乐厅	10 ~ 15
公寓，旅馆，住宅	10 ~ 20

续表

房间的使用类型	容许的噪声响度（dB）
剧院，大礼堂，教室，研究室，图书馆	12 ~ 24
电影院	15 ~ 25
小办公室	20 ~ 30
大办公室，银行，商店（二层以上），茶馆	25 ~ 40
百货店（一层）	40 ~ 50

噪声在建筑物中的传播有两种方式：空气噪声和固体噪声。前一种是随着空气吸收和墙体、楼板等围护结构的阻挡而衰减。空气噪声的影响仅限于靠近噪声源的附近区域。固体噪声声源能使得建筑结构某些部分产生振动，实际上增大声辐射表面面积，因而增加了辐射的声压。对于乐器而言，增大辐射面积是有用的，而大多数情况下，增大辐射面十分有害，例如一根供暖管道或水管固定在墙体或楼板上时，当它们在振动时，会使得附加的墙体或楼板大面积受到振动，从而增加辐射噪声，使振动往更大的范围传播。抑制两种噪声的传播要区别对待。

1.4.1　空气声、固体声和撞击声

在建筑声学中，把凡是通过前者传播途径而来的声音称为空气声，例如汽车声、飞机声等。把凡是由机械振动和物体撞击等引起通过建筑结构传播而来的声音，称为固体声，如水泵振动声等。其中，撞击声是 2014 年公布的一个建筑学名词，指的是物体撞击在建筑结构上引发的噪声，常见的如脚步声、拍球撞击楼板声等。

1.4.2　透射系数、透射等级和传声损失

透射系数　投射系数是一比率值，即从隔墙所传出的或者投射的声能密度，用符号 τ 表示。各种建筑构件的透射系数不同，如各种隔墙材料的 τ 值各不同。

透射等级

为避免 TL 平均值所出现的差错，需提供一个比较间壁隔声性能的可靠的单值评价。ASTM E90–66 T 推荐采用的一种单值评价方法，称为声透射等级（STC）。

一种方法是，将间壁的16个频率的 TL 曲线与声透射等级参考线相比较，如图1–31所示，即可确定间壁的 STC。STC 参考曲线的水平段在 1250 ~ 1000Hz；在中间的 1250 ~ 400Hz 一段上 STC 衰减了 5dB；在低频 400 ~ 125Hz 一段上 STC 降低了 15dB。比较测量得出的 TL 曲线与 STC 参考曲线，可确定某一间壁的 STC 值。它的方法是把 STC 参考曲线相对于 TL 曲线垂直移动，直至某些 TL 值低于 STC 参考曲线，并且要满足下列条件：（1）差值的总和，即低

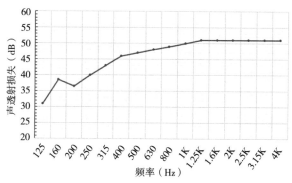

图 1-31　TL 曲线与声透射等级 STC 参考曲线

于参考曲线的偏差之和不能大于 32dB（16 个测试频率中每个频率平均为 2dB）；（2）任何单一测试频率的最大差值不得超过 8dB。

当移动参考曲线并将其调整至满足上述要求时，墙体或楼板间壁构造的 STC 值，为参考曲线和 500Hz 交点所对应的 TL 值。

下面举例说明，在计算间壁隔声性能时，不可采用平均 TL 值。例如，有两个不同的间壁，在几个重要的频率上的 TL 值均不同，但其 TL 平均值相同。但是根据 STC 曲线的计算方法，将测量得到的两个间壁的 TL 曲线在每一频率上与 STC 参考曲线进行比对，很显然两者的 STC 曲线并不能吻合，因此，它们对隔绝空气声的声学效果也是不相同的。A 和 B 两个间壁的 TL 曲线在两者 16 个频率的平均 TL 值均为 42dB，若根据平均 TL 值来评价，那么无论在任何一个 1250 ~ 4000Hz 的重要频率范围内出现高峰、低谷值，也可认为两个间壁的隔声性能是相等的。然而，实际上，间壁 A、间壁 B 的 STC 曲线值分别为 45dB 与 38dB，前者比后者高。

传声损失

传声损失是指声波入射到无限大隔层时，入射声强度级与透射声强度级之差，称传声损失。这是一个反映"无限大"隔层的隔声性能的参数。对于有限大面积的墙或间壁，因受边缘条件的影响，同样的隔层结构，其两侧的声级差可能有所不同，这时称之为该墙或间壁的隔声量。

1.4.3　隔声量和隔声指数

在工程上，常用隔声量 R 来表示构件对空气声的隔绝能力，它与构件透射系数 τ 有如下关系：

$$R = 10\lg\frac{1}{\tau} \qquad (1-35)$$

可以看出，构件的透射系数越大，则隔声量越小，隔声性能越差；反之，透射系数越小，则隔声量越大，隔声性能越好。同一结构对不同频率的入射声波有不同的隔声量。在工程应用中，常用中心频率为（125 ～ 4000Hz）的六个倍频带或（100 ～ 3150Hz）的 16 个 1/3 倍频带的隔声量来表示某一个构件的隔声性能。前者用于一般的表示，后者用于标准的表达。构件隔声量通常在标准隔声试验室中按现行系列国家标准《声学 建筑和建筑构件隔声测量》GB/T 19889.1 ～ 18 进行测量。考虑到人耳听觉的频率特性和一般构件的隔声频率特性，使用单一数值评价构件的隔声性能，即计权隔声量 R_w，R_w 能较好地反映构件的隔声效果，使不同构件之间有一定的可比性。

R_w 应按国家标准《建筑隔声评价标准》GB/T 50121—2005 确定，过程如下：

将一组精确到 0.1dB 的 1/3 倍频带空气声隔声测量在坐标纸上绘制成一条测量的频谱曲线。将具有相同坐标比例的并绘有 1/3 倍频程空气声隔声基准曲线的透明纸覆盖在绘有上述曲线的坐标纸上，如图 1-32 所示，见表 1-6，使横坐标相互重叠，并使纵坐标中基准曲线 0dB 与频谱曲线的一个整数坐标对齐。将基准曲线向测量的频谱曲线移动，每步 1dB，直至不利偏差（同一频带上隔声曲线比标准曲线低的值）之和尽量大，但不超过 32.0dB 为止。此时基准曲线上 0dB 线（500Hz 处）所对应的绘有测量频谱曲线的坐标纸上纵坐标的整分贝数，即该组测量所对应的单值评价量 R_w。

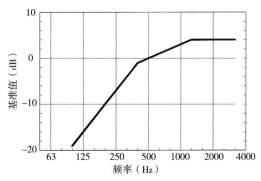

图 1-32 空气声隔声基准曲线（1/3 倍频程）

空气声隔声基准曲线基准值（500Hz 处定为 0dB） 表 1-6

频率 /Hz	1/3 倍频程基准值 /dB
100	−19
125	−16
160	−13
200	−10
250	−7
315	−4
400	−1
500	0
630	1

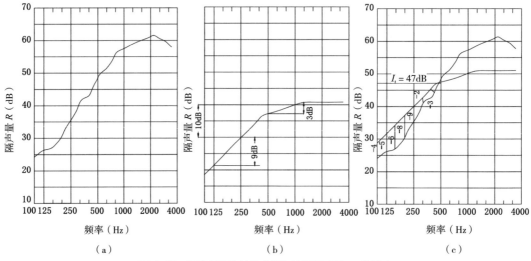

图 1-33　隔声量频率特性曲线和计权隔声量 R_W 的确定

（a）隔声量 R 的频率特性曲线；（b）确定计权隔声量 R_W 的标准曲线；（c）R_W 的确定（图中隔声曲线低于标准折线的 dB 数之和低于 32dB，但把标准折线再往上移 1dB，就会超过 32dB）

1.4.4　质量定律、吻合效应和临界吻合频率

如果把墙看成是无劲度、无阻尼的柔顺质量且忽略墙的边界条件，则在声波垂直入射时，可从理论上得到墙的隔声量 R_0 的计算式：

$$R_0 = 10\lg\left[1 + \left(\frac{\pi mf}{\rho_0 c}\right)^2\right] \tag{1-36}$$

式中　m——墙单位面积的质量，或称面密度（kg/m^2）；

　　　ρ_0——空气密度（kg/m^3）；

　　　c——空气中的声速，一般取 344m/s；

　　　f——入射声波的频率（Hz）。

一般情况下，$\pi mf \gg \rho_0 c$，即 $\frac{\pi mf}{\rho_0 c} \gg 1$，上式 1-36 便可简化为：

$$R_0 = 20\lg\left(\frac{\pi mf}{\rho_0 c}\right) = 20\lg m + 20\lg f - 43 \tag{1-37}$$

如果声波并非垂直入射，而是无规入射时，则墙的隔声量为：

$$R = R_0 - 5 = 20\lg m + 20\lg f - 48 \tag{1-38}$$

上述公式表明，墙的面密度与入射声波的频率越大，则隔声效果就越好。这两个因素各自每增加一倍，隔声量可分别各自增加 6dB。这一规律称为"质量定律"。质量定律直线，如图 1-34 所示。

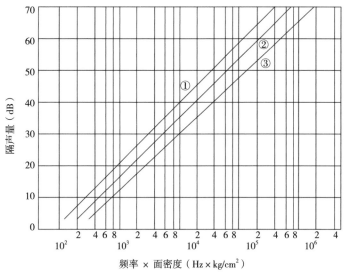

图 1-34　由质量控制的柔性板的隔声量
①正入射；②现场入射；③无规入射

应该指出，上述公式的推导是在一定的假设条件下得出的。计算结果与实测情况常有误差。尤其是吻合效应、侧向传声的影响，会使在某些频率范围内，隔声效果比质量定律计算结果要低得多。有些作者提出过一些经验公式，但都有一定的适用条件与范围。因此，通常都以标准实验室的测定数据作为墙体隔声量 R_0 的设计依据。

吻合效应　入射声波的波长与墙固有弯曲波的波长相吻合而产生的共振现象，称为吻合效应。单层匀质密实墙，实际上是有一定劲度的弹性板。在被声波激发后，会产生受迫弯曲振动。当声波以 θ 角斜入射到墙板上时，墙板在声波的作用下产生了沿板面传播的弯曲波，其传播速度为：

$$c_{\mathrm{f}} = \frac{c}{\sin\theta} \qquad (1-39)$$

式中　c——空气中的声速（m/s）。

面板本身固有的自由弯曲波传播速度 c_{b} 为：

$$c_{\mathrm{b}} = \sqrt{2\pi}f \cdot \sqrt[4]{\frac{D}{\rho}} \qquad (1-40)$$

式中　D——板的弯曲劲度，$D = \dfrac{Eh^2}{12(1-\sigma^2)}$　$(1-41)$

其中　E——板的动态弹性模量（N/m²）；

　　　h——板的厚度（m）；

　　　σ——板材料的泊松比，约为 0.3；

ρ——板材料的密度（kg/m³）；

f——自由弯曲波的频率（Hz）。

如果使得板受迫弯曲振动的声波的传播速度 C_f 与板固有的自由弯曲波的传播速度 C_b 相等时，就出现了"吻合"。这时，板就会在入射声波的策动下作大幅度的弯曲振动，促使入射声能大量透射到另一侧。其原理如图 1-35 所示。

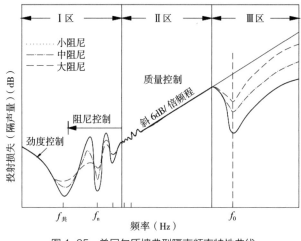

图 1-35　单层匀质墙典型隔声频率特性曲线

当声波垂直入射到板面，即 $\theta = \dfrac{\pi}{2}$ 时，可以得到吻合效应发生的最低频率，称为**"吻合临界频率"**或**"临界吻合频率"**，记作 f_c，由下式 1-42 表示：

$$f_c = \frac{c^2}{2\pi}\sqrt{\frac{\rho}{D}} = \frac{c^2}{2\pi h}\sqrt{\frac{12\rho\left(1-\sigma^2\right)}{E}} \tag{1-42}$$

当入射声波频率 $f > f_c$ 时，它总会和某一个入射角 $\theta\left(0 < \theta \leqslant \dfrac{\pi}{2}\right)$ 的固有频率相对应，产生吻合效应，原理如图 1-36 所示。

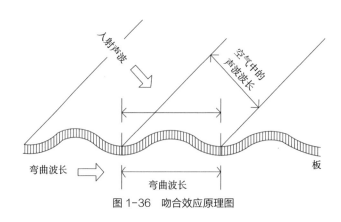

图 1-36　吻合效应原理图

入射声波如果是无规入射，在 $f=f_c$ 时，板的隔声量下降很多，隔声频率曲线在 f_c 附近就会形成低谷，称为吻合谷。从式（1-42）可以看出，薄、轻、柔的墙，f_c 高；而厚、重、刚的墙，则 f_c 低。几种常用材料的隔声量与不同厚度对吻合临界频率的分布范围如图 1-37、图 1-38 所示。

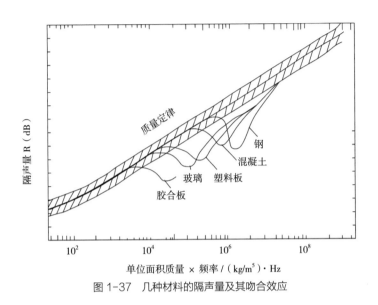

图 1-37 几种材料的隔声量及其吻合效应

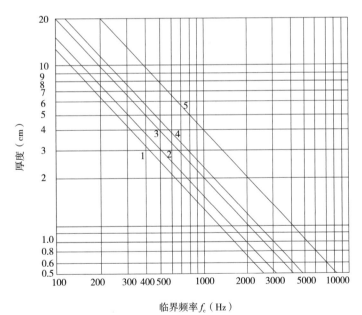

图 1-38 几种材料的厚度与吻合临界频率的关系
1. 钢、铝；2. 玻璃；3. 钢筋混凝土；4. 胶合板；5. 石膏板

如果吻合谷落在主要声频范围内（100 ~ 2500Hz），墙的隔声性能将大大降低，故应尽量避免。

1.4.5 侧向传声

建筑中对两个房间之间传声效果起到影响作用的不仅是它们共用的分隔墙体或楼板，还有其他侧向建筑结构等，因为这些构造都能对声音有吸收效果。所以，两个房间如果相距甚远，没有相邻，此时声音在房间之间的传播完全是侧向传声的结果。例如，房间内测得的表观隔声量 R' 往往比单一构件（隔墙、楼板等）的本体隔声量要低 2 ~ 5dB。特别要指出的是，两个房间如果有外墙或楼板连接时形成了侧向传声表面，声源房间发出的声音将在侧向表面产生振动，这个振动会导致声音接收房间接收到一部分振动辐射声。这种情形下的侧向传声会极大地增加噪声传递造成的干扰，降低隔声量。

防止侧向传声的基本原则有如下三种方式：

1. 重型侧向结构

针对类似于混凝土、砖石材料的重型结构的建筑物，侧向结构构造的质量很大，根据隔声的质量定律，侧向隔声性能良好，侧向传声问题不大。侧向结构的面密度至少为分隔结构的 70% ~ 80%，这样的结构意味着入射声引起的振动速度非常小，辐射声能非常小，因此传递到另一个房间的声能十分有限。

2. 断开侧向结构

分隔构造传声点处断开侧向结构是最有效的避免侧向传声的方法。虽然在实际处理中不容易做到，但是可以用适当的弹性层代替缝隙加以解决。此种方法对材料的选用以及正确施工的要求很高。如与夹芯板外墙在与之相连的混凝土墙外侧处断开，连接处用弹性材料密封；轻质混凝土顶棚在与之相连的混凝土墙外侧处断开，连接处用弹性材料密封，空隙中填充岩棉；轻型隔墙下带有空隙的浮筑楼板，楼板之间完全断开。具体如图 1-39、图 1-40 所示。

3. 降低辐射声传播

如果侧向结构为板材且吻合临界频率足够高，则板内由声音传入带致的振动多数被板材

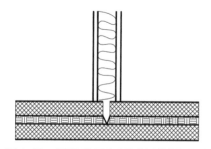

图 1-39　轻型隔墙下有空隙的浮筑楼板构造

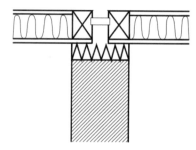

图 1-40　轻质木板外墙与重型墙连接做法

吸收，无法辐射出大量声能。例如厚度为 13mm 或更薄一点的石膏板，在临界频率以下，板材中的振动速度以低于空气中的声速传播。声音辐射效率被大幅降低。

三种降低辐射声做法如下：轻质木板外墙与重型隔墙的连接处，木板完全断开；重型隔墙伸至与外墙面近乎平齐，缺少的厚度尺寸做防漏声处理，可略微凸出木板墙面以外；轻质混凝土外墙，重型隔墙嵌入外墙内贴的 9mm 石膏板，并与混凝土面平齐，连接处用木板条固定，加强了防漏声问题，如图 1-41、图 1-42 所示。

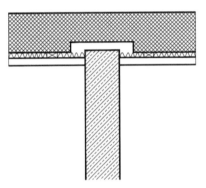

图 1-41　轻质混凝土外墙，内贴石膏板构造

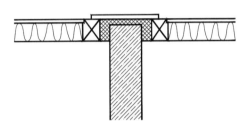

图 1-42　加强防漏声做法

1.4.6　标准化声级差

表征两个房间之间的空气声隔声性能，以接收室的混响时间作为修正参数。符号为 DnT，单位为 dB（分贝）。

1.4.7　声桥、声锁和声影区

声桥　双层墙的空气层之间固体的刚性连接，导致声音能通过此连接相互传导，破坏空气层的弹性层作用，使得墙体隔声量下降，故而应尽量避免声桥的出现。空心板、空心砌块、砌筑空斗墙之类的建筑构件内的空腔是不起隔声作用的空气层，就是空腔内部有众多声桥而令隔声失效的。

声锁　一般又指声闸，对于有特殊声学要求的用房，如录音室、录音棚等，需要有能吸收大量声能的小室或者走廊。只使用单道隔声门不能完全满足这类用房的隔声要求，通常较为简便的处理方法是设置双道门，且在两门之间设置吸声结构，构成声锁，常见的两种隔声门构造做法如图 1-43 所示。还有一些人流量较大的建筑，如剧场、影院等，由于门经常开启，因此要设置声闸以提高隔声量。

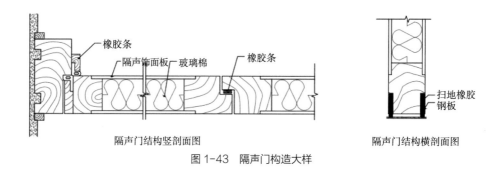

图 1-43　隔声门构造大样

声影区　声衍射原理削弱了开敞式办公室隔断或室外噪声屏障的声音衰减效果。声波沿墙体的周边弯曲并越过这些墙体。显然，声衍射作用影响到隔断或者屏障的降噪效果，其原理与隔断采用的是什么材料并无关联。

1.5　噪声与振动控制

1.5.1　噪声、背景噪声和环境噪声

噪声　紊乱无规断续或统计上随机的声振荡。对人而言，噪声泛指人们不需要的声音，会对人产生一系列的烦恼与危害，带来噪声污染。

背景噪声　在某一个区域内，除被关注的感兴趣的特定目标声源以外的所有噪声产生的声音。

环境噪声　在某一点由该区域内所有噪声源形成的声音。具体是指在工业生产、建筑施工、交通运输和社会生活中所产生的干扰周围生活环境的声音。环境噪声是为保护人群健康和生存环境，对噪声容许范围所作的规定。其制定原则，应以保护人的听力、睡眠休息、交谈思考为依据，应具有先进性、科学性和现实性。环境噪声标准的推出以环境噪声基本标准为基本依据。各国大多参照国际标准化组织（ISO）推荐的基数（例如睡眠 30dB），并根据本国和地方的具体情况而制定。

环境噪声的三个主要特征：

1. 主观感觉性

声环境影响是种感觉性公害，原因是它不仅取决于噪声强度的大小，而且取决于受影响人当时的行为状态，并与本人的生理（感觉）与心理（感觉）因素有关。不同的人，或同一人在不同的行为状态下对同一种噪声会有不同的反应。

2. 局地性和分散性

声环境影响的局地性和分散性在如下两个方面：其一，任何一个环境噪声源，由于距离发散衰减等因素只能影响一定的范围，超过一定距离的人群就不会受到该声源的影响；其二，环境的噪声源是分散的，可以认为噪声源是无处不在的，人群可受到不同地点的噪声影响。

3. 暂时性

声环境影响的暂时性：噪声源一旦停止发声，周围声环境即可恢复原来状态，其影响可随即消除。

《中华人民共和国环境噪声污染防治法》，国务院环境保护行政主管部门分别对不同的功能区制定国家声环境质量标准，环境噪声排放相关标准。

1.5.2 噪声控制、噪声降低、噪声控制标准和室内外声级降低值

噪声控制 是一门研究如何获得适当声学环境的技术科学，即追求的目标是在经济、技术、施工等各个要求上合理的声学环境，而并非噪声越低越好。我国心理学界认为，控制噪声环境，除考虑人的因素之外，还须兼顾经济和技术上的可行性。在实际生活与生产中，例如在有些工业环境中，出于保护听力的考虑，使得声源或环境噪声级降到70dB（A）最为理想，但是很多时候技术上达不到，无法兼顾合理性、经济性与操作的便捷性，难以保证生产力维持在正常水平等，诸如此类的因素都会导致最后采取折中的声压级标准，但是不突破听力保护的声压级上限90dB（A）是必须达到的要求。再如某些极端条件下，即使最基本的90dB（A）也无法保证，这时就需要在接收者身上做个人防护，如佩戴耳罩，或在接触噪声时间上进行干预，比如噪声仅仅在上午的10：00～10：30这一时间段内（持续30分钟）出现，这个时段可令工作人员离开噪声环境，或者做好有效的听力防护。

噪声控制不等同于噪声降低。有时增加噪声可以减少干扰，例如在面积很大的开敞式办公室内发出白噪声，建立均匀的室内 A 声级噪声场，能够将相邻组的谈话等噪声淹没掉，从而隔离了各组之间的噪声，避免了互相干扰，例如，1200Hz 掩蔽声的阈值变化如图 1-44 所示。在医生候诊室、保密谈话室或会议室等，都可以发出白噪声，将室内谈话声淹没，达到噪声控制的目的，如图 1-45 所示。

为防止环境噪声污染的危害，我国著名声学家马大

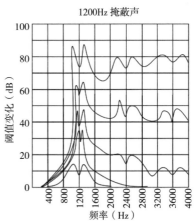

图 1-44 1200Hz 掩蔽声的阈值变化

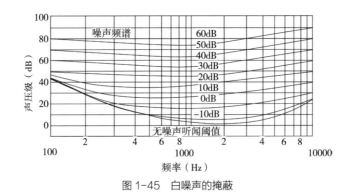

图 1-45　白噪声的掩蔽

猷教授曾总结和研究国内外现有各类噪声的危害和标准，提出了三条分别针对不同保护目标的建议，给出了各自的噪声允许值，见表 1-7。

三条噪声保护建议值　　　　　　　　　　　　　　　　　表 1-7

保护目标	听力和身体健康	保障交谈和通信联络	睡眠
噪声的允许值（dB）	75 ~ 90	45 ~ 60	35 ~ 50

充分的噪声控制，必须考虑噪声源、传播途径、受者所组成的整个系统。控制噪声的措施可以针对上述三个部分或其中任何一个部分。控制方法可以从噪声源降噪、传播途径降噪，接收者防护三个层面考虑。

（1）利用噪声源的指向性声源位置。

（2）改变声源在传音途径上降低噪声，控制噪声的传播，改变声源已经发出的噪声传播途径，如采用吸声、隔声、声屏障、隔振等措施，以及合理规划城市和建筑布局等。

（3）受声者或受声器官的噪声防护，在声源和传播途径上无法采取措施，或采取的声学措施仍不能达到预期效果时，就需要对受声者或受声器官采取防护措施，如长期职业性噪声暴露的工人可以戴耳塞、耳罩或头盔等护耳器。

前两个层面具体可以从有源降噪、吸声降噪、隔声降噪等方面采取技术措施。近年来，出现一些噪声控制的新材料与新技术。吸声材料和构造如穿孔吸声板，陶瓷地面扩散体，砂岩吸声喷涂，聚砂吸声板以及一些吸声结构等。

噪声降低　又称降噪量。采取任何措施降低噪声的过程。降低噪声的程度用分贝数表示。例如，在建筑物中，利用吸声材料使室内噪声降低获得的降噪量。即指将噪声的声压级降低。如低噪声路面等措施。

噪声控制标准　噪声控制标准是指在各种条件下为各种目的而规定的容许噪声级的标准。我国已颁布城市区域环境噪声标准《声环境质量标准》GB 3096—2008 和机动车辆噪声标准《汽车加速行驶车外噪声限值及测量方法》GB 1495—2002，以及工业企业噪声卫生标准（试行草案）等一系列国家级或部级标准。

1. 噪声控制标准制定的准则

（1）满足环境保护（如听力保护、健康保护、语言交流的保护、脑力劳动环境的保护）要求的最高限值。

（2）完全符合要求的理想值。

要符合国家的法律、法规，如 1996 年 10 月 29 日第八届全国人民代表大会常务委员会第二十二次会议通过的《中华人民共和国环境噪声污染防治法》。

2. 我国的噪声标准体系

我国的噪声标准是以国际标准化组织（ISO）推荐发布的标准为基础，针对不同对象、不同时间和场合、不同保护要求，并根据噪声的特性，在科学实验和数据统计分析及参考国外标准并结合我国的实际情况、法律等而制定的噪声评价量限值及其测量方法。大致分类如下：

（1）环境质量标准：用于保障与评价室内和功能区域内声环境质量。如《声环境质量标准》GB 3096—2008 的摘录。

（2）噪声排放标准：用于控制噪声源周边场界的噪声污染。如《社会生活环境噪声排放标准》GB 22337—2008 的摘录，但不适用于船舶噪声排放。

（3）产品噪声标准：主要用于控制噪声源的辐射水平和特征及测量规范与方法，实质是一种产品噪声排放标准。

3. 噪声标准制定准则

噪声控制标准是在各种条件下，根据需要和可能、根据我国的国情和法律及本国的技术、科技和经济条件，为各种目标规定而制定的容许噪声级的标准。

国际标准化组织声学委员会（ISO/ TC43）推荐的噪声控制标准和一些发达国家使用的噪声控制标准，看起来比较复杂，但其原则还是比较清楚的。由于各国、各地区的经济、技术和人的要求不同、各国的法律不同，不可能取一个全世界、全国、全区域统一的标准。所以ISO 对标准的制定提出了一些建议：

（1）满足环境保护（听力保护、健康保护、语言交流和脑力劳动可能环境保护）要求的最高限值。

（2）完全符合要求的理想值。

ISO 建议的环境评价标准见表 1–8。

ISO 建议的环境评价标准表　　　　　　　　　　　　表 1-8

要求			L_{eq} 理想值（dBA）	L_{eq} 极大值（dBA）
防止听力损失			70	90
防止干扰	户外	6：00 ~ 20：00	50	70
		20：00 ~ 6：00	40	60
	室内	6：00 ~ 20：00	40	60
		20：00 ~ 6：00	30	50

室内外声级降低值　室内楼上噪声降低方法可采用浮筑隔振隔声层；楼下住户可采用隔声吊顶，用龙骨架空，配合使用吸声棉、隔声毡或隔声板等材料，降低楼上噪声向下辐射的声级值。

（1）降低墙壁光滑度：如果墙壁过于光滑，室内声音容易在接触光滑的墙壁时产生回声，增加噪声级值。可选用吸声效果好的壁纸等装饰材料，或者利用文化石等表面粗糙的装修材料，从而降低反射声、回声。

（2）室内色彩、光线要柔和：如果地板、顶棚、墙壁等过于光亮，会干扰人体中枢神经系统，使得人神经紧张，容易对噪声敏感。因此室内装饰应光线柔和。

（3）木质家具能吸收噪声：木质家具纤维多，孔洞多，能吸收噪声。木质家具的体积、数量要适当，避免过多引起多余的声响，也减弱过少引起的声音室内共鸣。

（4）巧用布艺：窗帘、地毯等厚实的窗帘帷幔织物有较好的吸声作用和效果，达到吸声降噪的目的。

（5）临界的窗户改成隔声窗：外界噪声入侵室内带来的影响非常大，而隔声窗、中空玻璃隔声窗等是隔绝外界噪声，降低室内外声级值的有效措施。图 1-46 为一种隔声窗的构造实例。

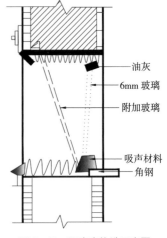

油灰
6mm 玻璃
附加玻璃
吸声材料
角钢

图 1-46　隔声窗构造示意图

1.5.3　等效连续 A 声级

声级是将各个频率的声音计权相加，得到的声音计量值。而 A 声级即为 A 计权声级，A 声级分贝通常计为 dB（A），是各个频率的声音通过 A 计权网络后再按分贝求和的数值。A 声级反映了人耳对低频声和高频声不敏感的听觉特性。A 计权声级网络相当于一个过滤器，某一频率的声压级的分贝数减去相应 A 计权值，得到的即是 A 声级，这一值越大，表明声音听起来越响。

等效连续声级是声音存在变化时，在一段时间内的声压级的平均，反映噪声的"等效"影响，计为 L_{eq}。当对某一声环境的质量采用 A 声级的 L_{eq} 进行评价时，评价值用 L_{Aeq} 表达，即为等效连续 A 声级。此外，还有 B、C、D 计权网络，如图 1-47 所示。

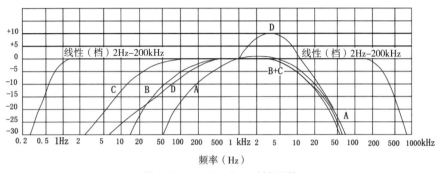

图 1-47　A、B、C、D 计权网络

1.5.4　累计分布声级

累计分布声级用声级出现的累积概率表示随时间起伏的随机噪声的大小，比如交通噪声可以用 L_{eq}，还可用累计分布声级 Ln。累计分布声级 Ln 表示测量的时间内有 n% 的时间噪声超过多少声级。例如 $L10 = 70$dB 表示测量时间内有 10% 的时间声压级超过 70dB。通常在噪声评价中多用 $L10$，$L50$，$L90$，$L10$ 表示起伏噪声的峰值，$L50$ 表示中值，$L90$ 表示背景噪声。其单位是 dB（A）。

1.5.5　有效感觉噪声级

感觉性公害，原因是它不仅取决于噪声强度的大小，而且取决于受影响人当时的行为状态，并与本人的生理（感觉）与心理（感觉）因素有关。不同的人，或同一人在不同的行为状态下对同一种噪声会有不同的反应。

1.5.6　噪声污染级

噪声污染级（LNP）是综合能量平均和变动特性（用标准偏差表示）两者的影响而给出的对噪声的评价量。综合能量平均和变动特性（用标准偏差表示）两者的影响而给出的对噪声的评价量。

许多非稳态噪声的实践表明，涨落的噪声所引起人的烦恼程度比等能量的稳态噪声要大，并且与噪声暴露的变化率和平均强度有关。经实验证明，在等效连续声级的基础上加上一项表示噪声变化幅度的量，更能反映实际污染程度。用这种噪声污染级评价航空或道路的交通噪声比较恰当。故噪声污染级（LNP）公式为：

$$LNP = L_{eq} + K\sigma \tag{1-43}$$

式中　K——常数，对交通和飞机噪声取值 2.56；

　　　σ——测定过程中瞬时声级的标准偏差；

　　　L_{eq}——等效声级。

如噪声服从高斯分布，则 $LNP = L50 + d + d^2/60$ 　　　　　（1-44）

式中　$d = L10 \sim L90$；

$L10$ 是测量时间内出现时间或次数在 10% 以上的声级，其余类推。

噪声污染级适用于对许多公共噪声的评价，如航空或者道路交通噪声。它与噪声暴露的物理测量相比较，其一致性很好。但是，还没有见到进一步说明噪声污染级与人们对噪声主观反应的相关程度的其他实验数据。

1.5.7　再生噪声

环境科学中的一个名词。气流在管道中或消声器中产生的噪声，其大小与气流速度和气流经消声器的压降有关。再生噪声会降低消声器的效果甚至使之完全失效。

1.5.8　自然衰减

通风和空气调节系统的噪声在传播过程中，由于气流同管壁的摩擦，部分声能转化为热能，以及管道截面变化和构造不同，部分声能反射回声源处，从而使噪声有所衰减的量。

1.5.9　听力损失和听觉疲劳

噪声性听力损失是一种累积性听力损伤，其形成会经历几个阶段：

（1）听觉适应。

起初的噪声暴露初期，强度较低，暴露时间较短，离开噪声环境后，人耳出现短时间的耳鸣和听力下降，数分钟后症状消失，听力恢复正常，这种持续时间极短的听阈升高的现象，称为听觉适应。听觉适应是一种感觉器自我保护的生理现象。

（2）听觉疲劳。

强度较大，暴露时间较长的噪声暴露，离开噪声环境后，人耳出现耳鸣和听力下降的程度加重，时间延长，恢复到正常水平的需要数个小时或者数天，此阶段称之为听觉疲劳。听觉疲劳是耳蜗毛细胞开始出现损伤的重要标志。

（3）早期听力损失。

长期反复地暴露在噪声中，听觉疲劳的程度和症状加重，逐渐发展为某些频率的阈移动不能恢复，病变进入早期噪声性聋阶段。早期噪声性听力损失是耳蜗基底膜的某些局部毛细胞出现病变的重要阶段，此阶段最显著的特点是人耳对 4000 ~ 6000Hz 频率声音的听力下降，其他频率的听力未受影响。

（4）听力损失。

噪声性听力损失的患者如果不立即停止噪声暴露或采取有效的防护措施，听力损失的程度将加深，影响的频率也将增多，最终可能使得听觉能力严重受损，以致噪声性耳聋。

1.5.10　振荡、振动和简谐运动

振荡　声源发声后，声能在弹性介质中传播，引发质点在平衡位置附近的运动。

振动　通常发生于实际的机械系统中，具有机械振动特性。振动系统是实际机械系统的抽象化模型，常以简化的物理模型对其进行表征，借助各种力学原理和定理建立描述这一物理模型的数学表达式。

振动系统都具有一定的质量（或惯性）和弹性（或刚性）。因此，具有一定质量的振动系统，发生运动时具有动能。同时，系统的弹性会导致运动时的变形，进一步产生势能。动能与势能不断变换使得振动系统的运动得以持续进行。

对振动有以下几种分类方式：

（1）根据振动在时间历程内的变化特征，按照振动激发是否具有规律性可以分类为：确定性振动与随机振动。

其中确定性振动可描述为一个系统受到确定性激励后产生的振动，可以用确定性函数来表示；随机振动可理解为一个系统受到随机性激励后产生的振动，无法用确定性函数来表示。

随机振动虽然不是单个的振动现象，是大量振动现象的集合，它们看起来杂乱，但是总体上遵循一定的统计规律，可以用统计规律来分析。

（2）按照振动力学特征分类：自由振动和固有频率、强迫振动和共振物体、自激振动。

自由振动是系统受初始干扰或原有外激振力取消后产生的振动。振动只靠其弹性恢复力来维持，当有阻尼时振动便逐渐衰减。自由振动的频率只决定于系统本身的物理性质，称为系统的固有频率。

强迫振动是指系统在持续外激振力作用下产生的振动，如不平衡、不对称引起的振动，此时系统与外激振力成为共振物体。通常指机械系统受外界持续激励所产生的振动。简谐激励是最简单的持续激励。受迫振动包含瞬态振动和稳态振动。在振动开始一段时间内所出现的随时间变化的振动，称为瞬态振动。经过短暂时间后，瞬态振动即消失。系统从外界不断地获得能量来补偿阻尼所耗散的能量，因而能够作持续的等幅振动，这种振动的频率与激励

频率相同，称为稳态振动。例如，在两端固定的横梁的中部装一个激振器，激振器开动短暂时间后横梁所做的持续等幅振动就是稳态振动，振动的频率与激振器的频率相同。系统受外力或其他输入作用时，其相应的输出量称为响应。当外部激励的频率接近系统的固有频率时，系统的振幅将急剧增加。激励频率等于系统的共振频率时则产生共振。在设计和使用机械时必须防止共振。例如，为确保旋转机械安全运转，轴的工作转速应处于其各阶临界转速的一定范围之外。

自激振动是指系统在输入和输出之间具有反馈特性，并有能源补充而产生的振动，如油膜振荡、喘振等。在非线性振动中，系统只受其本身产生的激励所维持的振动。自激振动系统本身除具有振动元件外，还具有非振荡性的能源、调节环节和反馈环节。因此，不存在外界激励时它也能产生一种稳定的周期振动，维持自激振动的交变力是由运动本身产生的且由反馈和调节环节所控制。振动一停止，此交变力也随之消失。自激振动与初始条件无关，其频率等于或接近于系统的固有频率。如飞机飞行过程中机翼的颤振、机床工作台在滑动导轨上低速移动时的爬行、钟表摆的摆动和琴弦的振动都属于自激振动。

（3）按照振动频率分类：低频振动、中频振动和高频振动。

小于等于20Hz频率的振动称之为低频振动，低频振动带来破坏的主要因素是应力的强度大小，位移量与应力、应变直接相关联，因此只要测量出位移即可推得其余参数。

中频振动的频率范围为大于20Hz，小于等于1000Hz，由于振动部件的疲劳程度与振动速度成正比，振动能量与振动速度的平方成正比，在这个范围内，部件主要表现为疲劳破坏，如点蚀、剥落等，因此主要测量是速度。

高频振动的频率指大于1000Hz，由于加速度表征振动部件所受冲击力的强度，冲击力的大小与冲击的频率和加速度值相关，因此加速度是主要的测量参数。

稳态振动　观测时间内振级变化不大的环境振动。

冲击振动　具有突发性振级变化的环境振动。

受迫振动　也称为强迫振动，是振动系统在外来周期性力的持续作用下所产生的振动，其中"外来周期性力"称为驱动力（或强迫力）。受迫振动规律为物体做受迫振动时，振动稳定后的频率（周期）等于驱动力的频率（周期），与物体的固有频率（周期）无关。

无规振动　未来任何时刻不能预先确定振级的环境振动。

简谐运动　是最简单也最基本的机械振动。质点所受的回复力与偏离平衡位置的位移大小成正比时质点所做的运动。描述简谐运动的物理表述有振动加速度级 VAL，振动级 VL，累积百分振级。

共振　当一物体暴露在某一特定频率（通常是此物体的固有频率）的声音下时，该物体的振动幅度会变大的物理现象。例如一个特定长度的管风琴管有特定的共振频率，当声源发出与其频率一致的声音时即发生共振。

简正振动方式　又称简正模式或简正波（normal wave），属于最简单、最基本的振动形式，是无阻尼系统的一种自由振动方式，其频率称为简正频率。一个系统的简正模式所对应的简正频率反映了系统的固有频率特性。

在线性叠加前提下，系统的任何复合运动可分解为简正振动方式的和。

1.5.11　隔振、积极隔振、消极隔振和隔振器

隔振　振动源与振动形式多种多样，隔绝振动遵循的原理也不尽相同。

振动对人的影响。普遍存在的振动源有自然振动源与人工振动源两大类；自然振动源如海浪、地震和风振等，人工振源如各类动力机器的运转、建筑施工打桩和人工爆破、交通运输工具的运行等。人为产生的振源带来振动波，一般在地表土壤中传播，通过建筑物的基础或地坪传至人体、精密仪器设备或建筑物本身，这会对人和物造成破坏。

人工振动源一般包括工业振动源与交通振动源。

工业振动源来自工业生产活动中常使用的机械设备，比如风机、电机、泵类、压缩机、纺织机、冲压机、锻锤、切割机、破碎机、剪机板等，这些设备运转时产生的振动形成振动源。这些机械振动源根据工作原理不同分为以下几类：旋转运动式振动、往复运动式振动、锻压式振动、传动式振动、管道振动。

交通振动源是交通运输工具产生的振动，包括道路交通振动、铁路交通振动、城市轨道交通振动等。

（1）转动设备的振动。

转动的设备产生振动，振动通过基础向四周结构传递。对于旋转的转动设备，如风机、水泵和某些机床等，主要以旋转频率为主导振动频率。如某风机的转动频率为3000转/分钟，那么它正常工作时，振动频率主要在50Hz。对于往复运动的设备，如气泵、活塞泵、压缩机、内燃机和蒸汽机等，因其运动形式不但包括旋转，还包括曲柄连杆的往复运动，往复发生冲力和撞击，振动形式复杂，存在各种频率分量的振动频率。如气泵的振动，每次活塞的往复冲击相当于在设备上使用锤子敲打，从低频到高频都有很大振动。

设备产生的某一频率的振动在建筑结构中传播过程中，频率将保持不变，振动的强度可能发生不同变化，既可能增大，也可能降低。降噪工程中总是希望尽可能降低振动的传播，减少结构辐射噪声。但是，当振动发生共振时，振动被增大，严重时会损坏设备和结构。

（2）固有频率。

转动设备和其支撑结构是一个振动单体，振动通过支撑结构传递给基础。每一个振动单体都存在固有频率，即设备在该频率上振动时，发生共振，振动传递给基础的幅度最大。固有频率是物体的自然属性，只与物体的重量和支撑的弹性有关，不受外界作用的影响，与设备运转的状态无关。物体重量越大，支撑结构弹性越弱，固有频率越低。发生共振时，能量

在固有频率上无穷叠加，理论上传递到基础的振动幅度将达到无穷大，基础将被破坏，无坚不摧。曾经发生士兵列队行进时步伐的频率与大桥共振频率一致，发生共振，大桥坍塌。一般情况下，发生共振的时间很短，能量有限，而且，振动时由于阻尼消耗了能量，共振不会达到无限大。但是，共振时，能量叠加到原来的 10 倍、100 倍、1000 倍或更大也是可能发生的事情。

设备启动时，转动频率会由静止逐渐增大到稳态频率，设备停止时，转动频率会从稳态频率逐渐降低到静止。如果发生共振的频率低于稳态频率，那么，设备启停时，转动频率将在某一小段时间内和共振频率相同或近似而发生共振，共振的频率区域被称为共振区。设备启停应尽量迅速通过共振区，防止因共振产生过大的振动。

弹簧系统固有频率与弹簧静态下沉量有关。弹簧静态下沉量是指，在静态荷载状态下，弹簧被压缩的长度。

经验计算公式为：

$$f_0 = \frac{1}{2 \cdot \sqrt{delt}} \tag{1-45}$$

式中　f_0——固有频率，单位为 Hz；

　　$delt$——静态压缩量，单位为 m。

撞击振动　使用手指敲击桌面时，会发出"当当"的声音，其原因是，手指撞击使桌面发生了振动，振动向外辐射了声音。撞击振动的特点，表现为作用时间短，振动冲击能量大，频率分量丰富。我们听到的"当当"声音与桌面的固有频率有关，手指撞击到桌面在桌面上产生了各种频率分量的振动，固有频率附近的振动被加强，较多地辐射到空气中，形成空气声被人听闻。锣鼓等由于缺少阻尼，敲击后，共振非常强烈，能量消耗比较持久，声音很大，如果将其粘上橡胶，阻尼增大，共振减弱，声音变小。

隔振原理　如图 1-48 所示，为振动传递的频率特性曲线。横坐标是频率比 z，即设备振动频率与固有频率的比值。纵坐标是传递系数 η，即设备振动的幅度与传递到基础上的幅度的比值。设备频率 f 等于固有频率 f_0 时，即频率比 $z=1$ 时，发生共振，设备传递给基础的振动达到最大。当 f 小于 $\sqrt{2}\ f_0$ 时，即频率比 $z < \sqrt{2}$ 时，设备传递给基础的振动大于设备自身的振动。当设备频率 f 大于固有频率 f_0 的 $\sqrt{2}$ 倍时，即频率比 $z > \sqrt{2}$ 时，设备传递给基础的振动将小于设备的振动，而且 f 与 f_0 的比值越大，传递给基础的振动越小。当设备频率 f 等于固有频率 f_0 的 $\sqrt{2}$ 倍时，即频率比 $z = \sqrt{2}$ 时，设备传递给基础的振动等于设备的振动，即振动无衰减地传递。以上理论为理想振动的传递规律。存在阻尼时，传递规律有所变化：振动频率在共振频率附近（$z \approx 1$）时传递到基础的振动幅度将随阻尼的加大而降低；振动频率较高时（$z > \sqrt{2}$）传递到基础的振动幅度将随阻尼的加大而增大，但不会大于设备振动幅度。

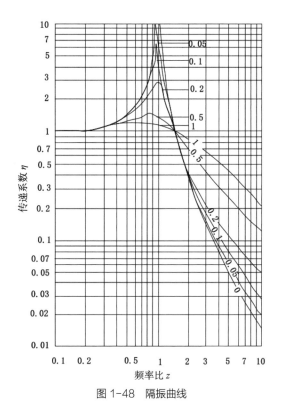

图 1-48　隔振曲线

因此，基本的隔振原理是：使振动尽可能远大于共振频率的 $\sqrt{2}$ 倍，最好设计系统的固有频率低于振动频率的 5～10 倍以上。振动通过共振区时还需增大阻尼，防止短时激振。

（3）单自由度系统。

确定一个机械系统的运动状态所需的独立坐标数，称为系统的自由度数。分析一个实际机械结构的振动特性时需要忽略某些次要因素，把它简化为动力学模型，同时确定它的自由度数。简化的程度取决于系统本身的主要特性和所要求分析计算结果的准确程度，最后再经过实测来检验简化结果是否正确。最简单的弹簧质量系统是单自由度系统，它是由一个弹簧和一个质量组成的系统，只用一个独立坐标就能确定其运动状态。根据具体情况，可以选取线位移作为独立坐标，也可以选取角位移作为独立坐标。以线位移为独立坐标的系统的振动，称为直线振动。以扭转角位移为独立坐标的系统的振动，称为扭转振动。

（4）多自由度系统。

不少实际工程振动问题，往往需要把它简化成两个或两个以上自由度的多自由度系统。例如，在研究汽车垂直方向的上下振动时，可简化为以线位移描述其运动的单自由度系统。而当研究汽车上下振动和前后摆动时，则应简化为以线位移和角位移同时描述其运动的 2 自由度系统。2 自由度系统一般具有两个不同数值的固有频率。当系统按其中任一固有频率自由振动时，称为主振动。系统做主振动时，整个系统具有确定的振动形态，称为主振型。主振型和固有频率一样，只决定于系统本身的物理性质，与初始条件无关。多自由度系统具有多个固有频率，最低的固有频率称为第一阶固有频率，简称基频。研究梁的横向振动时，就要用梁上无限多个横截面在每个瞬时的运动状态来描述梁的运动规律。因此，一根梁就是一个无限多个自由度的系统，也称连续系统。弦、杆、膜、板、壳的质量和刚度与梁相同，具有分布的性质。因此，它们都是具有无限多个自由度的连续系统，也称分布系统。

（5）单层隔振。

单自由度系统如图 1-49 所示，当系统中质量、弹簧弹性刚度、阻尼分别用 M、K 和 R 表示时，振动系统如图所示，形成单层隔振，其中 M 代表动力设备的质量（忽略其刚度和阻尼），K 代表隔振器弹簧的刚度，R 代表隔振器阻尼特性（不考虑隔振器的质量），该系统在周期性外力 F 作用下产生振动，即支撑动力设备的隔振器与刚性地基之间的动力学关系。

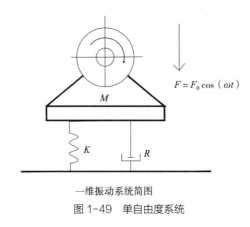

一维振动系统简图

图 1-49　单自由度系统

如图 1-49 所示，系统在 x 方向受到一力 $F = F_0 \cos(\omega t)$ 的作用，则其运动微分方程为：

$$M\ddot{x} + R\dot{x} + Kx = F_0 \cos(\omega t) \tag{1-46}$$

式中　F_0——周期力的幅值；

　　　ω——激振圆频率。

稳态解为

$$x(t) = x(\omega) \cos(\omega t - \theta) \tag{1-47}$$

振幅为

$$x(\omega) = \frac{F_0 / K}{\sqrt{\left[1 - \left(\dfrac{\omega}{\omega_0}\right)^2\right]^2 + \left[2\xi\left(\dfrac{\omega}{\omega_0}\right)\right]^2}} \tag{1-48}$$

式中　ξ——阻尼比，$\xi = \dfrac{R}{2\sqrt{KM}} = \dfrac{R}{R_0}$；

　　　R_0——系统临界阻尼，$R_0 = 2\sqrt{KM}$；

　　　ω_0——系统固有圆频率，$\omega_0 = \sqrt{\dfrac{K}{M}}$。

（6）双层隔振。

积极隔振　按照隔振目的隔振可以分为主动隔振（积极隔振）和被动隔振（消极隔振）两类。主动隔振（积极隔振）系统的隔振目的是降低设备的扰动对周围环境的影响，同时使设备自身的振动减小。

消极隔振　就是被动隔振系统，其隔振的目的是减少地基振动对设备的影响，使设备的振动小于地基的振动，达到保护设备的目的。

隔振器　按照隔振器有源与否也有被动隔振、主动隔振和半主动隔振之分。被动隔振（消极隔振）是在振源与系统之间加入弹性元件、阻尼元件甚至惯性元件以及它们的组合所构成的子系统。主动隔振（积极隔振）也叫有源隔振，一般是在被动隔振的基础上，并联或串联一个能产生满足要求的力作动器，或者用力作动器代替被动隔振装置的部分或全部元件，通过适当的动态主动力来达到隔振的目的，这种隔振装置需要系统中有能源装置提供能量支持隔振装置工作。

1.5.12　插入损失

插入损失表述为隔振器采取隔离措施前后基础响应的有效值之比的常用对数的 20 倍。

1.5.13　阻尼、阻尼比和临界阻尼

阻尼（damping）是指摇荡系统或振动系统受到阻滞使能量随时间而耗散的物理现象。船舶或漂浮的海洋结构物在波浪中作摇荡运动时，阻尼主要是黏性阻尼、兴波阻尼等外部阻尼。

对船舶或海洋结构物的结构振动而言，则除外部阻尼外，尚有各结构构件在振动时相互摩擦的阻尼和材料的内部阻尼。阻尼分线性和扭转两种。线性阻尼是两个零部件沿着特定的方向移动一段距离的力，可以指定两个零件上阻尼的位置，据此来计算阻尼力。

结构响应　动载荷作用下的结构响应很大程度上取决于阻尼特性。因此，了解结构的阻尼极为重要。卫星结构的阻尼机理很难描述。产生阻尼的最重要因素有：材料阻尼、连接部位的阻尼、空气阻尼效应。为了建立适当的阻尼数学模型，研究者们付出了大量的努力，提出了黏性阻尼、结构阻尼、黏弹性阻尼、库仑阻尼或更一般的非线性阻尼。

对空间结构来说，阻尼模型中一般规定阻尼正比于速度。即 Fdamping=cxI（t）式中，c 为阻尼常数（Ns/m）。

1. 作用

（1）阻尼有助于减小机械结构的共振振幅，从而避免结构因动应力达到极限造成结构破坏。

（2）阻尼有助于机械系统受到瞬时冲击后，很快恢复到稳定状态。

（3）阻尼有助于减少因机械振动产生的声辐射，降低机械性噪声。许多机械构件，如交通运输工具的壳体、锯片的噪声，主要是由振动引起的，采用阻尼能有效抑制共振，从而降低噪声。

（4）阻尼可以提高各类机床、仪器等的加工精度、测量精度和工作精度。各类机器尤其是精密机床，在动态环境下工作需要有较高的抗振性和动态稳定性，通过各种阻尼处理可以大大提高其动态性能。

（5）阻尼有助于降低结构传递振动的能力。在机械系统的隔振结构设计中，合理地运用阻尼技术，可使隔振、减振效果显著提高。

阻尼测量方法：

总的来说阻尼测量方法有三种：①对数衰减方法；②正弦扫描方法；③随机响应方法。对数衰减法是给结构一个初始激励，记录下结构的自由衰减响应时程，得到结构阻尼。

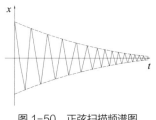

正弦扫描或随机响应方法都是给结构施加激励，记录下结构的振动响应时程，并对响应时程做频谱分析，采用半功率带宽法得到结构阻尼。这两种方法的区别在于施加的激励不同，一种是正弦激励，一种是随机激励。图1-50所示的是理想情况下的频谱图，对于大多数结构来说，频谱分析都不能得到光滑单峰的频谱曲线，因此通常先采用最小二乘法对频谱曲线进行拟合，再根据图1-50的方法得到结构阻尼。

图1-50　正弦扫描频谱图

2. 状态

（1）无阻尼导航状态。

导航过程中，惯性系统的水平和方位回路均不加任何阻尼校正网络的导航工作方式。

根据舒勒调谐原理可知，当系统回路具有84.4分钟的舒勒调谐周期时，系统能在接近地球表面处以任何方式运动而不会产生受激振荡，即系统不受载体运动加速度的影响。惯性导航系统中常用此原理以消除载体机动时对导航系统的影响。惯性导航系统中，还常用无阻尼导航方式实现加速度计的标定，以使回路振荡周期满足舒勒调谐条件。

（2）水平阻尼导航状态。

导航过程中惯导的水平回路加入阻尼校正网络的导航方式。

惯性导航系统中，为缩短惯性平台的水平调平时间，实现水平回路的快速校正，常在水平回路中引入阻尼环节，以提高系统振荡频率，缩短系统振荡周期。

（3）外速度阻尼导航状态。

亦称外阻尼。导航过程中利用外部速度信息与惯导内部计算得到的速度信息进行比较，以其差值对系统进行阻尼的导航工作方式。

为使舒勒周期振荡加以衰减，常在舒勒回路中加入水平阻尼网络。自系统本身取出的速度信息，通过阻尼网络再加到系统中去，以达到阻尼的目的，这种阻尼方式通常称为内阻尼。内阻尼加到网络中，将导致系统不再满足舒勒调谐条件，破坏了加速度对系统的无干扰条件，因而在载体运动时，必将产生系统误差，这种误差随加速度和速度的增加而增加，而且需要经过几个振荡周期才能逐渐衰减下来。为克服引入阻尼后所产生的误差，通常通过引入外部速度信息，达到既能阻尼，又能补偿加速度和速度对系统产生的误差，这种方式称为外速度阻尼。

（4）陀螺漂移。

由干扰力矩引起的陀螺仪自转轴偏离给定方向地运动。

3. 减振原理

有很多噪声是因金属薄板受激发振动而产生的，金属薄板本身阻尼很小而声辐射效率很高，例如各类输气管道、机器的外罩、车船和飞机的壳体等。降低这种振动和噪声，普遍采用的方法是在金属薄板构件上喷涂或粘贴一层高内阻的黏弹性材料，如沥青、软橡胶或高分子材料。当金属薄板振动时，由于阻尼作用，一部分振动能量转变为热能，而使振动和噪声降低。

4. 减振材料

（1）黏弹性阻尼材料。

常用的黏弹性材料是高分子聚合物，如氯丁橡胶，有机硅橡胶，聚氯乙烯，环氧树脂类胶及泡沫塑料构成的复合阻尼。

金属薄板上如果涂敷上黏弹性材料可以减弱金属弯曲振动的强度。当金属发生弯曲振动时，其振动能量迅速传递给紧密贴在薄板上的阻尼材料，引起阻尼材料内部的摩擦和相互错动。由于阻尼材料的内耗损、内摩擦大，使相当部分的金属薄板振动能量被耗损而变成热能散掉，减弱了板的弯曲振动，并且能缩短薄板被激振后的振动时间，从而降低金属板辐射噪声的能量，达到降噪目的。

（2）阻尼金属。

阻尼金属又称为减振合金，可作为结构材料直接代替机械中振动和发声强烈的部件，也可制成阻尼层粘贴在振动部件上，均可取得减振降噪效果。

（3）附加阻尼结构。

在振动板件上附加阻尼结构的常用方法有自由阻尼层和约束阻尼层结构两种，见下式。

$$x = A_0 e^{-\frac{t}{\tau}} \sin (\omega t + \phi)$$

阻尼比 阻尼比在土木、机械、航天等领域是结构动力学的一个重要概念，指阻尼系数与临界阻尼系数之比，表达结构体标准化的阻尼大小。阻尼比是一个无单位量纲，表示结构在受激振后振动的衰减形式。而阻尼比定义了一个系统的阻尼系数大小与临界阻尼的关系，很直观地反映了系统耗能能力。可分为等于1，等于0，大于1，0 ~ 1之间4种，阻尼比=0即不考虑阻尼系统，结构常见的阻尼比都在0 ~ 1之间。

阻尼比用于表达结构阻尼的大小，是结构的动力特性之一，是描述结构在振动过程中某种能量耗散的术语，引起结构能量耗散的因素（或称之为影响结构阻尼比的因素）很多，主要有①材料阻尼、这是能量耗散的主要原因。②周围介质对振动的阻尼。③节点、支座连接处的阻尼。④通过支座基础散失一部分能量。⑤结构的工艺性对振动的阻尼。

5. 计算方法

对于小阻尼情况：

（1）阻尼比可以用定义来计算，即 $\zeta = C/C_0$。

（2）$\zeta = C/(2 \times m \times w)$，$w$ 为结构圆频率。

（3）$\zeta = ita/2$，ita 为材料损耗系数。

（4）$\zeta = 1/2/Q_{\max}$，$Q_{\max}$ 为共振点放大比，无量纲。

（5）$\zeta = delta/2/pi$，$delta$ 是对数衰减率，无量纲。

（6）$\zeta = Ed/W/2/pi$，损耗能与机械能之比再除以 4pi。

6. 取值方式

对结构基本处于弹性状态的情况，各国都根据本国的实测数据并参考别国的资料，按结构类型和材料分类给出了供一般分析采用的所谓典型阻尼比的值。《建筑抗震设计规范》GB 50011—2010 第 8.2.2 条规定，钢结构抗震计算的阻尼比宜符合下列规定：(1) 多遇地震下的计算，高度不大于 50m 时可取 0.04，高度大于 50m 且小于 200m 时可取 0.03，高度不小于 200m 时宜取 0.02。(2) 罕遇地震下的弹塑性分析，阻尼比可取 0.05。

钢筋混凝土结构的阻尼比一般在 0.03 ~ 0.08 之间，对于钢 - 混凝土结构则根据钢和混凝土对结构整体刚度的贡献率取为 0.025 ~ 0.035。以上的典型阻尼比的值即为结构动力学在等效粘滞模态阻尼中，采用的阻尼比的值。该阻尼比即为各阶振型的阻尼比的值。

另外，对于一些常见的材料的损耗因子（对于材料，常称之为损耗因子，一般可以通过特定关系转换为阻尼比），可以参考如下数值：钢、铁：1E-4 ~ 6E-4，铝：1E-4；铜：2E-3；黏弹性材料：0.2 ~ 5；软木塞：0.13 ~ 0.17；混凝土：0.015 ~ 0.05，等。

临界阻尼　任何一个振动系统，当阻尼增加到一定程度时，物体的运动是非周期性的，物体振动连一次都不能完成，只是慢慢地回到平衡位置就停止了。当阻力使振动物体刚好能不作周期性振动而又能最快地回到平衡位置的情况，称为"临界阻尼"，或中肯阻尼状态。如果阻尼再增大，系统则需要较长时间才能达到平衡位置，这样的运动叫过阻尼状态，系统如果所受的阻尼力较小，则要振动很多次，而振幅则在逐渐减小，最后才能达到平衡位置，这叫作"欠阻尼"状态。

一个系统受到扰动后不再受外界激励，因受到阻力造成能量损失而位移峰值渐减的振动称为阻尼振动。系统的状态由阻尼比 ζ 来划分。不同系统中 ζ 的计算式不同，但意义一样。把 $\zeta=0$ 的情况称为无阻尼，即周期运动；把 $0 < \zeta < 1$ 的情况称为欠阻尼；把 $\zeta > 1$ 的情况称为过阻尼；把 $\zeta=1$ 的情况称为临界阻尼，即阻尼的大小刚好使系统作非"周期"运动。理想状态下，与欠阻尼况和过阻尼相比，在临界阻尼情况下，系统从运动趋近平衡所需的时间最短。

1.5.14 传递比

简单隔振系统（质量弹簧系统）的振动传递比 T_r 用表示：

$$T_r = \left| \frac{1}{1 - \left(\frac{f}{f_n}\right)^2} \right| \tag{1-49}$$

振动传递比 T_r 的概念为通过隔振元件的力与扰动力的比值（主动隔振），或被隔振设备的位移与扰动源位移的比（被动隔振）。

1.5.15 振动速度级、振动加速度和振动加速度级

振动速度级 确定依据是先计算速度与基准速度之比的以 10 为底的对数，再乘以 20，以分贝计。其数学表示式为 $Lv=20\log(v/v_0)$，基准速度必须表明，通常 $v_0=10^{-9}$m/s。

振动加速度 即运动加速度，单位为 mm/s^2，一般用于高速转动机械的振动评定。对一个单一频率的振动，速度峰值是位移峰值的 $2\pi f$ 倍，加速度峰值又是速度峰值的 $2\pi f$ 倍。

振动加速度级 确定依据为先计算加速度有效值与基准加速度之比的以 10 为底的对数，再乘以 20，以分贝计。国外称为基准加速度，值为 1×10^{-6}m/s²，数学表达式为 $La = 20\lg(a/a_0)$。

1.6 建筑声学测量

1.6.1 常见测量参量

1. A 计权声级

说到 A 计权声级，首先应该了解等响曲线（Equal–Loudness Contour）的概念。等响曲线

是描述声音声压级与频率对人耳主观感觉响度之间关系的一簇曲线，纯音等响曲线如图 1-51 所示。等响曲线是对一系列纯音频率上的声压级的量度，每条曲线上各个频率的纯音对于听者来说是相同响度的。响度级的度量单位为 Phon（方），在每条等响曲线中，将 1000Hz 纯音的声压级定义为响度级，即等响曲线是以 1000Hz 声音的响度作为标准的。

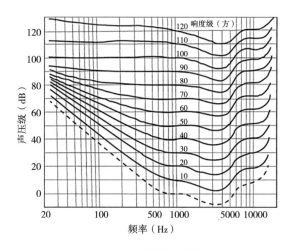

图 1-51　纯音等响曲线

从等响曲线也可以看到，同一声压级不同频率的声音对人耳的听觉会产生不同的响度，这种响度随频率的变化还与声音声压级的高低有关。声音的声压级越低，响度随频率变化越大，特别是低频；声音的声压级越高，响度随频率变化越小。因此，仪器实测的线性声压级并不能真实反映人耳所感受的响度。为使主客观一致，提出 A 计权声级的概念。

A 计权声级，是模拟人耳对 40 方纯音响度的响应。例如 1000Hz 的纯音，声压级 40dB 的响度级为 40 方，如果要使 100Hz 的纯音也产生 40 方的响度级，其声压级应为 59.1dB，两者的差值 19.1dB 就称为 A 计权声级在 100Hz 的计权系数。下表为 1/3 倍频程各频带中心频率处的 A 计权声级修正值，其数值表示与线性声级（Z 计权，也称无计权）相比的衰减量，当使用声级测量仪器测得的 1/3 倍频程各频带声压级为 Z 计权时，可通过算数相加减的方式将 Z 计权频谱数据转化为 A 计权频谱数据。例如，500Hz 的 Z 计权声压级为 60.0dB，转化为 A 计权声级后，其数值为 56.8dB（该中心频率对应的修正值为 -3.2dB），见表 1-9。

1/3 倍频程中心频率处的 A 计权修正系数　　　　　　　　表 1-9

频率（Hz）	A 计权	Z 计权	频率（Hz）	A 计权	Z 计权
10	−70.4	0	25	−44.7	0
12.5	−63.4	0	31.5	−39.4	0
16	−56.7	0	40	−34.6	0
20	−50.5	0	50	−30.2	0

续表

频率（Hz）	A 计权	Z 计权	频率（Hz）	A 计权	Z 计权
63	−26.2	0	1250	0.6	0
80	−22.5	0	1600	1.0	0
100	−19.1	0	2000	1.2	0
125	−16.1	0	2500	1.3	0
160	−13.4	0	3150	1.2	0
200	−10.9	0	4000	1.0	0
250	−8.6	0	5000	0.5	0
315	−6.6	0	6300	−0.1	0
400	−4.8	0	8000	−1.1	0
500	−3.2	0	10000	−2.5	0
630	−1.9	0	12500	−4.3	0
800	−0.8	0	16000	−6.6	0
1000	0	0	20000	−9.3	0

在实际的建声测量中，经常会用到等效 A 声级和平均 A 声级两个测量参量，这两个参量是如何定义的呢？

（1）等效 A 声级。

A 声级能够比较确切地反映人耳对声音的真实感受，它适用于不随时间起伏变化的连续噪声的评价，但实际情况中常常会遇到噪声随时间起伏变化或是不连续的情况。如在进行室内噪声级测量时，室内噪声受交通噪声或电梯运行噪声影响，当有车辆通过或电梯运行时，噪声值高；当无车辆通过或电梯停止时，噪声值低。此时，对于起伏变化或不连续的噪声，用 A 声级评价就不适用了。

当噪声的 A 声级随时间变化起伏时，通常采用按能量平均的 A 声级来评价其噪声大小，被称为等效连续 A 声级，简称等效 A 声级，用 L_{Aeq} 表示。计算公式如下：

$$L_{Aeq} = 10 \lg \left[\frac{1}{T} \int_0^T 10^{0.1 L_A} \right] dt \qquad (1-50)$$

式中　T——计权等效声级的总时间；

L_A——随时间 t 变化的 A 声级。

假设在 Δt 时间段内声压级变化很小，当作是稳态的，那么上式可记为：

$$L_{Aeq} = 10 \lg \frac{1}{\sum \Delta t_i} \left[\sum 10^{0.1 L_{Ai}} (\Delta t_i) \right] \qquad (1-51)$$

式中　Δt_i——所取的某一段时间；

L_{Ai}——Δt_i 时间段内的 A 声级。

例如，当我们使用"积分平均声级计"进行噪声测量时，通常会设置测量时长（比如 5 秒、10 秒、30 秒、1 分钟、30 分钟、1 小时等），最终会得到整个时间段内的能量平均值，即等效声级（如果计权网络设置成 A 计权，那么得到的数值就是等效 A 声级）。

（2）平均 A 声级。

在建筑声学测量中，经常会遇到对测得的声压级进行平均的情况。例如对同一个房间的背景噪声进行测量时，通常要对多个点位的声级进行测试，或者对相同位置进行多次测量，然后计算各个数据的平均值。

如果要对 n 个点位的声压级进行平均，我们首先想到的就是算数平均（如公式 1-52：算数平均公式），但由于声压级表示的是声能量的对数，因此声压级是不能够直接相加减的，所以平均声压级不可以直接对各个测点的声压级进行算数平均，而是需要先将声压级转换为声能，然后对声能进行平均后再取对数（如公式 1-53：对数平均公式）。但是，声压级的对数平均比较复杂，通常需要计算器或利用 Excel 计算得到，如果各个测点的声压级差值比较小（不大于 5dB）时，也可以采取算数平均进行近似计算；但当各个测点的声压级差值较大时，算数平均就会产生明显的计算误差。

$$\overline{L_{\mathrm{p}}} = \frac{L_{\mathrm{p1}} + L_{\mathrm{p2}} + ... + L_{\mathrm{pn}}}{n} \tag{1-52}$$

$$\overline{L_{\mathrm{p}}} = 10\lg\left[\frac{1}{n}(10^{L_{\mathrm{p1}}/10} + 10^{L_{\mathrm{p2}}/10} + ... + 10^{L_{\mathrm{pn}}/10})\right] \tag{1-53}$$

举例说明：某个小型泵房，房间内实测的 4 个测点位置的等效 A 声级分别为 96dBA、100dBA、90dBA、97dBA，求其平均声压级。

按公式 1-52 进行计算：$\overline{L_{\mathrm{p}}} = \dfrac{96+100+90+97}{4} \approx 96$dBA（错误）

按公式 1-53 进行计算：$\overline{L_{\mathrm{p}}} = 10\lg\left[\dfrac{1}{4}(10^{96/10} + 10^{100/10} + 10^{90/10} + 10^{97/10})\right] \approx 97$dBA（正确）

2. 倍频带和 1/3 倍频带

声音能量按频率的分布称为频谱，通常是采用带通滤波器来分析声音的频谱。设 f_{n} 为滤波器的中心频率，其峰值下降 3dB 时，低于中心频率 f_{n} 的 f_{L} 称为带通滤波器的下限频率；高于中心频率 f_{n} 的 f_{H} 称为带通滤波器的上限频率。其频带带宽为 $\Delta f = f_{\mathrm{H}} - f_{\mathrm{L}}$，中心频率 $f_{\mathrm{n}} = \sqrt{f_{\mathrm{L}} f_{\mathrm{H}}}$。

在建筑声学测量中，经常会提到倍频带（也可称为 1/1 倍频带）和 1/3 倍频带，它们所用的带通滤波器均采用相对带宽形式，即 $\dfrac{\Delta f}{f_{\mathrm{n}}} = \dfrac{f_{\mathrm{H}} - f_{\mathrm{L}}}{\sqrt{f_{\mathrm{L}} f_{\mathrm{H}}}} = $ 常数，$\dfrac{f_{\mathrm{H}}}{f_{\mathrm{L}}} = 2^{\mathrm{m}} \rightarrow \dfrac{f_{\mathrm{H}} - f_{\mathrm{L}}}{f_{\mathrm{n}}} = \dfrac{2^{\mathrm{m}} - 1}{2^{\mathrm{m}/2}} \times$ 100%（当带通滤波器为倍频程时，m = 1，$\dfrac{f_{\mathrm{H}} - f_{\mathrm{L}}}{f_{\mathrm{n}}} = 70.7\%$；当带通滤波器为 1/3 倍频程时，m =

1/3，$\dfrac{f_H-f_L}{f_n}=23\%$)。

从上面的推导过程也可以看到，1/3 倍频带的带宽为 1/1 倍频带带宽的三分之一。它们相邻的中心频率可表示为：倍频程中心频率 $f_n+1=2f_n$；1/3 倍频程中心频率 $f_n+1=2^{1/3}f_n\approx1.26f_n$。

在实际应用中，通常将人耳听感的声频范围 20 ~ 200000Hz 分成 10 个倍频带：31.5Hz、63Hz、125Hz、250Hz、500Hz、1000Hz、2000Hz、4000Hz、8000Hz、16000Hz；或 30 个 1/3 倍频带：20Hz、31.5Hz、40Hz、50Hz、63Hz、80Hz、100Hz、125Hz、160Hz、200Hz、250Hz、315Hz、400Hz、500Hz、630Hz、800Hz、1000Hz、1250Hz、1600Hz、2000Hz、2500Hz、3150Hz、4000Hz、5000Hz、6300Hz、8000Hz、10000Hz、12500Hz、16000Hz、20000Hz。 而在建筑声学测量中，对 125 ~ 4000Hz 的倍频带及 100 ~ 5000Hz 的 1/3 倍频带则更为关注，如图 1-52 所示。

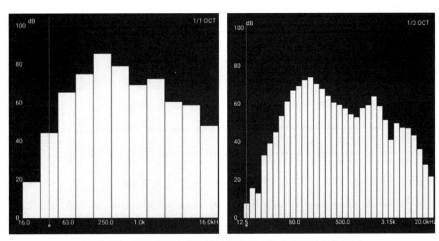

图 1-52 测量仪器中显示的倍频带和 1/3 倍频带柱状频谱图

有些读者也许会问，在建筑声学测量中，为什么要测量倍频带或 1/3 倍频带频谱数据呢？如图 1-53 所示，为 2 种吸声板的混响室法吸声系数性能曲线，它们的降噪系数 NRC 均为 0.85，但通过观察性能曲线可以看到，吸声板 -1 的低频吸声性能优于吸声板 -2，而吸声板 -2 的高频吸声性能优于吸声板 -1，因此不能只通过降噪系数 NRC 的数值来判断吸声产品吸声特性的优劣，在进行噪声控制或建筑声学设计时，还应根据实际需求选择具有合适频谱特性的声学产品。

3. 吸声系数

声音在空气中传播时，由于空气质点振动所产生的摩擦作用，声能被转化成热能的损耗，使声波随传播距离的增加而逐渐减弱，这种现象被称为空气吸声。当声音从空气传播再

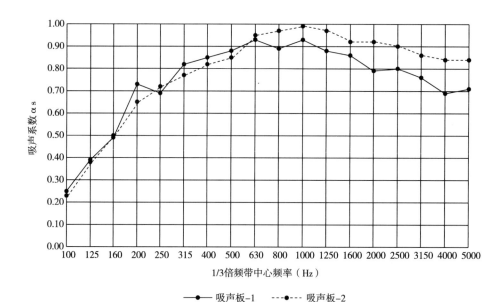

图 1-53　2 种吸声板的混响室法吸声系数性能曲线

注：1. 降噪系数 NRC 是 250Hz、500Hz、1000Hz、2000Hz 四个倍频带实用吸声系数（大于 1.00，以 1.00 计算）的算数平均值。
　　 2. 实用吸声系数是该倍频带内 3 个 1/3 倍频带吸声系数的算数平均值。

入射到某种材料或结构表面时，除被反射的声能之外，其余声能则被吸收，这个就被称为吸声作用。

　　任何材料和物体，特别是建筑室内的表面装饰材料，由于它的多孔性、共振性（薄膜和薄板）的作用，对入射的声波一般都有吸声作用，因此把具有较大吸声效果的材料或结构称为吸声材料或吸声结构。

　　材料或结构吸声效果的好坏是如何评估的呢？从而我们引出吸声系数的概念，所谓吸声系数是指声波入射到材料表面时，其能量被吸收的百分比，即被吸收的声能与入射声能之比（吸声系数 $\alpha = 1 - \dfrac{\text{反射声能 } E_r}{\text{入射声能 } E_i}$）。吸声系数是评定材料吸声作用的主要指标，吸声系数越大，材料的吸声性能越好；反之越差。

　　但在建筑声学测量或设计过程中，关于吸声系数的概念有时被混淆，根据入射方式和测试方法的不同，吸声系数通常分为两种：法向入射吸声系数（也称为正入射吸声系数或垂直入射吸声系数）和混响室法吸声系数（也称为无规则入射吸声系数）。如图 1-54、图 1-55 所示，前者主要是通过《声学　阻抗管中吸声系数和声阻抗的测量　第 1 部分：驻波比法》GB/T 18696.1—2004 在阻抗管或驻波管中测量得到的，该方法测量得到的吸声系数适用于对吸声理论研究、吸声结构优化、研制开发新产品以及进行材料吸声性能的相对比较等；后者是通过《声学　混响室吸声测量》GB/T 20247—2006 在专业声学混响室中测量得到的，该方法测量得到的吸声系数主要用于建筑声学工程的设计计算、噪声控制工程的吸声降噪计算，材料吸声性能的等级评定等。

图 1-54　阻抗管法测量材料吸声系数　　　　　图 1-55　混响室法测量材料或结构吸声系数

　　读者在选择吸声材料进行建声设计时，需要特别区分材料检测报告采用的测量标准。尤其是当使用降噪系数 NRC 来对材料吸声性能进行等级评定时，它只能根据混响室法测量得到的吸声系数进行计算得到。

4. 混响时间

　　所谓混响，就是室内声源停止发声后，室内声音的延续现象。"余音绕梁，三日不绝"这个成语，实际上是我国古人对于室内混响现象的一种生动的描述。同时，混响的长短与人的听力有关，对于同一个房间，听力好的人所感觉到的混响要长一些，听力差的人所感觉的混响要短一些。因此，衡量房间的混响的长短需要有一个客观量来度量，就提出了混响时间的概念。

　　混响时间定义为房间内声场达到稳定状态后，突然关掉声源使其停止发声，当声能逐渐减小到原来声能的百万分之一（$-60\mathrm{dB}$）所经历的时间，一般通 T_{60} 或 RT_{60} 表示，单位为秒。有时受到测量条件的限制（信噪比不够），难以获得衰减 60dB 的时间，如测试声源的声压级可达到 100dB，而房间内背景噪声却达到 50dB 时，就无法完成 T_{60} 的测试。可以用声测量软件计算 T_{30}，如图 1-56 所示。按照国家标准《室内混响时间测量规范》GB/T 50076—2013 的规定，可通过衰变过程的（$-5 \sim -25$）dB 或（$-5 \sim -35$）dB 取值范围作线性外推来获得声压级衰变 60dB 的混响时间，记作 T_{20}（$T_{20} = T_{(-5\sim-25)} \times 3$）和 T_{30}（$T_{30} = T_{(-5\sim-35)} \times 2$）。

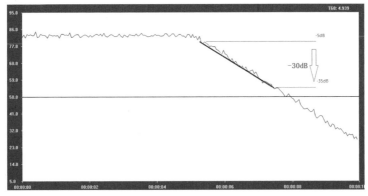

图 1-56　某建声测量软件得到的 2000Hz 频带 T_{30} 衰变曲线

5. 隔声量

隔声是声波传播途径中的一种降噪方法，它的效果要比吸声降噪更为明显，所以隔声是获得安静建筑声环境的有效措施。通常把隔声分成两类：一类是空气声隔声；另一类是撞击声隔声。所谓空气声就是通过空气传播的噪声，如飞机噪声、汽车行驶噪声或鸣笛噪声、工业企业的排放噪声以及社会生活噪声等；而撞击声是通过建筑结构产生和传播的噪声，如楼板上行走的脚步声、桌椅拖动声、小孩蹦跳以及开关门窗的碰撞声等。

（1）空气声隔声量

当声波入射到隔声构件表面时，一部分声能被反射，另一部分声能被吸收，还有一部分声能会透过构件传递到被其分隔的另外一个空间。空气声隔声性能的好坏可用透射系数来表示（透射系数 $\tau = \dfrac{\text{透射声能 } E_\tau}{\text{入射声能 } E_i}$），即透射声能与入射声能的比值，比值越小表示隔声性能越好，为了更直观地表示隔声性能，提出隔声量的概念（隔声量 $R = -10\lg \dfrac{1}{\text{透射系数 } \tau}$）。

在建筑声学测量中，我们所说的空气声隔声量指的是传声损失，即入射到受测建筑面上的声功率与透过该建筑面的透射声功率之比值，取以 10 为底的对数乘以 10，单位为 dB。这个参数与传递声压级差是有本质不同的，所谓声压级差指该建筑面两侧封闭空间平均声压级差值，单位 dB。

举例说明：两个同样构造的建筑，声源室和声源的声压级完全相同，唯一的区别在于接收室墙面（隔墙结构相同）是否进行吸声处理。那么请问通过现场测试，这两种情况下待测隔墙的隔声性能是否会发生变化？ D 是否等于 D'（其中 $D = L_{p1} - L_{p2}$，$D' = L_{p1} - L_{p2}'$）？待测隔墙的空气声隔声量如何计算？

实际上，两个接收室实测的声压级是不相同的（即 $L_{p2} \neq L_{p2}'$）如图 1-57 所示。其数值与室内的吸声情况有关，当室内吸声明显的时候，声压级会下降，其差值 D 会提高。同样的隔墙，其隔声性能怎么会发生变化呢？实际上，待测隔墙的空气声隔声性能是不变的，我们常说的空气声隔声量并不是简单地将两个房间测得的声压级进行相减，而是需要根据接收室的实测吸声量 A 进行修正，即待测隔墙的空气声隔声量 $R = L_{p1} - L_{p2} + 10\lg\dfrac{S}{A} = L_{p1} - L_{p2}' + 10\lg\dfrac{S}{A'}$。尽管声压级差不能代表隔声结构真正的隔声性能，但却反映了其实际的隔声效果。

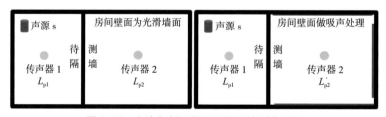

图 1-57　实验室房间壁面不同情况实测声压级

（2）撞击声隔声量

一般认为墙体或隔声材料隔绝的是空气声，而对于建筑物中的原始楼板及覆面层一方面起到空气声隔声的作用，另一方面是起到撞击声的隔声作用。

撞击声的隔声性能是采用《声学　建筑和建筑构建隔声测量》GB/T 19889 系列标准中规定的标准撞击器撞击楼板，以其在楼板下方房间内产生的噪声大小来评价。标准撞击器撞击楼板，楼板下方房间内产生的噪声声压级越高，说明楼板的撞击声隔声性能越差；反之撞击声隔声性能越好。

楼板下方房间产生的撞击噪声大小也与室内的吸声有关，当室内吸声明显的时候，噪声级较低；吸声较差的时候，噪声级较高。为消除房间吸声对撞击声的隔声性能影响，应用公式 $L_{pn} = \overline{L_{p1}} + 10\lg\dfrac{A}{A_0}$（其中 $\overline{L_{p1}}$ 为楼板下方房间实测的平均撞击声压级，单位 dB；A 为楼板下房间实测的吸声量，单位 m^2；A_0 为参考吸声量，为 $10m^2$）来评价楼板撞击声的隔声性能。

1.6.2　常用测量声源

在建筑声学测量中，常用的测量声源主要包括：白噪声、粉红噪声、窄带噪声、脉冲声、最大长度序列 MLS 信号、正弦扫频信号等。

1. 白噪声和粉红噪声

白噪声和粉红噪声可归类于宽频随机噪声，具有各种频率成分、连续的噪声谱。名称里的颜色"白"和"粉"是将噪声频谱与白色光谱和粉红色光谱相类比而得名。

白噪声的功率谱密度与频率无关，即各频率的能量分布是均匀的。如图 1-58、图 1-59 所示，在等带宽的滤波通带中输出的能量是相等的，即在线性坐标（等带宽）中输出是一条平行于横坐标的直线；而在对数坐标（等比例带宽）中，白噪声的输出是按每个倍频程带宽增加 3dB 的斜率上升。

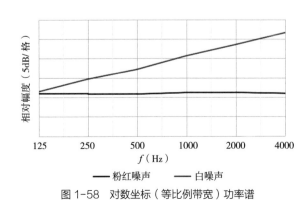

图 1-58　对数坐标（等比例带宽）功率谱

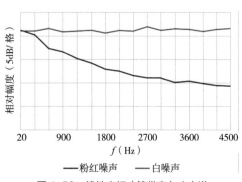

图 1-59　线性坐标（等带宽）功率谱

粉红噪声的功率谱密度与频率成反比。在线性坐标（等带宽）中输出是按每倍频程带宽 3dB 的斜率下降；而在对数坐标（等比例带宽）中，粉红噪声的输出基本是一条平行于横坐标的直线。从频谱所占比例来看，粉红噪声的低频成分比白噪声更加丰富。

2. 窄带噪声

将白噪声或粉红噪声以 1/1 倍频程或 1/3 倍频程的中心频率为基准进行滤波，其带宽需覆盖中心频率两侧的上、下限截止频率。以 1/1 倍频程滤波器中的 500Hz 倍频带为例，其中心频率为 500Hz，上限截止频率为 710Hz，下限截止频率为 355Hz，频率带宽为 355Hz，如图 1-60、图 1-61 所示。

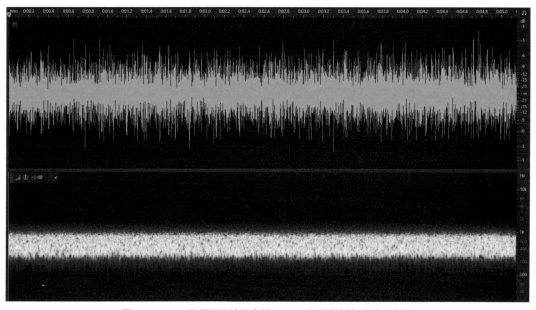

图 1-60　1/1 倍频程滤波器中的 500Hz 倍频带粉红噪声时频图

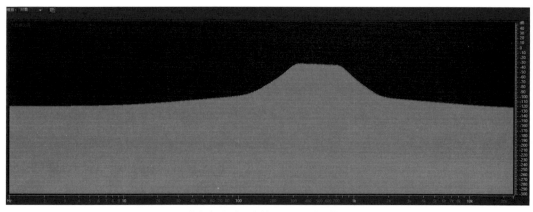

图 1-61　1/1 倍频程滤波器中的 500Hz 倍频带粉红噪声频谱图

为保证测量频带范围内全部频率声音信号都能对房间产生激励，要求窄带噪声信号的频率带宽大于测量滤波器的带宽，同样以 1/1 倍频程滤波器中的 500Hz 倍频带为例，窄带噪声信号的频率带宽应大于 355Hz。

3. 脉冲声

现实中不可能产生并辐射出真正的狄拉克（Dirac）函数脉冲声。但在实际测量中，可以采用足够近似的瞬时声，例如电火花、刺破气球、发令枪等。

当利用脉冲响应积分法测量室内混响时间时，会使用上述的脉冲声（也可称为突发声）作为测量声源，其中电火花、刺破气球等脉冲声源声功率较小，常用于容积小于 $1000m^3$ 的室内混响时间测量；发令枪等脉冲声源声功率较大，常用于容积大于 $1000m^3$ 的厅堂及体育馆的混响时间测量。

同时，还需要注意脉冲声各频段峰值声级与测量环境背景噪声各频段声级的信噪比（差值）问题。当测量 T_{30} 时，要求信噪比大于 45dB；当测量 T_{20} 时，要求信噪比大于 35dB。

4. 最大长度序列 MLS 信号

最大长度序列是一组二进制序列。此序列作为激励信号时，二进制数值以固定的频率 f_c 输出，其中 f_c 为已记录的响应信号的采样频率。最大长度序列是确定性序列，但是其音频特性与白噪声相似，而且每个二进制数值输出均呈现类随机性。

MLS 信号可以由其阶数（整数 N）来定义，序列的长度为 2N-1。当序列周期性重放时，其自相关函数与周期性的狄拉克（Dirac）函数脉冲声相似。因此该信号可近似为以重复频率 f_{REP} 重放的一种白噪声信号。当该序列周期性重放，由此测得的脉冲响应也呈现出周期性。

$$f_{REP} = \frac{f_c}{2^N - 1} \tag{1-54}$$

5. 正弦扫频信号

正弦扫频（sine sweep）信号是一种随着时间逐渐改变频率的正弦函数。正弦扫频信号与粉红噪声或白噪声相比，正弦扫频信号产生的频率具有更高的能量，因为所有的功率每次只用于输出一个频率，而不是像随机噪声那样同步输出全部频率。这使正弦扫频信号对室内环境背景噪声具有更高的信噪比。

正弦扫频信号通常分为两类：（1）幅度不变的线性扫频信号每赫兹频率都具有相等的能量，具有白噪声特性的频谱。（2）扫频频率随时间指数增加，即每个分数倍频程的扫频时间都相等，这样每个分数倍频程的能量相等，频谱呈现粉红噪声特性。如图 1-62 所示。

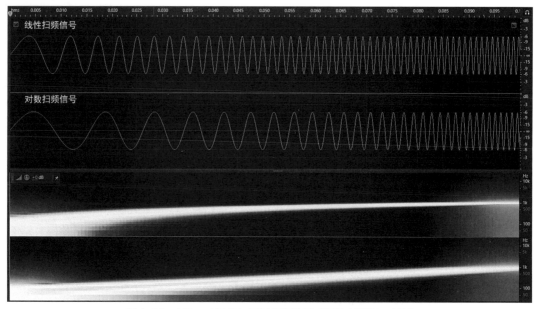

图 1-62　100 ~ 1000Hz 正弦扫频信号时频图（线性和对数）

1.6.3　常用测量设备

1. 声频信号发生系统

（1）声频信号发生器。

常用的声频信号发生器是利用数字信号合成原理开发的多功能设备（如杭州爱华生产的 AWA1651 型信号发生器）。它可以产生正弦波信号、正弦扫频信号、白噪声、粉红噪声、窄带白噪声和窄带粉红噪声等多种信号。在建筑声学测量中，要求声频信号发生器的频率范围需覆盖 10 ~ 20kHz。

除此之外，还有很多基于 PC 端或移动智能终端的声频信号发生器应用软件，具有携带方便、操作简单、功能强大等特点。如 Spectral Lab 软件内置的 Signal Generator（信号发生器）、Adobe Audition 软件内置的信号生成器，以及一些专业声学检测仪器生产厂家自主开发的测量软件内置的声频信号发生器，如图 1-63 所示，如丹麦 B&K 公司开发的 Dirac 室内声学测量软件、北京声望开发的 VA-Lab 噪声振动测量软件等。

（2）声频功率放大器。

声频功率放大器（简称"功放"）是建筑声学测量专业声频信号发声系统中的中枢设备，是连接声频信号发生器和声源的中介，它可以在信号不失真或失真很小的条件下，将微弱的声频信号进行放大，提高输出功率以驱动声源（如正十二面体声源）发出声音。例如北京声望 PA300 测量功率放大器，如图 1-64 所示。

声频功率放大器的性能指标主要包括频率响应及有效频率范围、总谐波失真、输入阻

图 1-63　杭州爱华 AWA1651 型信号发生器

图 1-64　北京声望 PA300 测量功率放大器

抗、动态范围、最大输出功率等。

（3）正十二面体声源。

正十二面体声源是一种建筑声学测量专用的无指向声源，如图 1-65 所示，该声源采用十二面体金属框架结构，12 个扬声器安装在每一个面上，扬声器均经过特殊选择，具有良好的低频特性，12 个扬声器通过串并联方式连接，在保证输入阻抗的同时，12 个扬声器能够同相位辐射声能。正十二面体声源性能指标需符合《无指向性声源校准规范》JJF 1468—2014 的要求，可在建筑声学等测量中作为点声源使用，主要用作混响时间测量、空气声隔声测量、厅堂音质测量、房间吸声量测量、反射系数或吸声系数测量以及户外声传播使用等。

正十二面体声源通常需配合声频功率放大器和声频信号发生器使用。其性能指标主要包括指向性指数、最大声功率级、工作频率范围等。

图 1-65　国产正十二面体声源

（4）标准撞击器。

标准撞击器（也称地板打击器）是楼板撞击声隔声性能实验室和现场测量时使用的仪器。它由 5 个撞击锤组成，通过每个撞击锤在规定时间间隔内的自由下落运动作用于楼板等试件表面，产生撞击声，撞击力度类似于一位体重 60kg 的女士穿高跟鞋以正常步态行走时所产生的撞击力。

标准撞击器性的性能指标需符合《标准撞击器校准规范》JJF 1652—2017 及国际标准化组织（ISO）对标准撞击声源的要求。市面上的标准撞击器均带有 5 个呈直线排列的金属撞击锤，每个撞击锤质量为 500g ± 12g，撞击锤直径 30mm ± 0.2mm，撞击面半径 500mm ± 100mm，相邻两锤中心线距离 100mm ± 3mm。标准撞击器运行时，重锤将按 1 → 3 → 5 → 2 → 4 的顺序，依次从 40 ～ 50mm 高度垂直自由下落并撞击试件表面，撞击平均时间间隔 100ms ± 5ms，撞击锤撞击和提起时间在 80ms 以内。如图 1-66 所示。

图 1-66　国产标准撞击器

2. 噪声信号测量与分析系统

（1）多功能声级计。

声级计是一种根据国家标准、依据人耳的听力特性、按照一定时间计权和频率计权测量声音声压级的仪器。声级计通常由传声器、前置放大器、信号处理器和显示器组成。信号处理器包括规定的且可以控制频率响应的放大器、经频率计权的随时间变化的声压平方装置及时间积分器或时间平均器。指示测量结果的显示器可以是机械的或数字显示的（市面上绝大多数的声级计显示器都是数字的），也可对测量结果进行存储，存储的测量结果可由仪器制造商规定的设备（如 PC 端）和相关软件读取。

根据国家标准《电声学　声级计　第 1 部分：规范》GB/T 3785.1—2010、《电声 – 声级计 – 第 1 部分：规格》IEC 61672–1：2013 以及国家计量检定规程《声级计检定规程》JJG 188—2017，声级计按照测量精度分为 1 级声级计和 2 级声级计，1 级和 2 级声级计的技术指标有相同的设计目标，主要是最大允许误差、工作温度范围和测量频率范围不同，2 级要求的最大允差大于 1 级。2 级声级计的工作温度范围 0 ～ 40℃，1 级为 –10 ～ 50℃。2 级的频率范围一般为 20 ～ 8kHz，1 级的频率范围为 10 ～ 20kHz。

而多功能声级计是集成了上述声级计的所有测量功能，同时增加了很多实用性强的功能模块，如统计声级测量、倍频程频谱分析、FFT 频谱分析以及建筑声学中常用的室内混响时间测量、厅堂扩声特性中语言传输指数（STI）测量等，如图 1-67 所示。

| SVAN 977 | B&K 2250 | NTi XL2 | 爱华 6228+ | Rion NA–28 |

图 1-67　国内外常见多功能声级计

（2）多通道声学分析仪。

多通道声学分析仪是指多个通道可以同时进行声学测试分析的仪器，如图 1-68 所示。与一系列软件相结合后可以进行多种声学参数的测量和分析，已广泛应用在声学测试领域，其主要由传声器、前置放大器、信号输入模块、信号处理模块和显示模块组成，部分分析仪还包含信号输出模块。多通道声学分析仪可以同时对采集到的多个通道的声音信号进行分析和处理，并能对数据进行存储和输出。

多通道声学分析仪通常配合专业的建筑声学测量软件使用，常用的测量模块包括：声级计功能模块（主要包含总值分析、倍频程频谱分析、FFT 频谱分析）、阻抗管法吸声测量模块、混响时间测量模块、空气声隔声测量模块等。

图 1-68　多通道声学分析仪

（3）声校准器。

声校准器是一种当耦合到规定型号和结构的传声器上时，能产生规定声压级和规定频率的正弦声压的装置。所谓规定声压级，是指在参考环境条件下，声校准器和一个已知型号和结构的传声器一起使用时所产生的声压级；所谓规定频率，是指在参考环境条件下，由声校准器产生的声信号频率。

声校准器的主要用途是用来校准测量传声器、声级计及其他声学测量仪器（如多通道声学分析仪）的绝对声压灵敏度。根据《电声学　声校准器》GB/T 15173—2010 标准，将声校准器的准确度等级分为 LS 级、1 级和 2 级，其中 LS 级只在实验室中使用，1 级和 2 级为现场测量使用。对于建筑声学工程师来说，1 级和 2 级可满足使用需求，但需要注意的是 1 级声校准器可以对 1 级或 2 级声级计进行校准，2 级声校准器只可以对 2 级声级计进行校准。

常见的声校准器，如图 1-69 所示，其规定声压级为 94dB 和 114dB 两档，规定频率均为 1000Hz。

图 1-69　声校准器

1.6.4　专用测量房间

1. 混响室

声学混响室是一个能够尽可能多地反射来自所有边界面的声能，并在内部充分扩散，使各个位置的平均声能尽可能均匀，且在声传播路径上无规则分布的扩散场声学空间。体积大于 200m³ 的声学混响室主要用于声学测量（低频截止频率可以达到 100Hz），如测定声学材料的吸声系数、空气中的声吸收、声源和机器设备等的声功率级及频谱特性。

混响室要求有较长的混响时间（即吸声量较小），《声学　混响室吸声测量》GB/T 20247—2006/ISO 354：2003 标准中对容积为 200m³ 空场混响室的 1/3 倍频程吸声量给出最大限值，见表 1-10。对于容积大于 200m³ 的混响室，表中给出的数值应乘以（V/200）$^{2/3}$。

声学混响室的土建墙通常为钢筋混凝土构造或砖砌墙内侧抹灰构造，内表面则需要利用表面光滑平整、硬度高的材料铺设，如表面平贴马赛克瓷砖或利用腻子找平 + 粉刷涂料。室内扩散声场是通过房间的不规则形状（如非平行设计的墙面或高差不同的顶面）及经过特殊设计随机悬挂在墙壁及顶面的弧形声反射板来获得的，如图 1-70 所示。

容积为 200m³ 空场混响室的最大吸声量　　　　　　　　　　　　表 1-10

频率（Hz）	100	125	160	200	250	315	400	500	630
吸声量（m²）	6.5	6.5	6.5	6.5	6.5	6.5	6.5	6.5	6.5
频率（Hz）	800	1000	1250	1600	2000	2500	3150	4000	5000
吸声量（m²）	6.5	7.0	7.5	8.0	9.5	10.5	12.0	13.0	14.0

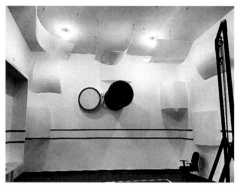

图 1-70　某混响室

2. 消声室

如果在普通房间里测量声源的声学特性，声音会受到房间各个壁面和房间内物体的反射影响，因为传声器除了接收到声源的直达声波外，同时还接收到反射声波以及从外界环境传播到房间内的干扰声。

因此，要想准确测量出声源特性，应将声源置于在一个无任何干扰的理想空间中，在这个空间中，声源辐射的声波能够"自由"地传播，既无障碍物的反射，也无环境噪声的干扰。这样的空间，被称为"自由声场"。为实现这种理想的声学空间，人们在室内空间建立了一种近似的自由声场，被称为"消声室"。为消除室内的反射声，消声室内除了无障碍物外，室内各壁面（墙面、地面、顶面）都要铺设高效的吸声材料，使入射到各壁面的声波在一定频率范围内几乎全部被吸收。除此之外，为消除外界环境的影响，消声室还需具有良好的隔声和隔振设计。

消声室通常分为全消声室和半消声室两种，如图 1-73、图 1-74 所示。房间 6 个壁面全部铺设吸声结构的，称为全消声室。房间除地面其余 5 个壁面铺设吸声结构的，称为半消声室。当被测噪声源体积或重量较大难以在全消声室安放时，通常选用半消声室完成测量工作。另外需要说明一下，如果在半消声室的地面上方布置可移动的吸声结构，再在其上部合适位置安装金属格栅或钢丝网，即可变成全消声室。

常见的吸声结构为吸声尖劈，如图 1-71 与图 1-72 所示。当声波从尖劈的尖端入射时，由于吸声层的逐渐过渡性质，材料的声阻抗与空气声阻抗完美匹配，从而入射声波被充分吸收（根据设计规范，要求吸声尖劈在截止频率以上频带的正入射吸声系数不小于 0.99）。但吸声尖劈占用空间较大，对于空间较小、测量精密度要求不高的应用场合，平板吸声结构的应用也较为广泛。

3. 空气声隔声实验室

此处所指的空气声隔声实验室，半消声室和全消声室，如图 1-73、图 1-74 所示，为扩散场条件下空气声隔声测量的实验室。它包括两间相邻的混响室，两室之间有试件洞口，用

图 1-71　布艺吸声尖劈

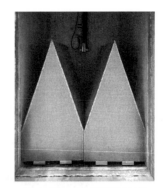

图 1-72　金属护面板尖劈

图 1-73　半消声室

图 1-74　全消声室

来安装试件。两侧的房间称为声源室和接收室，其容积或相应尺寸不宜完全相同。按照国际标准化组织（ISO）的规定，声源室和接收室应符合以下要求：

两个房间的容积或线尺度至少相差 10%，且每个测量房间的容积不小于 $50m^3$。

接收室应建成"房中房"结构，并将两房间之间的建筑基础隔开，为了保证接收室足够"安静"，有时需要将其建成"浮筑"结构，混凝土地板利用截止频率较低的隔振器支撑。

两个房间的长宽高尺寸比例应合理选择（如高：宽：长 = 1：$2^{1/3}$：$2^{2/3}$ 是合适的），目的是使低频段的简正频率尽可能均匀分布。在进行空气声隔声实验室测量设施验收时，通常把两个房间的声场均匀度作为考察重点之一，如果房间中声压级有较大变化，说明存在着起主导作用的强驻波。这时，有必要在房间中安装扩散体。可通过实验方法确定扩散体的位置和必要数量，以达到安装更多扩散体后隔声量不再受影响的目的。

两个房间在正常测量条件下的混响时间（≥ 100Hz）均不宜过长或过短，通常需满足：$1s \leq T \leq 2 (V/50)^{2/3}s$ 的要求（V 为房间容积，单位 m^3）。

接收室的背景噪声应足够低，即需要保证接收室的信噪比。该数值与声源室能达到的最大声压级和该实验室的可测最大隔声量相关。

必须保证隔声实验室的声源室和接收室之间，任何通过其他途径的声音传递与通过试件的声音传递相比均可以忽略，即两个房间之间要有良好的结构上的隔离，如图 1-75、图 1-76 所示。

图 1-75 声源室

图 1-76 接收室

4. 楼板撞击声隔声实验室

楼板撞击声隔声实验室是通过使用标准撞击器撞击楼板，在楼板下方测量楼板撞击噪声的专用房间。该实验室也是由声源室（放置标准撞击器的房间）和接收室两个房间组成，且上下垂直布置。

与空气声隔声实验室的声源室不同，测量楼板撞击声隔声的声源室，其体型和尺寸没有特别的要求。但对于接收室的要求与空气声隔声实验室中接收室的要求类似：

接收室的容积应不小于 $50m^3$。

接收室尺寸的比例应合理选择（如高：宽：长 $=1 : 2^{1/3} : 2^{2/3}$ 是合适的），使低频段的简正频率尽可能分布均匀（有时需要安装扩散体）。

接收室在正常测量条件下的混响时间（$\geqslant 100Hz$）不宜过长或过短，通常需满足：1 秒 $\leqslant T \leqslant 2(V/50)^{2/3}$ 秒的要求（V 为房间容积，单位 m^3）。

考虑到标准撞击器的特性和实验中所测量试件的撞击声隔声性能，接收室与放置标准撞击器的房间之间的空气声隔声量要足够高，以至于在接收室测得的声场只有被测楼板受到标准撞击器激励产生的声场，而侧向构件辐射的声场需被抑制到可忽略不计的程度。

1.7　声景观

1.7.1　概述

声景（soundscape）一词最早由芬兰地理学家 Granoe 于 1929 年在其出版的《纯粹理》中提出，他将声音（sound）和景观词缀（–scape）进行组合得到复合词 soundscape，用于表示地理学领域中的听觉感受。因此，声景是一种听觉感知，即一种"无色"的景观，它借由声波通过介质（空气或其他）引起人耳鼓膜的振动，进而产生神经冲动并通过听神经传达到大脑皮层的听觉中枢而产生听觉感受。

当代声景的概念成熟于 1976 年，加拿大作曲家 R. Murray Schafer 提出噪声是社会发展与开放科学（资源服务）标识码（OSID）环境失衡的结果，因此他基于声音的生态价值、文化价值和实际应用价值，开创性地建立了声生态学科并开展以声景教育研究为主的"世界声景计划"。1978 年，Barry Trnax 认为声景是指个体或社会感知和理解到的声环境，包括实景环境和意象环境。该定义成为之后国际标准化组织（International Organization for Standardization, ISO）发布声景 ISO 国际标准中声景概念的基础之一。因此，经过长期发展的声景概念不仅在物理量层面上解释了声景的含义，还结合了心理量层面上的交叉关系，进而拓展至心理物理学领域。

ISO 于 2014 年发布了声景国际标准，对声景进行了定义和概念框架的明确阐释。4 年后，ISO 发布了第二部分的声景标准，规范了声景的数据采集、评价标准和报告要求。因此，当代声景研究主要围绕和遵循 ISO 国际标准的理论定义和方法论框架。

不同领域者从各自的视点出发对声景进行了定义。在 1978 年出版的《声音生态学手册》中，声景的定义是被个体或社会所感知和理解的声环境，它取决于人于声环境之间的关系，这个定义可指实际环境或意象环境（如乐曲和磁带）。

中国声景研究起步较晚，但近年来随着建筑学科和风景园林学科的蓬勃发展，各高校、研究机构等陆续开展了声景的理论与实践研究。就声景研究内容而言，有学者聚焦城市声景的基础理论如声景分类学和声景影响要素，也有学者聚焦声景与人的关系如声景交互和公众健康，还有学者聚焦声景的实践应用，如声景优化设计和新兴技术。因此，在广泛梳理近年来城市声景文献后，发现当代城市声景研究的发展方向主要聚焦在 6 个方面：声景元素的分类、气候和植被对声景的影响、声景交互的研究方法、声景对公众健康的影响、声景的优化方法和声景新兴技术的应用。

与传统的噪声控制不同，声景重视感知，而非仅物理量；考虑积极正面的声音，而非仅噪声；将声环境看成是资源，而非仅"废物"。综合了物理、工程、社会、心理、医学、艺术等多学科的声景研究给环境声学领域带来了革命性进展。虽然声景在世纪—年代起即由加拿大作曲家默里沙弗等率先展开研究，但其在学术界及实践界引起极大重视却是在 2002 年欧盟的环境噪声法，要求每个城市确定并保护安静区域的政策出台之后声学及噪声控制领域的各大重要国际会议上均有定期的声景专题，而且《欧洲声学学报》（AAA）、《美国声学学报》（JASA）、《噪声控制工程杂志》（NCEJ）、《国际环境研究和公共卫生杂志》（IJERPH）、《应用声学》（AA）等均出版了声景特刊。在一系列欧盟项目中，如 SILENCE、QCity、CALM、RANCH、MINET、ENNAH 等，均不同程度地涉及声景研究。同时，越来越多的欧洲城市正在积极推动声景范例项目。声景的方法亦被应用于文化遗产的保护和恢复，如庞贝古城，使游客能够更充分地体验现场的历史氛围。

鉴于声景研究的多学科特征，国际上已建立了一系列跨学科、跨行业的研究联盟，如

2006 年成立的英国噪声未来联盟（UK Noise Future Network），2009 年成立的欧洲声景联盟（Soundscape of European Cities and Landscapes），2012 年成立的全球可持续发展声景联盟（Global Sustainable Soundscape Network）等。国际标准化组织亦于 2008 年成立了声景标准委员会 ISO/TC43/SCI/WG54，旨在制定评价声景质量的标准方法。

1.7.2 声景（Soundscape）的概念

噪声控制虽然已取得了极大的进展，但降低声压级不一定带来城市中的声舒适。当声压级低于一定值的时候，人们的声舒适评价就不再仅仅取决于声级，噪声类型、个人的特点及其他因素起到重要作用，这就涉及声景研究的范畴。记录和监测自然声和人造声是声景研究的重要方面，与此有关的是愉悦声环境的保护。声景被认为是城市的地形地貌和不同声源引起的空间和时间上的变化，考虑客观实际的声环境和人感觉到的声环境这两方面，分别用物理测量仪器和人工感觉尺度法予以评价。

1. 概念与定义

声景研究人、听觉、声环境与社会之间的相互关系，与传统的噪声控制不同。声景重视感知，而非仅物理量；考虑积极和谐的声音，而非仅噪声；将声环境看成是资源，而非仅"废物"。声景是一项听觉生态学的研究，也是营造健康人居环境的重要因素之一。不同于一般的噪声控制措施，声景研究从整体上考虑人们对于声音的感受，研究声环境如何使人放松、愉悦，并通过针对性地规划与设计，使人们心理感受更为舒适，有机会在城市中感受优质的声音生态环境。

声景研究综合物理、工程、社会、心理、医学、艺术等多学科，而研究声景的学者分布于声学、建筑学、城乡规划学、风景园林学、生态学、信息学、通信学、人文地理学、法学、语言学、文学、哲学、教育学、心理学、人类学、政治学、社会学、民族学、宗教学、医学、美学、设计学、音乐学、媒体艺术学等各个领域。

不同领域者从各自的视点出发对声景进行了定义。在 1978 年出版的《声音生态学手册》中，声景的定义是被个体或社会所感知和理解的声环境，它取决于人与声环境之间的关系，这个定义可指实际环境或意象环境（如乐曲和磁带）。国际标准化组织（ISO）将声景定义为：个体、群体或社区所感知的在给定场景下的声环境。图 1-77 描述了声环境的感知、体验以及理解过程，强调 7 个基本概念以及它们之间的关系：（1）背景；（2）声源；（3）声环境；（4）听觉感受；（5）对听觉感受的解释；（6）响应；（7）效果。

在 20 世纪 60 ~ 70 年代由加拿大作曲家默里·沙弗（R.Murray Schafer）等率先展开研究。2002 年，欧盟的环境噪声法（END）要求每个城市确定并保护安静区域的政策出台之后，声景越来越受到重视。声学及噪声控制领域的各大重要国际会议上均有定期的声景专题，鉴于

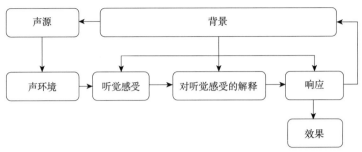

图 1-77　声景感知概念中的要素

声景研究的多学科特征，国际上已建立了一系列跨学科、跨行业的研究联盟，如 2006 年成立的英国噪声未来联盟（UK Noise Future Network），2009 年成立的欧洲声景联盟（Soundscape of European Cities and Landscapes），2012 年成立的全球可持续发展声景联盟（Global Sustainable Soundscape Network）等。国际标准化组织亦于 2008 年成立了声景标准委员会 ISO/TC43/SC1/WG54，旨在制定评价声景质量的标准方法。

2. 声景前沿研究

虽然声景在 20 世纪 60 年代后期开始成为一个研究领域，但它在过去的 15 年里的主要关注点是在城市噪声和环境声学领域。声景研究的一个关键课题是了解声环境是怎样在给定场景下影响其使用者的。就空间与功能而言，研究包括城市街道、城市公共开放空间、公园、学校、公车站、主题街道、自行车道、户外音乐场、赛车场、考古遗址，以及各种室内空间如地下购物街；就声源而言，研究范围包括噪声（如工业、飞机、铁路、道路、风力发电机等）、积极的声音（如自然声）、中性的声音（如婴儿啼哭声）等；就使用者而言，考虑各种人群，包括特定群体如儿童、聋人、听力受损的人和盲人，针对社会和人口特征的影响进行了大量研究。

我国高校学者在声景的基本理论、研究方法、实际应用方面已开展大量研究工作。清华大学明确了声景的研究范畴；华南理工大学对《诗经》中描述的自然界与人类社会活动声景进行了分析，开展了中国古典园林声景意象营造的研究；浙江大学将声景理念引入到中国城市公园设计中，提出了声景的设计三要素；天津大学研究了城市公园中各种声音的最适宜声压级；重庆大学探讨了山地城市公共空间声景对人群健康的影响机制；哈尔滨工业大学使用神经网络模型对地下商业空间进行了声景预测。

3. 声景的标准化

（1）声景指标。

以声景的评价和设计为目的，已发展了一系列声景指标及方法，包括基于法国两个城市研究得出的识别城市声景的要素、模糊噪声限制方法、计算宁静度的公式、基于语言清晰度的声景图、基于地理空间建模和呈现技术的城市环境声景模型语义集成方法、与声环境有关的环境相似性指数、声景中的噪声指标和等级分类等。

然而，以上指标还不能全面地评价声景，仍有必要基于各种物理、心理、社会和生理参数进行多学科分析，进一步获取、检查、协调声景指标，这些指标可以通过统计方法和使用人工神经网络的认知模型进行整合。声景指标的工作尤其以环境健康影响评价、安静区域的保护和"恢复性环境"的设计为重。针对声景的不同方面，声景指标可以采取单一指标或多指标的形式。

（2）声景标准。

虽然有人认为标准化会限制声景的创意设计，但从规划、设计的角度来看，标准是非常有用的。这些标准至少可为描述和整合各种关键因素提供一个标准化的方法。声景的标准化对于声景的可比性和再现性，以及可行的测量过程都有重要的意义。

声景数据的统一性亦至关重要。就数据库而言，决定哪些数据可以被纳入数据库非常关键，尽管有视听记录、访谈、社会调查得到的表格、使用不同设备和程序进行的声学测量等不同的数据格式。国际标准化组织声景标准委员会正在制定统一的声景调查研究方法，包括问卷调查、声漫步、深度访谈等，以更利于今后不同研究结果的相互比较。

4. 声景数据收集

在声景研究中，"测量"感知是必要的，可收集关于对声环境的反应的个人数据。用于收集声景数据的最典型的方法和相应的操作工具，如图1-78所示。最典型的方法是：声漫步、实验室实验、行为观察和叙事访谈如图1-78所示。

测量声景需要从感性的角度来定义它的"质量"，识别并确定在问卷、语义量表、观察和访谈协议中包含的相关的声景描述符和属性，以收集针对这些标准的个人反应。虽然声谱图本身并不代表"声景"，但它们可用于声音分析，进一步深入了解特定地点的声源组成。

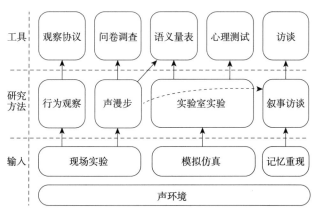

图1-78 在声景研究中使用的素材收集方法和工具之间的关系示意

5. 声景模拟

　　声景的计算机模拟包括从物理声景模型到感知模型等各种类型。在声环境模拟方面，基于多种因素的影响（如大气状况和城市要素），已发展出一系列模型。而声景感知模型方面还有待发展，其一种模型探索识别在声景感知中发挥作用的个体感觉、认知和情感机制，并对声景的趋势进行再现和解释。声源识别与声景模型亦密切相关，有的模型探索用人类记忆模式来预测声音被录制的位置，并确定声音事件的组成。另一种方法是人工神经网络，已经用于预测给定场景下声景的感知。

　　为表示现有的声景，可将二维地图作为附加的景观信息层进行开发。例如，在指定位置通过声漫步收集的个人数据，直接映射一些声景维度，如图 1-79 所示。开发此类地图的构想是基于某一区域特定位置的声景信息，然后利用 GIS 平台中的空间插值分析方法预测整个区域的声景。预测模型的发展概念框架的第一步是收集声景数据。第二个步骤是描述声环境特性。最后建立感知和物理属性之间的关系模型。

6. "声期待"概念

　　"环境"与"人"在声景中相互作用的方式是"声期待"。声期待是指：当人面对特色景

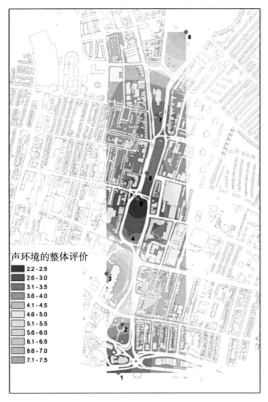 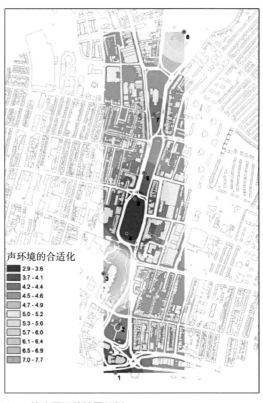

图 1-79　英国 Brighton & Hove 的声景评价地图示例

观，会对其中包含的声音产生特殊期待。这种期待是与景观条件相协调的。譬如树林会令人期待自然声，高速公路则引来对交通声的期待；"听涛阁"这类景名使人期待潮水声等。环境声与期待声越接近，人对声景的主观评价值越高。合理的声景应当符合声期待的要求。从环境要素出发可理解为：视觉环境条件的特殊性激发了人的"声期待"。从人的要素理解：人文和个人因素形成的景观固有印象导致了声期待。声景应当与环境协调，也与景观的固有印象契合。

1.7.3　声景感知概述

1. 声景评价

虽然大部分声景评价基于社会和心理学的方法，也有使用生理学方法的声景评价研究，例如使用核磁共振成像技术探讨对人们安静度的感知，利用心率、呼吸速率和额肌电图等指标比较声景元素对愉悦度和兴奋度的影响等。声景评价和其他物理环境之间的相互作用也是一个重要的研究课题，特别是视听交互作用。研究发现，景观和声景满意度之间，以及在选择生活环境时景色和安静度之间均有显著相关性。语言分析，包括有关词汇和叙述的语义学研究，亦是声景评价的一个重要方面，特别是针对声音和场景感知多样性的情感层面的分类。声景的评价比较复杂，涉及不同声源之间的相互作用，也涉及声音与其他因素之间的相互作用。

（1）声音。

声景评价的重要部分是考虑各自独立的声音。声音的愉悦度比其客观物理量复杂得多。一般来讲，较强的低中频声音受到人的偏好，而当声音比较新颖、信息丰富、适合个人而且文化上得到认可时，还会增加其愉悦程度。包含在声音中的信息、被理解认可的内容和声音强度，是三个影响人们对城市声景评价的重要因素。

Schafer 在 1977 年将声音分为基调声、前景声、标识声。基调声与音乐中的用法类似，音乐中基调声确定乐曲的基本调性，音乐围绕基调声演奏。前景声也称为声信号，用来吸引注意力。被居民和游客特别看重的声音叫标识声，与地标类似。标识声的例子有间歇喷泉声、瀑布声、管乐器声和打击乐器声、有特色的钟声、传统活动发出的声音等。

经研究，最受欢迎的是鸟的鸣啭声、水的淙淙声、虫鸣声、蛙声以及轻柔的风声，45% ~ 75% 的受访者觉得这些声音好听。最不受欢迎的 5 个声音是摩托车、空档的发动机、施工噪声、做广告的车辆和饭店的卡拉 OK 声，35% ~ 55% 的受访者认为这些声音烦人。

（2）听者。

敏感度主要反映人的态度，影响着人们的判断。人们的态度会受声音的影响。例如，较大的噪声减少了听者帮助别人的意愿。声音还以不同的方式影响不同性别的人群，男孩和女孩在噪声环境中的行为也不同。女性比男性对噪声更敏感，女性对明显的情绪刺激反应更强。

社会文化差异可造成声舒适评价和声音偏好等方面相当大的差异。此外，个体的一些其他特征也起影响作用，比如，音乐演奏者有不同于其他人的声音评价标准。

（3）环境。

除评价噪声源以外，城市环境也影响声景的评价。混响是城市街道和广场声环境的重要指标。声压级一定而混响较长的噪声令人烦恼，但是适当的混响时间（比如 1 ～ 2 秒）能使街上的音乐更令人愉快。应根据城市广场的用途，决定合适的混响。

（4）声音和其他物理条件的相互作用。

声音和其他物理条件的相互作用，是城市声景评价的重要内容。比如，现场很热或很冷，那么那里的声舒适评价就与正常情况有所不同。在各种物理条件之中，大量的研究关注于听觉与视觉的相互作用。当听觉和视觉景物混合在一起展示时，会由于对视觉形式的注意，降低了对声音的感觉，反之亦然。视听相互作用中视觉参数占支配地位。所有的视觉信息以不同的方式和效率影响听觉判别。城市视觉景物越多，听觉判别受影响越大。

2. 声舒适

（1）标识声。

受访者被要求写下调查期间他们分别在英国和平公园（The Peace Gardens）和 Barkers Pool❶ 广场听到次数最多的三种声音，如图 1-80 所示。和平公园的标识声即听到的次数最多的为喷泉的流水声。爆破拆除工地、挖掘机和割草机的声音，是被受访者识别程度很高的前景声。Barkers Pool 的标识声变化较大，包括交通噪声、人声和自然声如图 1-81 所示。

与和平公园相比，Barkers Pool 的声景不太丰富，较低的交通噪声给人们更多的机会听到其他的声音，如周围交谈声、脚步声、风声、小贩的喊叫声、滑旱冰者的声音、鸟鸣声和树叶沙沙声。音乐被作为具有戏剧效果的标识声，总是常常首先被觉察到，虽然就声音大小而

(a) (b)

图 1-80　标识声调查场景

（a）和平公园（The Peace Gardens）；（b）Barkers Pool

---

❶　因相关文献至今未见中文翻译故此处保留英文原表达。

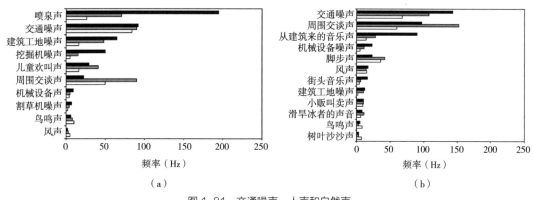

图 1-81　交通噪声、人声和自然声
（a）和平公园的受访者识别的主要声音；（b）Barkers Pool 的受访者识别的主要声音
■ 最先被察觉　■ 第二被察觉　□ 第三被察觉

言，音乐不能掩蔽其他的声音。受访者并不是热衷于发现声景重要特征的专业研究者，但是普通人也能区别研究者所定义的基调声、前景声和标识声。

（2）声级的评价。

1）长期的环境经验和文化背景。

在多个场地进行声压级测量。发现瑞士 Fribourg 的 Jardin de Perolles 的声压级最小，平均 L_{eq} 为 55.9dBA。但给人感觉最安静的却是 Sesto San Giovanni 的 Petazzi 广场，其平均 L_{eq} 为 66.2dBA。长期的声环境影响、文化和生活方式的差异是造成差别的重要原因。吵闹家庭环境中的人容易接受吵闹的城市公众广场。

2）背景声压级。

声级和它的主观评价之间通常存在很强的正相关。随着 L_{eq} 的增高，主观评价的平均得分也变得较高。然而，即使声级相等，主观评价也可能不同。同一城市的两个广场之间也会不同。因此，如果总的声级范围较低，且 $L_{eq\,90}$ 也较小，那么在给定的声级下，人们会感到安静。虽然一直以来，L_{eq} 被广泛地认为是评价环境例如城市公众广场噪声的通用指标，但是，背景声级是另一个重要的指标，当前景声级较高时，较低的背景声级能使人感觉较安静。

（3）声舒适评价。

图 1-82 比较了在和平公园和 Barkers Pool 测量得到的 L_{eq} 和主观声级评价之间、测量得到的 L_{eq} 和声舒适评价之间的两个关系，已做了二项式回归，和用 R^2 做了校正。测量得到的 L_{eq} 和主观声级评价之间出现很强的正相关，和平公园的 R^2 为 0.722，而 Barkers Pool 为 0.795，这表明在声级评价中，声级变量分别占总变化的 77.2% 和 79.5%，然而，测量得到的声级与声舒适评价之间的 R^2 很小，和平公园仅为 0.541，Barkers Pool 为 0.404。当声级低于一定值，比如 70dBA 时，声舒适评价不随 L_{eq} 的增大而有明显改变，但声级评价却连续改变。

除声级评价和声舒适之间的差异外，影响声舒适的另一个原因是，个体根据他们的偏好选择在广场上的活动区域。例如，在和平公园，青少年和年轻儿童的父母大部分靠近喷泉，

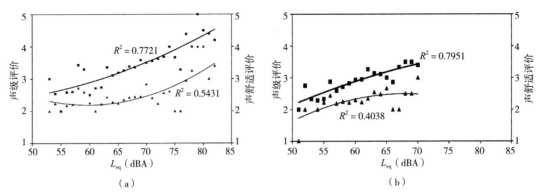

图 1-82　在（a）和平公园及（b）Barkers Pool，测得的 L_{eq} 与主观评价之间的关系，及 L_{eq} 与声舒适评价之间的
关系，包括二项式回归 R^2 校正，■和 "——" 声级主观评价，▲和 "——" 声舒适评价

而老年人选择在喷泉和街道中间。

　　在城市公共广场，声级的主观评价和声舒适评价之间存在显著差别。人们对声级改变的评价反映了测量得到的声级的改变，声舒适评价却更为复杂，声舒适由多种因素决定，而不是仅由声级决定。

　　（4）特定声音的影响。

　　和平公园的喷泉声和爆破拆除声是调查时的两个重要前景声，其有三种典型的声景：喷泉声，平均 L_{eq} 为 67.8dBA；喷泉声和爆破拆除声，平均 L_{eq} 为 71dBA；爆破拆除声，平均 L_{eq} 为 65.2dBA。

　　对于相同声级，人们对不同声音有不同的感觉。爆破拆除声感觉最吵闹，其次是喷泉声和爆破拆除声的混合噪声，再次是喷泉声。对于爆破拆除声、喷泉声和爆破拆除声的混合噪声，声舒适的评价受声级改变的影响很大。对于喷泉声，声级的增高对声舒适评价几乎没有影响，除分辨了声源外，人们对水声的偏好度与对爆破拆除声的偏好度如图 1-83 所示。

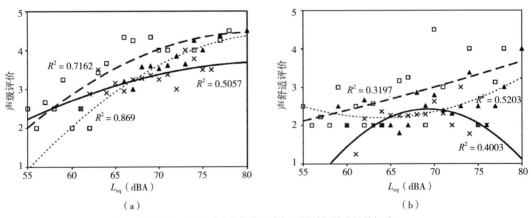

图 1-83　人们对水声的偏好度与对爆破拆除声的偏好度
（a）测得的声级与主观评价之间的关系；（b）测得的声级与平均声舒适评价之间的关系

在和平公园，三种声源条件下，（a）测得的声级与主观评价之间的关系；（b）测得的声级与平均声舒适评价之间的关系，包括二项式回归 R^2 校正；□和"---"爆破拆除声，×和"——"喷泉声，▲和"……"喷泉声和爆破拆除声。

声舒适评价受声源类型的影响极大。当愉悦的声音如音乐或流水声控制了城市公众广场的声景时，声舒适评价和声级之间的关系显著弱于其他声源如交通噪声或爆破拆除声。换句话说，愉悦声音的引入，作为掩蔽声，能明显改善声舒适，即使声级比较高也行。

（5）其他物理因素的影响。

城市公众广场的物理舒适评价与各种物理因素有关，包括温度、阳光、亮度、风、风景、湿度以及声级等。温度、阳光、亮度与风是舒适度主要影响因素；声环境与视觉环境是影响城市公众广场总体舒适度的次要因素。湿度因素也相当重要。除此之外，其他因素如社会文化因素等也会影响评价，这表明了评价城市公众广场舒适条件的复杂性。其中，视觉与听觉有着相互影响，它们作为美学评价因素一起发挥作用，这在设计时应予以考虑。

3. 声偏好

声景评价是美学感知研究的一部分，与人从环境获得的感觉的愉悦度有关，全部美学问题都涉及偏好，美学也涉及识别和判断的艺术，因为偏好，人们对一样的环境有不同的评价且反应也不同。

（1）声偏好。

在谢菲尔德两个广场所做的十五种声音偏好评价的研究结果，与其他研究结果相似，人们对自然的声音表现出非常肯定的态度，75%以上的受访者对流水声和鸟鸣声做出偏好的反应，只有不足10%的受访者认为这些声音烦扰。对于人文化的声音，如教堂钟声、街头音乐以及自鸣钟发出的钟声或音乐，人们也表现出比较高的偏好，对于人的声音如周围交谈声，大部分人认为"一般"，偏好度最低的声音属于机器设备噪声，如施工噪声、轿车播放的音乐和车辆噪声。

（2）声偏好和广场地选择。

和平公园的受访者更偏好鸟鸣声、教堂钟声、流水声和儿童欢叫声；而 Barkers Pool 的受访者更偏好街头音乐和商店播放的音乐。这些声音中的大部分是广场的标识声。当人们选择要去的广场时，他们的声偏好起主要作用。当他们偏好的声音的出现，会感觉更加愉悦。正如某受访者所说："我偏好和平公园，流水声使我感觉轻松和舒适"。声景是人们评价城市广场的重要方面，一些愉悦的声音能吸引人们到广场来，普通大众正呼吁在城市广场有自然声的声景。

（3）社会经济因素的影响。

从前面的研究可以发现受访者对不同声音的评价有很大的差异，为了探究对声音偏好缺少一致性的原因，下面将分析社会经济因素的影响。

1）年龄。

随着年龄的增长，人们更偏好或更能容忍与自然、文化和人的活动有关的声音，如鸟鸣声。相反，年轻人更偏好音乐以及更能容忍机械噪声。12 岁以下的儿童缺少成年人那样的鉴赏能力，表现出对声景的反应具有很大的可变性，对声景中的自然主义没有多少兴趣。

2）性别。

在声景评价方面，男性和女性之间也存在差异。与男性比较，女性受访者对某些声音更偏好，包括教堂钟声、流水声、马路音乐、自鸣钟的钟声或音乐、孩子的欢叫声。

3）其他因素。

当地和非当地受访者之间声音偏好方面也存在差异，但仅有周围交谈声才值得重视，非当地人更容易被这种声音所烦扰。同一年龄组不同职业之间在声偏好方面没有明显的差异。

（4）文化因素的影响。

引起评价差异的一个重要原因是文化因素的影响。人们常对自然声和与文化有关的声音表示偏好，车辆和施工噪声最不受欢迎，而与人的活动产生的声音常常被评为中性。例如，希腊 Thessaloniki 的 Makedonomachon 和 Ktitis 两个广场之间声偏好评价颇为不同。Makedonomachon 广场的受访者更加喜欢孩子的欢叫声，更加讨厌卡车的声音及施工噪声。20 世纪大部分时间里，由于 Makedonomachon 广场主要的使用者不是希腊人，而是从东欧国家及苏联来的移民，他们将这个广场用于公众集会和社会活动。可见，Makedonomachon 广场和当地希腊人所用的 Ktitis 广场之间声偏好的差异是文化因素引起的。

4. 语义分析

采用语义分析来研究声景正在变得越来越重要，其目的为辨识语言的情绪意义。对于声质量，有三个主要指标——有强度的、刺耳的、愉悦的。对于城市环境声，语义分析已被用来分析隐含的和外延的意义。一项研究表明，评价、音色、强度和时域变化，是一般环境声的 4 个具有实质意义的指标。

对四个城市公众广场进行了现场研究，目的是辨别声景的描述语。研究第一阶段是试验性研究，在四个城市公众广场进行声漫步；第二阶段包括在选定的两个广场，对大量受访者进行详细的访谈。

（1）第一阶段。

声漫步经常用于环境声学研究。声漫步由 48 名年龄在 16 ~ 25 岁的大学生完成，其中男性 30 人，女性 18 人，他们听力全都正常。第一个场地是谢菲尔德大学生联合会大楼前的广场。声源包括广场上方大桥传来的交通噪声、响亮的音乐、鸟鸣声、步行街交叉口的噪声和谈话声。第二个场地是 Devonshire Green，一个被低密度建筑物和小街道围绕的大型绿色广场。声源包括滑冰场噪声、儿童 / 青少年的喊叫声、远处的交通噪声、鸟鸣声、步行街交叉口的噪声和现场附近的施工噪声。第三个、第四个场地是和平公园和 Barkers Pool。

声漫步期间，学生们被要求列出他们听到的所有声音和3个主要声音，使用28组声景描述语对每个场地进行评论，包括：

1）满意：舒适—不舒适、安静—吵闹、愉悦—不愉悦、有趣—厌烦、喜欢—不喜欢、平静—焦虑、快乐—悲哀、美丽—丑陋。

2）强度：柔和—刺耳、高—低、硬—软、轻—重、强—弱。

3）起伏：音调高—音调低、有方向—全向、变化—简单、快—慢、有回声—没有回声、远—近、平滑—粗糙、单纯—不纯、稳定—不稳定。

4）社会因素：有意义—无意义、光亮—黑暗、友好—不友好、安全—不安全、爱社交—不爱社交、自然的—人为的。

（2）第二阶段。

声源的特性对于声景评价极其重要，和平公园和 Barkers Pool 被选来做第二阶段的研究，因为它们在城市公共广场声景方面最有代表性。从现场随机采样挑选出市民作为受访者，每个受访者被要求填写声景评价表。

（3）声景评价的主要因子。

利用 SPSS 软件对第二阶段的调查结果进行语义分析，以鉴别城市公共广场声景评价的主要因子，首先采用和平广场和 Barkers Pool 采集的全部数据进行因子分析。而后确定了四个重要因子，因子1主要与休闲娱乐有关，包括舒适—不舒适、安静—吵闹、愉悦—不愉悦、自然的—人造的、喜欢—不喜欢和柔和—刺耳。因子2与通信和交流有关、包括爱社交—不爱社交、有意义—无意义、平静—焦虑和平滑—粗糙。因子3最主要与空间感有关、包括变化—简单、有回声—沉寂和远—近。因子4与动态有关、包括硬—软和快—慢。这四个因子涵盖了城市公共广场声学设计的主要方面：功能（休闲娱乐、通信和交流）、空间和时间。

1.7.4 声景设计概述

对自然声音的感知程度与对环境中交通噪声的感知程度的比例已被证明对声音景观很重要，而对人类声音影响的研究却很有限。为检验这种影响，有研究提出了一种基于人类声音的指数，名为红色声景指数（RSI），它被定义为人类声音的感知程度与其他声音的感知程度的比值。研究在中国哈尔滨市9个城市公园和步行街的41个地点收集了声压水平和人群密度，并通过问卷调查调查了各种声音的感知程度。结果证实，人群密度与 RSI 呈显著正相关，a 加权声压级随 RSIn（人类声音与自然声音的比值）的增加而线性增加，并随 RSIt（人类声音与交通噪声的比值）的增加而降低。有趣的是，在（0.8 ~ 1.5）范围内，随着 RSIn 的增加呈线性下降，与 RSIt 的关系首先显示了抛物线形式的增加和减少。相应地，城市开放空间可以根据变化趋势分为三类，不同类型的城市开放空间在整体音景评价、愉悦度和平静度等方面存在显著差异。其中，愉悦感在自然声音优势感知的场所中是最高的。同时，该因素在人类声音优势感知中最低，在平衡感知中居于中间，因此，RSI 有望用于城市开放空间的声景观预测。

声音景观在环境研究中越来越多地用作创新的进入门。面对大量无法手动处理的声音文件库，声学索引提供了对其中所包含的信息的概述，并允许自动处理。然而，处理这些指标的研究更多地关注特定的主题或指标，而不是他们所分析的声音景观的整体特征。有研究提出一种整体的声景处理方法，并假设是，足够的数量和种类的指数可以帮助建立描述声音环境的框架，使用聚类算法允许在家庭中研究这些跨空间和时间的分布，揭示地理不一定符合明显的景观 / 视觉地理的特点。有研究结果表明，声音指数揭示了声音景观的时间变化和模式，并指出，其他不同环境之间的声景观有时存在惊人的相似之处。由于声音指数捕获了丰富的描述特定地点和时间内环境的信息，它们可以被用作连续监测的代理，而不必存储大量的数据。

1. 公园声景

西班牙比斯开湾（Bizkaia）地区政府的环境部在过去五年中一直执行减噪计划，而其中的一个典型案例是自然公园的声景管理。随着声景保护计划的实行，该公园环境噪声污染得以降低，可以重新听到自然声音，为公园环境注入了新的活力。

当地政府在参考了美国公园管理条例的基础上，决定从两个不同的方面采取措施：

（1）比斯开湾自然公园环境噪声影响分析。从一般观点出发，所有的自然保育区都是"需要特别保护以防止噪声污染的自然地区"。所以，噪声污染分析是进行声景管理的第一步。

（2）进行试点研究，以了解如何保存自然的声音。以第一步的结果为基础，选择一个区域制定相应的试验方法，主要目的是强调声音是作为自然区域天然资源的一部分。

乌尔基奥拉（Urkiola）自然公园被选择作为试验性案例如图 1-84 所示，基于 3 个原因：

（1）公园有非常安静的地区，它非常受游客欢迎。但它也包含受噪音污染的区域。

（2）公园的管理计划正在更新，这似乎是一个很好的机会，包括在新版本的计划中考虑噪声防治与声景设计。

（3）公园最有趣的天然资源之一是景观（指视觉维度）从感官的角度来看，声音同等重要。

改造的主要目的是要先了解在公园的不同的区域中究竟有哪些类型的声音，辨认出哪些声音是有趣，是值得保存的。这有两个重要的影响因素：游客的数量和野生动物。在调查中，公园中的每个区域获得的信息如下：

（1）该区域的基础数据：地点、海拔高度、该点照片。

（2）该点的声音信息：声音的类型、声音的来源、声音的强度、声音出现的时间。

（3）声音的客观物理量描述：L_{Aeq}、L_{AFmin}、L_{AFmax}、L_{10}、L_{50}、L_{90}、频率、频谱和声压级的瞬时变化。

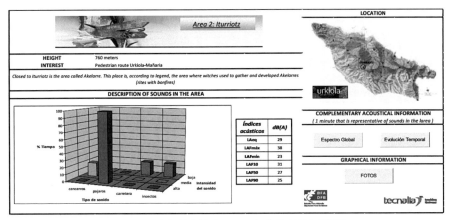

图 1-84　乌尔基奥拉（Urkiola）自然公园声景评价

每个区域的所有信息汇总在一个文件中，总共分析了 21 个区域，所有的信息分析都由 GIS 工具完成，不仅使得信息直观且易于共享。公园的管理者提供这样的信息可以帮助游客选择他们认为最有趣的游览线路。

2. 滨水地区声景

海风琴位于克罗地亚的扎达尔海岸，是世界上第一个由海洋演奏的音乐管风琴。如图 1-85 所示，构成驳岸的白色石头台阶下面修建有 35 根 70m 长的管子，其开口位于岸边台阶踏步的踢面上，台阶沿海岸延伸大约 70m，台阶下的管子一直延伸到海岸的服务区内。在管子末端装有口哨，能够演奏 7 和弦 5 音调。海水和空气在台阶下通过开口被注入管道的共振腔内，并通过上面台阶上的通道被推到这里。起起伏伏的、如同编钟般的声音得以产生。因为海洋总是在变化，海风琴演奏的声音从来不会完全相同。你听到的每一段乐曲都是独一无二的。

3. 中国古典园林声景研究

吴硕贤院士在《园林声景略论》中提到，中国古典园林历来重视声景的营造。中国第一部

图 1-85　扎达尔海岸实景与海风琴装置

诗歌总集《诗经》中使用了大量篇幅描绘当时各种各样的声景，中国第一本园林艺术理论专著《园冶》中也将声音作为构园要素予以强调，足以可见声音在中国古典园林营造中的重要性。

造园家利用水体丰富可变的形式来营造多样的声音效果，例如北京颐和园的清琴峡，整个声景点被墙体围合形成小院，如图 1-86 所示，直达声可清晰传入听者耳中，另有部分声音经墙体、水体、地面反射到达接收点。

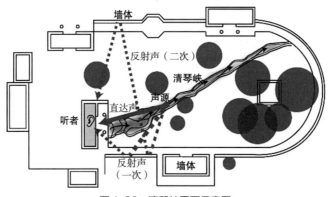

图 1-86　清琴峡平面示意图

风、雨均为自然天象，通过与植物、构筑物或建筑物等周围物体摩擦或撞击振动而发声，声音随物异而异，带给人们丰富的听觉体验。例如，位于承德避暑山庄的"万壑松风"，如图 1-87 所示，三面均植有古松，松林提供了直达声，水面与建筑提供了较强的反射声，西北方的峡谷中还时常传来阵阵松涛声。康熙作诗描述为"耳际无余声，飒沓泛天籁"。又如拙政园听雨轩设有"蕉窗听雨"一景，如图 1-88 所示。大面积的花窗在打开时能形成良好的声音接收面，在花窗关闭时亦能够生成若隐若现的园林意境。

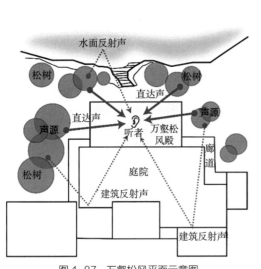

图 1-87　万壑松风平面示意图

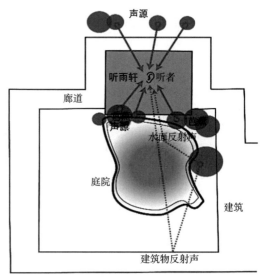

图 1-88　听雨轩平面示意图

鸟声与人工声因活泼灵动，而受到人们的喜爱。如承德避暑山庄的莺啭乔木，如图 1-89 所示，其周围植有大量树木以吸引鸟类，由于声源点不停地在变动，更突显出鸟声的活泼与灵动。周围的山体隔绝了其他地方传来的噪声，同时提供回声，更增添了赏景的趣味。苏州耦园听橹楼的主要声源是船夫摇橹时划过水面的声音，如图 1-90 所示。其建筑形体较高，面朝江水，四面较通透，便于接收水面传来的摇橹声。

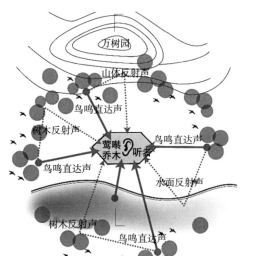

图 1-89　承德避暑山庄莺啭乔木平面示意图

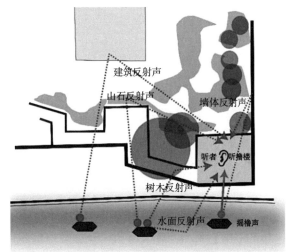

图 1-90　耦园听橹楼平面示意图

4. 宗教场所声景

中国的佛教寺院众多，而举行各项法事产生的佛乐是重要的声景资源。"晨钟暮鼓"是汉传佛教寺院中最典型的声景现象，它不仅标示着僧人的日常修行，还常常成为当地的标志性景观。

寺院的声景常常具有实用与美学两类。实用指各种声音能传播教义和传递信息，例如敲击木鱼的声音可以控制诵经的节奏。而美学功能常指声能烘托宗教氛围和艺术意境，例如寺院的钟声节奏感很强，声音悠扬，寺院外的居民也能够享受到这样的声景。佛寺声景在时间上具有规律性和周期性，僧人的行为被清规戒律所限制，每天敲钟念佛的时间也是固定的，此外，寺院还会每年在农历的四月初八举行浴佛节以及七月十五举行盂兰盆节这样的大型法事活动，声景成为推动仪式进行的重要工具。佛寺声景具有场所的适应性和灵活性，佛教寺院往往采用因地制宜的方法处理内外声环境。从辽宁鞍山千山龙泉寺平面图能看出，如图 1-91 所示，在山林中建造的寺院，除中心佛殿区外，其他建筑多分散布置，这样便利于将自然环境中资源丰富的自然声纳入寺院的总体声环境内。

寺院的声景还具有内容上的复杂性和矛盾性。佛教的声音发展历程既是舶来品的中国化，又是庄严声音的世俗化。印度佛教传入中国后用了上千年融入中国传统文化，各种梵音

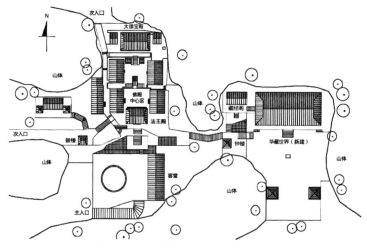

图 1-91　辽宁鞍山千山龙泉寺平面图

逐渐汉化，例如印度佛教集合大众使用健椎（一种檀板），但是到了中国就用本地传统圆钟来代替。梵经念诵也由梵语转换为中文唱词，佛乐中还大量增加了中国音乐使用的乐器，如图 1-92 所示。这些中国音乐元素的运用使汉传佛教的声景显得复杂而入世，贴近民间文化生活。

图 1-92　国家非物质文化遗产千山寺庙音乐演奏

5. 传统小镇声景

意大利小镇阿尔泰纳（Artena）位于罗马南部，距离市中心 30km 处。小镇海拔 420m，位于黎比尼山（Lepini Mountains）西北部萨科河（Sacco River）河谷上游，经济基础主要是农业、畜牧业和旅游。小镇位于北侧山坡上的历史城区内保留了很多以当地石材建造而成、历史超过 200 年的建筑。现代交通工具只能到达历史城区南部和北部边缘的位置，城区内部的道路系统主要是石头铺成的狭窄的台阶小巷。因此，直到今天小镇上的居民还在使用骡子作为交通工具运送生活必需品和生活垃圾，如图 1-93 所示。骡子也是当地的旅游特色之一，其形象被用在小镇对外的产品和形象推广上。

图 1-93　阿尔泰纳的骡队

　　声景设计的灵感正是来源于骡子。骡铃声最主要的功能是传递信息，其声音是清脆的、流动的，由远及近，然后又渐行渐远，伴着骡子的蹄踏声在石头小巷中回荡，不失为一首美妙的山村交响曲，同时也唤起人们乡村生活的回忆。因此，骡子的铃铛声被确定为本次声景设计的标识声。设计师把阿尔泰纳小镇历史上所使用的铃铛挂在骡子身上，并规划了骡子行走的路线。沿途的绝大多数居民认为铃声很悦耳，并希望能经常听到。这种标志性的声景有别于其他地方，容易在人们脑海里形成深刻的印象并产生较强的"场所感"。如果铃声能够在小镇里持续下去，它很有可能成为当地的标志性声景和当地文化的一部分，存在于几代人的记忆中。

6. 历史文化街区声景

　　重庆磁器口古镇的声景丰富，特色的吆喝声、茶馆品茗声、店铺加工声等渲染出一种古码头集市喧嚣与淳朴的生活情调。但由于现代元素的侵入，磁器口声景反映出一种"拼贴"的状态。按照地形图及各点位置相对关系绘制出剖面示意图，如图 1-94 所示。在山地城市声景设计应用需注意因地制宜性、地域文化性、环境协调性。

　　因地制宜性：重庆作为山地城市，丘陵起伏、江水延绵，声景设计也应充分利用地势，将高差变化作为天然的阻挡，并通过空间围和形式的变化，规避声元素的重复，营造出不同意境的声景。对于新建项目的山地地貌与原始生态进行保护，保留自然的声景。

　　地域文化性：在声景设计中，运用地方性的传统民俗声可以营造归属感强、地域文化特色鲜明的景观效果。对于磁器口这个山城江边古镇来说，打木槌酥或糍粑可作为地域商业文化声的亮点，码头集市或过往船舶的声音也鲜明地体现了码头文化。

　　环境协调性：在声景设计中需结合应有的空间功能，合理控制商铺扩音设备的外放音量，达到理想的整体听觉效果。随着现代商业元素的侵入，山地城市的传统声景早已发生变更，在古镇中，商铺可尝试播放丝竹之声来取代格格不入的嘈杂音乐，使其所在空间的声景变得和谐。

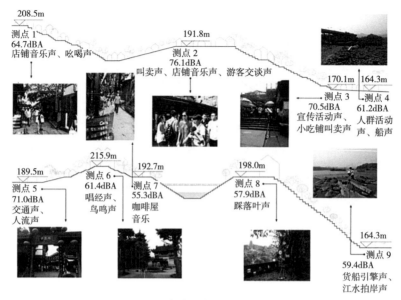

图 1-94　各声景点高差位置关系图

7. 交通车站声景

英国"钢都"谢菲尔德火车站广场位于市中心，其两侧还有电影院、19 世纪初的霍华德酒店等重要建筑。火车站广场的建造是二战后谢菲尔德市交通计划的重要组成部分，它靠近波特与谢菲两条河流的交汇处。经过几十年的使用，广场已显得老旧而破败，火车站大量的旅客与广场外的交通道路带来了大量噪声，显得嘈杂无序。

因此，广场进行了改造工作，并于 2006 年完工。新广场拥有坐凳、树池、景观照明、景观跌水水池、大型钢雕塑。它成为该城市在 21 世纪的新地标，引导进出火车站的人们前往霍华德大街或其他方向。设计者用一道不锈钢墙将噪声区和火车站隔离，并在广场上建造了一处喷泉，这成为进出谢菲尔德市的人们难以忘怀的视听风景，如图 1-95 所示。不锈钢墙不仅是充满视觉冲击力的艺术作品，而且作为声屏障有效地阻挡了广场上的噪声，如图 1-96 所示，使得进出火车站的旅客不受广场上噪声的干扰。多样化的水景被引入广场以提升城市活

图 1-95　谢菲尔德车站广场

图 1-96　不锈钢墙

力，喷泉与跌水的声音不仅掩蔽了广场上的噪声，更重要的是创造了市民们喜爱的水声，成为具有吸引力的声景。设计者为附近主要道路上的交通噪声实施了声掩蔽策略。不同的水景设计提供了不同的频率范围，从而有效地掩盖了交通噪声。

8. 拉萨老城声景

根据联合国教科文组织（UNESCO）非物质文化遗产保护纲要中提出的非物质文化遗产的概念和定义，城市历史地段的声景可以被看作无形的历史文化遗产而应被保留。拉萨老城具有独特的历史和文化特征，可作为历史地段声景保护的案例。

拉萨老城的空间可以被分为宗教、商业、居住和机动交通四种类别。老城环绕大昭寺的转经道"八廓街"是最大的室外公共宗教空间，容纳了不同的宗教活动及相对应的声音，包括朝拜声、念经声、唱经声、转经筒转动声，朝拜时木板的拍击声和玛尼拉康的鼓声。"八廓街"和集市街是老城的两条最主要的商业空间，声音主要包括标志商业活动开始与结束的摊位摆放与拆卸声，招揽顾客的店铺的电声音乐声以及送货三轮车夫的口哨声。大昭寺广场占地约 2.2 公顷，是老城最大的集散空间，声音主要为脚步声和说话声。机动交通空间即北京东路，日夜机动车交通流量均较大。这个路段的声音主要为汽车经过，鸣笛声和口哨声，如图 1-97 所示。

图 1-97　典型城市空间

图 1-98 显示了老城在不同时间段的声环境状态，可发现北京东路的交通噪声严重影响了老城的北部区域，但是由于老城错综复杂的街巷形成了良好的声屏障，有效地屏蔽了交通噪声对老城内部声景的影响。因此保护老城的城市肌理是保护声景的前提。高于 70dBA 以上

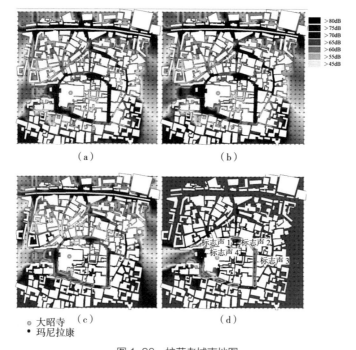

图 1-98　拉萨老城声地图
（a）早晨声压级分布；（b）中午声压级分布；（c）夜间声压级分布；（d）标识声声压级分布

的区域包括中午时间段的大昭寺广场，早晨和中午时间段的"八廓街"及传统市场以及全天的北京东路。需要采取降噪措施，例如限制机动车交通，禁止鸣笛以及限制商业活动以降低汽车及人的活动产生的声音。

　　根据图 1-98 显示，大昭寺门口以及玛尼拉康附近是声景保护中需要重点关注的区域。唱经声对的空间影响范围更多在"八廓街"的东侧，由于唱经声是一种移动的声源，因此可以考虑在"八廓街"内划定一条专门的路径供朝圣者通行，以避免不同声景之间的干扰。

9. 传统村落声景

　　贵州东部苗、侗族世代传承下大量丰富的声音文化。"大杂居，小聚居"分布格局使语言、音乐等声音文化互不相通；用音乐记录生活的习俗使声景担负了记录某段时期内、某地域或民族社会价值观等重要文化信息的功能；继承先民的防御意识，衍生出兼有预警功能的信号声景。其地域性的声景可划分为五大类：

　　（1）与生产需求有关的声景。织布产生的声景可看作苗族传统生产场景的象征。织布时踩动蹑板并牵动着木鸟每上下运动一次，梭子在线中间水平穿插一次，声景亦由木梭子声、蹑板声和拉动木鸟声组成。织布机通常置于木建筑二楼，机体晃动与木楼板发声碰撞，声音叠加后亦产生了地动山摇的声景效果。

　　（2）与生活需求有关的声景。生活物资匮乏使苗、侗族形成了每隔 5 或 7 天在集市上进行商品交换的习俗，集市上声音类型丰富，由叫卖声、交谈声中夹杂的苗歌声、锣声、木鼓声、鸡叫声、机动车声等所构成。其中，苗语音调极高、抑扬顿挫却又短促，以其突出的语言特点——如歌唱般，尾音上扬且拖得很长，盖过了背景声成为最主要的声源。

（3）与精神需求有关的声景。苗族各种节日活动都在铜鼓坪上举行如图1-99所示，通过歌曲演、戏曲和宗教诵唱等形式传承民族文化。其声源主要有飞歌声、木叶、芦笙等民族乐器演奏声、女性身上的银饰声等；各声源频谱在低、中、高频段分布均匀，声压级具有明显的层次感，从低到高依次是银饰声、重音笙声、飞歌声、低音笙、木叶声。

（4）与安全需求有关的声景。历史决定了苗、侗族与生俱来的强烈防御意识，其中，岜沙苗寨作为中国最后一个枪手部落，如图1-100所示，火药枪声景蕴含着明确的信息，包括警示猎物出现或有危险靠近，以及用来召集村民举行欢迎游客的仪式。侗族地区以鼓楼声景为代表。如有要事商议时，鼓声是较平和的"咚……咚咚"；有兵匪骚乱劫掠时，重击一声后连续敲击，具有紧迫感并具有明确的指向性；有火灾险情发生时，密集的鼓点打一阵停一下，并由击鼓者高喊指出火灾发生的具体位置；有贵宾到或族内集会时，则敲打悠长舒展的慢鼓点。

（5）与族群区分有关的声景。音乐韵味和语言腔调是苗、侗族的重要标识。其中，苗族"飞歌"气势恢宏、侗族"大歌"和声粗犷奔放、仪式音乐神秘恐惧等。此外，侗族大歌还善于通过模仿自然界中各种鸟叫虫鸣、高山流水之音，营造出极其逼真的自然声景意境。调类与调值丰富是苗、侗语最显著特征，黔东南州苗语有6～8个声调，侗语有15个声调，故语言声景也格外丰富。

10. 亲水空间声景

随着天津市海河景观改造的推进，创造良好的亲水声环境也成为营造海河整体环境不可或缺的一部分。设计前期对津湾广场进行了声学物理测量和社会调查。然后，通过景观设计

图1-99　铜鼓坪上的节日场景

图1-100　持火枪的岜沙村民

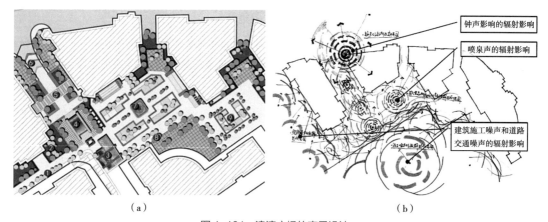

图 1-101　津湾广场的声景设计

（a）（1、2—绿色植物；3、4—水墙；5—风铃走廊；6—水域走廊；7—中央喷泉；8—植物；9—喷泉）；
（b）广场声景设计预估影响分析示意图

将人们心中期望声要素加入到津湾广场如图 1-101 所示。在 1、2、8 点上，设计使用绿色植物来减少建筑施工噪声和道路交通噪声带来的影响。在 3、4 点上，设计修建水幕墙。水幕墙能够成为噪声的屏障，也可以为广场创建一个趣味性的场面。在第 6 点设计一个水域走廊。在第 5 点上，设计修建一个风铃走廊，增加这一区域的自然之乐。另外，第 7 点和第 9 点分别为中央喷泉和小喷泉，把人们关注噪声的注意力吸引到关注喷泉声上来。考虑到这一地区建筑和环境之间的关系，喷泉和水系应当能成为广场上的活跃元素。

图 1-101（a）是对整个区域内引入新声源后的一个影响的预估分析图，深色粗线条是代表机动机械噪声辐射；浅色细线条代表自然声源辐射。这张图是对津湾内广场改造后主要声源适辐射的示意图，与上图的空间节点相对应，通过创造更多像钟声和水声等趣味声音来减弱道路交通噪声和建施工噪声对人们的影响。

11. 寺院声景观设计

汉传佛教是中国佛教最大的体系，汉传佛教建筑群在我国建筑历史上具有重要地位，其中尤以佛教寺院为主体建筑形式。寺院不仅为僧人提供良好的修行环境，也为信众游客创造感知净化灵魂的场所，其声环境对创造寺院室内外的宗教气氛发挥了重要作用。作为传统中国佛教文化的一部分，钟声从古代开始就在寺庙声环境中起到了不可替代的作用。

对与宗教有关的环境声学的研究在中国较早出现于 2008 年，是借助声景观科学从规划的角度出发对宗教文化环境进行的声学思考。例如，有学者运用模糊数学理论对大雁塔北广场音乐喷泉声景观做评价研究，以大雁塔北广场声景观为例，分析各种声音的受欢迎程度和厌恶程度、影响声音受欢迎程度的因素和各种因素的影响力大小。有学者从游客感知的视角探索了宗教文化型景区声景观对旅游体验质量的影响，发现宗教文化型景区，各种与景区宗教文化氛围不相符的声音充斥其中，使得游客在景区中的体验大打折扣。寺庙园林中声景观因其特有的宗教文化属性，更值得深入探究。

利用房间声学仿真理论对佛教寺院声场的研究，大多通过实测和利用声学软件（如 Raynoise）软件进行声学模拟，建立并分析佛寺大雄宝殿的计算机声场模型，如图 1-102 所示。图 1-103 表示对佛殿内的空间要素中的佛像的位置设置，对声场混响时间及 STI 值等的影响。佛殿内设置的各类装饰织物能够起到作为吸声体对混响时间的影响；另外，中频 RT_{30}、EDT 及声源的指向性对混响时间影响不大，主要表现在对参数 EDT 和 C_{80} 值的影响上。

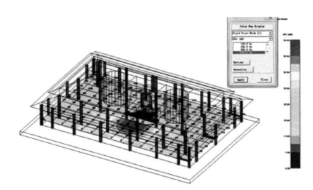

图 1-102　佛寺大雄宝殿的计算机声场模型

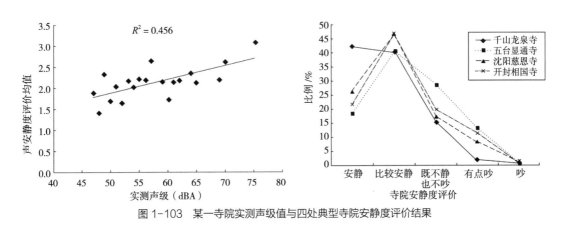

图 1-103　某一寺院实测声级值与四处典型寺院安静度评价结果

张东旭等人对三个中国传统汉传佛教院落的声场进行了测量，将实测结果同声学模拟数据相对比，确定古建筑材料的声学参数和软件的参数设置，然后建立和分析标准形制的汉传佛教寺院的声场模型，研究了汉传佛教寺院空间要素对庭院安静度的影响，如图 1-104 所示，并得出以下结论：佛寺中围墙的高度和吸声系数及反射系数、钟楼的位置和高度、院间隔断的设置等空间因素的变化可以显著影响各进庭院的声级或混响时间，而屋顶、地面和窗户等材料的声学特征对庭院声环境影响较小。

研究包括：对辽宁地区典型藏传佛寺的声环境的实地测量，结合问卷调查的方法评价寺院的声环境，使用 Odeon 声学模拟软件分析寺院的空间要素与声场特征之间的关系。还有对吉林省内典型汉传佛教寺院声景观的研究，评价了声场评价与声学参数之间的相关性；以及

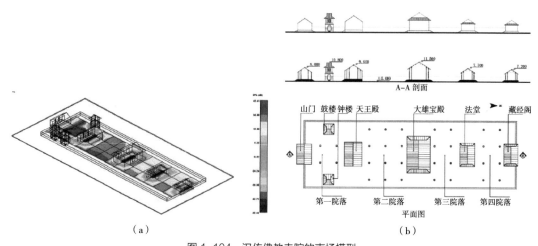

图 1-104　汉传佛教寺院的声场模型
（a）标准形制的汉传佛教寺院的声场模型；（b）空间要素对庭院安静度的影响

张东旭等人对黑龙江省汉传佛教寺院空间与声环境的研究；唐子清研究了山西省五台山藏传与汉传佛教寺院庙宇内外的声环境，将寺院环境声学研究与地理地形相联系，以属性相同而行政等级不同、地理位置不同的藏佛教寺院内关键节点——均位于山地地形上的菩萨顶 108 台阶与北京雍和宫甬道为研究对象，对藏传佛教寺院声环境特征做比较研究，发现两者的异同性规律。按加入烦恼因素的响度级的新声级指标来分析计算开放式佛教文化祭祀公园内的声压级，以量化的方法评价烦恼对游人访客的心理干扰。对几处佛殿建模并进行各大殿之间的声场借助声学软件建模模拟。研究了藏传佛教寺院做佛事、法课、演奏法器佛乐的佛殿内部声场，如五台山的菩萨顶大雄宝殿的声场特征；探索寺庙的声压级与频率之间的关系以及声压级随地点变化而变化的规律与声学特征，发现了佛教寺院殿外视觉环境与声环境之间的关联。上述诸方面的成果皆极大地有助于拓展国内外寺院声景观的研究进程。

　　除此之外，国内也对西方形式教堂的声学研究成果。前者采用了实地测试以及软件模拟分析等方法，对不同时代、规模、平面形式的教堂进行了比较研究，并调查了使用者（包括神职人员和信众等）的听觉感受，发现即使教堂的混响时间明显过长，在实际使用上似乎没有特别的影响。后者发现清晰度受到混响时间、建筑结构和说话人性别三个方面的影响，并对如何使用扩声系统改善教堂音质提出了一些改进建议。

　　寺院声景观设计：

　　（1）探索对寺院建筑有益的声源。

　　通过在寺院内引入自然声，特别在测量声压级值较高的僧侣生活区内适当增加植物群落的比重以容纳更多数量鸟、虫等动物，添补微型生物景观提高听觉舒适感。在寺院内叠石置山，创造声响度与声强度在合理范围内的潺潺流水声，都能有效地掩蔽日常生活的人为干扰噪声，增加悦耳感降低对僧人跟访客的心理烦扰。

（2）从管理的角度完善声源。

①减少有害声源，如进行空间区划保护声环境等。建筑工地噪声的声级在高频范围内是最高的，建筑施工改造对佛教寺院声环境的破坏极大。在佛寺内如施工带来的高频突发噪声、低频噪声，访客与游人的大声交谈声、呼喊声等会涣散寺内僧侣们与附近信众们当时的注意力并引致其烦恼感，长时间的噪声甚至损伤人耳构造。可以采取的措施有：设立规条杜绝这类噪声源，如禁止在白天佛课时间内施工，在某些局部标志地段内限制商业活动，禁止大声交谈呼喊等以营造并维护寺庙有益于健康、治疗的佛教声环境。

②播放包含佛教文化内容信息的声源。讲究"收放兼顾"，如在寺院建筑内循环播放经过音量控制与内容选择的佛乐，寺内播放具备适当的语言可懂程度的加入音乐的经文作为背景音等方法可以满足访客对佛教声音的心理期待，进一步增强寺院建筑佛教文化的教化氛围。

③细致调查与确定各标志声的空间、时间分布范围，特点跟区别。尽可能地使佛教专属的特定价值的标志声，如礼拜佛塔时的咒语声，院内香炉中纸、物的燃烧声，殿内礼拜的低语祈祷声，个别殿内的佛乐、经文播放声等标志声类型可以被清晰地察觉、分辨与认知。

（3）从声传播路径设计。

①殿堂内声传播　汉地佛教殿堂内的一些空间结构形制，佛坛的摆设位置等因为历史文化遗产保护的原因，不能做根本性的改变。通过保护与增强极具特点的标志声的传播，如诵经声、做法事时的法器声等，保护并维持殿内庄严具与地面坐垫的尺寸、布设数量、位置能够保护视觉因素传达的文化意识性，而改变它们的置放状态可以增加或减少混响时间 RT。

②寺院建筑内声传播。

寺庙院落形制是相对固定的，寺院建筑内声线的传播随之有了相对固定的特定通廊，即在殿堂之间的庭院间穿行。墙体阻隔了位于靠近墙体大部分区域内的声源发出的声线的传播，声源越过墙体后到达另一处院子内声压级会明显降低（如崇善寺内降低 7～9dB），因此院内极富特点的标志声应着重避开靠墙的区域，以保护寺院独特的声源类型。殿基座具有一定的高度使得殿内传出的声音与外部传至殿内的声音需要先下、上台阶才能到达，一定程度上阻隔了各个殿内诵经声的传播与干扰，因此从保持声环境的现状出发台基的构造也必不可少。

（4）改善庙宇厅堂音质。

最后，计算机声学仿真是非常经济的预测手段，模型仿真对殿堂声学施工改造具有优越性。

12. 其他室内声景观设计

通过对国内外有关文献综述发现，室内声景与室外声景观的研究视角相似，从主客观角度入手，分析主观对象的社会特征和行为学，从而对室内声景进行的研究。少量研究从建筑空间角度入手研究室内声景，与此同时，证明了建筑空间的组织形式、空间关系等对室内声景有着关联与影响。

室内声景研究起步初期，也以客观物理指标对声感知的影响为始。Dokmeci（2008）等在带有中庭的餐厅进行了客观指标 EDT、RT、SPL 的测量和主观声感受的调查，发现较低水平的声舒适度或较高程度的噪声烦扰度与测点的 STI 有关，并且其他人发出的语言噪声对声舒适度评价影响较大。人们对噪声的忍受程度与室内 L_{eq} 相关，较低的 STI 指数、较高的 L_{eq} 水平和较长的衰减时间会增加人群的烦恼度。2012 年，在对两座公共建筑进行了客观测量和主观调查后，发现心理声学指标中的响度相比直接的客观声学指标（如 L_{eq}）与室内声景评价更为相关，并且，响度和粗糙度有较强的相关性。

Vardaxis（2017）等对住宅建筑进行了主客观的调查研究，研究了声学因素对住宅空间的声感知的影响，国内也有对卧室声景所做的研究。Gramez（2017）等研究发现，对声学质量要求较高的会议室中，声感受较差的主要原因在于较高的背景噪声和较长的混响时间。Braat-Eggen（2017）等在开敞式布局的教室中研究发现，被试者容易受背景噪声和语言噪声的影响，室内声学指标与被试者的受干扰程度显著相关，但相关性很弱。

对于室内声景评价因子当中的人的社会学、行为学及人对声音偏好性等因素也是研究重点，集中于针对不同类型建筑内所做的声景调查研究。例如，Dokmeci 和 Kang（2012）对图书馆中不同功能区域进行了噪声测量和社会声学的问卷调查，结果表明评价的结果随年龄、学术水平等因素而差异显著，SPL 和响度（N）与主观评价呈现显著相关性。2012 研究购物中心声景，发现其中人群对于噪声的容忍度与本身受教育程度有很大的影响，而与年龄的相关度较低，在商场的购物时长也与噪声的容忍度相关，并且使用者最容易受到主要被感受的声音干扰。而在餐饮空间，Svensson（2014）等发现餐厅内声舒适度受声音的烦恼度、可懂度、私密性等心理声学指标的影响。Meng 和 Kang（2013）研究发现主观响度及声舒适度与人群收入、受教育程度等社会因素相关，而性别及年龄的影响并不显著，此外结果表明人们对声景评价受来往频率、行为目的等行为因素影响。Leccese（2015）等为保证就餐时的语言可懂度，研究了最大交谈人数、平均交谈距离等因素的影响。在图书馆建筑中，Kocyigit（2017）研究发现，安静的环境并不是衡量声环境优劣的指标，应考虑到使用者的不同需求和心理上的声舒适感受，实验结果表明安静的环境反而使人更容易受到抵触。此外，还有 Chen 和 Kang（2017）研究大型餐厅中的响度、发音清晰度、噪声水平和个人对声源种类的偏好程度对就餐者的声舒适度评价的影响；Meng 和 Kang（2017）发现就餐的形式如集中聚餐或单独聚餐、聚餐的人数等都会对声舒适评价产生影响。在地下商业街中，孟琪（2010）在研究时发现使用者的收入、学历和职业与主观响度或声舒适度存在相关性，且收入的影响最大；从行为学的角度研究表明，目的、频率、停留时间分别在不同程度上影响主观响度和声舒适度，但光顾时段的不同和通行人数的不同则不会产生影响。唐征征（2010）研究了人们对地下商业街的声喜好，发现社会特征如收入和学历对地下商业街的声景评价有一定的影响。金虹（2011）等通过典型商场进行主客观的调查发现社会特征对商场背景音乐声舒适度影响极大，其中性别影响因素不显著，但女性的评价较男性波动较大；学历和职业要素影响显著；年龄越大评价越低，并且发现对于不同的背景音乐类型，整体背景音乐评价略高于专卖场的背景音乐。

Shih（2016）、王明玉（2012）通过研究客观物理指标对声感知的影响，以及结合客观测量、实验模拟和主观问卷调查，模拟混响时间等指标对室内声学的影响，以及客观声学指标对声感受的影响。调查声源，提出餐厅内顾客交谈声和人流活动声对声环境影响大，碗碟碰撞声影响较小，并提出室内装饰的扩散材料能够改善声环境。陈曦和康健（2016）等研究发现，地下餐饮空间声舒适度与背景声声级有较强的负相关关系，但与主观混响感相关性不显著。

Dokmeci（2012）发现相似的建筑形态和功能有相似的客观声学指标和心理声学指标，空间要素和功能差异对室内声环境主观评价有重要的影响。在综合体当中，餐饮功能区域的声舒适度要高于商业功能，并且商业空间的销售类型也对声舒适度有一定的影响。Xiao（2016）等在典型图书馆研究中发现声环境中每层的声舒适度评价并不受适时情况或声压级水平影响，而是受使用者对空间视觉和听觉的感知和使用目的影响，因此空间布局是声舒适度评价的决定性因素之一。

概括而言，国内有关室内声景的研究较少，但研究侧重点与国外情况接近，总体呈现起步较晚且研究体系不够健全的局面。关于室内声景的影响因素，Papatya Nur（2010）对特定声学时间、特定空间以及语言可懂度做了综述，并总结出影响室内声景的因素包括：客观因素（Objective Factors）、主观因素（Subjective Factors）、声学因素（Sonic Factors）、空间因素（Spatial Factors），其中空间因素中建筑的功能、使用者的使用状况、建筑装饰元素都会对室内声景产生影响，而后（2016）又构建了室内声景的研究框架，包括有建筑设计因素：功能因素、空间因素和室内环境质量因素，以及声学因素：物理声学指标因素和心理声学因素，如图1-105所示。

室内声景设计虽然还不成熟，但大致与室外如公共空间声景的调查和研究方法一致，归结如下：

（1）室内声景数据采集及心理声学参数分析。

对研究目标的室内和室外环境进行实地调研，通过对使用者进行访谈并设计量表，发放问卷调查和采集双耳听闻信号采集等，以获取声景数据。通过分析采集得来的听闻信号，可以得声音信号的频谱、声学参数和混响时间等声学数据。

（2）室内声音环境计算机仿真模拟。

结合实地调查结果，使用CARA声学软件建立室内声环境仿真模型，对仿真声场计算所得的混响时间进行验证，从而选出适宜的声场计算方法。利用问卷调查获得室内建筑、物理环境的特征信息（建筑结构、吸声材料和温湿度环境等），对所有室内环境进行声场仿真，通过计算得到各个房间内的混响时间。

（3）室内声景观因素评价分析。

对调研获得的数据进行编码处理，进行因子分析挖掘室内声景观元素的潜在结构，对该

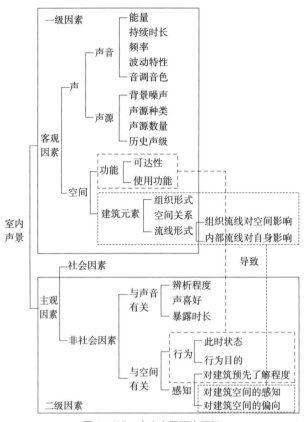

图 1-105　室内声景研究框架

结构进行分析，并将其转化为新的声景因素，参与后续相关性研究，进行声景评价要素分析。

（4）室内理想声景观模型建立及优化。

通过回归分析对上述获取的声景观评价要素进行筛选，确定室内空间声景模型变量。再根据声景要素样本容量和复杂程度等特性，选择适宜的分析法对模型进行优化和验证，（利用如机器学习算法，通过数据训练及验证，获取室内理想声景观支持向量机模型，结合多类支持向量机算法和网格搜索法），围绕研究结果进行讨论分析给出设计与营建建议。

1.7.5　声景交互研究方法

声景交互是声景与其他因素的交叉作用关系。城市空间声景的感知主要受声景的愉悦性、事件性和熟悉性的影响，诸多学者根据城市声景感知特性开展了丰富多样的声景评价研究。声景主观评价受居民年龄和学历影响，并与居民行为活动相互影响，同时，城市声景评价也受植被气味和周围热环境的影响。层次分析法被验证能够应用于构建具有层次结构的声景评价指标体系，进而通过模糊数学法将主观评价结果与评价体系相结合。对于声景感知的可视化研究，有通过主客观数据结合地理信息系统绘制声景地图，也有通过声景和地景的叠加分析城市声景空间关系，以及探究时空变化对声景感知的影响。还有学者通过心理物理学定律寻找到城市绿色空间中声景的阈值以及适宜声景感知的声压级区间，并在此基础上探究不同植被空间下的声景差异性和不确定性。

视听关系是声景感知交互的研究热点之一。听觉感受和视觉环境紧密联系，共同作用形成整体的环境印象，进而影响了声景认知的可持续性。有学者尝试在视觉照片的基础上，通过声音事件的按序播放再现声音空间的演变，进而实现以声像再现城市路径。较好的视觉景观可以在一定声压级阈值区间内降低人们的听觉烦恼度，研究表明视觉舒适度有利于听觉舒适度的提高，进而提高人对城市绿色空间的感知体验，但过多的城市景观元素可能导致听觉环境的复杂化，从而导致听觉感受的降低。反过来，有报道称听觉感受能帮助人识别视觉环境，而视觉信息能补充和增强声景的语义。此外，也有学者认为声景与视觉景观存在协调、对比和互动3种关系。因此，声景交互关系能够在城市声景理论转化实践过程中发挥关键作用。

从人居环境的角度，对声景的研究最终还是关注自身与使用者（人类）之间的关系。长期和大量的研究论证了声景在心理物理学关系中发挥的明确作用，这也是感官景观（声景、光景、香景等）的共性特征之一。感官景观的信息不仅影响了场所使用者的心理感受，还影响了他们在城市绿色空间中的行为，而行为又反过来影响了所处位置的声学环境和声景状况。这种景观信息—心理感受—行为趋势的循环关系要求声景设计必须在较小的尺度中完成，并且尽可能地考虑到多感官景观之间的相互影响。为了探寻声景与人之间更深层次的交互关系，声景研究应当通过交叉学科的方式，如结合心理物理学、认知心理学和行为心理学等学科进行更加细致的探索和数据挖掘，以揭示场所空间中声景的特征和影响因素。

1.7.6　声景优化方法

声景的优化方法研究属于声景的实践内容，诸如美国的"声景保护计划"，重点关注于"自然声景的保护、维持和恢复"，保护对象主要为公园和保护区内的各种自然声源，包括虫鸣声、鸟叫声、风吹过树木时的声音等，并在许多国家公园中逐步实施。而在城市环境中，重点在平衡人类活动和自然之间的关系。声景的优化设计是一种感官体验设计，而感官体验设计中每一种感觉并不是独立存在的，它们是相互影响、相互制约甚至是可以相互转化的，这要求同时注重视觉景观空间甚至是嗅觉景观空间的营造。因此，城市声景设计和保护不应只考虑声环境，还应考虑环境丰富度、心理感知等人居环境因素。

对于声景优化的方法，有学者认为城市整体声景规划由"城市、环境、建筑、设施"4个层面构成，声景优化应根据设计和保护对象所属层次选择合宜的实践目标；有学者认为声景设计时需要将抽象的声景设计目标转化为可测的声学标准（计算设计），对于复杂环境下常见的声掩蔽现象也应该审慎处理；有学者提出声景设计应当引入有意义的信号声和标志声，进而营造出丰富多样的声景空间。对于声景设计和保护的方法，有学者从生理和心理2个层面提出了 3 种主要策略：声源的分离、减少噪声的影响和提高游客的期望；有学者从中国传统园林声景的角度，诠释了中国古典园林因借自然、巧依诗词的感性声景营造特征，并揭示了其所蕴含的声学营造技艺。因此，声景的优化方法既要考虑对自然声景的保护，又要保障使用者的感官需求，这对城市空间内的声景优化应用提出了更高的要求，进而推动优化方法对城市声景的实践发挥重要的作用。

1.7.7 声景新兴技术的应用

虚拟现实（virtual reality，VR）技术和增强现实（augmented reality，AR）技术是 20 世纪发展起来的一种基于计算机计算和仿真模拟的应用技术，前者是通过计算机营造沉浸式的虚拟空间，后者是在前者的基础上将虚拟信息融合到现实环境中的应用技术。

VR 技术可以降低周围环境噪声对使用者的影响，进而提出通过计算设计提升音质以进行声景营造的调整与优化。VR 技术被证实可以对城市公共空间中的声景感受进行高精度的声景评价。AR 技术可以增强室外环境和室内环境的声景交互，并且可以通过听觉刺激强化视觉层面的感受。也有学者在此基础上提出了音频增强现实（audio augmented reality，AAR）技术，用于增强景观的沉浸感和真实感。

人工智能（artificial intelligence，AI）是一门新兴的发展领域，在近年来提倡的"人机共生"的大背景下，不少学者尝试通过人工智能的方法对声景进行探究。有学者在 21 世纪初提出了人工智能在声景应用的可能性，并通过误差反传（back propagation，BP）人工神经网络验证了声舒适度模型对城市开放空间中声景心理物理特征具有适应性，在此基础上建立了声景地图。计算机视觉（computer vision，CV）有助于捕捉生物声景的特征，进而对声景属性进行模拟和仿真。在语音信号处理领域应用的循环神经网络（recurrent neural etwork，RNN）近年来也具有一定的研究潜力。因此，AI 与声景的交叉方向也逐渐成为当代声景领域内的热门话题，共同推动了当代声景技术的进步与发展。

然而，声景理论与实践之间存在差距，并且理论与方法的适应性有限，仍需要进一步探究。

第二章

声学材料和
隔声隔振构造

2.1 吸声材料

2.1.1 概述

建筑材料一般来说或多或少具有一定的吸声特性，工程上一般把吸声系数较大的材料和结构（平均吸声系数大于 0.2）称为吸声材料或吸声结构。吸声材料和吸声结构被广泛应用于音质设计和噪声控制工程中。对建筑师来说，把声学材料的声学特性和其他建筑特性如力学性能、耐火性、吸湿性、环保性、外观等结合起来综合考虑是很有必要的。声学材料和声学构造主要解决建筑空间的音质设计中遇到的混响时间设计、背景噪声控制等，同时可根据设计要求消除回声、颤动回声、声聚焦等音质缺陷；在噪声控制中吸声材料用于吸声降噪以及通风空调系统和设备排气管中的管道消声材料使用等。

吸声材料本身具有吸声特性。如玻璃棉、岩棉等纤维或多孔材料等。有的材料本身吸声系数很弱，通过二次加工如材料经打孔、开缝、开槽等简单的机械加工和表面处理，制成某种特殊结构而产生吸声效果。如穿孔 FC 板、穿孔铝板吊顶等。

在建筑声环境的设计工作中，吸声材料必须具有综合性能才能得到实际工程应用，材料除具有优良的吸声性能外，还应具备装饰性、抗变形、防火性、环保性、吸湿耐潮、抗老化、易加工等多种方面，设计工作可根据具体的使用工况条件和环境要求去选择合适的材料和材料构造。

2.1.2 吸声材料和结构分类

吸声材料和吸声结构的种类很多，依其吸声机理可分为三大类，即多孔吸声材料、共振型吸声结构和兼有两者特点的特殊吸声结构，如图 2-1 所示。

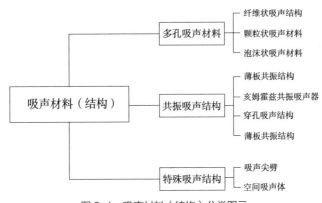

图 2-1 吸声材料（结构）分类图示

　　根据材料的外观和构造特征加以分类，大致可以归纳为表 2-1 中所列的几种。材料外观和构造特征与吸声机理有密切的联系，同类材料和结构具有大致相似的吸声特性。

主要吸声材料的种类　　　　　　　　　　　　　　　　　　　　　　表 2-1

吸声类型	示意图	例子	主要吸声特性
多孔材料		岩棉、玻璃棉、矿棉、木丝板、聚酯纤维、聚砂吸声喷涂、铝纤维、发泡陶瓷、聚氨酯泡沫、三聚氰氨海绵、毛毡、AGG 吸声砂	本身具有良好的中高频吸收，背后留有后空腔还可提高低频吸收
板状材料		石膏板、硅酸钙板、密度板、薄铝板、薄钢板、胶合板、PC阳光板、彩钢夹芯板	以吸收低频为主
穿孔板		木槽吸声板、穿孔石膏板、穿孔硅酸钙板、穿孔金属板、木制穿孔板、狭缝吸声砖	一般以吸收中频为主，与多孔吸声材料结合可吸收中高频，背后大空腔可提高低频吸收
成型顶棚吸声板		矿棉吸声装饰板、岩棉吸声装饰板、玻纤顶棚、木丝吸声板、铝纤维板、穿孔铝板	视材料吸声特性而定，背后留有空腔可提高低频吸收能力
膜状材料		塑料薄膜、ETFE 膜、PTFE 膜、帆布、人造革	以吸收中低频为主，后空腔越大对低频吸收越有利
柔性材料		闭孔海绵、乳胶块、塑料蜂窝	内部气泡不连通，与多孔吸声材料不同，主要靠共振有选择地吸收部分频段

2.1.3 多孔吸声材料

　　多孔吸声材料的构造特点是材料内部具有大量内外联通的孔隙和气泡，当声波入射其中时，可引起空隙中空气振动。由于空气的黏滞阻力，空气与孔壁的摩擦，使相当一部分声能转化成热能而被损耗。此外，当空气绝热压缩时，空气与孔壁的摩擦，使相当一部分声能转化成热能而被损耗。此外，当空气绝热压缩时，空气与孔壁之间不断发生热交换，由于热传导作用，也会使一部分声能转化成热能，多孔吸声材料吸声频率特性是中高频吸声系数较大，低频吸声系数偏小见表 2-2。

　　多孔吸声材料吸声性能的影响因素　　多孔材料影响吸声性能的因素理论和试验两方面都表明，对多孔吸声材料采用不同的处理方法。例如，改变其密度、厚度等都可以影响材料的吸声特性。同样，不同的环境条件，例如，温度、湿度和变化也可能改变材料的吸声特性。其中主要的影响因素有材料的空气流阻、孔隙率、表观密度和结构因子，其中结构因子是由多孔材料结构特性所决定的物理量。此外，材料厚度、安装构造、面层情况以及环境条件等因素也会影响其吸声特性。

多孔吸声材料吸声性能的影响因素与作用效果　　　　表 2-2

影响因素	作用效果
流阻	低流阻吸收中高频好，高流阻对中低频吸收相对较好
孔隙率	孔隙率低的密实材料吸声性能相对较差
厚度	增加厚度能提高对低频的吸声，但存在适宜厚度
密度	吸声材料的密度比较吸声材料的厚度而言对吸声系数的影响相对较小，同一种材料厚度不变时，材料厚度越厚吸声系数越大，并能增大对低频的吸收
安装构造	安装构造会直接影响材料的吸声性能，背后空气层厚度的增加可以提高吸声量，特别是对低频的吸收
表面装饰处理的影响	材料表面进行涂料、粉饰会大大降低吸声，有些材料表面钻孔、开槽可以提高材料的吸声性能
温度、湿度	温度会改变声波波长，吸声频率特性和吸声系数会相应改变，湿度还可以改变材料的孔隙率，从而影响吸声

（1）空气流阻。

空气流阻是空气质点通过材料空隙中的阻力。指空气流稳定地流过吸声材料时，吸声材料两面的静压差和流速之比。空气黏性越大，吸声材料越厚，越密实，流阻越大，吸声材料透气性就越低。低流阻板材，低频段吸声很低，到某一中高频段后，随频率的增高，吸声系数陡然上升；高流阻材料与低流阻相比，高频吸声系数明显下降，低中频吸声系数有所提高。流阻对材料吸声特性的影响如图 2-2 所示。

（2）材料的厚度。

大量的试验证明：吸声材料的厚度决定了吸声系数的大小和频率范围。增大厚度可以增大吸声系数，尤其是增大中低频吸声系数。同一种材料，厚度不同，吸声系数和吸声频率特性不同；不同的材料，吸声系数和吸声频率特性差别也很大。图 2-3 表示了不同厚度和密度的超细玻璃棉的吸声系数。从图中可看出，当材料较薄时增加材料厚度中低频吸声性能将有较大的提高，但对于高频的吸声性能则影响较小，总体有较大的吸收。厚度不变，增加密度，也可以提高中低频吸声系数，不过比增加厚度的效果小。在同样用料情况下，当厚度不受限制时，多孔材料以松散为宜。容重继续增加，材料密实，会引起流阻增大，减少空气穿透量，引起吸声系数下降。所以材料密度也有一个最佳

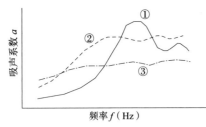

图 2-2　多孔吸声材料流阻与吸声系数的关系
①低流阻板材不同频率处的吸声系数变化。
②高流阻板材不同频率处的吸声系数变化。
③中流阻板材不同频率处的吸声系数变化。

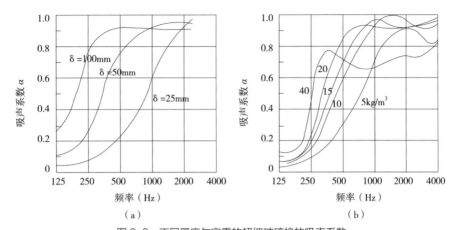

图 2-3　不同厚度与容重的超细玻璃棉的吸声系数

（a）容重为 27kg/m³ 超细玻璃棉厚度变化对吸声系数的影响；（b）5cm 厚超细玻璃棉容重变化时对吸声系数的影响

值。但同样密度的前提下增加厚度，并不改变流阻，但厚度增至一定时，吸声性能的改善就不明显了。

（3）材料的孔隙率。

多孔吸声材料孔隙率是指材料中与外部连通的孔隙体积占材料总体积的百分数。材料的孔隙率不同，对吸声材料的吸声系数和频率特性有明显影响。多孔吸声材料的孔隙率一般在70%以上，多数达 90% 左右。通常孔隙率与流阻有较好的对应关系，孔隙率大流阻小，反之孔隙率小则流阻大。

因此，在具体设计和选用时，应该结合待处理空间的客观环境，合理地选用材料的孔隙率。一般对于同一种材料来说，当厚度不变时，增大孔隙率可以提高中低频的吸声性能，但比增加厚度所引起的变化要小。对于每种不同的多孔吸声材料，一般都存在一个理想的孔隙率范围，在这个范围内材料的吸声性能较好，容重过低或过高都不利于提高材料的吸声性能。

（4）表观密度。

多孔吸声材料的表观密度与材料内部固体物质大小、密度有密切的关系。纤维粗细的变化严格来说并不和吸声系数相对应，如纤维直径不同，同一表观密度材料，其吸声系数会有不同。一定的表观密度对某一种材料是合适的，对另一种材料则可能是不合适的。

当材料厚度不变时，增大表观密度可以提高中低频的吸声系数，不过比增加厚度所引起的变化要小。表观密度过大，即过于密实的材料，其吸声系数也不会高。材料表观密度也存在最佳值。

（5）湿度和温度的影响。

湿度对多孔性材料的吸声性能也有十分明显的影响。随着孔隙内含水量的增大，孔隙被堵塞，吸声材料中的空气不再连通，空隙率下降吸声性能也随之下降，吸声频率特　也将改变。因此在一些空气湿度较大的区域，应合理选用具有防潮憎水作用的材料，如憎水超细玻璃棉毡等，以满足南方潮湿气候和地下工程等使用的需要。

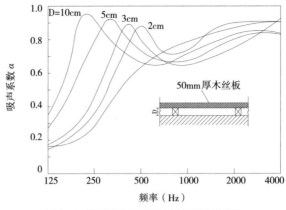

图 2-4 背后空气层对吸声性能影响的实例

温度对多孔吸声材料也有一定影响。温度下降时，低频吸声性能增加；温度上升时，低频吸声性能下降，因此在工程中，温度因素的影响也应该引起注意。

（6）材料背后条件的影响。

多孔材料的吸声性能还和安装条件密切相关。当多孔材料背后留有空腔时，与该空气层用同样的材料填满的效果近似。这时对中低频吸声性能比材料实贴在硬底面上会有所提高，其吸声系数随空气层厚度的增加而增加，但增加到一定值后就效果不明显了。

一般当材料背后的空气层厚度为入射波 1/4 波长的奇数倍时，吸声系数最大；当材料背后的空气层厚度为入射声波 1/2 波长的整数倍时，吸声系数最小。利用这个原理，根据设计上的要求，通过调整材料背后空气层厚度的办法，来达到改善吸声特性的目的。

（7）面层的影响。

多孔吸声材料在使用时，往往需要加饰面层。由于面层可能影响其吸声特性，故必须谨慎从事。在多孔材料表面涂刷普通装饰涂料，会降低材料表面的透气性，加大材料的流阻，从而影响其吸声系数，使中高频吸声系数降低，尤以高频下降更为明显，低频吸声系数则稍有提高。

为减少涂层对吸声特性的影响，可在施工中优选吸声砂喷涂来代替涂刷，图 2-5 是几种施工工艺操作对吸声的影响。

多孔材料外如需添加饰面可采用透气性好的阻燃织物，也可采用穿孔率在 30% 以上的穿孔金属板。饰面板穿孔率降低，中高频吸声系数就降低。

1. AGG 聚砂吸声板

AGG 聚砂吸声板是一种可以实现大面积无缝安装的新型吸声材料，AGG 聚砂吸声板表面的 AGG《聚砂涂层采用的是聚合（Aggregation）技术，简称 AGG，聚合后形成的是一种亚光的二氧化硅颗粒表面，闪亮如晶，润泽如玉。与时尚的内装设计相互呼应。从晶莹剔透的色泽到色彩、纹理、质感的最富有想象力的创新，都显示了 AGG 聚砂吸声板的高贵和典雅。

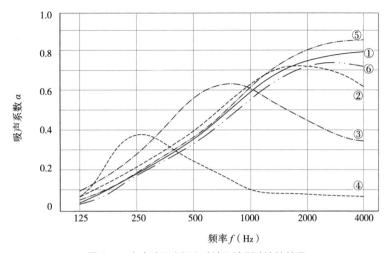

图 2-5　在多孔吸声板上喷涂和涂刷油漆的效果
①未油漆表面；②喷涂一层油漆；③涂刷一层油漆；④涂刷两层油漆；⑤包覆透布布；⑥喷涂 AGG 吸声砂

产品问世以来广受建筑工程师、声学设计师及业主的青睐与推崇，是时下流行于欧美等发达国家的新型高端吸声材料。产品造型多样，可以做成各种异型的吸声吊顶 / 墙面可以安装成曲面、弧形等形状。由于系统的热膨胀系数仅为 $2.0℃ \times 10^{-6}/℃$，在正常的室温变化下几乎没有温度变形。这就意味着在高达 $500m^2$ 的空间无需设置伸缩缝，圆形、拱形和圆顶等设计都可以实现，几乎满足无限的设计方案。

AGG 聚砂吸声板是由吸声基层和面层材料组成，AGG 聚砂吸声板具有吸声、防火、环保、不开裂、色彩款式繁多的特性。吸声基层有天然沙漠砂板、强化玻纤吸声板和缝纫纤维吸声板三种，天然沙漠砂吸声板基层采用 AGG 聚合技术将无机二氧化硅改性材料为聚合剂，将天然砂砂粒与砂粒接触处像焊在一起一样聚合粘连，通过高温高压模压成形；强化玻纤吸声基层板采用热压技术热压成型，基板强度高，吸声性能好，环保且防火性能优越，强化玻纤吸声板密度范围 $80 \sim 300kg/m^3$；缝纫纤维吸声基层利用缝纫技术对玻璃纤维板进行编织成型，基板抗拉强度和抗折强度高，吸声性能好，可满足任意造型。表面涂装 AGG 聚砂涂层达到无缝吸声效果。

AGG 聚砂吸声系列产品具有吸声、防火、环保等性能，可广泛推广应用于剧场剧院、会议厅堂、医院、博物馆、酒店、医院、学校、办公空间建筑和人流较多的大型公共建筑，还可以适用于家庭装修中的客厅、卧室、影音室和酒店客房中使用，产品对建筑空间可进行有效吸声降噪和装饰，通过吸声降噪来控制空间内的混响时间以满足适合的语言清晰度。

AGG 聚砂吸声系列产品墙面与顶棚一起使用，装饰效果更佳。不同基层板的产品性能如下：

（1）AGG 天然沙漠砂基板如图 2-6 所示，见表 2-3。

图 2-6　AGG 天然沙漠砂基板图

AGG 天然沙漠砂基板产品性能表　　　　　　　　　　　　　　表 2-3

常规尺寸	厚度：6mm（长宽 600mm×600mm）、8mm（长宽 600mm×600mm、300mm×600mm、600mm×1200mm）、10mm、12mm、15mm、20mm（长宽 600mm×1200mm） 也可根据设计要求定制
声学性能	NRC ≥ 0.90
防火等级	A2 级不燃
环保性能	E1 级
密度	天然砂 1000 ~ 1300kg/m³
原材料	AGG 聚砂吸声板基层是以天然沙漠砂（风吹砂、海砂、石英砂）为原料，采用 AGG 聚合技术将无机二氧化硅改性材料为聚合剂，将天然砂粒像焊在一起一样聚合粘连，通过高温高压模压成形
施工要点	8mm 厚以上基板中间加网格布（自带 3mm×3mm 的倒角） 6mm 厚面层加网格布（直角）
适用条件	耐潮湿、耐高温、吸声性能卓越，由于材料密度大，使用时需要重点考虑建筑荷载要求
包装方式	托盘木架包装

（2）AGG 强化玻纤基板，如图 2-7 所示，见表 2-4。

图 2-7　AGG 强化玻纤基板图

AGG 强化玻纤基板产品性能表　　　　　　　　　　　　　　表 2–4

声学性能	NRC ≥ 0.90
防火等级	A2 级不燃
环保性能	E1 级
常规尺寸	厚度：15mm、20mm、25mm、40mm、50mm　　规格：600mm×1200mm
密度	100kg/m³（15mm、20mm、25mm、40mm、50mm）、200kg/m³（15mm、20mm、25mm）
原材料 / 工艺	采用优质超细玻璃纤维和天然玄武纤维，通过平板压制技术，热法加工冷贴玻纤毡。形成的一种高性能、高强度、高弹性的吸声板材。正反面铺有防火玻纤毡（正面贴厚毡、背面贴薄毡） 边形：直角
适用条件	耐潮湿、耐高温、吸声性能卓越。适合弧形或异形造型施工。由于属于轻质材料可对荷载要求严格的项目推荐使用
适用范围	AGG 强化玻纤基层仅用于墙面
基层应用	玻纤顶棚、软包、AGG 无缝吸声系统
包装方式	纸箱包装（正常 620mm×1220mm× 高 350 ～ 400mm）根据数量不同而定

（3）AGG 缝纫纤维基层板，如图 2-8 所示，见表 2-5。

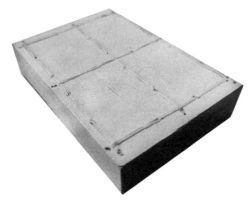

图 2-8　AGG 缝纫纤维基层板样品图

AGG 强化玻纤基板产品性能表　　　　　　　　　　　　　　表 2–5

声学性能	NRC ≥ 0.90
防火等级	A2 级不燃
环保性能	E1 级
常规尺寸	长宽：600mm×1200mm（也可根据设计要求定制） 厚度：15mm、20mm、25mm、50mm 网格：50mm×50mm、60mm×60mm
密度	150kg/m³（15mm、20mm、25mm）、80 ～ 100kg/m³（50mm）
原材料 / 工艺	利用缝纫技术对玻璃纤维板进行编织成形，表面贴覆防火透声玻纤布
适用条件	耐潮湿、耐高温、吸声性能卓越。最适合顶棚和弧形、异形造型施工，由于属于轻质材料可对荷载要求严格的项目推荐使用
适用范围	墙面、顶棚
包装方式	纸箱包装
注意	适用于无缝工艺和软包基层及吸声体喷砂基层，不可单独使用

实测不同规格 AGG 聚砂吸声板基层吸声系数（混响室法），构造为 200mm 空腔，内部填充 50mm 厚 32kg/m³ 玻璃棉，材料吸声特性曲线如图 2-9 所示。

AGG 聚砂吸声板吸声系数　　　　表 2-6

名称	厚度（mm）	空腔（mm）	倍频带中心频率（Hz）						
			125	250	500	1000	2000	4000	NRC
			吸声系数 /α_T						
8mm 天然沙漠砂基层	8	100	0.74	1.05	1.17	0.98	0.85	0.74	0.95
25mm 强化玻纤基层	25	100	0.45	0.80	0.89	0.91	0.91	0.93	0.90
50mm 强化玻纤基层	50	100	0.65	0.77	0.95	1.00	1.05	0.99	0.95

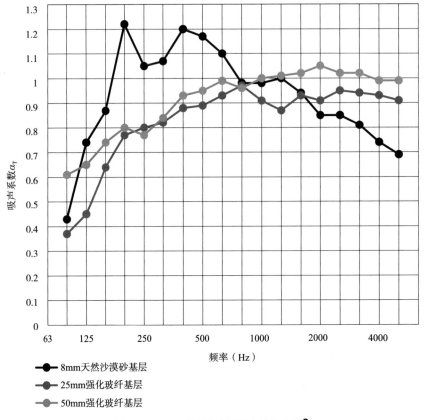

图 2-9　AGG 聚砂吸声板吸声特性曲线 [1]

AGG 聚砂吸声板顶棚安装节点如图 2-10 所示，顶棚三维模型示意图如图 2-11 所示。

---

[1] 图 2-9 实测数据来自同济大学声学实验室。

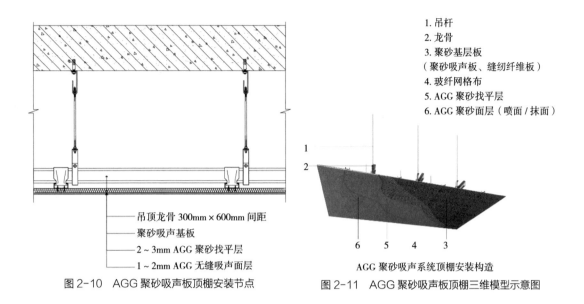

1. 吊杆
2. 龙骨
3. 聚砂基层板
（聚砂吸声板、缝纫纤维板）
4. 玻纤网格布
5. AGG 聚砂找平层
6. AGG 聚砂面层（喷面 / 抹面）

吊顶龙骨 300mm × 600mm 间距
聚砂吸声基板
2 ~ 3mm AGG 聚砂找平层
1 ~ 2mm AGG 无缝吸声面层

AGG 聚砂吸声系统顶棚安装构造

图 2-10 AGG 聚砂吸声板顶棚安装节点

图 2-11 AGG 聚砂吸声板顶棚三维模型示意图

AGG 聚砂吸声板墙面安装节点如图 2-12，墙面三维模型示意图见图 2-13 所示。

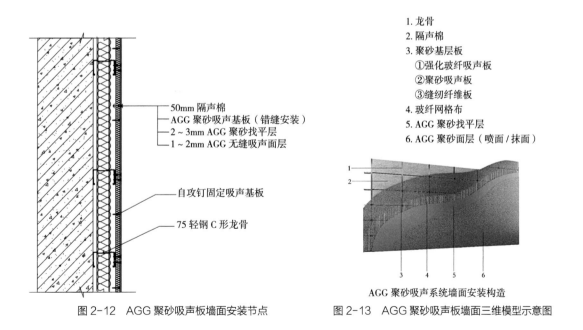

1. 龙骨
2. 隔声棉
3. 聚砂基层板
　①强化玻纤吸声板
　②聚砂吸声板
　③缝纫纤维板
4. 玻纤网格布
5. AGG 聚砂找平层
6. AGG 聚砂面层（喷面 / 抹面）

50mm 隔声棉
AGG 聚砂吸声基板（错缝安装）
2 ~ 3mm AGG 聚砂找平层
1 ~ 2mm AGG 无缝吸声面层

自攻钉固定吸声基板

75 轻钢 C 形龙骨

AGG 聚砂吸声系统墙面安装构造

图 2-12 AGG 聚砂吸声板墙面安装节点

图 2-13 AGG 聚砂吸声板墙面三维模型示意图

AGG 聚砂吸声板实景使用案例如图 2-14、图 2-15 所示。

图 2-14　顺义福尼亚剧场　　　　　　　　　　　　图 2-15　重庆龙湖金沙天街

2. 聚砂多功能吸声涂层

聚砂多功能吸声涂层是通过 AGG 透声聚合技术，采用直径只有 50nm 的铝酸盐黏结颗粒与改性聚乙烯乳液物理融合后，通过反应釜加热加压 120 分钟，使得两种材料充分融合，形成一种具有耐高温、高黏度、无甲醛的涂料，可以依附于多种基础材质实现无缝透声效果，此系统拥有非凡的声学性能、丰富的色彩、优美的弧线、持久的稳定性和完美的空间整体感和表面质感，让建筑空间拥有典雅而又清新的视觉效果和舒适悦耳的声学效果，为不同的需求提供极具创意的解决方案。

聚砂多功能吸声涂层根据不同的装饰效果和施工工艺，表面工艺可为抹面工艺如图 2-16 所示、喷涂工艺如图 2-17 所示，艺术效果工艺如图 2-18 所示，不同工艺的装饰效果不同，但声学性能基本相同。

图 2-16　抹面工艺　　　　　　　　图 2-17　喷涂工艺　　　　　　　　图 2-18　艺术效果工艺

聚砂多功能吸声涂层产品性能表　　　　　　　　　　表 2-7

产品名称	聚砂多功能吸声涂层
降噪系数	0.45 ~ 1.0
燃烧等级	A2 级
环保性能	E1 级

续表

常规尺寸	曲线、弧形等造型均可定制
原材料/工艺	通过 AGG 透声聚合技术，采用直径只有 50nm 的铝酸盐黏结颗粒与改性聚乙烯乳液物理融合后，通过反应釜加热加压 120 分钟，使得两种材料充分融合，形成一种具有耐高温、高黏度、无甲醛的涂料
优势	聚砂多功能吸声涂层具有饰面装饰、吸声降噪、甲醛净化、抗菌抑菌、耐酸碱盐、抗老化性、防火不燃、防光污染等性能
颜色	根据 RAL 或 PANTONE 色卡定制
运输包装	桶装
清洁	可使用湿布擦拭，也可用美工刀轻轻刮掉，喷涂工艺采用高压气枪或者毛刷清理，不建议水洗或者钢丝刷清理

聚砂多功能吸声涂层产品适用于装修工程中墙面和顶棚的功能性装饰，可充分满足酒店客房、别墅会所、精装住宅、博物馆、图书馆、剧场剧院、多功能厅、礼堂影院、办公楼、教学用房、医养空间、商业空间等室内设计要求，助力设计灵感完美呈现。

2mm 聚砂多功能吸声涂层（喷涂在 50mm 厚 48kg/m^3 玻璃棉上，后空腔厚 200mm）吸声系数（混响室法）见表 2-8，材料吸声特性曲线如图 2-19 所示。

聚砂多功能吸声涂层吸声系数　　　　　　　　　　　　　　表 2-8

频率（Hz）	100	125	160	200	250	315	400	500	630	800	1000	1250	1600	2000	2500	3150	4000	5000	NRC
吸声系数 α_T	0.27	0.35	0.41	0.62	0.65	0.82	0.91	1.06	0.99	0.98	0.96	1.04	1.04	0.96	0.95	0.93	0.91	0.85	0.90

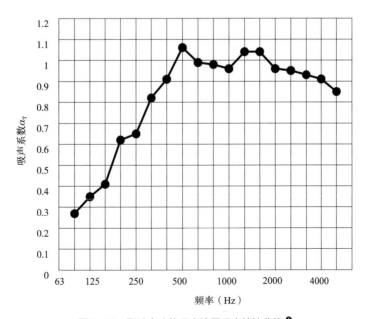

图 2-19　聚砂多功能吸声涂层吸声特性曲线 ❶

---

❶ 图 2-19 实测数据来自同济大学声学实验室。

聚砂多功能吸声涂层表面工艺为三种：喷涂工艺、抹面工艺和艺术效果工艺。

抹面工艺具有光滑整洁的表面；精致细腻；耐用和可清洁；保持无缝声学材料的美学和性能标准，适用于平整表面。喷涂工艺具有喷砂质感的表面；粗犷豪放的风格；易于造型表面处理，高硬度，质感丰富；施工速度快、效率高。艺术效果工艺是在抹面工艺和喷涂工艺的基层上，批刮出不同的纹理，增加艺术效果做法，更具装饰性，艺术效果工艺适用于墙面或造型表面的聚砂涂层表面工艺。

聚砂多功能吸声涂层可以应用到不同材质的表面进行处理以满足装饰和吸声性能，吸声基层可采用发泡陶瓷板、强化玻纤吸声基板和聚砂吸声基板等，聚砂多功能吸声涂层还可直接用作水泥砂灰表面、石膏板、穿孔石膏板、金属穿孔板、木饰面板、腻子墙等表面装饰吸声用途。

3. 轻质聚砂吸声喷涂

轻质聚砂吸声喷涂材料是一种将吸声轻质砂经专业设备喷涂至建筑表层，干燥成型后，形成一种内部为三维立体网状结构、外表面为多孔透声波浪形的吸声涂层，如图 2-20 所示。主要成分为不同尺寸的轻质砂和定型材料，将聚合凝固剂均匀且极薄地覆盖在全部的颗粒表面，形成特定微观结构的覆膜微粒，此产品为 A 级防火等级的高效吸声降噪材料。产品可广泛用于地下车库、电梯井、楼梯间、高铁站台、设备机房、体育馆、博物馆、影剧院、音乐厅、展示厅或无吊顶顶棚等需要吸声降噪的领域。

图 2-20　轻质聚砂吸声喷涂样品图

轻质聚砂吸声喷涂产品性能表　　　　　　　　　　　　　　表 2-9

产品名称	轻质聚砂吸声喷涂
吸声系数	≥ 0.65
防火等级	A1 级
环保性能	E1 级
常规尺寸	厚度：20 ~ 30mm　　　规格：平面、异形均可做
制作工艺	轻质聚砂吸声喷涂主要成分为不同尺寸的轻质砂和定型材料，将聚合凝固剂均匀且极薄地覆盖在全部的颗粒表面，形成特定微观结构的覆膜微粒
清洁	采用高压气枪或者毛刷清理，不建议水洗或者钢丝刷清理

续表

优势	表面平整、外观分布均匀，形成整体连续无空腔、无冷桥、无接缝，有弹性的"皮肤"似的喷涂层；喷涂吸声、保温整体无缝、包裹性好；聚砂吸声喷涂面层具有质感丰富、多种颜色可选、装饰效果美观大方。由于产品无纤维，轻质砂为吸声骨料，日常使用中不会掉落纤维，质感更加细腻
颜色	黑色、灰色、白色

轻质聚砂吸声喷涂（厚度 30mm 吸声喷涂 +0mm 空腔实贴）吸声系数（混响室法）见表 2-10，材料吸声特性曲线如图 2-21 所示。

轻质聚砂吸声喷涂吸声系数　　　　　　　　　　　表 2-10

频率（Hz）	100	125	160	200	250	315	400	500	630	800	1000	1250	1600	2000	2500	3150	4000	5000	NRC
吸声系数 a_T	0.15	0.31	0.38	0.56	0.60	0.65	0.72	0.78	0.72	0.70	0.72	0.71	0.70	0.74	0.76	0.74	0.73	0.75	0.70

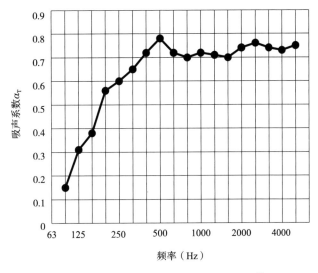

图 2-21　轻质聚砂吸声喷涂吸声特性曲线 ❶

轻质聚砂吸声喷涂安装方式如下：

（1）基层处理：清理建筑结构表面。用刷子刷去浮灰、泥土等杂质后喷涂界面剂或抗碱底漆。

（2）轻质聚砂吸声喷涂如图 2-22 所示：采用专业喷涂设备，第一遍喷涂厚度 5 ~ 10mm（视现场情况，吸声喷涂将建筑表面全部覆盖）；待第一遍吸声喷涂干燥后（温度 25℃，相对湿度 50%，干燥时间最少不低于 6 小时）进行第二遍喷涂，喷涂厚度约为 5 ~ 10mm；待

---

❶ 图 2-21 实测数据来自同济大学声学实验室。

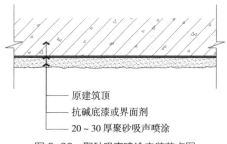

第二遍喷涂干燥后（温度 25℃，相对湿度 50%，干燥时间最少不低于 12 小时）进行第三遍喷涂，喷涂厚度约为 5 ~ 10mm（视现场情况，保证表面整体效果平整），轻质聚砂吸声喷涂实景使用案例图片如图 2-23 所示。

图 2-22　聚砂吸声喷涂安装节点图

图 2-23　北京建筑设计研究院办公楼顶棚聚砂吸声喷涂使用案例实景

4. 复合强化吸声软包

复合吸声软包是基于吸声基板和外包装饰布组合而成。吸声基板采用两层不同密度和厚度的材料复合而成，内层采用密度为 80 ~ 100kg/m³ 的玻纤吸声基板，面层可采用更高强度的发泡陶瓷吸声板、密度不小于 120kg/m³ 玻纤吸声板、聚酯纤维板。吸声基板要求具有防火、吸声、抗冲击、不变形等优异性能。表面装饰布选用永久阻燃纱线机织的透声装饰布。适用于做音质设计的各种高、中级装修场所，如宴会厅、礼堂、酒店、展馆、会议厅、影剧院、KTV、学校、别墅等场合的侧墙和顶棚吸声装饰，如图 2-24、图 2-25 所示。

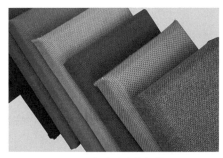

透声装饰布

高强度玻纤板或聚酯纤维板

强化玻纤吸声板（固化边框）

图 2-24　复合吸声软包样品图　　　　图 2-25　复合吸声软包构造

复合吸声软包产品性能表   表 2-11

产品名称	复合吸声软包
吸声系数	0.8 ~ 1.0
防火等级	发泡陶瓷吸声板 A1 级不燃，玻纤基层 A2 级阻燃，聚酯纤维吸声板 B1 级阻燃，面层 B1 级阻燃（可选配 A2 级装饰透声布）
环保性能	E1 级
常规尺寸	厚度：15 ~ 50mm 等 规格：600mm×1200mm、800mm×1200mm、1200mm×2400mm（可根据现场定制）
密度	100 ~ 200kg/m³ 等
边形	板缝工艺：直角、倒角、留缝 造型工艺：平面、弧形、任意造型定制
优势	具有吸声频谱宽、吸声系数高、对低、中、高频的噪声均有较佳的吸声效果。并同时具有难燃、吸声、防火、美观、有弹性、抗冲击、无粉尘污染、装饰性强、施工简单等特点
颜色	根据阻燃布颜色多选

　　复合吸声软包板（600mm×1200mm×25mm 复合吸声软包板（密度 100kg/m³）+100mm 空腔）吸声系数（混响室法）见表 2-12，材料吸声特性曲线如图 2-26 所示。复合吸声软包板（600mm×1200mm×25mm 复合吸声软包板（密度 100kg/m³）+200mm 空腔）吸声系数（混响室法）见表 2-13，材料吸声特性曲线如图 2-27 所示。

复合吸声软包板（100mm 空腔）吸声系数   表 2-12

频率（Hz）	100	125	160	200	250	315	400	500	630	800	1000	1250	1600	2000	2500	3150	4000	5000	NRC
吸声系数 α_T	0.33	0.53	0.66	0.90	0.89	0.85	1.00	1.03	1.03	0.98	1.00	0.95	0.99	0.99	1.02	1.06	1.08	1.02	0.98

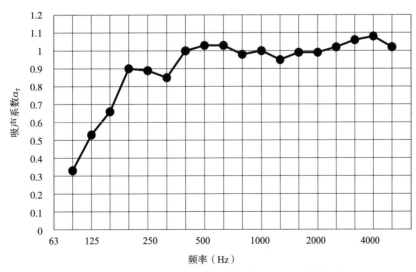

图 2-26　复合吸声软包板（100mm 空腔）吸声特性曲线

频率（Hz）	100	125	160	200	250	315	400	500	630	800	1000	1250	1600	2000	2500	3150	4000	5000	NRC
吸声 系数 α_T	0.65	0.68	0.81	0.97	0.85	0.80	0.91	0.91	0.88	0.84	0.99	1.00	1.00	1.04	1.05	1.05	1.07	1.09	0.95

复合吸声软包板（200mm 空腔）吸声系数　　　　表 2-13

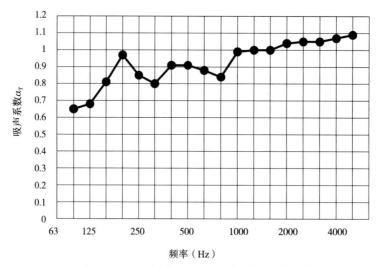

图 2-27　复合吸声软包板（200mm 空腔）吸声特性曲线

5. 强化玻纤吸声板

强化玻纤吸声板是采用优质超细玻璃纤维和天然玄武纤维，有别于离心玻璃棉的工艺是玻纤板采用平板压制技术，形成的一种表面平整、高强度、高弹性的吸声板材，表面粘贴或包覆防火装饰布料，也可采用 AGG 透声装饰涂层喷涂，背面预压复合玻纤素毡，四周做封边处理。吸声板安装简便，不会有纤维散落污染环境，施工现场干净。利用金属龙骨安装，可烤漆龙骨明架和暗插式安装。板材质量轻，适用于大跨度建筑物，如体育馆、展览馆、商场、商务大楼、医院、学校、影剧院等场所。安装便捷，现场易裁切，可拆卸，日常维修调换方便。产品板防菌，防霉，不含任何有害物质是一种新型无污染的绿色建材，可以再循环使用。

强化玻纤吸声板主要用于顶棚吸声装饰，根据边形不同有平板如图 2-28 所示、跌级板如图 2-29 所示和暗插板如图 2-30 所示，三种。

平板　此板四边平直，成直角状，安装后表面平行于龙骨面，稳重大方。

跌级板　此板四边开槽，成阶梯状，安装后表面低于龙骨面，具有立体效果。

暗插板　此板两边开槽，四边平直，安装后表面遮住龙骨面，使明架变成暗架。此板可拆卸便于更换。

图 2-28　平板

图 2-29　跌级板

图 2-30　暗插板

强化玻纤吸声板产品性能表　　　　　　　　　　　　　表 2-14

产品名称	强化玻纤吸声板
吸声系数	0.7 ~ 1.0
防火等级	A2 级
环保性能	E1 级
常规尺寸	厚度：20mm，25mm，50mm（可定制） 600mm×600mm，600mm×1200mm，1200mm×1200mm（可定制）
密度	100kg/m³；120kg/m³；130kg/m³；200kg/m³ 等
防潮性能	在室内温度 40℃以及相对湿度是 90% 下，尺寸稳定，不下陷
优势	具有良好的吸声性、环保性、防火性、防污性、防下陷性，装饰效果佳、安全卫生
颜色	常规白色，可定制其他颜色

　　强化玻纤吸声板（600mm×1200mm×20mm 玻纤吸声顶棚（密度 100kg/m³）+300mm 空腔）吸声系数（混响室法）见表 2-15，材料吸声特性曲线如图 2-31 所示；强化玻纤吸声板（600mm×1200mm×25mm 玻纤吸声顶棚（密度 100kg/m³）+300mm 空腔）吸声系数（混响室法）见表 2-16，材料吸声特性曲线如图 2-32 所示。

强化玻纤吸声板（20mm）吸声系数　　　　　　　　　　表 2-15

频率（Hz）	100	125	160	200	250	315	400	500	630	800	1000	1250	1600	2000	2500	3150	4000	5000	NRC
吸声系数 α_T	0.44	0.55	0.61	0.79	0.95	0.85	0.85	0.80	0.79	0.93	0.96	1.00	1.03	1.03	1.07	1.09	1.09	1.10	0.90

强化玻纤吸声板（25mm）吸声系数　　　　　　　　　　表 2-16

频率（Hz）	100	125	160	200	250	315	400	500	630	800	1000	1250	1600	2000	2500	3150	4000	5000	NRC
吸声系数 α_T	0.41	0.53	0.65	0.82	1.07	1.04	1.02	0.83	0.75	0.96	0.97	0.98	0.99	1.01	1.04	1.08	1.07	1.09	0.95

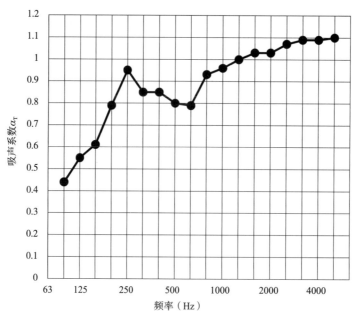

图 2-31　强化玻纤吸声板（20mm）吸声特性曲线

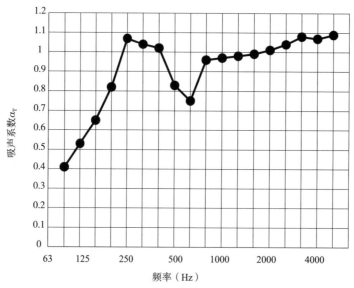

图 2-32　强化玻纤吸声板（25mm）吸声特性曲线

6. 聚酯纤维吸声板

聚酯纤维板是采用 100% 聚酯纤维为原料，经高技术热压融合并以茧棉形状制成的一种新型吸声材料。该吸声材料具有吸声、阻燃、无害无毒、无刺激性、无异味的特点，是集吸声、隔热及装饰效果为一体的新型室内装饰材料，如图 2-33 所示。

材料特点见表 2-17：

（1）聚酯纤维吸声板产品主要用于室内（墙面，顶棚）。

（2）聚酯纤维吸声板是一种多孔材料，具有吸声、防火、环保、降噪、防潮等特点。

（3）保温性：特殊的吸声机理，创造了出色的保温性能，从而营造十分舒适的恒温空间。

（4）抗冲击性：柔顺、自然的质感、高弹，在巨大的外力冲击下也绝不断裂，可以承受体育场和各种运动场所内任意的撞击。

（5）稳定性：良好的物理稳定性，决定了不会因温度和温度的改变而膨胀和缩小。

（6）应用场所：家庭影院，酒店，录音棚，音乐室，KTV，酒吧，影剧院，会议室，多功能厅，室内体育馆等。

图 2-33　聚酯纤维吸声板产品图

聚酯纤维吸声板产品性能表　　　　　　表 2-17

产品名称	聚酯纤维吸声板
吸声系数	0.3 ~ 0.9
防火等级	B1
环保性能	E1 级
常规尺寸	厚度：8mm、9mm、12mm、15mm 定做　　规格：1220mm×2440mm
密度	100 ~ 200kg/m³ 不等
原材料/工艺	以聚酯纤维和玻璃丝为原料经热压成型制成的兼具吸声功能的材料
优势	性价比高、装饰、保温、阻燃、环保、轻体、易加工、稳定、抗冲击、维护简便
颜色	可多选
清洁	灰尘及杂质，用吸尘器或掸子轻弹即可；较脏处可以用毛巾加水和洗涤剂轻微擦拭

聚酯纤维吸声板（1220mm×2440mm×9mm 聚酯纤维板 +100mm 空腔）吸声系数见表 2-18，材料吸声频率特性曲线如图 2-34 所示。

聚酯纤维吸声板吸声系数表　　　　　　表 2-18

频率（Hz）	100	125	160	200	250	315	400	500	630	800	1000	1250	1600	2000	2500	3150	4000	5000	NRC
吸声系数 α_T	0.18	0.15	0.25	0.42	0.45	0.61	0.70	0.89	0.90	0.93	0.88	0.78	0.65	0.65	0.82	0.85	0.85	0.88	0.70

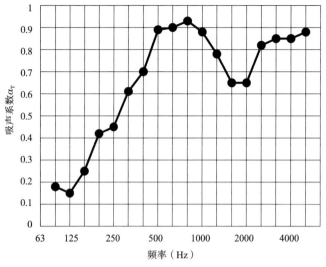

图 2-34 聚酯纤维吸声板吸声频率特性曲线

7. 新型发泡吸声材料

发泡吸声材料属于新型的多孔吸声材料，经过发泡处理使其内部形成大量气泡，分布在连续的材料相中构成孔隙结构。

（1）吸声发泡玻璃。

泡沫玻璃最早是由美国彼兹堡康宁公司发明的，是由碎玻璃、发泡剂、改性添加剂和发泡促进剂等，经过细粉碎和均匀混合后，再经过高温熔化，发泡、退火而制成的无机非金属玻璃材料。它是由大量直径为 1～2mm 的均匀气泡结构组成，如图 2-35 所示。

图 2-35 吸声泡沫玻璃样品图

泡沫玻璃是一种无机材料，其内部充满了许多均布的小气孔，气孔约占总体积的80%～90%。当声波入射到泡沫玻璃表面时，激发起气孔中空气的振动，由于空气的黏滞性及其运动与气孔孔壁产生的黏滞摩擦阻力，使振动空气的动能不断地转化为热能，从而使声能衰弱，即产生吸声作用。

吸声泡沫玻璃具有如下优点：

1）质轻，密度小，50mm 厚的吸声泡沫玻璃板，面密度为 10kg/m² 左右。

2）防火性能好，它是一种不燃材料，耐火，适用温度范围大，热膨胀系数小，尺寸稳定。

3）不怕水，不怕潮湿，吸尘后能冲洗干净。

4）不蛀、不霉、不老化、不腐烂，长期使用不变质。

5）强度高、刚度大、可加工性好，可直接粘贴，无需护面材料及支撑材料、构造简单，施工安装方便。

泡沫玻璃一般为白色，可以按用户要求做成多种颜色，不褪色，能起装饰作用。彩色吸声泡沫玻璃是在废玻璃中加入一定量的发泡剂、外掺剂及着色剂而制成的一种刚性多孔材料。

吸声泡沫玻璃产品性能表　　　　　　　　表 2-19

产品名称	吸声泡沫玻璃
防火等级	符合中国建筑材料防火检测中心 A 级不燃标准
环保性能	E1 级环保等级
规格	最大尺寸 400mm×400mm，厚度为 40～60mm
抗压强度	0.7MPa
颜色	吸声装饰泡沫玻璃多半制成浅色，采用其他的发泡剂和着色剂，可以制得具有各种色彩的泡沫玻璃，如黑色、灰色、紫色、绿色和蓝色等
导热系数（W/m·K）	0.16～0.12
密度	170～220kg/m³
开孔率	40%～60%
吸声系数	低频（120～125Hz）的吸声系数为 0.35～0.45，而高频吸声系数在 0.5 以上，125～1600Hz 平均吸声系数在 0.58 以上
优势	1 能耐高温、遇火不燃烧。 2 无有害挥发物，对人体无毒性，无反射损害。 3 具有良好的化学稳定性，不风化、不老化、不受虫蛀、不会霉烂变质。 4 遇水不软化、不吸湿、可用水冲洗，自然风干后仍保持原有的吸声性能和形状

由于吸声泡沫玻璃六个面均有吸声作用，因此安装方式不同，其吸声性能也不同。一般采用水泥类粘结剂实贴在壁面上，也可以用金属龙骨安装。目前生产的吸声泡沫玻璃最大幅面为 400mm×400mm。实贴墙面有三种安装方式：密铺（即不留缝）、双边留缝和四边留缝。缝宽一般为 10～30mm，板厚较大时，缝宽留的大一些。反之，留的小一些。留缝的作用是

两个，一是可增进吸声材料表面的立体感，即使有些不平整也看不出，改善装饰效果；二是留缝后，声波从材料的边缘透入，增加了材料边缘的吸声作用，提高了材料的吸声效果。板幅 400mm×400mm，板厚 50mm，缝宽 15mm，不同安装方式下的吸声系数见表 2-20。

吸声泡沫玻璃三种拼缝方式下的吸声系数　　　　　　　　　　表 2-20

频率（Hz）	拼缝形式（缝宽 15mm）		
	密铺（无缝）	双边缝	四边缝
	吸声系数 α_T		
100	0.08	0.08	0.08
125	0.21	0.17	0.21
160	0.21	0.17	0.21
200	0.25	0.25	0.25
250	0.29	0.29	0.29
315	0.29	0.34	0.34
400	0.42	0.42	0.42
500	0.42	0.46	0.51
630	0.42	0.51	0.55
800	0.46	0.59	0.63
1000	0.46	0.59	0.76
1250	0.46	0.63	0.80
1600	0.51	0.62	0.76
2000	0.55	0.59	0.72
2500	0.55	0.66	0.63
3150	0.67	0.72	0.72
4000	0.72	0.72	0.76
5000	0.76	0.76	0.80
平均吸声系数 $\bar{\alpha}$	0.43	0.47	0.52

总的来说，吸声泡沫玻璃的吸声系数不太高，40mm 厚，贴实安装，平均吸声系数为 0.40 左右，穿孔后可提高 20% 左右，留缝后可提高 10% 左右。由于吸声泡沫玻璃具有质轻、不燃、耐水、抗腐蚀、性能稳定等特点，可应用于厅堂音质的控制和噪声治理工程中，特别适用于防火要求高，有水汽潮湿或户外露天安装的工程中，例如，海底、过江隧道、地铁、地下商场、地下停车场、游泳馆、地下机房等。

（2）铝泡沫吸声板。

铝泡沫吸声板（又称泡沫铝吸声板）是一种金属吸声材料。采用发泡法生产的，在铝液中加入化学发泡剂，烧成铝锭后，再将发泡剂泄出，成型为块状，用电锯切割加工成所需的材料。这种板就称为铝泡沫板或发泡铝板，如图 2-36 所示，主要技术性能见表 2-21。

图 2-36　吸声泡沫铝板样品图

泡沫铝吸声板主要物理性能　　　　　　　　　　　　　表 2-21

性能名称	技术指标
主孔径（mm）	0.9、1.6、2.5，常用规格 1.6
孔隙率（%）	60 ~ 80（1.6mm 孔径时为 68 ~ 78）
通孔率（%）	85 ~ 90（1.6mm 孔径时为 90 ~ 95）
体积密度（kg/m³）	500 ~ 1100（1.6mm 孔径时 600 ~ 850）
燃烧性	A 级不燃
抗压强度（MPa）	8.61（压缩 10% 条件下）
抗弯强度（MPa）	8.06
抗拉强度（MPa）	3.41
抗老化（小时）	250，无变色，无脱落，无老化现象
电磁屏蔽性（dB）	40 ~ 50（80 ~ 1，5GH₂）

　　泡沫铝吸声板的用途十分广泛，是新一代功能性吸声降噪产品和新型环保产品。它具有吸声、不燃、屏蔽、耐候、质轻、防眩、无污染，可回收利用等特性。可制成不同规格、不同色彩、不同拼装要求的复合吸声板，尤其适合于道路声屏障的吸声降噪。也可用于游泳馆、体育馆、影剧院、演播厅、控制室的室内吸声。还可用于各种机房室内强吸声降噪以及作为消声器的吸声板材料使用。

　　泡沫铝吸声板制成的道路声屏障有如下优点。

　　1）泡沫铝吸声板由铝合金压铸而成，破损或更新后，可全部回收利用，不会对环境造成二次污染。

　　2）具有稳定的吸声性能，平均吸声系数不小于 0.60，符合声屏障吸声要求，尤其是雨天或者积了灰尘，其吸声系数不会有多大改变。同时具有一定的隔声性能，隔声量大于 24dB（A），符合声屏障的隔声要求（测试条件：泡沫铝吸声板厚 8mm，空气层厚 100mm 加棉，背板为 0.5mm 厚彩色钢板，拼装结构）。

3）具有金属铝相应的不燃性、耐腐蚀、抗老化，经得起风吹、雨淋、日晒。

4）具有一定的抗压、抗冲击性能，声屏障可抗风载 115kg/m²。

5）泡沫铝吸声板直接暴露于大气而不使用护面板，表面喷涂户外油漆，不褪色。泡沫铝本身是无规则三维立体孔结构，具有良好的防眩性能。

6）产品可实现规格化、标准化、系列化，采用组合部件插装、弹簧卡紧结构，因此现场安装快捷、安全。

7）外形美观，大方，屏障正反两面都具有观赏性。泡沫铝吸声板与大块夹层玻璃匹配，视野开阔，与周围建筑相协调。

8）现场实测 4m 高的泡沫铝吸声板声屏障插入损失为 10 ~ 15dB（A）。

值得特别说明的是，铝泡沫吸声板可作为消声器中吸声材料使用，它耐高温，在高速气流冲击下不会产生粉屑，不仅适用于一般通风空调系统的消声器，而且还适用于高温、高速、洁净环境如医药、食品、精密仪器等房间使用的消声器。铝泡沫吸声板是户外露天声屏障较为理想的吸声材料之一，可作为轻轨、高架道路、高速公路、高速铁路、冷却塔以及变电站等声屏障的吸声材料。

4m 高 8mm 厚铝泡沫板的吸声系数　　　　　　表 2-22

板型	毛坯板			表面喷涂			表面喷涂，背面贴铝箔						
厚度（mm）	8			8			8						
空腔（mm）	50	100	200	50	100	200	50	100	200	100①	100②	100③	200④
频率（Hz）	吸声系数 α_T												
100	0.1	0.19	0.1	0.05	0.19	0.05	0.24	0.48	0.62	0.34	0.43	0.43	0.48
125	0.1	0.14	0.14	0.1	0.14	0.19	0.24	0.48	0.53	0.43	0.57	0.53	0.48
160	0.05	0.14	0.24	0.1	0.19	0.29	0.24	0.48	0.62	0.43	0.38	0.53	0.43
200	0.1	0.19	0.29	0.1	0.24	0.34	0.29	0.62	0.81	0.67	0.67	0.62	0.62
250	0.14	0.24	0.43	0.19	0.29	0.48	0.43	0.72	0.96	0.86	0.81	0.81	0.86
315	0.14	0.34	0.48	0.14	0.38	0.57	0.62	0.81	0.86	0.86	0.91	0.91	0.86
400	0.14	0.43	0.48	0.14	0.43	0.53	0.72	0.77	0.77	0.72	0.67	0.77	0.72
500	0.24	0.48	0.48	0.29	0.48	0.62	0.81	0.81	0.72	0.86	0.81	0.81	0.81
630	0.14	0.57	0.29	0.24	0.62	0.38	0.81	0.67	0.57	0.57	0.67	0.62	0.62
800	0.43	0.53	0.43	0.43	0.67	0.38	0.67	0.57	0.48	0.57	0.53	0.48	0.48
1000	0.43	0.48	0.29	0.53	0.53	0.38	0.53	0.48	0.48	0.48	0.43	0.43	0.43
1250	0.53	0.43	0.48	0.48	0.48	0.48	0.53	0.43	0.48	0.43	0.38	0.43	0.43
1600	0.53	0.34	0.38	0.38	0.38	0.48	0.43	0.38	0.38	0.38	0.43	0.38	0.43
2000	0.48	0.34	0.38	0.38	0.38	0.48	0.43	0.43	0.43	0.34	0.38	0.38	0.43
2500	0.48	0.48	0.53	0.53	0.53	0.53	0.48	0.53	0.48	0.48	0.43	0.57	0.72
3150	0.38	0.48	0.48	0.53	0.53	0.53	0.53	0.57	0.48	0.38	0.43	0.57	0.86
4000	0.19	0.43	0.43	0.43	0.43	0.49	0.53	0.67	0.34	0.38	0.43	0.72	0.96
5000	0.34	0.34	0.34	0.38	0.38	0.48	0.67	0.86	0.34	0.48	0.48	0.91	0.96
NRC	0.3	0.4	0.4	0.35	0.45	0.45	0.55	0.6	0.6	0.62	0.6	0.6	0.6

注：①板 + 喷水密度 100g/m²；②板 + 喷水密度 200g/m²；③板 + 撒灰层密度 85g/m²；④板 + 撒灰层。

（3）泡瓷吸声板。

泡瓷吸声板又称泡沫陶瓷吸声板或发泡陶瓷吸声板，是一种具有高温特性的新型多孔材料。泡瓷吸声板是将无机原料、有机高分子原料和纳米硅酸盐原料，运用化学键合技术复合而成，属于三维连通网状结构的声学材料，其孔径从纳米级到微米级不等，气孔率在 20% ~ 95% 之间，使用温度为常温至 1600℃。

具有开口孔隙率高、吸收声波能力强、耐气候变化等特点。它能在室外长年经受风吹、日晒和雨淋，耐酸雨冲刷，耐寒抗冷冻性能优良，有抑制灰尘黏附、消除光线反射和自动排泄积水的作用，因此，发泡陶瓷受潮不会霉变、腐烂变臭。受振动不会散落纤维飘尘，是一种不产生二次污染的新型环保材料，见表 2-23。

泡瓷吸声板产品性能表　　　　　　表 2-23

产品名称	泡瓷吸声板
常规厚度	20mm，25mm，30mm，50mm，80mm，100mm
常规尺寸	1200mm×600mm；600mm×600mm；1200mm×2400mm；1200mm×3000mm
颜色	常规白色，可定制其他颜色
密度	300 ~ 600kg/m³
表面形状	无规则孔或微孔
降噪系数	NRC 0.5 ~ 0.9
常温抗压强度	3.0 ~ 5.0MPa
抗冻性	> -35℃
耐酸性	耐 pH5，H_2SO_4 溶液侵蚀
抗老化性	紫外线连续照射 1000 小时无变化
燃烧等级	A1 级不燃
环保等级	E0
开孔率	60% ~ 80%
颜色	泡瓷吸声板成品为白色，采用其他的发泡剂和着色剂，可以制得具有各种色彩的发泡陶瓷，如黑色、灰色、紫色、绿色和蓝色等
导热系数（W/m·K）	0.16 ~ 0.12
优势	1 能耐高温、遇火不燃烧。 2 无有害挥发物，对人体无毒性，无反射损害。 3 具有良好的耐候性，不风化、不老化、不受虫蛀、不会霉烂变质。 4 遇水不软化，吸水自然风干后仍保持原有的吸声性能和形状

泡瓷吸声板具有共振腔吸声结构，是一种定向的吸声体，当声波进入吸声板后，微孔内空气的黏滞性使其能量逐渐消耗，声波的振动随之减弱，因而能达到良好的吸声降噪效果。

发泡陶瓷一般可以分为两类，即开孔陶瓷材料以及闭孔陶瓷材料，这取决于各个孔穴是否具有固体壁面。如果形成泡沫体的固体仅仅包含于孔棱中，则称之为开孔陶瓷材料，其孔隙是相互连通的；如果存在固体壁面，则泡沫体称为闭孔陶瓷材料，其中的孔穴由连续的陶瓷基体相互分隔。但大部分发泡陶瓷既存在开孔孔隙又存在少量闭孔孔隙。一般来说孔隙的直径小于 2nm 的为微孔材料。孔隙在 2 ~ 50nm 之间的为介孔材料，孔隙在 50nm 以上的为宏孔材料。吸声用发泡陶瓷采用开孔发泡陶瓷构造。

发泡陶瓷吸声材料对低频、中频和高频噪声都有很强的吸收能力。同时，发泡陶瓷吸声板具有极强的耐候性，还具有漫反射性，受潮后自动脱湿。不会变形、发霉、腐烂发臭、不散落飘尘，不会造成二次环境污染等特点。发泡陶瓷吸声材料适用于高速公路声屏障、铁路声屏障、城市轻轨声屏障、城市地下通道、工业噪声治理、变电站噪声治理、设备隔声罩等噪声治理工程中。

由于泡瓷吸声板具有环保、吸声、质轻、不燃、耐水、抗腐蚀、可塑性、性能稳定等特点，还适用于建筑声学中厅堂音质的声场控制装修工程，可广泛应用在剧场剧院音乐厅、会议厅堂、博物馆、图书馆、医院建筑、酒店建筑、学校建筑、商业卖场、办公大楼和体育馆等对声学有较高要求的室内外装饰工程，如图 2-37 所示。

图 2-37　泡瓷吸声板样品

泡瓷吸声板（安装状况：泡沫陶瓷开口孔隙率为 78% ~ 83%，密度为 400 ~ 560kg/m³，材料厚度为 50mm，空腔 100mm）吸声系数见表 2-24，材料吸声特性曲线如图 2-38 所示。

泡瓷吸声板吸声系数表　　　　　　　　　　　表 2-24

频率（Hz）	100	125	160	200	250	315	400	500	630	800	1000	1250	1600	2000	2500	3150	4000	NRC
吸声系数 a_T	0.56	0.81	0.71	0.99	0.93	0.96	0.95	0.98	0.98	0.98	0.98	0.96	0.97	0.95	0.98	0.98	0.99	0.95

泡瓷吸声板具有如下用途：

1）直接用于装饰表面，倒角密拼，干挂或者粘贴工艺，满足吸声功能。

2）板材表面雕刻装饰造型满足装饰需求。

3）板材表面喷涂吸声砂，模块化生产保证，干挂或者粘贴工艺，满足吸声装饰功能。

4）板材密拼安装，无缝工艺处理，表面喷涂吸声砂，满足整体无缝吸声装饰功能。

5）板材作为吸声基层，包裹吸声装饰布，作为吸声软包的基础材料。

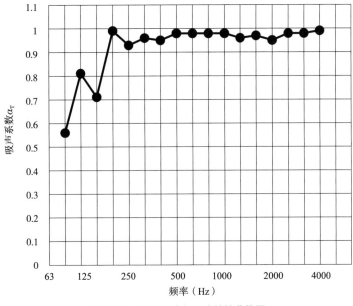

图 2-38　泡沫陶瓷板吸声特性曲线图

6）空间吸声体基层，添加铝框或者开槽吊挂方式安装，可加工异形垂帘板和浮云板。

7）作为聚酯纤维板或者其他软材质的后衬板材使用，提高强度，增加吸声，便于安装等。

8）板材可加工成为装饰吸声构件，或者大型工艺摆件，酒店背景浮雕墙等。

8. 木丝吸声板

木丝吸声板表面的纹理如同方便面类似形态，质地比木材还轻便的吸声板材，如图 2-39 所示。木丝吸声板以白杨木纤维为原料，结合独特的无机硬水泥黏合剂，采用连续操作工艺，在高温、高压条件下制成。该产品拥有通过合成若干不同的建筑材料才能获得的物理特性。外观独特、吸声良好，独有的表面丝状纹理，给人一种原始粗犷的感觉，满足了现代人回归自然的理念。表面可做饰面喷色和喷绘处理，吸声率最高能达到 0.90。

木丝板是用晾干的木料刨成长木丝，经化学浸渍稳定处理并在木丝表面浸有水泥浆，再加压成水泥木丝板，简称为木丝板，又称万利板。用长纤维状木丝和经特殊的防腐、防潮黏接材料混合压模而成，开发出新型木丝板。该产品结合了木材与水泥的优点：如木材般质轻，如水泥般坚固，不仅具有时尚的外观，富有较好的装饰效果，而且具有吸声、抗冲击、防火、防潮、防霉等多种功能，可广泛应用于体育场馆、剧场、影院、会议室、教堂、工厂、学校、图书馆、游泳馆等处。木丝板的吸声性能与板的厚度、体积密度、木丝的粗细、表面喷涂层、板后的空腔尺寸等有关。木丝板密度有 300 ~ 500kg/m³ 不等，常用厚度 25mm、35mm、50mm，常规尺寸为 1220mm×2440mm，见表 2-25。木丝吸声板的表面纹理表现出高雅质感与独特品位，可充分演绎设计师的创意和理念。

材料特点：

（1）吸声效果好：表面可做饰面喷色和喷绘处理，喷涂可达6次。吸声率最高能达到1.00。

（2）结构结实：富有弹力，抗冲击，在体育馆使用时可承受篮球、足球和排球的反复冲击而不会产生裂纹或破损现象。

（3）安装简单：易于切割，安装方法简单，一般木工工具即可。

（4）抗菌防潮：25mm的板在85%的湿度条件下均可使用，包括露天和游泳馆，但直接接触水的地方除外。

（5）节能保温、寿命长：由于主要是由木材加工而成，导热系数低至0.07，具有很强的隔热保温性能。经济耐用，使用寿命长。

（6）装饰效果好：木丝吸声板独有的表面丝状纹理表现出高雅质感与独特品位，迎合欧洲回归自然的设计潮流，不需要进行表面装饰，也可以任意涂抹色彩，具有丰富的美感。

（7）阻燃性能优秀：燃烧性能达到《建筑材料及制品燃烧性能分级》GB 8624—2012中规定的B1级。

（8）甲醛释放量及等级：小于0.1；符合E1级标准。

图 2-39 木丝吸声板样品图

木丝吸声板产品性能表 表 2-25

降噪系数	0.3 ～ 0.9
防火等级	B1
环保性能	E1级
常规尺寸	厚度：15mm、20mm、25mm 规格：1220mm×2440mm
密度	300 ～ 500kg/m³ 不等
原材料/工艺	木丝吸声板以白杨木纤维为原料，结合独特的无机硬水泥黏合剂，采用连续操作工艺，在高温、高压条件下制成
优势	结构结实、安装简单、抗菌防潮、节能保温、寿命长。该产品结合了木材与水泥的优点：如木材般质轻，如水泥般坚固，不仅具有时尚的外观，富有较好的装饰效果，而且具有吸声、抗冲击、防火、防潮、防霉等多种功能
颜色	常规为木色，用乳胶漆加适量水喷涂在板材上可调颜色

木丝板吸声板（1220mm×2440mm×25mm 木丝吸声板 +75mm 厚容重为 64kg/m³ 的超细玻璃纤维棉 +100mm 龙骨空腔）吸声系数见表 2-26，材料吸声频率特性曲线如图 2-40 所示。

木丝吸声板吸声系数表

表 2-26

频率（Hz）	100	125	160	200	250	315	400	500	630	800	1000	1250	1600	2000	2500	3150	4000	5000	NRC
吸声系数 α_T	0.57	0.63	0.69	0.84	0.85	0.96	0.91	1.00	0.95	0.89	0.85	0.81	0.77	0.70	0.68	0.68	0.71	0.69	0.85

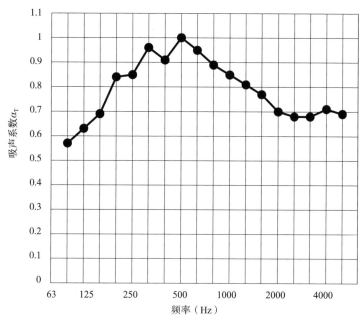

图 2-40　木丝吸声板吸声频率特性图

9. 矿棉吸声装饰板

普通矿棉是以高炉矿渣为主要原料经熔化喷吹等工艺而制成的一种粗纤维材料，又称矿渣棉。采用四辊高速离心制棉工艺，将矿渣熔融物拉制成非连续纤维，即长纤维棉，再经施胶、烘干、压型、缝制等工艺制成矿棉毡、矿棉板、矿棉管、矿棉吸声板和各种贴面的矿棉制品。它具有纤维细长，柔软，均匀，密度小，渣球含量少，不燃，不腐不蚀等优点。矿棉板密度一般在 200 ~ 450kg/m³ 不等，常用厚度 8 ~ 20mm。

矿棉吸声板具有吸声、不燃、隔热、装饰等优越性能，广泛用于各种建筑吊顶，贴壁的室内装修；如宾馆、饭店、剧场、商场、办公场所、播音室、演播厅，计算机房及工业建筑等。该产品能控制和调整混响时间，改善室内音质，降低噪声，改善生活环境和劳动条件，同时，该产品的不燃性能，均能满足建筑设计的防火要求，如图 2-41 所示。

材料特点：

（1）降噪性：矿棉板以矿棉为主要生产原料，而矿棉微孔发达，减小声波反射、消除回声、隔绝楼板传递的噪声。

（2）吸声性：矿棉板是一种多孔材料，由纤维组成无数个微孔，减小声波反射、消除回声、隔绝楼板传递的噪声。声波撞击材料表面，部分被反射回去，部分被板材吸收，还有一部分穿过板材进入后空腔，大大降低反射声，有效控制和调整室内混响时间，降低噪声。在用于室内装修时，平均吸声率可达 0.5 以上，适用于办公室、学校、商场等场所。

（3）防火性：防止火灾是现代公共建筑、高层建筑设计的首要问题，矿棉板是以不燃的矿棉为主要原料制成，在发生火灾时不会产生燃烧，从而有效地防止火势的蔓延，是最为理想的防火吊顶材料。

（4）装饰性：矿棉吸声板表面处理形式丰富，板材有较强的装饰效果。表面经过处理的滚花型矿棉板，俗称"毛毛虫"，表面布满深浅、形状、孔径各不相同的孔洞。另外一种"满天星"，则表面孔径深浅不同。经过铣削成形的立体形矿棉板，表面制作成大小方块、不同宽窄条纹等形式。还有一种浮雕型矿棉板，经过压模成形，表面图案精美，有中心花、十字花、核桃纹等造型，是一种很好的装饰用吊顶型材。

图 2-41　矿棉吸声板样品图

矿棉吸声板产品性能表　　　　　　　　　　　表 2-27

产品名称	矿棉吸声板
常规厚度	1200mm×600mm；600mm×600mm；300mm×1200mm
常规尺寸	9mm、12mm、14mm、20mm
颜色	常规白色，可喷砂定制其他颜色
密度	200 ~ 450kg/m³
表面形状	无规则孔或微孔
降噪系数	0.3 ~ 0.7
燃烧等级	B1
环保等级	E1
工艺	以矿棉为主料，以轻质钙粉、立德粉、增稠剂、分散剂、淀粉、骨胶、石蜡等辅料，经过高压、蒸挤、干燥之后切割而成的吊顶吸声材料
优势	具有传统装饰材料的隔热、防火、防尘、质轻、不腐烂等特点，而且具有一定的吸声效果、装饰性、施工方便、环保性等优势

矿棉吸声板（12mm 厚 +100mm 空腔）吸声系数见表 2-28，材料吸声特性曲线如图 2-42 所示。

矿棉吸声板吸声系数表
表 2-28

频率（Hz）	100	125	160	200	250	315	400	500	630	800	1000	1250	1600	2000	2500	3150	4000	5000	NRC
吸声系数 α_T	0.15	0.34	0.43	0.57	0.62	0.53	0.48	0.57	0.57	0.67	0.62	0.62	0.72	0.77	0.81	0.77	0.86	0.81	0.65

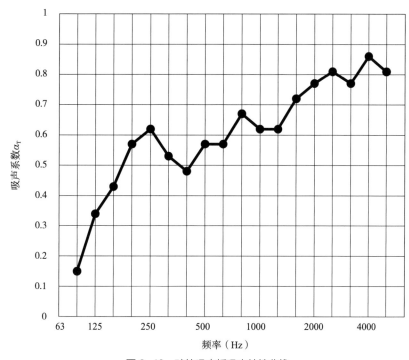

图 2-42　矿棉吸声板吸声特性曲线

10. 吸声填充棉

在声环境项目中，无论是隔声工程还是吸声工程，往往都会留有空腔以增加材料的隔声性或吸声性，可以通过在空腔内填充吸声棉如玻璃棉、岩棉或聚酯纤维棉来提升构造的吸声性能。

（1）离心玻璃棉。

离心玻璃棉属于玻璃纤维中制品的一个类别，属于一种人造无机纤维二次加工的产品。离心玻璃棉可加工成玻璃棉板和玻璃棉卷毡，成品表面根据使用需要可贴敷单面或者双面玻璃纤维毡，也根据声学需要贴敷铝箔纸，如图 2-43 所示。

图 2-43　玻璃棉卷毡和玻璃棉板大样图

离心玻璃棉采用石英石、石灰石、白云石等天然矿石为主要原料，配合一些纯碱、硼砂等化工原料熔化成玻璃水再通过离心机甩制成丝热压成玻璃棉板。离心玻璃棉内部纤维蓬松交错，存在大量微小的孔隙，是典型的多孔性吸声材料，具有良好的吸声特性。离心玻璃棉可以制成墙板、顶棚、空间吸声体等，可以大量吸收房间内的声能，降低混响时间，减少室内噪声离心玻璃棉的吸声特性不但与厚度和容重有关，也与罩面材料、结构构造等因素有关。在建筑应用中还需同时兼顾造价、美观、防火、防潮、粉尘、耐老化等多方面问题。离心玻璃棉对声音中高频有较好的吸声性能。影响离心玻璃棉吸声性能的主要因素是厚度、密度和空气流阻等。密度是每立方米材料的重量。空气流阻是单位厚度时材料两侧空气气压和空气流速之比。空气流阻是影响离心玻璃棉吸声性能最重要的因素。

优点：①吸声率高，隔声性能好，见表 2-29。②隔热性好。③环保产品，100% 可回收利用。④坚固、好用无味，防水、防潮、透气性能良好，极易加工，可根据不同需要制成各种形状使用寿命长。⑤不会腐烂，能抵御各种微生物、真菌、酸、盐和碳氢化合物的腐蚀。⑥造价低。

玻璃棉制吸声板吸声系数　　　　　　　　　　　　　　　　　表 2-29

名称	空腔（mm）	倍频带中心频率（Hz）					
		125	250	500	1000	2000	4000
		吸声系数 α_T					
离心玻璃棉板，厚 50mm，密度 64kg/m³	0	0.24	0.63	0.91	0.97	0.98	0.99
	40	0.27	0.79	0.90	0.98	0.95	0.99
	160	0.55	0.99	1.00	0.99	0.99	0.98
	310	0.74	0.96	0.97	0.98	0.97	1.00
离心玻璃棉板，厚 25mm，密度 90kg/m³	0	0.07	0.25	0.76	0.93	0.77	0.76
	40	0.24	0.82	0.96	0.80	0.84	0.81
	160	0.54	0.96	0.95	0.90	0.77	0.73
	310	0.76	0.80	0.86	0.87	0.75	0.86

用途：①用于噪声控制工程中或设备的隔声、吸声功能的填充。②用于公共建筑场所的声学装修中隔声墙或者穿孔板填充。③可加工具有吸声性能的装饰吸声板。④用于建筑保温和设备保温。

玻璃棉尺寸有很多种选择，可以进行定制，常见的玻璃棉板密度为 32 ~ 120kg/m³，宽度 1200mm× 长度 3000mm，厚度为 10 ~ 50mm。常见的玻璃棉卷毡密度为 16 ~ 24kg/m³，每卷规格毡长 10000 ~ 22000mm× 宽幅 1200mm，厚度为 50mm，100mm。

（2）聚酯纤维棉。

聚酯纤维吸声棉由 100% 的聚酯纤维制作而成，经过热压后合以茧棉状制成的，如图 2-44 所示。利用热处理来实现密度多样化，使之成为吸声材料，饰面材料，隔声材料中的优秀产品。其环保性能是其最大的优势，检测数据达到国家 E1 级，评价是能直接和人体接触，是最接近自然而且对人体无害对环境无污染的高效吸声隔热材料。其防火性能是 B1 级，属难燃产品。在用作内部隔断或墙面吸声隔声时，有着比玻璃纤维更好的环保性和吸声效果，且 100% 可回收利用；其烟密度、毒气均低于国家环保标准。是欧美韩日广泛应用于建筑装修领域的环保材料。是由直径超过 5D

图 2-44　聚酯纤维棉样品图

的短纤做出的好品质聚酯纤维隔声棉，采用独特工艺，层层紧压，让声棉缝隙更密，隔声效果更好。聚酯纤维隔声棉系列产品具有吸声、防火、环保等性能，通过欧盟认证，婴幼儿、孕妇都可以放心使用。

广泛推广应用于剧场剧院、会议厅堂　医院、博物馆、酒店、医院、学校、办公空间建筑和人流较多的大型公共建筑，还可以适用于家　装修中的客厅、卧室、影音室和酒店客房中使用，产品对建筑空间可进行有效吸声降噪和装饰，通过吸声降噪来控制空间内的混响时间以满足适合的语言清晰度，产品性能见表 2-30。

聚酯纤维棉产品性能表　　　　　　　　　　　　　　　　　　　　　表 2-30

常规尺寸	2000mm × 1000mm × 50mm，2000mm × 1000mm × 25mm
声学性能	作为吸声棉来使用，可以增加表面吸声材料全频段的吸声系数，作为隔声棉来使用，可以增加整个隔声系统的隔声量
防火等级	B2 ~ B1
环保性能	E1 级
密度	20kg/m³　厚度 50mm；40kg/m³　厚度 50mm 40kg/m³　厚度 25mm；60kg/m³　厚度 25mm
原材料	聚酯纤维材质

施工要点	填充时需紧贴装饰层一面，与建筑结构保留一定的空腔距离，隔墙填充注意避免垮塌
优势	环保完全无异味，具有很强的亲肤感，防霉抗潮，易加工，易裁切，易运输，颜色多样，可磨具成型定制，稳定性好
包装方式	厚塑料袋包装

聚酯纤维棉（不同规格）吸声系数见表 2-31，材料吸声特性曲线如图 2-45 所示。

聚酯纤维棉吸声系数表　　　　　　　　　　　　　表 2-31

名称	倍频带中心频率（Hz）					
	125	250	500	1000	2000	4000
	吸声系数 α_T					
40kg/m³　厚度 25mm	0.24	0.47	0.68	0.88	0.90	0.88
30kg/m³　厚度 50mm	0.14	0.36	0.54	0.72	0.74	0.71
26kg/m³　厚度 25mm	0.08	0.23	0.40	0.53	0.54	0.53

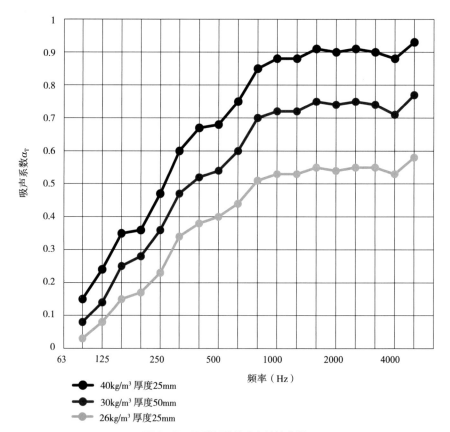

图 2-45　聚酯纤维棉吸声特性曲线

（3）岩棉。

岩棉是以精选的优质玄武岩为主要原料，经冲天炉熔化后，采用国际先进的四辊离心制棉工艺，将玄武岩高温熔体甩拉成 4 ~ 7μm 的非连续性纤维，再在岩棉纤维中加入一定量的胶粘剂、防尘油、憎水剂等，经过沉降、固化、切割等工序，根据不同用途制成棉毡、半硬板、保温带、管壳等多种制品，如图 2-46 所示。

图 2-46 岩棉样品图

在众多的保温材料中，岩棉制品具有重量轻、导热系数小、吸声好、熔点高、不蛀虫、不霉变、适用温度范围广、使用时间长等突出优点，因而在建筑、石油化工、船舶制造、冶金、电力、城市热网保护以及农业（培养基）等部门被广泛应用于保温、隔热、节能、隔声等领域，鉴于其纤维细、重量轻、好加工、防火性能极佳，也是二次加工为比较理想的室内吸声材料，见表 2-32。

岩棉板吸声系数表　　　　　　　　　　　　　　　　　　　　表 2-32

序号	密度 （kg·m⁻³）	厚度 （mm）	倍频带中心频率（Hz）						
			100	125	250	500	1000	2000	4000
			吸声系数 α_T						
1	80	25	0.03	0.04	0.09	0.24	0.57	0.93	0.97
2	150	25	0.03	0.04	0.10	0.32	0.65	0.95	0.95
3	80	50	0.08	0.08	0.22	0.60	0.93	0.98	0.90
4	100	50	0.09	0.13	0.33	0.64	0.83	0.89	0.95
5	120	50	0.08	0.11	0.30	0.75	0.81	0.89	0.97
6	150	50	0.08	0.11	0.33	0.73	0.90	0.89	0.96
7	80	75	0.21	0.31	0.59	0.87	0.83	0.91	0.97
8	150	75	0.23	0.31	0.58	0.82	0.81	0.91	0.96
9	80	100	0.27	0.35	0.64	0.89	0.90	0.96	0.98
10	80（毡）	100	0.19	0.30	0.70	0.90	0.92	0.97	0.99

续表

序号	密度 （kg · m⁻³）	厚度 （mm）	倍频带中心频率（Hz）						
			100	125	250	500	1000	2000	4000
			吸声系数 α_T						
11	100	100	0.33	0.38	0.53	0.77	0.78	0.87	0.95
12	120	100	0.30	0.38	0.62	0.82	0.81	0.91	0.96
13	150	100	0.34	0.43	0.62	0.73	0.82	0.90	0.95

2.2 穿孔吸声结构穿孔板类

在薄板上穿孔，并保持与结构层一定距离预留空腔安装，就形成穿孔板共振吸声结构。穿孔板吸声原理如图 2-47 所示，图 2-47（a）是亥姆霍兹共振器示意图。它由一个体积为 V 的空腔通过直径为 d 的小孔与外界相连通。小孔深度为 t。当声波入射到小孔开口面时，由于孔径 d 和深度 t 比声波波长小得多，孔颈中的空气柱弹性变形很小，可以视为质量块。封闭空腔则起空气弹簧的作用，二者构成类似图 2-47（b）所示的弹簧质量块振动系统。当入射声波频率 f 和系统固有频率 f 相等时，将引起孔颈空气柱的剧烈振动，并由于克服孔壁摩擦阻力而消耗声能。

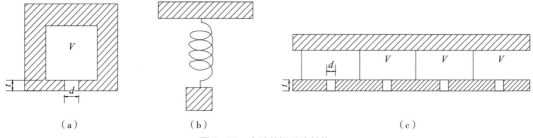

（a）　　　　　　　　（b）　　　　　　　　　　（c）

图 2-47　空腔共振吸声结构

（a）亥姆霍兹共振器示意图；（b）机械类比系统；（c）穿孔板吸声结构

亥姆霍兹共振器在共振频率附近吸声系数较大，而共振频率以外的频段，吸声系数下降很快。吸收频带窄和共振频率较低，是这种吸声结构的特点，因此建筑上较少单独采用。在某些噪声环境中，噪声频谱在低频有十分明显的峰值时，可采用亥姆霍兹共振器组成吸声结构，使其共振频率和噪声峰值频率相同，在此频率产生较大吸收。亥姆霍兹共振器可用石膏浇注，也可采用专门制作的带孔颈的空心砖或空心砌块。不同的砌块或一种砌块不同砌筑方式，可组合成多种共振器，达到较宽频带的吸收。如果在孔口处放上一些多孔材料（如超细玻璃棉、矿棉），或附上一层薄的纺织品，则可提高吸声性能，并使吸收频率范围适当变宽。

各种穿孔板、狭缝板背后设置空气层形成吸声结构，也属于空腔共振吸声结构。这类结构取材方便，并有较好的装饰效果，所以使用较广泛。如图 2-48 所示。常用的有穿孔的石膏板、石棉水泥板、胶合板、硬质纤维板、钢板、铝板等。

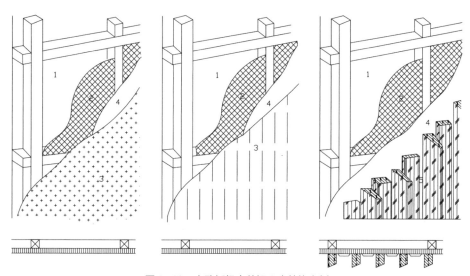

图 2-48　穿孔板组合共振吸声结构实例
1—空气层；2—多孔吸声材料；3—穿孔板；4—布（玻璃布）等护面层；5—木板条

对于穿孔板吸声结构，相当于许多并列的亥姆霍兹共振器，每一个开孔和背后的空腔对应，见图 2-47（c）。

穿孔板结构在共振频率附近有最大的吸声系数，偏离共振峰越远，吸声系数越小。孔颈处空气运动阻力越小，则吸声频率曲线越尖锐；反之，则较平坦。为在较宽的频率范围内有较高的吸声系数，一种办法是在穿孔板后铺设多孔性材料，来增加空气运动的阻力。这样做共振频率会向低频移动，但通常偏移不超过一个倍频程范围，而整个吸声频率范围的吸声系数会显著提高，如图 2-49 所示。另一种办法是穿孔的孔径很小，小于 1mm，称为微穿孔板。孔小则周界与截面之比就大，孔内空气与孔颈壁摩擦阻力就大，同时微孔中空气黏滞性损耗也大。微穿孔板常用薄金属板，一般不再铺设多孔材料，它比未铺吸声材料的一般穿孔板结构具有较好的吸声特性，如图 2-50 所示。这种结构能耐高温高湿而且不掉粉尘，适用于高温、高湿、洁净和高速气流等环境中。

穿孔板用作室内吊顶时，背后的空气层厚度往往很大，若在板后铺设多孔吸声材料，不仅可使共振峰处吸声范围变宽，而且还可使其对高频声波具有良好的吸收。如果穿孔板背后没有吸声材料，穿孔率不宜过大，一般以 2% ～ 5% 合适。穿孔率大，则最大吸声系数下降，且吸声带宽也变窄。如果穿孔板背面铺设有多孔材料，则穿孔率可以提高，一般高频吸声性能随穿孔率提高而提高。当穿孔率超过 20%，则穿孔板已作为多孔材料的罩面层而不属于空腔共振吸声结构了。

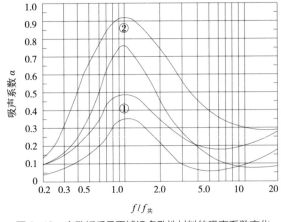

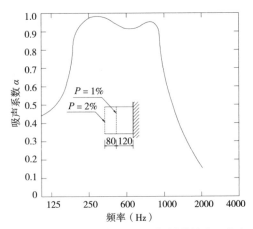

图 2-49　穿孔板后是否铺设多孔性材料的吸声系数变化
①不设多孔材料。
②没多孔材料。

图 2-50　微穿孔板（不另铺没多孔材料）与一般穿孔板（不另铺吸声材料）的吸声系数对比

2.2.1　硅陶吸声板

吸声硅陶板是一种专用于各类吸声环境的多功能复合材料。以硅陶土热压成型的深灰色吸声硅陶板为基板，表面贴覆三聚氰胺纸，防火板，科技木皮等，制作而成的具有吸声特性的板材。根据开槽尺寸和孔径，以及不同开孔率来达到不同的吸声效果。根据声学原理精致加工而成，既有木材本身的装潢效果，又有天然硅陶纹理，古朴自然。亦有体现现代节奏的明快亮丽的风格，产品的装饰性极佳，可根据需要饰以天然木纹、民族图案等多种装饰效果，提供良好的视觉享受。

产品适用于既要求有木材装潢及温暖效果、又有吸声要求的场所。如影剧院、音乐厅、会议中心、多功能厅、展厅、医院、学校、宾馆、图书馆等公共建筑的室内吊顶和内墙装饰，以改善音质质量，提高语音清晰度。吸声硅陶板具有材质轻、不变形、强度高、造型美观、色泽幽雅、装饰新效果好、立体感强、组装简便等特点。

根据吸声硅陶板开槽或开孔的形式可将吸声硅陶板分为槽孔吸声硅陶板，如图 2-51 所示，和圆孔吸声硅陶板，如图 2-52 所示。

图 2-51　槽孔吸声硅陶板

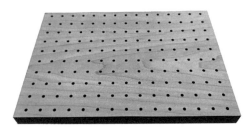

图 2-52　圆孔吸声硅陶板

吸声硅陶板产品性能表　　　　　　表 2-33

产品名称	吸声硅陶板
防火等级	B1 ~ A2 级不燃标准
环保性能	E1 级环保等级
常规尺寸	规格：132mm×2440mm；197mm×2440mm　　常用厚度：12mm、15mm、18mm 厚 槽孔型号：29/3（6 条）、13/3（12 条）
颜色	根据三聚氰胺、防火板、金属面等饰面定制颜色和纹路
基材	以高岭土、火山灰、硅灰石、硅藻土、导电材料等主要原料，无机黏合剂为粘结材料，增强纤维为产品增强材料，经特殊工艺制成的无机材料
优势	防水、防潮、防蛀、防霉、抗菌。耐水性好，潮湿环境下强度不损失，同传统吸声材料相比，该产品维护成本低，不易老化，使用寿命长
吸声原理	一是材料本身内形成多孔结构，具有很好的吸声效果，其二是成品板上通过开槽、钻孔等形成狭缝形成共振结构，进一步强化吸声效果。 背贴防火吸声无纺布：与基材共振机构形成空腔，更进一步强化吸声效果

吸声硅陶板（15mm 槽型 23-3 吸声硅陶板 +50mm 玻璃棉 + 地面）吸声系数（混响室法）见表 2-34，材料吸声特性曲线如图 2-53 所示。

吸声硅陶板吸声系数　　　　　　表 2-34

频率（Hz）	100	125	160	200	250	315	400	500	630	800	1000	1250	1600	2000	2500	3150	4000	5000	NRC
吸声系数 α_T	0.47	0.40	0.46	0.47	0.87	1.13	1.16	1.19	1.10	0.93	0.71	0.56	0.43	0.37	0.35	0.36	0.38	0.45	0.72

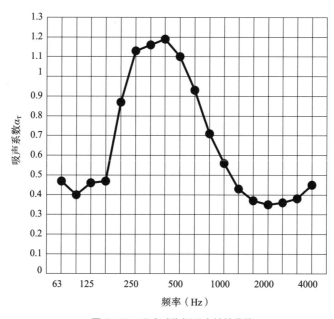

图 2-53　吸声硅陶板吸声特性曲线

2.2.2 金属穿孔吸声板

金属穿孔板多数是由厚度为 0.6 ~ 1.2mm 防锈铝、0.5 ~ 1.0mm 镀锌钢板或 0.5 ~ 1.0mm 普通钢板冲制而成，铝板面经过阳极氧化处理或喷漆处理，钢板经过喷塑或烤漆或喷漆处理，既起护面作用，又起装饰作用，如图 2-54 所示。穿孔板的穿孔率应小于 20%，通常要求共振频率在 100 ~ 4000Hz，板的厚度一般为 2 ~ 13mm，孔径为 ϕ2 ~ 8mm，孔距为 10 ~ 100mm。穿孔板的吸声原理与亥姆霍兹共振器的原理相同，共振频率与穿孔率、孔径、板厚、板后空气层厚度有关。

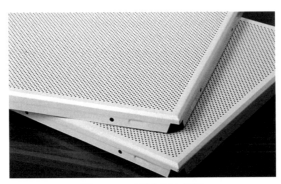

图 2-54　穿孔铝板大样图

穿孔板吸声结构空腔无吸声材料时，最大吸声系数约为 0.3 ~ 0.6，这时板的穿孔率不宜过大，以 1% ~ 5% 比较合适。穿孔率大，则吸声系数峰值下降，且吸声带宽变窄。在穿孔板吸声结构空腔内放置多孔吸声材料，可增大吸声系数，并展宽有效吸声频带。尤其当多孔吸声材料贴近穿孔板时吸声效果最好。金属穿孔板结构能耐高温、高湿、没有纤维、粉尘污染，特别适合于高温、高湿、超净和高速气流等环境。1.0mm 厚穿孔铝板（孔径 3.0mm、穿孔率 20%）不同空腔下吸声系数见表 2-35，材料吸声特性曲线如图 2-55 所示。

1.0mm 厚穿孔铝板吸声系数表　　　　　　　　表 2-35

空腔深度	频率（Hz）	100	125	160	200	250	315	400	500	630	800	1000	1250	1600	2000	2500	3150	4000	5000	NRC
50mm	吸声系数 α_T	0.04	0.05	0.08	0.12	0.17	0.24	0.29	0.45	0.61	0.71	0.80	0.89	0.95	0.94	0.92	0.86	0.80	0.71	0.60
200mm	吸声系数 α_T	0.45	0.72	0.55	0.67	0.75	0.81	0.85	0.86	0.81	0.61	0.66	0.72	0.67	0.71	0.71	0.71	0.70	0.66	0.75

2.2.3 穿孔石膏板

穿孔石膏板采用特制高强度纸面石膏板为基材，板芯内加入特殊增强材料，保证了穿孔石膏板的强度。基材经穿孔、切割、粘贴纤维层等工序制造成穿孔石膏板，是较理想的隔墙、

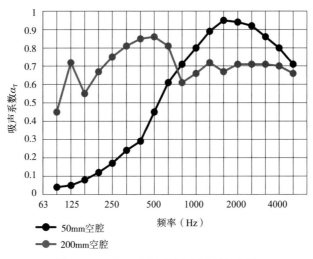

图 2-55　1.0mm 厚穿孔铝板吸声特性曲线

吊顶吸声降噪材料。

　　穿孔石膏吸声板是指有贯通于石膏板正面和背面的圆柱形孔眼，在石膏板背面粘贴具有透气性的背覆材料和能吸收入射声能的吸声材料等组合而成。吸声机理是材料内部有大量微小的连通的孔隙，声波沿着这些孔隙可以深入材料内部，与材料发生摩擦作用将声能转化为热能。多孔吸声材料的吸声特性是随着频率的增高吸声系数逐渐增大。穿孔石膏吸声板正是利用了这样的吸声原理制作而成，是具有良好吸声性能的吊顶材料之一。穿孔石膏板密度为 $500 \sim 1000kg/m^3$ 不等，常用厚度 9.5mm、12mm；常规尺寸为 2440mm × 1220mm。

　　穿孔石膏板具有耐火、隔振、板面平整、不易变形、施工方便等优点，在满足室内装饰的同时，其优良的吸声特性能满足不同的建筑声学要求，为人们营造出良好的声环境。适用于各种类型需要调整混响时间、改善室内音质、降低噪声的工业与民用建筑，如影剧院、音乐厅、报告厅、会议厅、多功能厅、大会堂、体育馆、家庭影院、琴房、播音室、录音棚、机房等，如图 2-56 所示。

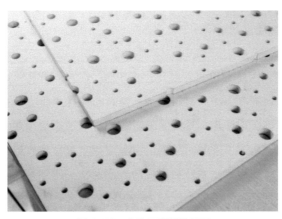

图 2-56　穿孔石膏板样品图

9.5mm 厚穿孔石膏板（孔径 6.0mm、穿孔率 13.6%）不同安装构造吸声系数见表 2-36，材料吸声特性曲线如图 2-57 所示。

表 2-36

穿孔石膏板吸声系数表

安装状况	频率（Hz）	100	125	160	200	250	315	400	500	630	800	1000	1250	1600	2000	2500	3150	4000	5000	NRC
75mm空腔	吸声系数 α_T	0.16	0.23	0.34	0.52	0.65	0.73	0.88	0.94	0.86	0.80	0.79	0.65	0.58	0.43	0.51	0.46	0.38	0.32	0.70
100mm空腔+50mm岩棉	吸声系数 α_T	0.45	0.82	0.95	0.99	0.96	0.99	0.98	0.99	0.98	0.97	0.87	0.80	0.66	0.70	0.58	0.50	0.35	0.30	0.90

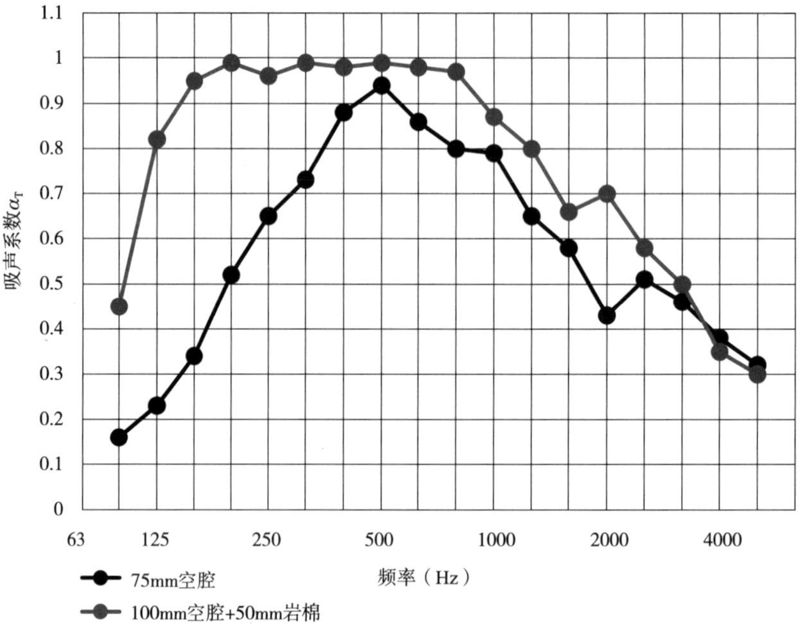

图 2-57　穿孔石膏板吸声特性曲线

2.2.4　穿孔木质吸声板

穿孔木质吸声板是在木质板材的表面开孔或开槽，在背面开孔，由于材料表面有大量孔隙，所以声波沿着这些孔隙可以深入材料内部，通过与穿孔木质吸声板后衬材料的摩擦作用将声能转化成热能，达到吸声作用，穿孔木质吸声板是基于声学原理精密加工而成的，由精加工面、芯材和吸声薄毡构成，安装时需要后衬吸声棉。木质吸声板通常为中密度板、高密度板、澳松板或防火板，其中对于木质吸声板的表面通常采用三聚氰胺纸、实木皮饰面、烤漆面等。根据木质吸声板开孔的不同可以分为槽木吸声板和孔木吸声板两种。具有多种装饰颜色和木纹，满足不同装饰要求。

（1）槽木吸声板。

槽木吸声板是在板面进行开槽工艺的吸声板，如图 2-58 所示，该吸声板不但具有高性能的吸声效果，而且具有突出的装饰效果，采用中密度纤维板和三氰胺、实木皮、喷漆等饰面经多道工序精制而成，吸声结构原理：一种在中密度纤维板的正面开槽、背面开圆孔的结构吸声材料，通过调整材料正面开槽背面开孔的结构和改变槽宽或圆孔的深度及吸声背后空腔的深度与容积，在不同频率上获得不同的吸声效果。

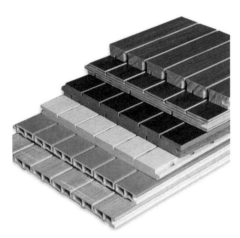

图 2-58 槽木吸声板样品图

槽木吸声板产品性能表　　　　　　　　　　　　　　　　　表 2-37

产品名称	槽木吸声板
降噪系数	0.45 ~ 0.9
燃烧等级	B1
环保性能	E1 级
常规尺寸	2440mm × 192mm，2440mm × 128mm　厚度：12mm/15mm/18mm
常规槽面	13/3，14/2，28/4，59/5
结构	基材、饰面、背面
饰面	三聚氰胺、天然木皮、油漆
背面	黑色吸声毡 / 无纺布
适用场所	常用于体育馆、酒店、展厅、学校报告厅、演艺中心、会议室等多种场所

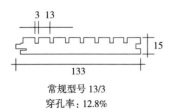

常规型号 13/3
穿孔率：12.8%

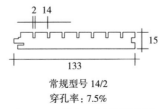

常规型号 14/2
穿孔率：7.5%

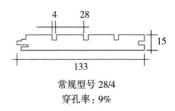

常规型号 28/4
穿孔率：9%

图 2-59 槽木吸声板规格型号

槽孔木质吸声板（条板宽 13mm，凹槽宽 3mm，穿孔率 12.8% 槽孔木质吸声板 +100mm 厚空腔）吸声系数见表 2-38，材料吸声特性曲线如图 2-60 所示。

槽木吸声板吸声系数　　　　　　　　　　　　　　　　　　表 2-38

频率（Hz）	100	125	160	200	250	315	400	500	630	800	1000	1250	1600	2000	2500	3150	4000	5000	NRC
吸声系数 α_T	0.24	0.36	0.48	0.72	0.84	1.12	1.08	1.08	1.00	1.00	0.88	0.80	0.64	0.76	0.84	0.84	0.88	0.84	0.90

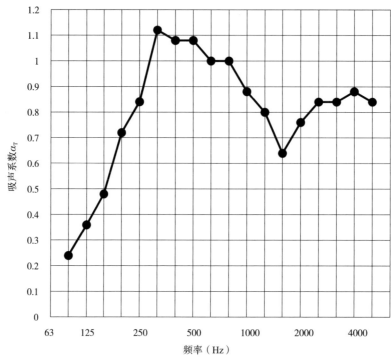

图 2-60　槽木吸声板吸声特性曲线

（2）孔木吸声板。

孔木吸声板是一种正面或正面和背面均穿孔的木质吸声板，如图 2-61 所示。正反面均穿孔，分两种穿孔方式，即：直穿孔或正面孔径大于背面孔径。声音能够通过正面孔穿透过背面孔。孔木吸声板根据声学原理，合理配合，具有出色的降噪吸声性能见表 2-39。

图 2-61　孔木吸声板样品图

孔木吸声板产品性能 表 2-39

产品名称	孔木吸声板
燃烧等级	B2 ~ B1 级
环保性能	E1 级
常规尺寸	600mm×600mm、600mm×1200mm、800mm×600mm、800mm×1200mm、1200mm×1200mm，1200mm×2400mm 厚度：12mm/15mm/18mm
常规孔径	1mm、2mm、3mm、4mm、5mm、6mm、8mm、10mm、12mm 等
结构	基材、饰面、背面
饰面	三聚氰胺、天然木皮、油漆
背面	黑色吸声毡
适用场所	常用于体育馆、酒店、展厅、学校报告厅、演艺中心、会议室等多种场所的墙面和顶棚

常规孔型号如图 2-62 ~ 图 2-67 所示。

1）大小孔：主要满足对中低频的吸声要求，对于低频的吸声基于可见面的小孔和背面的大孔的结合。小穿孔的表面，能使墙面的装饰效果更加美观。

2）直通孔：主要满足对中高频的吸声要求。吸声效果主要由穿孔率决定，同时受声学材料和墙面或者顶棚之间的空腔大小的影响。

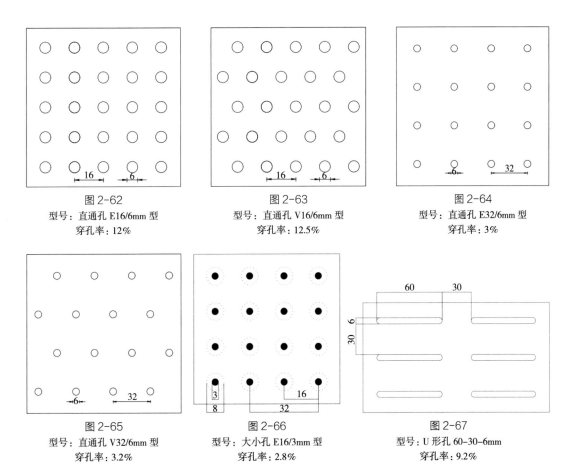

图 2-62
型号：直通孔 E16/6mm 型
穿孔率：12%

图 2-63
型号：直通孔 V16/6mm 型
穿孔率：12.5%

图 2-64
型号：直通孔 E32/6mm 型
穿孔率：3%

图 2-65
型号：直通孔 V32/6mm 型
穿孔率：3.2%

图 2-66
型号：大小孔 E16/3mm 型
穿孔率：2.8%

图 2-67
型号：U 形孔 60-30-6mm
穿孔率：9.2%

圆孔木质穿孔吸声板（孔径 ϕ6mm，孔中心距 16mm，正方形排列，穿孔率为 11.04% 圆孔木质吸声板 +50mm 厚空腔）吸声系数见表 2-40，吸声特性曲线如图 2-68 所示。

圆孔木质吸声板吸声系数   表 2-40

频率（Hz）	100	125	160	200	250	315	400	500	630	800	1000	1250	1600	2000	2500	3150	4000	5000	NRC
吸声系数 α_T	0.18	0.20	0.23	0.45	0.44	0.60	0.78	0.95	0.99	0.99	0.88	0.78	0.70	0.57	0.57	0.56	0.50	0.45	0.70

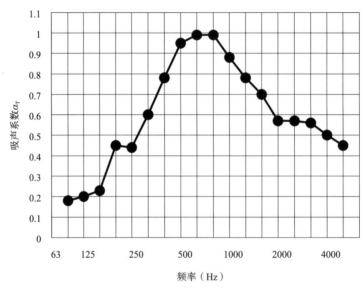

图 2-68　圆孔木质吸声板吸声特性曲线

2.2.5　微孔蜂窝吸声板

微孔蜂窝吸声板是采用微孔吸声铝板与六角形蜂巢状铝结构，结合精密技术、经由高温高压制成的复合材料。蜂巢夹芯复合结构，由于有许多相互牵制性的密集蜂巢，犹如许多小工字梁，芯层分布固定在整个板面内，可分散承担来自板面方向的压力，使板受力均匀，不易产生剪切，使板块更加稳定，抗弯挠和抗压，并且有不易变形，平整度好的特点，保证了面板在较大面积时仍能保持很高的平整度。表面使用微孔金属吸声板，具有良好的吸声效果，也有极强的抗冲击性，如图 2-69 所示。鲜明亮丽的涂装、简单优越的加工特性，已吸引建筑装饰业界的目光，成为装饰工程的新趋向；而且还可根据客户的要求，使用不同板面的厚度和蜂窝芯材，提供针对性的解决方案，并在产品的形状、规格、表面处理、颜色方面提供更多的视觉选择。

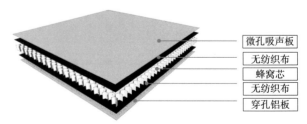

图 2-69　微孔蜂窝吸声板构造

微孔蜂窝吸声板产品性能　　　　　　表 2-41

声学性能	NRC ≥ 0.70
防火等级	A 级不燃
环保性能	E1 级
常规尺寸	面板微孔金属板 + 蜂窝芯 + 冲孔板背板；厚度：15mm，25mm，50mm；宽度：400～800mm；长度：600～3000mm
优势	质轻、无毒、防火、抗盐、防水、防尘、高吸声率、高抗污性、抗电磁波、使用寿命长、颜色多变化
适用范围	用于高温、高湿、超净、无尘空间、高速气流的场所
包装方式	托盘木架

15mm 微孔蜂窝吸声板性能，见表 2-41。

材料构造：1.0mm 超微孔面板（孔径 0.4mm×0.04mm，表面粉体涂装）+ 蜂窝芯（厚 13.3mm）+0.7mm 冲孔铝背板（铝板，孔径 2.5mm，穿孔率 23.4%），200mm 空腔。吸声系数见表 2-42，材料吸声特性曲线如图 2-70 所示。

微孔蜂窝吸声板吸声系数　　　　　　表 2-42

频率（Hz）	100	125	160	200	250	315	400	500	630	800	1000	1250	1600	2000	2500	3150	4000	5000	NRC
吸声系数 α_T	0.22	0.33	0.37	0.74	0.86	0.85	0.86	0.89	0.82	0.62	0.66	0.66	0.62	0.71	0.67	0.66	0.64	0.55	0.80

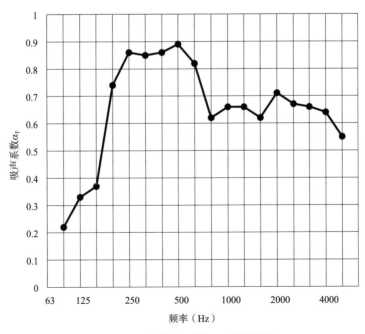

图 2-70　微孔蜂窝吸声板吸声特性曲线

2.3 特殊吸声结构

2.3.1 微穿孔板

微孔产品应用中国马大猷院士提出的微孔吸声概念，由微孔表面的微波浪结构在径与肋的巧妙安排下改变传递路径，吸收大量粒子撞击能量，而波谷内微孔也因空气粒子经斜向微孔声阻抗效应产生差速粒子挤压摩擦进而其动能因穿透而损失，穿透后剩余的能量粒子也因每平方米 50 万个几合曲面在空腔共振中产生粒子黏滞效应与漫射干涉，让声能在空腔共振进行能量衰减以获得良好的吸声效果，见表 2-43，表 2-44。

微孔吸声板产品性能 表 2-43

声学性能	NRC ≥ 0.3 ~ 0.70
常规尺寸	300mm × 300mm，300mm × 1200mm，600mm × 600mm，600mm × 1200mm
开孔参数	孔径 ≤ 1mm；穿孔率 ≤ 1% ~ 5%；孔间距根据设计要求定制
优势	质轻、无毒、防火、抗盐、防水、防尘、高吸声率、高抗污性、抗电磁波、使用寿命长、颜色多变化
适用范围	用于高温、高湿、超净、无尘空间、高速气流的场所

微穿孔板吸声结构吸声系数表 表 2-44

名称	穿孔率（%）	空腔（mm）	倍频带中心频率（Hz）					
			125	250	500	100	2000	4000
			吸声系数 α_0					
单层微穿孔板，孔径 ϕ 0.8mm，板厚 0.8mm	1	30	—	0.18	0.64	0.69	0.17	—
		50	0.05	0.29	0.87	0.78	0.12	—
		70	—	0.40	0.86	0.37	0.14	—
		100	0.24	0.71	0.96	0.40	0.29	—
		150	0.37	0.85	0.87	0.20	0.15	—
		200	0.56	0.98	0.61	0.86	0.27	—
		250	0.72	0.99	0.38	0.40	0.12	—
单层微穿孔板，孔径 ϕ 0.8mm，板厚 0.8mm	2	30	0.08	0.11	0.15	0.58	0.40	—
		50	0.05	0.17	0.60	0.78	0.22	—
		70	0.12	0.24	0.57	0.70	0.17	—
		100	0.10	0.46	0.92	0.31	0.40	—
		150	0.24	0.68	0.80	0.10	0.12	—
		200	0.40	0.83	0.54	0.77	0.28	—
		250	0.48	0.89	0.34	0.45	0.11	—
单层微穿孔板，孔径 ϕ 0.8mm，板厚 0.8mm	3	30	—	0.06	0.20	0.68	0.42	—

续表

名称	穿孔率（%）	空腔（mm）	倍频带中心频率（Hz）					
			125	250	500	100	2000	4000
			吸声系数 α_0					
单层微穿孔板，孔径 $\phi 0.8mm$，板厚 0.8mm	3	50	0.11	0.25	0.43	0.70	0.25	—
		70	—	0.22	0.82	0.69	0.21	—
		100	0.12	0.29	0.78	0.40	0.78	—
		150	0.21	0.47	0.72	0.12	0.20	—
		200	0.22	0.50	0.50	0.28	0.55	—
		250	0.35	0.70	0.26	0.50	0.15	—
双层微穿孔板，孔径 $\phi 0.8mm$，板厚 0.9mm	2.5+1	$D1=30$ $D2=70$	0.26	0.71	0.92	0.65	0.35	—
		$D1=40$ $D2=60$	0.21	0.72	0.94	0.84	0.30	—
		$D1=50$ $D2=50$	0.18	0.69	0.96	0.99	0.24	—
		$D1=40$ $D2=160$	0.58	0.99	0.54	0.86	—	—
		$D1=80$ $D2=120$	—	0.88	0.84	0.80	—	—
双层微穿孔板，孔径 $\phi 0.8mm$，板厚 0.9mm	2+1	$D1=80$ $D2=120$	0.48	0.97	0.93	0.64	0.15	—
	3+1	$D1=80$ $D2=120$	0.40	0.92	0.95	0.66	0.17	—
单层微穿孔板，孔径 $\phi 0.8mm$，板厚 0.8mm	1	200	0.28	0.67	0.52	0.42	0.40	0.30
	2	150	0.18	0.43	0.87	0.32	0.33	0.34
	3	200	0.19	0.50	0.45	0.35	0.35	0.18
双层微穿孔板，孔径 $\phi 0.8mm$，板厚 0.8mm+0.5mm	2+1	$D1=100$ $D2=100$	0.28	0.79	0.70	0.64	0.41	0.42
	2+1	$D1=50$ $D2=100$	0.25	0.79	0.67	0.68	0.45	0.38
	2+1	$D1=80$ $D2=120$	0.41	0.91	0.61	0.61	0.31	0.30
单层微穿孔板，孔径 $\phi 0.8mm$，板厚 0.5mm	1	50	0.08	0.56	0.78	0.65	0.42	0.32
	2	50	0.11	0.40	0.85	0.77	0.74	0.48
	3	50	0.08	0.35	0.41	0.84	0.82	0.60
	1	80	0.15	0.53	0.68	0.56	0.43	0.21
	2	80	0.13	0.50	0.83	0.71	0.67	0.48
	3	80	0.11	0.29	0.82	0.79	0.94	0.48
	1	100	0.20	0.75	0.63	0.61	0.44	0.48
	2	100	0.29	0.61	0.60	0.68	0.75	0.47
	3	100	0.30	0.67	0.67	0.70	0.75	0.48

续表

名称	穿孔率（%）	空腔（mm）	倍频带中心频率（Hz）					
			125	250	500	100	2000	4000
			吸声系数 α_0					
双层微穿孔板，孔径 ϕ0.8mm，板厚 0.5mm+0.8mm	2+1	$D1=50$ $D2=100$	0.25	0.79	0.67	0.68	0.46	0.45
	2+1	$D1=80$ $D2=120$	0.48	0.97	0.93	0.64	0.15	0.13
	2+1	$D1=80$ $D2=120$	0.40	0.92	0.95	0.66	0.13	0.11

注：表中 $D1$ 为前腔尺寸，$D2$ 为后腔尺寸。

微穿孔板吸声结构是在板厚小于 1.0mm 的薄金属板上穿以孔径小于 1.0mm 的微孔，穿孔率 1%～5%，后部留有一定厚度的空气层。微穿孔板吸声结构比普通穿孔板吸声结构的吸声系数高，吸声频带宽，同时可用于高温、高速气流、有水、有汽以及要求特别洁净的场所，可以是单层微穿孔板吸声结构，也可以组合成双层或多层微穿孔板吸声结构。微穿孔板吸声结构由薄金属板构成，在这些薄金属板间无需衬垫多孔性纤维吸声材料，因此，不怕水和蒸汽，能承受较高风速的冲击，用途越来越广泛。可广泛运用于顶棚、墙面。微孔金属吸声板特色为背面不需背覆任何吸声材料，可避免吸声材料与加工或使用过程对人体及环境造成的危害，除可增加使用寿命外，同时又可具有高吸声率，为一种防尘、防火、防水、无毒之高性能吸声板。可适用于高温、高湿、超净、无尘空间、高速气流的场所。如：地铁、隧道、核电站、体育馆、游泳池、医院、商业办公大楼、食品厂、制药厂、电子厂、空调消声通风箱、交通运输工具、室内外吸声墙、演艺厅、建筑声学设计及场所等。

中国的生产加工技术也在不断升级，由于工程的各种需要，众多厂家在马大猷院士微穿孔理论基础上进行了大量拓展尝试，微穿孔技术已应用到木质板材、陶铝板板材、较厚的金属板材等材质加工中，板材的厚度也在不断增厚，加工制成各种规格尺寸，且可自由选择包含粉末涂装、木纹热转印与贴皮处理的方式，这导致的吸声频率特性差异巨大，工程中设计应用需要重点考虑吸声特性的匹配，如图 2-71 所示。

2.3.2 AGG 空间声障板

室内的吸声处理，除把吸声材料和结构安装在室内各界面上，还可以用前面所述的吸声材料和结构安装在建筑空间内的吸声体。由于悬空悬挂，声

图 2-71 微穿孔板样品图

波可以从不同角度入射到吸声体，空间吸声体同时具有两个或两个以上的面与声波接触，有效的吸声面积比投影面积大得多，有时按投影面积计算，其吸声系数可大于1，其吸声效果比相同的吸声体实贴在刚性壁面上的好得多。对于形状复杂的吸声体，实际中多用单个吸声量来表示其吸声性能，见表2-45。

AGG 空间声障板产品性能表　　　　　　　　　　　　　　　　　　　　　表 2-45

产品名称	AGG 空间声障板
防火等级	B1 ~ A2 级
环保性能	E1 级
常规尺寸	常用厚度为 50mm、100mm；尺寸为根据设计要求定制
密度	80 ~ 150kg/m³ 不等
单位吸声量	单位吸声量 ≥ 1.0m²
优势	可以呈现超大尺寸，尺寸灵活定制，表面易造型，易彩绘，厚度更是任意设计，很大程度地呈现了设计师的灵感创意
适用场所	适用于展厅、体育馆、音乐厅、走廊及开放区域、公共交通、办公环境、工业等需要强吸声建筑空间顶棚使用

空间吸声体可以根据使用场所的具体条件，把吸声特性的要求与外观艺术处理结合起来考虑，设计成各种形状（如平板形、锥形、球形或不规则形状），可收到良好的声学效果和建筑效果，如图2-72所示。

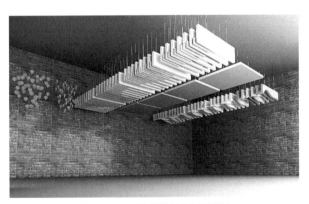

图 2-72　不同形状的空间吸声体

常见的空间吸声体由骨架、护面层和吸声填料构成。材料的选择应视空间吸声体的大小、刚度和装修要求而定。骨架可采用木材、角钢、薄壁型钢等。护面层可采用塑料窗纱、塑料网、钢丝网和各种板材（如薄钢板、铝板、塑料板等）的穿孔板，其板厚可取0.5 ~ 1.0mm，孔径可取4 ~ 8mm，穿孔率应大于20%。吸声填料通常采用超细玻璃棉外包玻璃纤维布，其填充密度可取 25 ~ 30kg/m³，厚度应根据声源频谱特性在5 ~ 10cm 范围内选定，如图2-73所示。

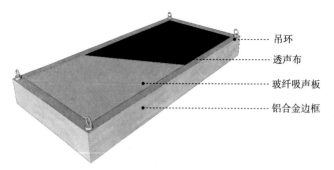

图 2-73 铝框空间吸声体

AGG 空间声障板属于空间吸声体的一种，它与一般的铝框空间吸声体不同的是 AGG 空间声障板四周采用固化处理，以强化玻纤为基层，表面处理有聚砂涂层喷涂或玻纤布包覆。AGG 空间声障板有五个吸收面，吸声性能提升，相同空间的吸声面积增大，是作为强吸声场所的首选。AGG 空间声障板根据安装方式的不同可分为浮云声障板和垂帘声障板，如图 2-74、图 2-75 所示。

图 2-74 浮云声障板样品图

图 2-75 垂帘声障板样品图

垂帘声障板（规格：1200mm×400mm×50mm AGG 垂帘声障板间隔 300mm 吊挂安装）吸声系数见表 2-46，材料吸声特性曲线如图 2-76 所示。

AGG 垂帘声障板吸声系数   表 2-46

频率（Hz）	100	125	160	200	250	315	400	500	630	800	1000	1250	1600	2000	2500	3150	4000	5000	平均吸声量
吸声量 A/m^2	0.38	0.51	0.91	1.01	1.26	1.29	1.86	1.95	2.05	1.93	2.00	2.17	2.05	2.09	2.10	2.11	2.04	2.1	1.66

浮云声障板（规格：1200mm×1200mm×50mm AGG 浮云声障板间隔 300mm 吊挂安装）吸声系数见表 2-47，材料吸声特性曲线如图 2-77 所示。

AGG 浮云声障板吸声系数   表 2-47

频率（Hz）	100	125	160	200	250	315	400	500	630	800	1000	1250	1600	2000	2500	3150	4000	5000	平均吸声量
吸声量 A/m^2	0.17	0.61	0.65	0.71	0.87	1.02	1.24	1.44	1.59	1.70	1.71	1.73	1.74	1.68	1.66	1.59	1.53	1.47	1.29

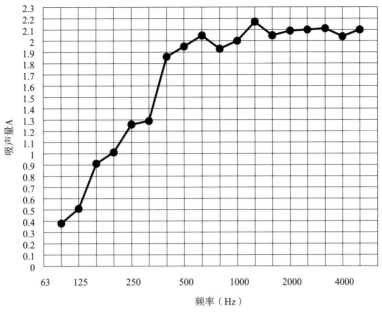

图 2-76　AGG 垂帘声障板吸声特性曲线

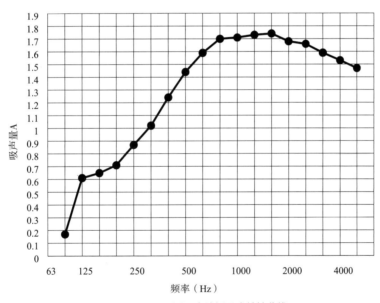

图 2-77　AGG 浮云声障板吸声特性曲线

安装构造及节点：

浮云声障板为水平安装、垂帘声障板为垂直安装，配套悬吊系统及配件，安装 / 拆卸方便快捷。

安装方式一：采用弹簧挂钩固定，将弹簧挂钩完全拧入空间声障板中，使用丝杆或者钢丝吊装。垂帘声障板固定吊点每块不少于 2 个、浮云声障板固定吊点每块不少于 4 个。首先安装水平承重转换龙骨，将丝杆或者钢丝吊装于龙骨之上。安装时需要把固定件提前固定在空间声障板之内，再将丝杆或钢丝固定件相连，如图 2-78 ~ 图 2-81 所示。

图 2-78 弹簧挂钩

图 2-79 垂帘声障板弹簧挂钩安装

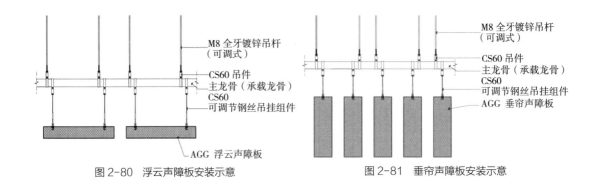

图 2-80 浮云声障板安装示意

图 2-81 垂帘声障板安装示意

安装方式二：AGG 空间声障板采用开槽式设计，表面镶入金属挂槽，垂帘声障板金属挂槽不少于一根，浮云声障板金属挂槽不少于两根。使用 M6 螺丝将金属挂槽与方管龙骨相连，通过调节螺丝调节声障板的位置，如图 2-82、图 2-83 所示。

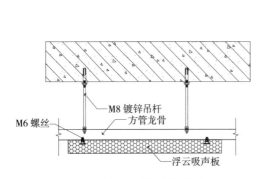

图 2-82 将金属挂槽与方管龙骨相连

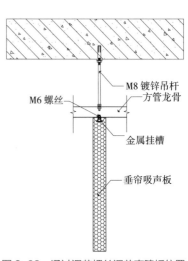

图 2-83 通过调节螺丝调节声障板位置

2.3.3 吸声尖劈

吸声尖劈是一种用于消声室的特殊吸声结构，其结构通常可以分为尖部和基部两部分。吸声尖劈具有从顶部到底部逐渐增大的结构，从而在满足较大吸声面积的同时，也实现了与空气阻抗的良好匹配（即逐渐过渡原理），从而达到入射声波几乎毫无反射地全被吸收。

吸声尖劈通常可分为尖部和基部两部分。安装时在尖壁和壁面之间留有空气层。其结构是用直径 3.2 ~ 3.5mm 的钢丝制成一定形状和尺寸的骨架，外面套上玻纤布、塑料窗纱等罩面材料，里面装以多孔材料，如玻璃棉毡、玻璃纤维、矿渣棉、泡沫塑料等。从尖劈的尖端到基部，声阻抗是从空气的特性阻抗逐步过渡到多孔材料的阻抗的，因而实现了很好的阻抗匹配，使入射声能得到高效的吸收如图 2-84 所示。尖劈的声学特性常用声压反射系数表示，反射系数为 0.1 时（吸声系数为 0.99）所对应的最低频率，称为截止频率，它主要取决于尖劈的容重和尖部的长度 $L1$。影响尖劈低频吸声的主要因素是尖劈基部和空气层。在实际应用中，尚有平顶型、直条状和层状阶梯型等尖劈。

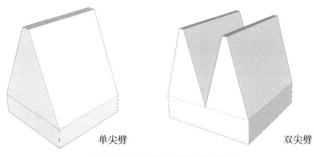

单尖劈　　　　　　　　　　　双尖劈

图 2-84　吸声尖劈模型示意图

吸声尖劈由尖劈和连接固定尖劈的底座两部分组成。吸声尖劈是利用特殊阻抗的逐渐变化，由尖劈端面特性阻抗接近空气的特性阻抗，逐步过渡到接近吸声材料的特性阻抗，从而达到最高的声吸收效果，其平均吸声系数可达到 1.0。尖劈长度无固定值，越长越好，尖劈低频吸声性能好，其截止频率为 68.8 ~ 86Hz。宽度一般取 0.3 ~ 0.4m，底座厚度为 0.1m。一般三个尖劈与底座组成一个单元，根据现场设计要求，可采用多个单元。吸声尖劈一般吊挂在屋顶或四壁，其背后与墙壁应留有一定空间，为 0.05 ~ 0.1m。这是为了形成一段空气层，提高吸声性能。当空气层厚度为 1/4 波长时，吸声系数最大。同时，入射声波可穿透吸声尖劈或通过四周绕射到尖劈背后，通过与屋顶的折射和反射使尖劈多次吸声。

吸声尖劈按形状的不同可分尖头和平头。根据吸声尖劈一个单元劈数的不同，可分单劈、双劈和三劈；根据尖劈长度的不同，可分长尖劈和短尖劈；根据尖劈吸声材料的不同，可分无机纤维吸声材料、有机纤维吸声材料以及吸声泡沫等吸声尖劈，如图 2-85 所示。

尖劈的一般结构如图 2-85 所示：

图中（b）为节省空间所用的平头尖劈，相对尖头尖劈低频吸声影响不大，对高频稍有影响。

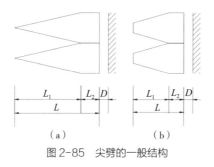

图 2-85　尖劈的一般结构

　　四种不同劈长尖劈的吸声频率特性曲线如图 2-86 所示，安装如图 2-87 所示。

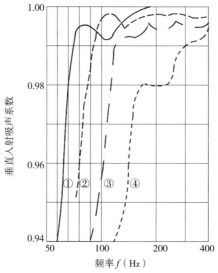

图 2-86　尖劈吸声频率特性曲线

注：尖劈基部长度 L_2=10cm，与壁面距离 D=10cm

① L_1=90cm；② L_1=70cm；③ L_1=50cm；④ L_1=30cm。

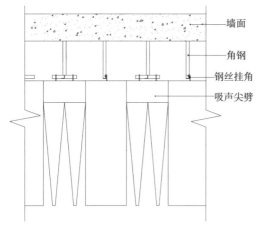

墙面

角钢

钢丝挂角

吸声尖劈

图 2-87　吸声尖劈安装

2.3.4　吸声画

吸声画可以称之为声效艺术画和吸声装饰画等不同的叫法，是一种应用在现代的软装工程中的新型饰品。声效艺术画采用专业科学的吸声构造，外部为艺术画素材，材质可以采用绸缎、麻布、棉布等如图 2-88 所示。内置 10 ~ 50mm 空腔，吸声层为专用环保材料，属于多孔纤维材料，当噪声通过吸声层并穿过空腔反射回来，穿过的同时也会产生相应的流阻，摩擦产生热量而衰减达到消除反射波的功效；具有无甲醛，无辐射，受潮不变形等优点；密度为 ≥ 150kg/m³ 抗冲击，可有效保护声效画不易损坏，见表 2-48。

材料特点：

（1）更具生态效益：无排放、无污染，无放射性、无甲醛，无毒无味、安全环保。

（2）具有独特的吸声特性：可起到专业的吸声降噪效果，提高室内语言清晰度，降低室内混响时间，能完全优化场景内的声环境。

（3）声学与装饰艺术的完美结合：把装饰艺术和声学性能有效结合，在保证其声学效果的情况下，增加了装饰艺术的美感，起到独特的装饰效果，吸声画内容可采用印刷和手绘工艺实现。

（4）应用范围：厅堂馆所、会议室、酒店大堂、酒店客房、营业大厅、公共通道、影剧院、体育馆、图书馆、博物馆、地铁站等需要降低噪声和解决语言清晰度的相关场所，也特别适合于石材墙面的声学改造项目。

图 2-88　吸声画效果

考夫曼声效艺术画产品规格　　　　　　　　　　　　　　　　　表 2-48

名称	声效艺术画	规格	可定制
画框	实木边框、木塑边框	款式	可定制

续表

系数	0.25 ~ 0.77	结构	硬质边框，内置高密度玻纤板 细缎、亚麻、棉纱衬布
用途	吸声、降噪、装饰、防撞	边角	直角、小切角、大切角
安装方式	可采用挂钩或吊丝安装	厚度（mm）	30、40、50、75、100

吸声画性能。

（1）吸声性能：声效艺术画具有优秀的吸声性能，能有效调节室内混响时间，尤其是针对大空间效果明显，适用于酒店大堂，营业厅，大型会议室等；作为艺术装饰品，在不影响原有装修的前提下解决了语言清晰度难题，可谓是功能性装饰品首选。

（2）无甲醛：声效艺术画不含甲醛，符合标准《室内装饰装修材料 人造板及其制品中甲醛释放限量》GB 18580—2017 中的 E1 级的技术要求。可直接用于室内，属于环保产品，对人体无害。

（3）无放射性：声效艺术画无放射性，属于环保产品，对人体无害。

（4）防潮性：声效艺术画受潮不变形，不翘曲，永不影响艺术品效果和价值。考夫曼产品不会因环境潮湿而产生变形、下陷、发胀、扭曲、翘边等现象，经多项检测数据证明产品可在高温、高湿等极其恶劣的环境下使用依然保持性能稳定，符合防潮性产品的最高要求。

2.4　隔声板材

2.4.1　概述

隔声是噪声控制的重要手段之一，它或者是不让外界噪声侵入，或者是把声音封闭在特定的范围，使得噪声局限在部分空间范围内，尽量不传播到其他区域造成噪声污染。隔声技术为人们创造良好声环境提供了科学的方法。环境保护设计、绿色住区规划、民用建筑设计、室内装饰设计等专业都提出了隔声要求，墙体、楼板、门、窗等建筑构件的隔声性能关系到建筑质量完工验收，所以隔声效果必须满足现行国家标准要求。

声波入射到建筑材料或建筑围护结构时，声能在透射的过程中逐渐衰减从而受到减弱，声波通过固体传导和空气声传播的这一过程形成了噪声污染，声音在房屋建筑中的传播有许多途径，如通过墙壁、门窗、楼板、基础及各种设备管道等。为了防止或减少声能的透射，隔声技术应运而生。

在建筑声学中，把凡是空间传播途径而来的声音称为空气声传播，例如汽车声、飞机声、临街噪声、隔壁的吵闹声等；把凡是由机械振动和物体撞击等引起建筑结构传播而来的声音，称为固体声，如水泵振动声、脚步声、拍球撞击楼板的声音等。建筑构件隔绝的若是空气声，则称为空气声隔绝；若隔绝的是固体声，则称为固体声隔绝。大部分建筑围护材料都具有隔声性能，如黏土砖，空心砖，水泥加气块等，本章将对隔声材料和构造做系统扼要的介绍。

1. 空气声隔绝

本节讨论的对象是在水平或垂直方向分隔任意两个空间的围护结构（如墙、楼板、门或窗）的空气声隔声性能，这里将此类围护结构简化为"间壁"一词定义。

（1）声透射损失

间壁的声透射损失简称为 *TL*，用分贝数表示，此定义用于量度间壁的隔声性能。*TL* 的含义是声波入射于间壁后，声能通过间壁而降低的分贝数。*TL* 的数值不仅与间壁的构造有关，而且随入射声音频率的不同而异，但它与间壁分隔的两个空间自身的声学性能并无关联。

间壁的 *TL* 值可以在声学实验室或现场测定：在测试的间壁一侧的声源室内发出稳态的声音；然后在间壁两侧的声源室和接收室分别测量其声级，最后根据测量值得出声级差，即可确定间壁的 *TL* 值如图 2-89 所示。

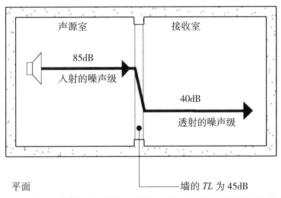

图 2-89　间壁 *TL* 值等于在间壁一侧的入射声能通过间壁后减少的分贝数

（2）单层间壁

均质的单层间壁的 *TL* 值，主要由它的单位面积重量（面密度）和声透射的频率而定。这类间壁的 *TL* 值可采用图 2-91 所示的质量定律曲线来确定。图中的曲线是假设声音从各个方向均匀地碰撞间壁表面（无规入射）。图中表明对于单层间壁，频率增加一倍或单位面积重量增加一倍，*TL* 值约增加 5 ~ 6dB。必须注意，仅仅单纯地依靠增加间壁的重量，并不能无限制地提高 *TL* 值，因为它还受侧向透射的影响。

为使间壁获得有效的 *TL* 值，必须使它不透气。但是，例如多孔混凝土砌块的墙体，由于其多孔性，不能按照质量定律曲线，根据它的单位面积重量来确定 *TL* 值。然而，多孔材料的间壁可以用抹灰、涂油漆、涂水泥浆等的方式将其密封起来，以大大提高其 *TL* 值。

在某种特殊条件下出现的违背质量定律曲线的局限性称为吻合效应，即在某些频率范围内，间壁所传递的声能大大高于质量定律下的声级，结果就是间壁的有效声透射损失，比质量定律计算的要低得多。这里，间壁出现吻合效应所处的临界频率范围亦称吻合频率。当吻合频率处于房间声环境常在的音频段时，吻合效应就会影响到间壁的隔声效果。如果吻合频率能避开重要的频率范围，间壁的吻合效应则可被消除或受到限制。要达到这一目的可把墙体做成较厚的和坚硬的墙体，或做成有柔性面层的重质墙体，如图 2-90 所示。

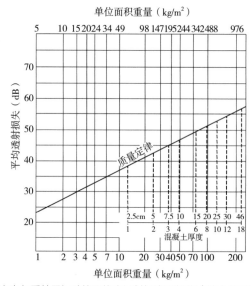

图 2-90　实心匀质单层间壁的平均声透射损失近似值（符合此质量定律曲线）

（3）多层间壁。

为显著地改善单层间壁的 *TL* 值，可以将间壁的重量或厚度成倍增加。然而很明显，这对房间功能、空间、结构和经济等方面的性能都不是理想的。

若使间壁有高度的隔声性能，最好采用多层间壁，例如可做成二或三层的复合间壁。下列构造措施能保证多层间壁的 *TL* 值，特别是在较高频率的隔声值，要比按它的质量定律计算高得多。

1）确定适当的间壁最大总重量。

2）间壁不能互相紧贴，它们之间要保持一定的间距。

3）确定两层间壁之间的最大距离。

4）在空气层内装设一整块或补丁式的吸声毡。

5）各层间壁采用弹性龙骨连接。

6）各层间壁采用不同材料，或材料相同但厚度不同。

7）谨慎避免间壁周边出现噪声渗透。

8）考虑设计间壁的刚度，使得尽量减少吻合效应。

带有空气层的多层间壁，比同样重量的单层间壁的 TL 值有所改善。不同的空气层厚度也会使得各层不相连的多层间壁的近似平均 TL 值有所不同。

必须注意，在一定频率范围内多层间壁的声透射损失曲线出现某些奇怪的低谷。这些低谷是由于特定条件如间壁刚度、结构连接、各层之间的共振、阻尼和边缘固定等所引起的。因此，在某些条件下评价多层间壁的声学特性时，必须慎重。如果间壁的用材选择适当，各层之间的距离合适，则造成曲线中这些奇怪低谷的不利因素可大为减少，而且这些低谷也将移至临界频率范围以下。

在多层干砌间壁内铺设吸声毡具有独有的优越性。在两层石膏板之间铺设吸声毡后（图 2-91 Ⓐ），这类间壁墙体的声学评价（STC，亦称声透射等级）为 47dB。如果在这种间壁墙上不铺设吸声毡（图 2-91 Ⓑ），则它的 STC 下降至 39dB。图 2-92 为这种干砌间壁的构造。然而必须强调指出，吸声毡只有敷设在轻质多层间壁内才特别有利，而同样的吸声毡敷设在空心砖墙内，其声学评价没有多大改善。

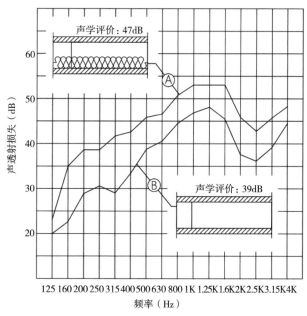

图 2-91 间壁墙体隔声性能对比图

图 2-92 金属龙骨两边贴以 16mm 厚的石膏板的干砌间壁，在中间空气层铺设吸声毡的隔声效果。

在多层干砌间壁的水平方向上装设弹性系杆后的声学效应。显然，装设弹性系杆后的声透射等级比不装设弹性系杆时高 5dB，如图 2-93 所示。

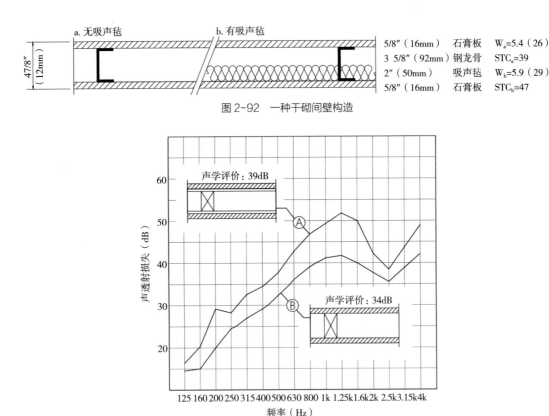

图 2-92 一种干砌间壁构造

图 2-93 装设弹性系杆后的声透射等级高出不装弹性系杆的声透射等级

在中间有空气层的双层墙上装设和不装设钢丝拉杆的比较。测试结果表明，不装设钢丝拉杆的墙体 b 的 STC 为 54dB；而装设钢丝拉杆的墙体 a 的 STC 只有 49dB，如图 2-94 所示。

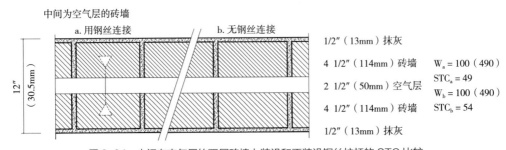

图 2-94 中间有空气层的双层砖墙上装设和不装设钢丝拉杆的 STC 比较

在考虑构件刚度对间壁声学评价的影响时，不同部件在提高间壁的隔声性能方面所起的作用也有区别。例如，在多层墙体构造上，对于连接两片墙体的龙骨，由于灵活的薄金属龙骨刚度小一些，因而优于刚度更大的木龙骨的隔声性能。

图 2-93 木龙骨两侧为 16mm 厚的石膏板组成的干砌间壁，龙骨和石膏板之间设与不设水平弹性系杆的声学效果。

（4）组合间壁。

如果墙体上开有门窗或其他孔洞则形成组合间壁构件。这种组合间壁最终的隔声性能是由其最薄弱的部位的声透射性能来决定。计算组合间壁总的有效 TL 遵循如下方法。例如，当一扇 STC 为 30dB 的折扇门面积占 STC 为 50dB 的墙面面积的 50% 时，则组合间壁的最后的 TL 约为 50–18=32（dB）。为使上述的组合间壁获得较高的隔声性能，就需要使用具有较高 STC 的折门。又例如，如果想获得组合间壁的 TL 为 32dB，则只要把 STC 为 30dB 的折扇门建在 STC 为 45dB 的墙体上就可以了。

在大空间开敞式办公室内，那种下部实体而上部开口，即半通高的间壁的隔声性能是很差的。

（5）声透射等级。

为避免 TL 平均值所出现的差错，需提供一个比较间壁隔声性能的可靠的单值评价。ASTM E90–66T 推荐采用的一种单值评价方法，称为声透射等级（STC）。

一种方法是，将间壁的 16 个频率的 TL 曲线与声透射等级参考向线如图 2–95 所示，相比较即可确定间壁的 STC。STC 参考曲线的水平段在 1000 ～ 1250Hz；在中间的 400 ～ 1250Hz 一段上 STC 衰减了 5dB；在低频 125 ～ 400Hz 一段上 STC 降低了 15dB。比较测量得出的 TL 曲线与 STC 参考曲线，可确定某一间壁的 STC 值。它的方法是把 STC 参考曲线相对于 TL 曲线垂直移动，直至某些 TL 值低于 STC 参考曲线，并且要满足下列条件：（1）差值的总和，即低于参考曲线的偏差之和不能大于 32dB（16 个测试频率中每个频率平均为 2dB）。（2）任何单一测试频率的最大差值不得超过 8dB。

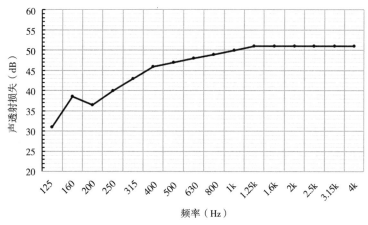

图 2-95　TL 曲线与声透射等级 STC 参考曲线

当移动参考曲线并将其调整至满足上述要求时，墙体或楼板间壁构造的 STC 值，为参考曲线和 500Hz 交点所对应的 TL 值。

下面举例说明，在计算间壁隔声性能时，不可采用平均 TL 值。例如，有两个不同的间壁，在几个重要的频率上的 TL 值均不同，但其 TL 平均值相同。但是根据 STC 曲线的计算方法，将测量得到的两个间壁的 TL 曲线在每一频率上与 STC 参考曲线进行比对，很显然两者的 STC 曲线并不能吻合，因此，它们对隔绝空气声的声学效果也是不相同的。A 和 B 两个间壁的 TL 曲线在两者 16 个频率的平均 TL 值均为 42dB，若根据平均 TL 值来评价，那么无论在任何一个 1250 ~ 4000Hz 的重要频率范围内出现高峰、低谷值，也可认为两个间壁的隔声性能是相等的。然而，实际上，间壁 A、间壁 B 的 STC 曲线值分别为 45dB 与 38dB，前者比后者高。

（6）间壁的噪声降低（NR）。

如前所述，分隔两个房间的间壁的声透射损失 TL 是由间壁的物理特性来决定的，而与两个房间的声学特性无关。

噪声降低（NR）一词，比声透射损失（TL）一词更符合两个房间之间隔声的现实情况，因为 NR 值不但考虑了声源室和接收室之间各种声传递通道的影响，而且照顾到了两座房间的声学特性。

NR 值用分贝表示，其计算式为：

$$NR = L_1 - L_2 \tag{2-1}$$

或

$$NR = TL + 10\lg \frac{A_2}{S} \tag{2-2}$$

式中　L_1——声源室的平均声压级（dB）；

　　　L_2——接收室的平均声压级（dB）；

　　　TL——间壁的声透射损失（dB）；

　　　A_2——接收室的总吸声量（$m^2 \cdot sab$）；

　　　S——间壁面积（m^2）。

NR 可能高于或低于 TL，这主要看接收室的总吸声量和间壁的面积之间的关系而定。若增大间壁面积，则 NR 值降低，透射噪声就比较高；如增加接收室的声吸收，则 NR 值升高，透射到接收室的噪声就较低。如果接收室的围护结构墙面为全吸收，NR 将比 TL 约大 5dB，在这种情况下，NR=TL+5dB。

声源室和接收室之间的间壁的 NR 值，经常由于"侧向透射"而减少。侧向透射指声音通过侧向通道（如侧墙、楼面、吊顶、间壁之间的接缝或缝隙，开口、门、窗、间壁与竖框之间的接缝，顶棚上部空间、各类设备、管道、交叉连接的供暖设备等）而传播。

（7）建筑隔声构件（墙体、楼板、门窗）。

隔声构件按照不同的结构形式，有不同的隔声特性。

1）单层均质密实墙的空气声隔绝。

单层匀质密实墙的隔声性能和入射声波的频率有关，还取决于墙本身的面密度、劲度、材料的内阻尼，以及墙的边界条件等因素。典型的单层均质密实墙的隔声频率特性曲线如图 2-96 所示。

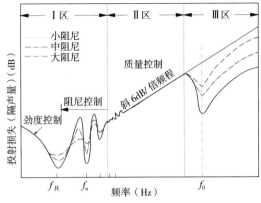

图 2-96　单层匀质墙典型隔声频率特性曲线

从低频开始，墙的隔声受到劲度的控制，隔声量随频率的增加有所降低；随着频率增加，隔声量主要受控于构件的阻尼，称阻尼控制，这一阶段，质量效应加强，在某些频率，劲度和质量效应相抵消而产生共振现象，隔声量出现了极小值，这时墙的振幅很大。当频率进一步提高，则质量起主要控制作用，隔声量随频率的增加而增加；当频率到达吻合临界频率 f_0 时，隔声量有一个较大的降低。一般情况下，墙板的共振频率常低于日常听闻到的声音的频率范围，因此，质量控制常对隔声性能发挥最重要的作用。这时，阻尼和劲度的影响较小，可以忽略，墙看成是无阻尼、无劲度的柔顺质量。

①质量定律。

如果把墙看成是无劲度、无阻尼的柔顺质量且忽略墙的边界条件，则在声波垂直入射时，可从 R_W 的计算式理论上得到墙的隔声量。

墙的面密度与入射声波的频率越大，则隔声效果就越好。这两个因素分别来说，每增加一倍，隔声量可分别各自增加 6dB。这一规律称为"质量定律"。质量定律直线如图 2-97 所示。

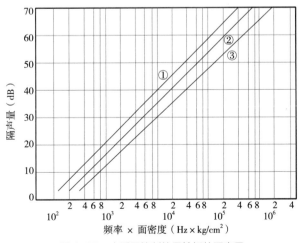

图 2-97　由质量控制的柔性板的隔声量
①正入射；②现场入射；③无规入射

应该指出，公式的推导是在一定的假设条件下得出的。计算结果与实测情况常有误差。尤其是吻合效应，侧向传声的影响，会使在某些频率范围内，隔声效果比质量定律计算结果要低得多。有些作者提出过一些经验公式，但都有一定的适用条件与范围。因此，通常都以标准实验室的测定数据作为墙体隔声量 R_W 的设计依据。

②吻合效应。

入射声波的波长与墙固有弯曲波的波长相吻合而产生的共振现象，称为吻合效应。单层匀质密实墙，实际上是有一定劲度的弹性板。在被声波激发后，会产生受迫弯曲振动。当声波以 θ 角斜入射到墙板上时，墙板在声波的作用下产生了沿板面传播的弯曲波，几种常用材料的吻合临界频率的分布范围如图 2-98 所示。

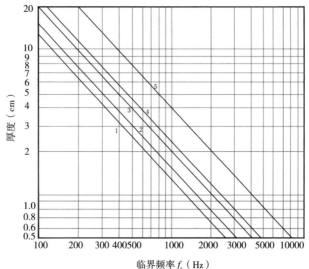

1. 钢、铝；2. 玻璃；3. 钢筋混凝土；4. 胶合板；5. 石膏板

图 2-98　几种材料的吻合临界频率

如果吻合谷落在主要声频范围内（100 ~ 2500Hz），墙的隔声性能将大大降低，故应尽量避免。

2）双层均质密实墙的空气声隔绝。

双层墙由两层墙板和中间的空气层组成。从前述关于"间壁"部分的讲述可知，双层均质密实墙属于双层间壁，由质量定律可知，单层墙的面密度增加一倍，即厚度增加一倍，隔声量只增加 6dB。显然，单靠增加墙的厚度来提高隔声量是不经济的，而且增加结构的自重也是不合理的。在总重量不变或相等的情况下，做成留有空气层的双层墙比单层墙的隔声量会有显著的提高。

双层墙提高隔声能力的主要原因是：空气层可以看成是与两层墙板相连的"弹簧"，声波入射到第一层墙时，使墙板发生振动，声能接着传至"弹簧"空气层，通过空气质点的振动及黏滞阻力，动能转化为热能，一部分声能被吸收；随后，该振动经过空气层传到第二层墙时，由于已经受到两层的减振与吸收作用，声能已大为减弱，从而提高了墙体的总隔声量。

3）建筑隔声构造。

在选用墙体和楼板构造时，通常要考虑三种因素：①在声源旁边或声源室的现有噪声级或预计可能会出现的噪声级；②接收室可允许的（或希望的）背景噪声级；③选择的围护结构能减少外界噪声至能接受、可允许程度的隔声能力。

可允许的（或希望的）背景噪声级，是用噪声评价标准曲线规定的噪声评价标准（NC）声级来表示。它的基本目的是使外部噪声透射过墙体等间壁传入室内的部分噪声的声级要低于室内背景噪声级，且背景噪声的响度是在被允许的范围以内。例如，室内25dB的背景噪声，外部70dB的噪声，经过间壁阻隔传入室内后，降低至大约15dB，这一数值比现有室内背景噪声小，则间壁的STC为70–15=55（dB）。同时也表明，如果背景噪声可从25dB提高至35dB，而这样还在人们所允许的范围内，则很经济的40dB（代替55dB）的间壁将满足要求，如图2-99、图2-100所示。

背景噪声是在没有人活动的房间内各种噪声混合的声音，这些噪声来自建筑物内部的机械和电气设备、外界的交通车辆和邻近办公楼内的各种声音。在人口密度低的农村和郊区、

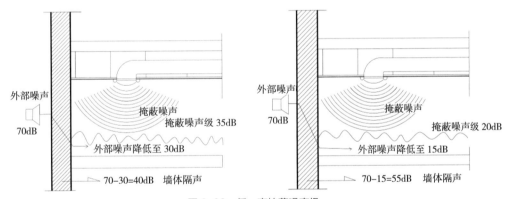

图2-99 低、高掩蔽噪声级

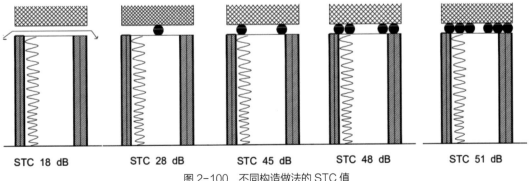

图2-100 不同构造做法的STC值

背景噪声自然就会低一些。

一般认为，在适当地控制或用电子设备人工产生背景噪声时，如果这种噪声满足：①连续的。②响度低。③非突然产生。④不携带信息的、不被听懂的语言声或音乐声4种条件。那么，适量的这种背景噪声（或掩蔽噪声）将有助于掩蔽其他人为干扰噪声。

在演出性质的空间中，声级过高的掩蔽噪声将妨碍听觉，微弱语言声和柔和音乐声的可懂度也会被降低，其他声强很低的声音也无法听到。

如果墙体满足下列条件，则会具有最佳的空气声隔声性能。

①整个墙面都是匀质的。

②墙体在构造上成为一块完整的障板。

③墙体的周边、各个部件之间以及出口、开关等孔洞，均须封闭密实。

④从结构楼板至结构楼板的墙体，或者墙体只附着于吊顶时，则在吊顶上面不为人们注意的部分，必须采取声学处理措施。

⑤封闭层要求用不易凝固、不易剥落、不易硬化的嵌缝混合物；嵌缝材料的效果比衬垫好。砖砌体的接缝应避免采用松散和有气孔的砂浆作接缝材料，因为这类材料会产生漏声。如砖墙外墙面不抹灰，也应涂以油漆，最好涂两层。在干墙体上贴石膏板，应密封接缝并粘牢。

2. 固体声隔绝

（1）固体声的产生与传播。

建筑中的固体声是由振动物体直接撞击结构物，如楼板、墙等，使之产生振动，并沿着结构传播开去而产生的噪声。它包括：（1）由物体的撞击而产生的噪声，如物体落地、敲打、拖动桌椅、撞击门窗，以及走路跑跳等；（2）由机械设备振动而产生的噪声；（3）由卫生设备及管道使用时产生的噪声等。（由后两种情况产生的固体声的降噪详见第八章）固体声的传播可经历以下两个途径：一是由物体的撞击，使结构产生振动，直接向另一侧的房间辐射声能；二是由于受撞击而振动的结构与其他建筑构件连接，使振动沿着结构物传到相邻或更远的空间。一般来说，由于撞击而产生的声音能量较大，且声音在固体结构中传播时衰减量很小，故固体声能够沿着连续的结构物传播得很远，引起严重的干扰，且干扰面较广。

（2）楼板撞击声的隔绝。

楼板要承受各种荷载，按照结构强度的要求，它自身必须有一定的厚度与重量。根据隔声规范要求，楼板必然具有一定的隔绝空气声的能力。但是由于楼板与四周墙体的刚性连接，将使振动能量沿着建筑结构传播。因此，隔绝撞击声的矛盾就更为突出。

撞击声的隔绝主要有三条途径：一是使振动源撞击楼板引起的振动减弱。这可以通过振动源治理和采取隔振措施来达到，也可在楼板表面铺设弹性面层来改善；二是阻隔振动在楼层结构中的传播。通常可在楼板面层和承重结构之间设置弹性垫层，称"浮筑楼板"；三是阻隔振动结构向接收空间辐射的空气声。这可通过在楼板下进行隔声吊顶施工来解决。

通过在楼板表面铺设弹性面层（如地毯、塑料橡胶布、橡胶板、软木地面等）以减弱撞击声的措施，对降低中高频撞击声效果较为显著，但对降低低频声的效果则要差些。不过，如果材料厚度大，且柔顺性好，如铺设厚地毯，对减弱低频撞击声也会有较好的效果。

在楼板面层和承重结构层之间设置的弹性垫层，可以是片状、条状或块状的。通常将其放在面层或复合楼板的龙骨下面。常用的材料有岩棉板、玻璃棉毡、橡胶板、聚乙烯板等等。此外，还应注意在楼板面层和墙体的交接处采取相应的弹性隔离措施，以防止引起墙体的振动。

隔声吊顶可有效减弱楼板向接收空间辐射空气声，措施得当会取得一定的隔声效果。但在设计与施工时要注意下列事项：

1）吊顶的重量应不小于 $25kg/m^2$。如果在顶棚的空气层内铺放吸声材料，如矿棉、玻璃棉等，则其重量可适当减轻。

2）宜采用实心的不透气材料，以免噪声透过顶棚辐射。吊顶也不宜采用很硬的材料。

3）吊顶和周围墙体之间的缝隙应当妥善密封。

4）从结构楼板悬吊顶棚的悬吊点数目应尽量减少，并宜采用弹性连接，如用弹性吊钩等。

5）铺上多孔吸声材料，会使隔声量有所提高。

2.4.2　隔声材料

1. 石膏板

石膏板是以建筑石膏为主要原料制成的一种材料。它是一种重量轻、强度较高、厚度较薄、加工方便隔声绝热和防火等性能较好的建筑材料，是当前着重发展的新型轻质板材之一，如图 2-101 所示。

石膏板分类：

我国生产的石膏板主要有：纸面石膏板、无纸面石膏板、装饰石膏板、石膏空心条板、纤维石膏板、石膏吸声板、定位点石膏板等。

（1）纸面石膏板。纸面石膏板是以石膏料浆为夹芯，两面用纸做护面而成的一种轻质板材。纸面石膏板质地轻、强度高、防火、防蛀、易于加工。普通纸面石膏板用于内墙、隔墙和吊顶。经过防火处理的耐水纸面石膏板可用于湿度较大的房间墙面，如卫生间、厨房、浴室等贴瓷砖、金属板、塑料面砖墙的衬板。

（2）无纸面石膏板。就是一种性能优越的代木板材，以建筑石膏粉为主要原料，以各种纤维为增强材料的一种

图 2-101　石膏板

新型建筑板材。是继纸面石膏板取得广泛应用后，又一次开发成功的新产品。由于外表省去了护面纸板，因此，应用范围除了覆盖纸面膏板的全部应用范围外，还有所扩大，其综合性能优于纸面石膏板。

（3）装饰石膏板。装饰石膏板是以建筑石膏为主要原料，掺加少量纤维材料等制成的有多种图案、花饰的板材，如石膏印花板、穿孔吊顶板、石膏浮雕吊顶板、纸面石膏饰面装饰板等。它是一种新型的室内装饰材料，适用于中高档装饰，具有轻质、防火、防潮、易加工、安装简单等特点。特别是新型树脂仿型饰面防水石膏板板面覆以树脂，饰面仿型花纹，其色调图案逼真，新颖大方，板材强度高、耐污染、易清洗，可用于装饰墙面，做护墙板及踢脚板等，是代替天然石材和水磨石的理想材料。

（4）石膏空心条板。石膏空心条板是以建筑石膏为主要原料，掺加适量轻质填充料或纤维材料后加工而成的一种空心板材。这种板材不用纸和胶粘剂，安装时不用龙骨，是发展比较快的一种轻质板材。主要用于内墙和隔墙。

（5）纤维石膏板。纤维石膏板是以建筑石膏为主要原料，并掺加适量纤维增强材料制成。这种板材的抗弯强度高于纸面石膏板，可用于内墙和隔墙，也可代替木材制作家具。

除传统的石膏板外，还有新产品不断增加，如石膏吸声板、耐火板、绝热板和石膏复合板等。石膏板的规格也向高厚度、大尺寸方向发展。

（6）植物秸秆纸面石膏板。不同于普通的纸面石膏板，它因采用大量的植物秸秆，使当地的可回收物得到了充分利用，既解决了环保问题，又增加了农民的经济收入，又使石膏板的重量减轻，降低了运输成本，同时减少了煤、电的消耗 30% ~ 45%，完全符合国家相关的产业政策。

此外，石膏制品的用途也在拓宽，除作基衬外，还用作表面装饰材料，甚至用作地面砖、外墙基板和墙体芯材等。

产品规格：

长度：1500mm、2000mm、2400mm、2700mm、3000mm、3300mm、3600mm

宽度：900mm、1200mm

厚度：9.5mm、12mm、15mm、18mm、21mm、25mm、12.7mm、15.9mm

也可根据用户要求，生产其他规格尺寸的板材。

隔墙介绍：

用石膏薄板或空心石膏条板组成的轻质隔墙，可用来分隔室内空间，具有构造简单，便于加工与安装的特点。19 世纪末，各国开始用石膏板材做内隔墙，是一种国际上产量较大和应用较广的轻质建筑材料。这种隔墙采用轻钢龙骨或钢木龙骨做骨架，并可根据使用要求，配以其他材料（如矿棉板、防水涂料和装饰面材等）组成有隔声、防水或高级装修要求的隔墙。20 世纪 70 年代，中国开始对纸面石膏薄板和空心石膏条板进行试验与生产，并在建筑工程中应用。

种类：

中国的石膏板有：纸面石膏板、纤维石膏板和空心石膏条板三种：

（1）纸面石膏板是以石膏为芯材，两面覆纸增强而制成的轻质薄板。

（2）纤维石膏板是以石膏为胶凝材料，用各种有机或无机纤维（如纸纤维、草木纤维、玻璃纤维等）作为增强材料而制成的轻质薄板，厚度为 8 ~ 12mm，自重为 7 ~ 9kg/m²。

（3）空心石膏条板，也是以石膏为胶凝材料，混合各种轻质材料或增强纤维（如膨胀蛭石、膨胀珍珠岩、玻璃纤维等）制成的空心隔墙板，厚 60 ~ 100mm，自重 40 ~ 60kg/m。纸面和纤维石膏薄板需要用钢、木、石膏龙骨为骨架组成隔墙。空心石膏条板因其本身具有一定刚度，不需骨架就可组成隔墙。石膏板材便于切割加工，但也容易损坏，因此在运输及安装过程中需要专用机具。施工安装时，为保证拼缝不致开裂，应注意板缝位置安排，拼缝处须用专用胶结材料妥善处理。

功能：

（1）隔声。用薄板组成的双层分离式隔声墙和空心条板组成的双层隔声墙，其隔声效果约相当于 24cm 厚的砖墙，隔声指数可达 40 ~ 50dB。

（2）防火。石膏板属非燃材料，具有一定的防火性能，有的可用作钢结构的防火保护层。

（3）强度。当墙体的侧向荷载为 250 帕时，墙体的侧向最大变形不大于墙高的 1/240。

（4）湿度调节。当空气中的湿度比它本身的含水量大时，石膏板能吸收空气中的水分；反之，则石膏板可以放出板中的水分，能起调节室内空气中湿度的作用。

2. 硅钙板

硅钙板，又称石膏复合板，是一种多元材料，一般由天然石膏粉、白水泥、胶水、玻璃纤维复合而成。硅钙板具有防火、防潮、隔声、隔热等性能，在室内空气潮湿的情况下能吸引空气中水分子、空气干燥时，又能释放水分子，可以适当调节室内干、湿度、增加舒适感，如图 2-102 所示。

硅钙板主要由硅酸钙组成，由硅质材料（硅藻土、膨润土、石英粉等）、钙质材料、增强纤维等作为主要原料，经过制浆、成坯、蒸养、表面砂光等工序而制成的轻质板材。天然石膏制品又是特级防火材料，在火焰中能产生吸热反应，同时，释放出水分子阻止火势蔓延，而且不会分解产生任何有毒的、侵蚀性的、令人窒息的气体，也不会产生任何助燃物或烟气。

硅钙板具有质轻、强度高、防潮、防腐蚀、防火，另一个显著特点是它再加工方便，不像石膏板那

图 2-102 硅钙板样品图

样再加工容易粉状碎裂。可用于建筑的内墙板、外墙板、吊顶板、幕墙衬板、复合墙体面板、绝缘材料、屋面铺设等部位，见表 2-49。

硅钙板产品性能表　　　　　　　　　　　　　　　　　　　　表 2-49

产品名称	硅钙板
规格	尺寸：1220mm×2440mm　　厚度：5mm、6mm、8mm、10mm、12mm
防火特性	不燃 A 级材料
材质	托贝莫来石晶体，水泥，石英砂，增强纤维等
耐火极限	3.53 小时
密度	1.27g/cm^3
出厂含水率	13MPa（《纤维水泥制品试验方法》GB/T 7019—2014）
干缩率	< 0.09%（《纤维水泥制品试验方法》GB/T 7019—2014）
湿涨率	< 0.19%（《纤维水泥制品试验方法》GB/T 7019—2014）
放射性	符合标准（《建筑材料放射性核素限量》GB 6566—2010）

3. 水泥压力板

FC 水泥压力板是一种新型的建筑材料，它是以水泥为基本材料和胶粘剂，以矿物纤维水泥和其他纤维为增强材料，经制浆、成型、养护等工序而制成的板材，作为新型的建筑材料它除了继承传统的性能之外，还具有防水防潮、防虫防腐蚀、安全健康以及使用寿命长等优点，且水泥纤维板在施工时不会对环境产生任何影响，也不会产生有毒物质。

FC 水泥压力板由矿物纤维、合成纤维或纤维素纤维，单独或混合作为增强材料，在普通硅酸盐水泥或水泥中添加硅质、钙质材料代替部分水泥为胶凝材料，经制浆、成型、蒸汽或高压蒸汽养护而成，如图 2-103 所示。

FC 水泥压力板的特点：

（1）FC 水泥压力板抗老化、抗风化、耐久性好。

（2）导热系数低、隔热性能好、节省能源、隔声好。

（3）会呼吸的建筑板材，作为墙板能自动调节室内温度。

（4）FC 水泥压力板强度高、韧性好、重量轻、幅面大、使用广、易于搬运。

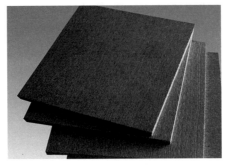

图 2-103　水泥压力板样品图

（5）防水、防潮、防霜冻，在露天和高湿度地方，能保持性能稳定，湿胀率、干缩率低。

（6）易于装饰，可做纹理及表面刷油漆，易于二次加工，如：钻、刨、切割及钻螺丝等。

水泥压力板基本规格长度是 2440mm，宽度是 1220mm，厚度基本是 5 ~ 25mm，看一下水泥压力板全貌。

适用场所：FC 水泥压力板的性能也非常的稳定，它不会随着外界的变化而变化，就因为它稳定的性能使其被广泛地运用在酒店、宾馆、影剧院、大型商场、文艺会馆、轻工市场、封闭式服装市场等公共场所，且作为防火阻燃工程的材料。

产品性能见表 2-50。

FC 水泥压力板产品性能表

表 2-50

产品名称	FC 水泥压力板
防火等级	符合中国建筑材料防火检测中心 A 级不燃标准
环保性能	E1 级环保等级
规格	水泥压力板基本规格是 2440mm × 1220mm，厚度基本是 5 ~ 25mm
体积密度	1.3g/cm³
抗弯强度	13MPa
抗压强度	35MPa
拉伸强度	14MPa
导热系数（W/m·K）	0.03
芯材	玻璃纤维

4. 复合阻尼隔声板

阻尼隔声板是指在两块原始板材之间复合高性能新型材料，形成阻尼约束结构，将透过墙体系统的声波能量最高可以降低 99% 以上，当隔声板在声波撞击下开始振动时，中间的新型阻尼材料在应力作用下连续受力，有效地将声波的机械能转化成热能，从而显著提高隔声板的隔声效果，如图 2-104 所示。

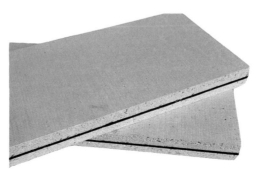

图 2-104　复合阻尼隔声板样品图

产品性能见表2-51。

阻尼隔声板产品性能表 表2-51

产品名称	阻尼隔声板
防火等级	符合国家A级阻燃防火标准
环保性能	E1级
常规尺寸	宽度1220mm×长度2440mm，厚度为16mm
基材说明	以玻镁板、水泥板、硅酸钙板为基材。例如玻镁板＋隔声毡＋玻镁板，也可以水泥＋阻尼材料＋水泥板这样不同隔声材料任意组合
优势	耐候耐久性，产品具有耐水性、耐热性、抗紫外线，不会因雨水温度变化引起降低性能或品质异常，同时防霉、防菌、防虫、防白蚁。 安装方便，可锯可裁，方便与其他装饰材料并行安装
隔声量	27～42dB

适用场所：阻尼隔声板适用于广播电台、电视台录音室、演播室、学校、体育馆、大剧院、图书馆、文化中心、礼堂、多功能厅、会议室及音乐厅等对音质要求较高的场所。

5. 混凝土加气块

混凝土加气块是以硅质材料（砂、粉煤灰及含硅尾矿等）和钙质材料（石灰、水泥）为主要原料，掺加发气剂（铝粉），通过配料、搅拌、浇注、预养、切割、蒸压、养护等工艺过程制成的轻质多孔硅酸盐制品。因其经发气后含有大量均匀而细小的气孔，故名混凝土加气块。

按原料，基本有三种：（1）水泥，石灰，粉煤灰加气砖。（2）水泥，石灰，砂加气砖。（3）水泥，矿渣，砂加气砖。按用途，可分为非承重砌块、承重砌块、保温块、墙板与屋面板五种，如图2-105所示。

图2-105 混凝土加气块样品图

优点：混凝土加气块的特性具有容重轻、保温性能高、隔声效果好，具有一定的强度和可加工性等优点，是我国推广应用最早，使用最广泛的轻质墙体材料之一。

（1）质轻：孔隙达70%～85%，体积密度一般为500～900kg/m³，为普通混凝土的1/5，黏土砖的 1/4，空心砖的 1/3，与木质差不多，能浮于水。可减轻建筑物自重，大幅度降低建筑物的综合造价。

（2）防火：主要原材料大多为无机材料，因而具有良好的耐火性能，并且遇火不散发有害气体。耐火 650℃，为一级耐火材料，90mm 厚墙体耐火性能达 245 分钟，300mm 厚墙体耐火性能达 520 分钟。

（3）隔声：因具有特有的多孔结构，因而具有一定的吸声能力。100mm 厚墙体可达到 41dB。

（4）保温：由于材料内部具有大量的气孔和微孔，因而有良好的保温隔热性能。导热系数为 0.11 ~ 0.16W/m·K，是黏土砖的 1/5 ~ 1/4。通常 20cm 厚的加气混凝土墙的保温隔热效果，相当于 49cm 厚的普通实心黏土砖墙。

（5）抗渗：因材料由许多独立的小气孔组成，吸水导湿缓慢，同体积吸水至饱和所需时间是黏土砖的 5 倍。用于卫生间时，墙面进行界面处理后即可直接粘贴瓷砖。

（6）抗震：同样的建筑结构，比黏土砖提高 2 个抗震级别。

（7）环保：制造、运输、使用过程无污染，可以保护耕地、节能降耗，属绿色环保建材。

（8）耐久：材料强度稳定，在对试件大气暴露一年后测试，强度提高了 25%，十年后仍保持稳定。

（9）快捷：具有良好的可加工性，可锯、刨、钻、钉，并可用适当的粘结材料粘结，为建筑施工创造了有利的条件。

（10）经济：综合造价比采用实心黏土砖降低 5% 以上，并可以增大使用面积，大大提高建筑面积利用率。

生产工艺：

加气混凝土设备可以根据原材料类别、品质、主要设备的工艺特性等，采取不同的工艺进行生产。但一般情况下，将粉煤灰或硅砂加水磨成浆料，加入粉状石灰，适量水泥、石膏和发泡剂，经搅拌后注入模框内，静氧发泡固化后，切割成各种规格砌块或板材，由蒸养车送入蒸压釜中，在高温饱和蒸气养护下即形成多孔轻质的加气混凝土制品。

（1）加气混凝土砌块原材料处理。

粉煤灰经电磁振动给料机、胶带输送机送入球磨机，磨细后的粉煤灰用粉煤灰泵分别送至料浆罐储存。石灰经电磁振动给料机、胶带输送机送入颚式破碎机进行破碎，破碎后的石灰经斗式提升机送入石灰储藏，然后经螺旋输送机送入球磨机，磨细后的物料经螺旋输送机、斗式提升机送入粉料配料仓中。化学品按一定比例经人工计量后，制成一定浓度的溶液，送入储罐内储存。

（2）加气混凝土砌块原料储存和供料。

原材料均由汽车运入厂内，粉煤灰在原材料场集中，使用时用装运入料斗。袋装水泥或散装水泥在水泥库内储存。使用时用装运入料斗。化学品、铝粉等分别放在化学品库、铝粉库，使用时分别装运至生产车间。

（3）加气块配料、搅拌、浇注石灰、水泥由粉料配料仓下的螺旋输送机依次送到自动计量秤累积计量，井下有螺旋输送机可将物料均匀加入浇注搅拌机内。

粉煤灰和废浆放入计量缸计量，在各种物料计量后模具已就位的情况下，即可进行料浆搅拌，料浆在浇注前应达到工艺要求（约40℃），如温度不够，可在料浆计量罐通蒸汽加热，在物料浇注前0.5～1分钟加入铝粉悬浮液。

（4）加气块初养和切割。

浇注后模具用输送链推入初养室进行发气初凝，室温为50～70℃，初养时间为1.5～2小时（根据地理有利条件，可免去此工艺），初养后用负压吊具将模框及坯体一同吊到预先放好釜底板的切割台上，脱去模框，切割机即对坯体进行横切、纵切、铣面包头，模框吊回到运模车上人工清理和除油，然后吊到模车上组模进行下一次浇注，切好后的坯体连同釜底板用天车吊到釜车上码放两层，层间有四个支撑，若干个釜车编为一组。切割时产生的坯体边角废料，经螺旋输送机送到切割机旁的废浆搅拌机中，加水制成废料浆，待配料时使用。

（5）加气块蒸压及成品。

坯体在釜前停车线上编组完成后，打开要出釜的蒸压釜釜门，先用卷扬机拉出釜内的成品釜车，然后再将准备蒸压的釜车用卷扬机拉入蒸压釜进行养护。釜车上的制成品用桥式起重机吊到成品库，然后用叉式装卸车运到成品堆场，空釜车及釜底板吊回至回车线上，清理后用卷扬机拉回码架处进行下一次循环，新型加气块制造不用蒸压釜，直接用蒸汽锅炉蒸压，减少投资。

混凝土加气块的施工：

（1）首先要清理场地，第一块用1∶3水泥砂浆砌筑，第二块起和砌块侧面用胶粘剂砌筑。

（2）在施工时混凝土砌块与钢筋混凝土或墙连接，可采用6钢筋或L形铁件。

（3）每块砌块砌筑时，宜用水平尺和橡皮锤校正水平、垂直位置，并做到上下块错缝搭接。

（4）第二块砌块的砌筑，必须待第一块砌块水平灰缝的砌筑砂浆凝固后方可进行。

（5）混凝土砌块墙顶面和钢筋混凝土梁、板连接，可采用刚性连接或柔性连接。

（6）加气混凝土砌块墙门窗安装，可采用预制混凝土块方式或专用膨胀螺丝连接。

（7）水电管线的敷设，可使用轻型电动切割机并辅以手工镂槽器开槽。敷设管线后，先用1∶3水泥砂浆填实，再用胶粘剂补平，并沿槽场外贴玻璃纤网格布增强。

（8）凡不同材质与砌块墙相交处均应贴玻璃纤网格布增强。

（9）外墙面批嵌分两道工序，面层批嵌应待底层批嵌干固后方能进行。

（10）用加气混凝土制成的外墙在面粉刷前，应涂抹界面剂。找平层大于10mm时，应分几次涂抹。

（11）卫生间、厨房间墙面贴瓷砖时，应进行防水处理，然后用瓷砖胶粘剂贴瓷砖。

2.5　隔声辅材

2.5.1　阻尼隔声毡

阻尼隔声毡是全程采用高新技术工艺制成的新型隔声材料。它由高分子材料，金属粉末和各类助剂通过反应配制而成，如图 2-106 所示。

图 2-106　阻尼隔声毡样品图

阻尼隔声毡广泛应用于建筑行业、家居卧室、厂房、机房、空压机、会议室、多功能厅、KTV、工业管道、办公室、汽车等多种需要降噪的场所，见表 2-52。

阻尼隔声毡产品性能表　　　　　　　　　　　　　　表 2-52

产品名称	阻尼隔声毡
防火等级	符合国家 B 级阻燃防火标准
环保性能	E1 级
常规尺寸	1000mm×10000mm；1000mm×5000mm，厚度为 1.2mm；2mm；3mm
重量	1.2mm（约 22kg/卷）；2.0mm（约 36kg/卷）
优势	1 无臭氧破坏物质。 2 不含铅和产生疑问的油污。 3 易于剪切、胶合、缝制、钉固或机械复合。 4 燃烧安全、移除火焰后自灭、不滴液。 5 高抗张强度耐撕裂

1. 双面自粘阻尼隔声毡

双面自粘阻尼隔声毡，如图 2-107 所示，采用稳定的高分子阻尼基材制成，具有良好的化学稳定性和热稳定性，环保 E0，不含甲醛，无味，防水防潮，耐老化。2mm 厚节省空间，自粘易施工，材料自身黏性好，无须使用胶水黏结，施工简单便捷易操作。优异的气密性能以及高阻尼黏弹性、高密度的特点，可有效实现密封，显著提升宽频隔声量。

适用范围：可适用于民用住宅，商业用房，公用建筑等室内隔声工程，也可用于工业用及交通设备的隔振降噪。尤

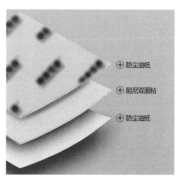

⊕ 防尘油纸
⊕ 阻尼双面粘
⊕ 防尘油纸

图 2-107　双面自粘阻尼隔声毡

其是住宅，酒店，会所，KTV，录音棚，演播厅，影院等场所的隔声改造最为突出，有效提升原有建筑构件隔声量如地板隔声，顶棚隔声，墙体隔声，工程施工中主要体现在这六个面，应用于复合轻质石膏板，木质板间隔墙，提升墙体隔声量；应用于复合顶棚吊顶，以及楼地面，提升楼层隔声效果；用于隔声门复合，改善门扇振动频率，提升隔声门隔声量；用于室内轻体无砖墙隔墙，轻体高效提升隔断墙隔声量；用于轻质屋面隔声，改善雨噪声；应用于下水管道，排风管隔声，包裹管道可有效阻止管壁振动发声，止振密封降低水流噪声。

阻尼隔声毡应用前景广阔，材料止振密封隔声性能优异，环保完全没有异味，不含甲醛，不含沥青，已成为可以完美取代老一代传统含沥青隔声毡的新型健康环保隔声材料。老一代的隔声毡均为沥青及废旧橡胶制成的产品，味道大，甲醛持续释放，臭味多年不散，阻尼隔声性能差，安装不方便需要打胶，严重不适用于室内隔声。

双面自粘阻尼隔声毡，注重环保，无味，适合高档装修空间场所。使用时揭掉双面自粘阻尼隔声毡表面的两层防尘油纸，材料为自粘，粘贴使用即可。裁切方便，美工刀剪刀均可裁剪成任意形状。室内墙体，天花使用，复合板材，夹到两层石膏板中间使用。地面使用，可铺到地板上后，再铺上 12mm 厚以上板材。

材料构成介绍：

双面自粘阻尼隔声毡为正方形片状，内容物为白色阻尼。材料表面是两层保护油纸，中间层即为阻尼隔声毡，具体参数见表 2-53。

双面自粘阻尼隔声毡参数表　　　　表 2-53

规格	610mm×610mm　厚度 2mm，产品形态为片状
基材	高分子阻尼
环保等级	环保 E1
密度	1.5kg/ 片　面密度 $4kg/m^2$
施工建议	夹到两层板材中间，材料复合使用

安装隔声毡推荐使用方法（夹到两层板材之间 / 材料复合使用）如图 2-108 所示：

安装步骤：

第①步：打轻钢龙骨。

第②部：龙骨中间填充高密度隔声棉。

第③步：封 12mm 石膏板。

第④步：将隔声毡粘贴到另一块石膏板上。

第⑤步：将贴好了隔声毡的石膏板固定上墙面或者吊顶。

隔声量检测结果曲线如图 2-109 所示，见表 2-54。

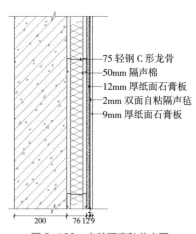

—75 轻钢 C 形龙骨
—50mm 隔声棉
—12mm 厚纸面石膏板
—2mm 双面自粘阻尼隔声毡
—9mm 厚纸面石膏板

200　76 129

图 2-108　安装隔声毡节点图

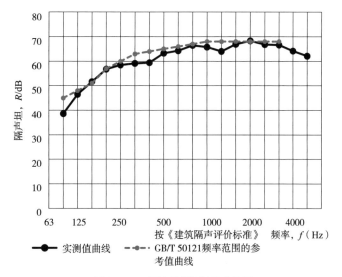

图 2-109 隔声量检测结果曲线图

频率 f(Hz)	100	125	160	200	250	315	400	500	630
隔声量 R(dB)	38.6	46.5	51.6	56.8	58.5	59.1	59.4	63.2	64.3
频率 f(Hz)	800	1 000	1 250	1 600	2000	2 500	3 150	4 000	5 000
隔声量 R(dB)	66.4	65.8	64	66.9	68.3	66.8	66.6	64.2	62.1

隔声量系数检测结果　　　　　　　　　　表 2-54

根据《建筑隔声评价标准》GB/T 50121—2005 的评价结果：R_W（C；C_{tr}）=64（−2；−8）dB；本评价结果是根据实验室测量结果评价得到的。

2.5.2　隔声隔振阻尼复合卷材

隔声隔振阻尼复合卷材是将隔振垫与隔声毡组合而成的新型复合材料。结构主要分为 0.5 ～ 3mm 阻尼隔声毡与 5 ～ 50mm 隔振垫，如图 2-110 所示。隔声毡是用橡胶、高分子材料等为主要原料制成的一种具有一定柔性的高密度卷材，隔声毡的平均隔声量约 20dB，对中高频方面有比较好的隔声效果。同时具备减振效果，是一种阻尼性的隔声材料。隔振垫是采用高密度胶连聚乙烯发泡制成，具有极佳的阻尼减振效果，是一种性价比极高的浮筑地板材料。使用后，楼板的撞击声可显著降低 19 ～ 25dB。而复合结构的阻

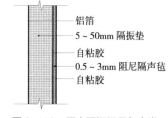

图 2-110　隔声隔振阻尼复合卷材构造做法

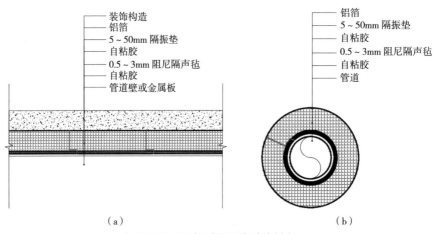

图 2-111　隔声隔振阻尼复合卷材应用
（a）管道壁或金属板隔振节点；（b）管道隔振节点

尼隔声隔振卷材能同时满足隔声与隔振的使用要求，大大提升材料的隔声隔振性能。同时表面增加铝箔，提升材料的防水性能。增加自粘胶使用更加方便。

　　广泛适用于广播电台、电视台录音室、演播室、学校、住宅、体育馆、大剧院、图书馆、文化中心、礼堂、多功能厅、会议室及音乐厅等对音质要求较高场所的管道隔声和浮筑地板工程，如图 2-111 所示，见表 2-55。

隔声隔振阻尼复合卷材产品性能表　　　　　　　表 2-55

产品名称	隔声隔振阻尼复合卷材
防火等级	B1 级
环保性能	E1 级
常规尺寸	宽幅 1200mm，长度 3m、5m、10m；厚度 5 ~ 55mm
基材说明	0.5 ~ 3mm 阻尼隔声毡 +5 ~ 50mm 隔振垫，不同厚度隔声材料任意组合
优势	兼具隔振与隔声效果，耐候性强、防水防潮、无甲醛异味
声学效果	隔声量 25 ~ 45dB，隔振量 20 ~ 30dB

2.5.3　隔声胶

　　隔声胶一般采用阻尼材料和无机材料混合而成，具有阻尼隔声的主要特性，兼具环保、防火等性能，隔声胶一般在低温（-10℃）至高温（+80℃）内保持良好阻尼性，且持久有效密封，隔声胶应可直接用于玻璃、混凝土、砖、金属、塑料、木板等材质上保持黏性，适用范围广，如图 2-112 所示。

图 2-112　隔声胶桶装样图

　　使用方法简单，易操作，优异的耐候性、抗老化性，对环境无污染，无有机挥发物，无气味，适用于管道封堵、门窗封堵、隔墙缝隙封堵、隔声板缝错层等封堵。

使用方法：

（1）清除接缝表面的水分、油脂、尘埃等污染物，适当时可用溶剂（界面剂、抗碱底漆等）清洁表面，风干后擦净所有残留物，使其充分清洁。

（2）用塑料胶带或美纹纸遮住接口附近表面，以确保密封的工作线条完美整齐。

（3）隔声胶可采用刮涂，灰刀涂抹等工艺进行作业，涂后用刮具修整表面密封胶，促使其充分进入缝隙内部以完全密封缝隙；将多余的、从缝隙中挤出来的密封胶用刮刀轻轻刮除，使密封胶表面光滑、平整。

（4）一般48小时后或在密封胶表面稍干燥后，在表面进行安装接缝网格带和涂覆腻子等常规处理即可。

2.6 消声器

2.6.1 概述

消声器是指对于同时具有噪声传播的气流管道，可以用附有吸声衬里的管道及弯头或利用截面积突然改变及其他声阻抗不连续的管道等降噪器件，使管道内噪声得到衰减或反射回去。前者称为阻性消声器，后者称为抗性消声器，也有阻抗复合式的消声器。消声器种类很多，但究其消声机理，又可以把它分为六种主要的类型，即阻性消声器、抗性消声器、阻抗复合式消声器、微穿孔板消声器、小孔消声器和有源消声器。

1. 阻性消声器

现有的消声器，大多采用阻抗复合型消声原理。由于结构复杂、重量大、高温氧化吸声填料，高速气流冲击吸声填料，水气渗透吸声填料等原因，消声器很容易出现维修频繁、消声效果差，使用周期短等情况。

（1）阻性式。

主要是利用多孔吸声材料来降低噪声的。把吸声材料固定在气流通道的内壁上或按照一定方式在管道中排列，就构成了阻性消声器。当声波进入阻性消声器时，一部分声能在多孔材料的孔隙中摩擦而转化成热能耗散掉，使通过消声器的声波减弱。阻性消声器就好像电学上的纯电阻电路，吸声材料类似于电阻。因此，人们就把这种消声器称为阻性消声器。阻性消声器对中高频消声效果好、对低频消声效果较差。

（2）抗性式。

是由突变界面的管和室组合而成的，好像是一个声学滤波器，与电学滤波器相似，每一个带管的小室是滤波器的一个网孔，管中的空气质量相当于电学上的电感和电阻，称为声质量和声阻。小室中的空气体积相当于电学上的电容，称为声顺。与电学滤波器类似，每一个带管的小室都有自己的固有频率。当包含有各种频率成分的声波进入第一个短管时，只有在第一个网孔固有频率附近的某些频率的声波才能通过网孔到达第二个短管口，而另外一些频率的声波则不可能通过网孔。只能在小室中来回反射，因此，我们称这种对声波有滤波功能的结构为声学滤波器。选取适当的管和室进行组合。就可以滤掉某些频率成分的噪声，从而达到消声的目的。抗性消声器适用于消除中、低频噪声。

把阻性结构和抗性结构按照一定的方式组合起来，就构成了阻抗复合式消声器。

2. 抗性消声器

一般是用厚度小于1mm的纯金属薄板制作，在薄板上用孔径小于1mm的钻头穿孔，穿孔率为1%～5%。选择不同的穿孔率和板厚不同的腔深，就可以控制消声器的频谱性能，使其在需要的频率范围内获得良好的消声效果。

（1）小孔式。

小孔消声器的结构是一根末端封闭的直管，管壁上钻有很多小孔。小孔消声器的原理是以喷气噪声的频谱为依据的，如果保持喷口的总面积不变而用很多小喷口来代替，当气流经过小孔时、喷气噪声的频谱就会移向高频或超高频，使频谱中的可听声成分明显降低，从而减少对人的干扰和伤害。

（2）有源式。

基本原理是在原来的声场中，利用电子设备再产生一个与原来的声压大小相等、相位相反的声波，使其在一定范围内与原来的声场相抵消。这种消声器是一套仪器装置，主要由传声器、放大器、相移装置、功率放大器和扬声器等组成。

3. 各种复合式消声器

阻性消声器主要用于消除中高频噪声，抗性消声器则适用于低中频及某些特定频率的消声。为达到宽频带、高吸收的消声效果，往往把阻性消声器和抗性消声器组合在一起而构成阻抗复合式消声器。阻抗复合式消声器，既有阻性吸声材料，又有共振腔、扩张室、穿孔屏等声学滤波器件。一般将抗性部分放在气流的入口端，阻性部分放在抗性部分的后面。根据不同的消声原理，结合具体的现场条件及生源特性，通过不同方式的组合，即可设计出不同结构形式的阻抗复合式消声器。各种类型的复合式消声器。

对于阻抗复合式消声器，可以定性地认为是阻性段与抗性段在同频带内的消声值相叠加，但定量地讲，总的消声值并非简单的叠加关系。因为声波在传播过程中产生的诸如干涉、反射等声学现象以及声波的合作用，相互影响，不易确定简单的定量关系，在实际应用中，还是用实际测量来了解复合式消声器的消声效果。

2.6.2　消声器的选择和配置

消声器的选用一般应考虑以下五个因素：

1. 噪声源特性分析

在具体选用消声器时，必须首先弄清楚需要控制什么性质的噪声。消声器只适用于降低空气动力性噪声，对其他噪声源是不适用。应该按不同性质、不同类型的噪声源，有针对性地选用不同类型的消声器。噪声源的声级高低即频谱特性各不相同，消声器的消声性能也各不相同，在选用消声器前，应对噪声源进行测量和分析，一般测量 A 声级、C 声级、倍频带或 1/3 倍频带频谱特性。根据噪声源的频谱特性和消声器的消声特性，使两者相对应，噪声源的峰值频率应与消声器最理想的、消声量最高的频段相对应，这样，安装消声器后，才能得到满意的消声效果。另外，对噪声源的安装使用情况，周围的环境条件，有无可能安装消声器，消声器装在什么位置等，事先应有个考虑，以便正确合理地选用消声器。

2. 噪声标准确定

在具体选用消声器时还必须弄清楚应该将噪声控制在什么水平上，即安装所选用的消声器后，能满足何种噪声标准的要求。中华人民共和国环境噪声污染防治法（1996 年 10 月 29 日第八届全国人民代表大会常务委员会第二十二次会议通过，1997 年 3 月 1 日起施行）规定了工业生产、建筑施工、交通运输和社会生活中所产生的噪声污染的防治要求、法律责任、监督管理。责成国务院有关主管部门制定国家声环境质量标准和噪声排放标准。《声环境质量标准》GB 3096—2008 是为保障城市居民的生活声环境质量而制订的；《工业企业厂界环境噪声排放标准》GB 12348—2008 是为控制工业企业厂界噪声危害而制订的；《建筑施工场界环境噪声排放标准》GB 12523—2011 是为控制城市环境噪声污染而制订的；《工业企业噪声控制设计规范》GB/T 50087—2013 是为限制工业企业厂区内各类地点的噪声值而制订的。另外，各类机电产品、运输工具、家用电器等都制订了噪声限值标准和测量方法标准，在选用消声器之前应了解这些标准，执行这些标准。人们希望噪声越低越好，但这要看必要性和可能性，应按不同对象、不同环境的标准要求，只要将噪声控制到允许范围之内就可以。

3. 消声量计算

按噪声源测量结果和噪声允许标准的要求来计算消声器的消声量。消声器的消声量要适中，过高过低都不恰当。过高，可能做不到或提高成本或影响其他性能参数；过低，则可能达不到要求。例如，噪声源 A 声级为 100B，噪声允许标准 A 声级为 858B。则消声量至少应为 1SdB（A）。消声器的消声量般指 A 声级消声量或频带消声量。在计算消声量时要考虑下列因素的影响：第一，背景噪声的影响。有些特安装消声器的噪声源，使用环境条件较恶劣，背景噪声很高或有多种声源干扰，这时，对消声器消声量的要求不一定太苛求。噪声源安装消声器后的噪声略低于背景噪声即可。第二，自然衰减量的影响，声波随距离的增加而自然衰减。在计算消声量时，应减去从噪声源至控制区沿途的自然衰减量。

4. 选型与适配

正确地选型是保证获得良好消声效果的关键。如前所述，应按噪声源性质、频谱、使用环境的不同，选择不同类型的消声器。例如，风机类噪声，一般可用阻性或阻抗复合型消声器；空压机、柴油机等，可选用抗性或以抗性为主的阻抗复合型消声器；锅炉蒸汽放空，高温、高压、高速排气放空，可选用新型节流减压及小孔喷注消声器；对于风量特别大或气流通道面积很大的噪声源，可以设置消声房、消声坑、消声塔或以特制消声元件组成的大型消声器。消声器一定要与噪声源相匹配，例如，风机安装消声器后既要保证设计要求消声量，又能满足风量、流速、压力损失等性能要求。一般来说，消声器的额定风量应等于或稍大于风机的实际风量。若消声器不是直接与风机进风管道相接，而是安装于密闭隔声室的进风口，此时消声器设计风量必须大于风机的实际风量，以免密闭隔声室内形成负压。消声器的设计流速应等于或小于风机实际流速，防止产生过高的再生噪声。消声器的阻力应小于或等于设备的允许阻力。

5. 综合治理、全面考虑

安装消声器是降低空气动力性噪声最有效的办法，但不是唯一措施。如前所述，由于消声器只能降低空气动力设备进排气口或沿管道传播的噪声，而对该设备的机壳、管壁、电动机等辐射的噪声无能为力。因此，在选用和安装消声器时应全面考虑，按噪声源的分布、传播途径、污染程度以及降噪要求等，采取隔声、隔振、吸声、阻尼等综合治理措施，才能取得较理想的效果。

2.6.3 消声设备

1. 消声器

（1）ZP100型片式消声器系列。

ZP100型片式消声器是在国家通用图集T701～6消声器的基础上，吸收了国内外最新技术而研究设计的新产品。1994年由上海市建委组织通过技术鉴定，1995年通过了产品鉴定，被评为国家级新产品，通过了国家环保部产品认定。1997年被国家建设部批准为国家建筑标准设计图集，图集号为97T710。由中国建筑标准设计研究所出版发行。全名为《ZP型片式消声器 ZW型消声弯管》。

ZP100型消声器系列适用于工业和民用建筑中的通风和空调系统，使用环境温度

为 –20 ～ 50℃；输送介质温度低于 150℃并且是无腐蚀性、无粉尘、无油烟、物理性能类似于空气的气体；适用于中、低压气体输送系统；本系列消声器可安装于风机进出口、气体输送管道中和进、出风口。

ZP100 型消声器系列（片厚 100mm），可有效地降低空气动力性噪声。具有适用风量范围大，系列规格全，与标准风管配套性好，消声量高，气流阻力小，防火，防潮，防霉，防蛀等特点。特别适用于各类大型公共建筑，例如，广播电视大楼，影剧院、会议厅、宾馆、酒楼、商场、写字楼、高级住宅等通风空调系统的消声，也适用于工厂企业的通风空调系统消声。

ZP100 型消声器系列现有 49 种规格，适用风量为 720 ～ 90000m³/h，消声量为 15dB（A）/m，压力损失 14 ～ 55Pa（风速为 5 ～ 10m/s）。ZP100 型消声器消声片厚 100mm，单节有效长度为 1000mm，根据消声量需要及现场安装位置不同，可几节消声器串联组合使用，如图 2-113 所示。

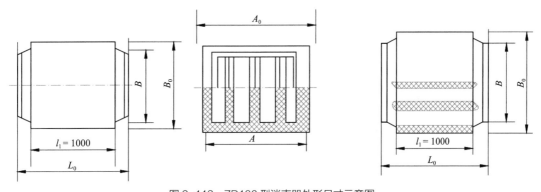

图 2-113　ZP100 型消声器外形尺寸示意图

注：若需要更大规格的消声器，可按国家标准风管所列法兰尺寸，由消声器生产单位，设计制造。

（2）ZP200 型片式消声器系列。

ZP200 型片式消声器与 ZP100 型片式消声器基本相同，ZP100 型消声片厚为 100mm，而 ZP200 型消声器片厚为 200mm。1996 年通过国家环保部产品认定，被评为国家级新产品。其特点和适用范围与 ZP100 型消声器类似。低频消声性能优于 ZP100 型。该型消声器在各类大型公共建筑、广播电视大楼、影剧院、会议厅、宾馆、商场、办公楼、工矿企业等通风空调工程中得到了广泛的应用。

ZP200 型片式消声器共有 22 种规格，适用风量 1800 ～ 36000m³/h，消声量 15dB（A）/m。力损失 40 ～ 159Pa（风速 5 ～ 10m/s），消声片厚 200mm，单节有效长度 1000mm，按需要可多节组合。其外形尺寸与 ZP100 型片式消声器相同。

（3）风机圆形消声器系列（LGF–YP1250/25800–35 系列消声器）。

LGF–YP1250/25800–35❶ 系列消声器是山东洁静环保设备有限公司多项专利产品组合，

---

❶　为适应低空间的需要而增加的非标准风管消声器。

外形是圆形，圆形外壳内壁有复合阻尼吸声层（厚度由噪声频谱特性选择），圆形中间通道设置"一字形""十字形""丰字形""川字形"等消声结构，根据气流噪声频谱、流量、流速、消声量要求等要求设计不同结构和尺寸，消声结构内部填充复合吸声棉及降噪隔板，可以实现消声量 20 ～ 55dB（A）的降噪要求。

  型号说明：（1）LGF 是锅炉离心风机的消声器综合代号。

     （2）YP 是圆形片式结构代号。

     （3）1250 是接管尺寸（mm）。

     （4）25800 是流量（m³/h）。

     （5）35 消声量数值 dB（A）。

  该类消声器特点：消声量大，低频降噪效果好。阻力小，一般 30 ～ 100Pa。体积小，安装方便快捷，使用寿命长。

  风机噪声分为：风机（空气动力性）气流噪声、风机壳体机械噪声和电机噪声三部分，风机气流噪声是风机噪声组成中的最主要部分，往往首先降低气流噪声，安装风机消声器。风机是广泛运用在冶金、钢铁、水泥、化工、粮油、食品、煤炭、发电等行业，随着新噪声法的实施，高性能风机消声器的应用会更加广泛，潜力巨大。

  相关性能及参数说明：

  该类消声器是根据现场噪声频谱特性和客户要求的消声量具体选型设计，消声器有效长度、内部结构、消声器内部流速等不同因素，他的各个频率的消声量不同，可以做到 63Hz 的插入损失 20dB（A）以上，4000Hz 的插入损失 60dB（A）以上。

  该消声器为 LGF 型消声器，总长度 3000mm，法兰内口尺寸：直径 780mm，有效消声段长度 2000mm。有效消声段内径为 1050mm，外径为 1300mm。有效消声段内穿孔钢板厚度 1.5mm，穿孔率 25%，消声片和消声外壁内部分别填充不同容重的离心玻璃棉。具体构造如图 2-114 所示，实物照片如图 2-115 所示。

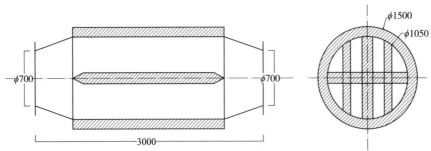

1. 外壳板厚度 6mm，孔板 1.5mm，增板 8mm，变径管 5mm
2. 吸声孔板穿孔率 > 25%，吸声片厚度 120~150mm，外围吸声层厚度 125mm
3. 吸声层、片填充的为不同容重的离心玻璃棉，容重分别为 25~45kg/m²
4. 有效吸声段长度为 2000mm，总长度为 3000mm，消声器外径为 1300mm

图 2-114　LGF-YP1250/25800-35 系列消声器构造

图 2-115　LGF-YP1250/25800-35 系列消声器实物照片

（4）风机方形消声器（LGF-FP3×3/38-30 系列消声器）。

LGF-FP3×3/38-30 系列消声器是山东洁静环保设备有限公司多项专利产品组合，外形是方形，方形外壳内壁有复合阻尼吸声层（厚度由噪声频谱特性选择），根据气流噪声频谱特性、风量、消声量、阻力等要求，方形通道中间通道设置"一字形""十字形""矩阵型""川字形"等不同的消声结构和消声器的外形尺寸，消声结构内部填充复合吸声棉及低频降噪隔板，可以实现消声量 20 ~ 45dB（A）的降噪要求。

型号说明:（1）LGF 是锅炉离心风机的消声器综合代号。

　　　　（2）FP 是方形片式结构代号。

　　　　（3）3×3 是接管尺寸（m）。

　　　　（4）38 是流量（万 m³/h）。

　　　　（5）30 消声量数值 dB（A）。

该类消声器特点：消声量大，低频降噪效果好。阻力小，一般 30 ~ 150Pa。体积小，安装方便快捷，使用寿命长。

风机噪声分为：风机（空气动力性）气流噪声、风机壳体机械噪声和电机噪声三部分，风机气流噪声是风机噪声组成中的最主要部分，往往首先降低气流噪声，安装风机消声器。风机是广泛运用在冶金、钢铁、水泥、化工、粮油、食品、煤炭、发电等行业，随着新噪声法的实施，高性能风机消声器的应用会更加广泛，潜力巨大。

消声器结构如图 2-116 所示，实物如图 2-117 所示。

2. 消声风管

消声风管由管道、保温吸声层和保护层组成，内部是吸声孔板。消声风管消音的原理是，一些声音遇到了小孔比较多的材料，会从材料表面上的小孔直接进入到材料的内部结构当中。这时，就会引起材料孔隙内的空气以及材料本身的振动，空气的摩擦以及黏滞作用就

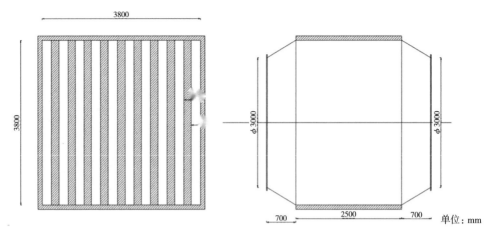

图2-116　LGF-FP3×3/38-30系列消声器结构图

图2-117　LGF-FP3×3/38-30系列消声器成品样图

可以让声能慢慢转化为热能。此时，就可以让声能慢慢减弱，甚至消失。消声风管外形及内部构造图如图2-118所示。

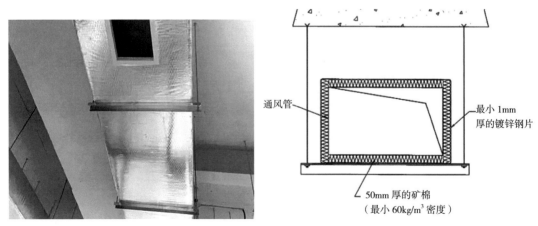

图2-118　消声风管外形及内部构造图

2.7　隔振及隔振材料

2.7.1　隔振概念

通过降低振动强度来减弱固体声传播的技术。

1. 振动传播形式

（1）空气声。

振动能量由振源直接向空气辐射的部分。

（2）固体声。

通过承载振源的基础，向地层或建筑物结构传递。在固体表面，振动以弯曲波的形式传播，激发建筑物的地板、墙面、门窗等结构振动，再向空中辐射噪声。

水泥地板、砖石结构、金属板材等是隔绝空气声的良好材料，但对固体声却有很少衰减。

2. 隔振的措施

隔振是将振源与基础或其他物体的近于刚性连接改为弹性连接，防止或减弱振动能量的传播。实际上振动不可能绝对隔绝，所以通常称隔振或减振。

（1）积极隔振。

降低振源馈入支撑结构的振动能量。

（2）消极隔振。

减少来自支撑结构或外界环境的振动传入。

3. 隔振器

隔振器是连接设备和基础的弹性元件，用以减少和消除由设备传递到基础的，振动力和由基础传递到设备的振动。最常见的隔振器可分为：钢螺旋弹簧隔振器、钢碟形弹簧隔振器、橡胶隔振器、不锈钢丝绳隔振器、钢弹簧、橡胶复合隔振器以及空气弹簧隔振器等。

（1）钢螺旋弹簧隔振器。

从重达数百吨的设备到轻巧的精密仪器都可以应用钢弹簧隔振器，通常用在静态压缩量大于5cm的地方或者用在温度和其他环境条件不允许采用橡胶等材料的地方。

这种隔振器的优点是：1）静态压缩量大，固有频率低，低频隔振良好，适用频率范围为 1.5 ～ 5Hz。2）耐高温、耐低温、耐油、耐腐蚀性、不老化、寿命长。3）弹簧的动、静刚度的计算值与实测值基本一致，而且受到长期大载荷作用也不易产生松弛现象，性能稳定。

4）大量生产时特性变化很小。5）价格便宜，不用经常更换。6）可适应各种不同要求的弹性支承，既可制成压缩型也可制成悬吊型。

其缺点是：①本身阻尼极小（阻尼比约 0.005），以致共振时传递率非常大；②高频时容易沿钢丝传递振动；③容易产生摇摆运动，因而常须加上外阻尼（如金属丝、橡胶、毛毡等）和惰性块。钢弹簧有螺旋形、碟形、环形和板形等，螺旋形弹簧应用最广。给定其固有频率后，由计算单个弹簧的垂向劲度 k（N/m）即牛顿每米。中国制造的 TJ1 型螺旋形型钢弹簧隔振器，每个负载为 17 ~ 1020kg，固有频率 3.5 ~ 2.2 赫，静态压缩量 20 ~ 52mm。

（2）钢碟形弹簧隔振器。

钢碟形弹簧隔振器有优良的阻尼性能和非线性载荷变形特性，特别适用于带冲击振动的机械如冲床锻床的隔振，具有以下特点：1）适用频率范围 8 ~ 12Hz。2）载荷大，是钢弹簧中可承受载荷最大的品种。3）阻尼性能优良，阻尼比可达到 0.2，阻尼力来源于碟片之间的摩擦。4）载荷变形特性呈非线性，有硬→软→硬的特点，特别可承受冲击载荷，适用于冲击振动的隔离。5）耐高温、耐低温、耐油、耐腐蚀、不老化、寿命长，结构较简单，性能稳定，安装方便。

同时，也存在以下缺点：仅适用于压缩载荷，水平方向的刚度计算更为复杂，高频振动隔离及隔声效果较差；加工制造有一定的难度。

（3）橡胶隔振器。

橡胶隔振器是以金属件为骨架，橡胶为弹性元件，用硫化黏结在一起的隔振元件，故有时也称其为金属橡胶隔振器，是应用最多的一类隔振器，主要用于通用机械设备（通风机、压缩机、水泵、空调机组等）和各种发动机隔振；汽车、火车、城市轨道交通、飞机、船舶等交通设备更是离不开橡胶隔振器；有些冲压和锻压设备也采用橡胶隔振器隔离振动。

橡胶隔振器主要特点是：

1）可自由地选取形状和尺寸，制造比较方便，硬度变化调整容易，可根据需要任意选择三个相互垂直方向上的刚度，改变橡胶形状及内、外部构造，可以适应大幅度改变刚度和强度需要。

2）橡胶材料具有适量的阻尼，可以吸收振动能量，对高频振动能量的吸收尤为见效，通常在 30Hz 以上已相当明显，安装有橡胶隔振器的振动机械在通过共振区时，甚至在接近共振区时也能安全地使用，不会产生过大的振动，不需另外配置阻尼器。

3）橡胶隔振器能使高频的结构噪声显著降低（通常能使 100 ~ 3200Hz 频段中的结构噪声降低达 20dB 左右），这对控制噪声极为有利。

4）抗冲击性能也较佳。

5）橡胶隔振器的缺点是受日照、温度、臭氧等环境因素影响，易产生性能变化与老化，在长时间静载作用下，有蠕变现象，对工作环境条件适应性也较差，因此要定期检查，以便及时更换，一般橡胶隔振器可使用 3 ~ 5 年。

（4）不锈钢钢丝绳隔振器。

该类型隔振器是用不锈钢钢丝绳与金属夹板制成，是用不锈钢钢丝绳制成的螺旋弹簧。

国内已有此类隔振器的产品，由于不锈钢钢丝绳价格较高，制成隔振器的成本较高，仅在船舶隔振及一些重要设备等隔振工程中应用，但其动力性能尤其是冲击隔离性能较其他金属隔振器好，发展及推广前景较好。

1）适用频率范围为 5 ~ 10Hz。

2）刚度低，载荷 – 变形曲线即刚度呈非线性，实际的刚度与制作加工工艺精度有关。

3）阻尼性能优良，主要是钢丝绳的钢丝之间在运动中产生的摩擦提供了阻尼。

4）三个方向的刚度基本一致，可承受来自三个方向的振动力及载荷，隔振器也可在受压或受拉工况下工作。

但此类隔振器的价格较贵，民用工程中较少采用。由于隔振器的材料及制作工艺是其质量的关键，选用时须注意。

（5）橡胶空气弹簧。

橡胶空气弹簧隔振器简称橡胶空气弹簧，其与前述的橡胶隔振器的作用原理完全不一样橡胶隔振器是靠橡胶本体的弹性变形取得隔振效果，而橡胶空气弹簧是靠橡胶气囊中的压缩空气的压力变化取得隔振效果。随着载荷的增加，橡胶空气弹簧的高度降低，内腔容积减小压缩空气的压力增大，橡胶空气弹簧的刚度增大，使得其承载能力增加。当载荷减小时，弹簧的高度升高，内腔容积增大，压缩空气的压力减小，橡胶空气弹簧的刚度减小，使得其承载能力减小。此外还可以通过增、减内腔中压缩空气的方法，调整弹簧的刚度和承载力；或可附设辅助气室，实现自控调节。从工作的固有频率、承载能力以及阻尼性能多方面比较，橡胶空气弹簧是一种优良的低频率隔振器，广泛应用于汽车、轨道交通、工业机械等行业中的产品隔振中，也用于精密仪器、精密机械以及冲压设备的隔振工程中。21 世纪以来，国产的橡胶空气弹簧隔振器已在不少领域得到应用，改变了以前此类隔振产品只能依赖进口的局面。

橡胶空气弹簧作为弹性元件用于机器及设备的隔振支承，有以下性能及优缺点。

1）橡胶空气弹簧可以提供很低的固有频率，一般小于 2Hz，甚至小于 1Hz，在低转速机器，冲击设备及精密仪器的隔振中是第一选择。

2）具有非线性特性，其特性曲线可根据实际需要进行设计，使其在额定载荷附近具有低的刚度值。

3）可以通过改变空气弹簧的内压来改变承载能力，在结构上借助高度调节阀使弹簧保持一定的高度。

4）阻尼性能好，隔离高频振动及隔声效果好。

5）与橡胶隔振器一样，在横向与四周方向也有相应的弹性支承作用。

6）如果采用一定的控制设备（如辅助气室），不但可以获得任意近似的非线性特性，而且还可以自动调节隔振系统的固有频率，获得最佳的隔振效果。

7）具有较长的疲劳寿命

8）当然，橡胶空气弹簧也有以下缺点：制作工艺复杂，价格昂贵，需要一套空气气动装置，这是其运用较少的一个重要原因。

与普通的钢制弹簧或橡胶垫相比，橡胶空气弹簧最突出的优点是它能在大载荷下呈现低刚度特性。

4. 阻尼材料

物体或结构振动受三个参数的影响：与势能有关的刚度；与动能有关的质量；与能量消耗有关的阻尼。但它的性能参数较难测试，减振效果不易预估，因此，在一般情况下首先是采用增加质量、改变刚度、加装隔振器或动力吸振器等方法进行振动控制，而在某些特殊的场合，则需采用阻尼减振的方法。例如令人们感到束手无策的一些薄板结构振动问题，采取阻尼措施则能取得满意的效果。

阻尼减振有下列好处：可以抑制共振频率下的振动峰值；减少振动沿结构的传递；降低结构噪声。值得指出的是，阻尼对共振区的振动抑制最有效，对非共振区其作用则不太显著。

阻尼减振主要是利用阻尼材料的固有特性及阻尼结构的合理设计来实现的。阻尼材料是近十几年来发展起来的一种新型的特殊材料，在不少领域得到了越来越多的应用，它是一种高分子材料，其在转换模态时具有高阻尼特性，也就是变形时能消耗能量，可对结构振动在较宽的频率范围内起抑制峰值的作用。

阻尼材料分为两大类，一类是与橡胶板类似的阻尼板材，一类是与胶料类似的阻尼涂料。评价阻尼材料阻尼特性的指标是损耗因子 β 值（无量纲）的高低。一般来说，阻尼材料的 β 值在不同温度、不同频率下是不同的，β 值越大，说明阻尼材料把机械能转换成热能的能力越大。鉴于国内在这一技术领域尚无统一的规范或标准，表征阻尼材料的阻尼特性参数不尽一致，而通常是采用以下三种方法来表示：

（1）最大的 β 值—指明在何温度、何频率时最大 β 值，用 β 表示，并标出此时的剪切弹性模量。

（2）$\beta > 0.7$ 的温度和频率范围。

（3）适用于什么温度及振动频率。

有的厂家采用第一、第二种表示方法；有的厂家采用第一、第三种方法。即使采用相同的表示方法，β 值的测定也无统一规定，所以测试数据不尽一致。β 值的测定方法有以下几种：DDV 或 MATRIVIB 法、悬臂梁法、对数衰减法和机械阻抗法，使用较多的是前两种方法。

阻尼材料的其他物理性能在工程应用中也应了解，样本中一般已经注明，如比重、自熄性、硬度、耐介质性能、外观、附着力、抗冲强度等。若需按照有关标准检验或有其他指标要求的，一般在样本中也已注明。另外，关于阻尼板材的粘结材料及工艺，生产厂也应提供详细说明。

2.7.2　隔振材料

1. 隔振垫

隔振垫是利用弹性材料本身的自然特性实现振动隔离的隔离器材，其一般没有确定的形状尺寸（橡胶隔振垫除外），可根据具体需要来拼排或裁切，常见的隔振垫有毛毡、软木、橡皮、海绵、玻璃纤维及泡沫塑料等，而在工程中得到广泛应用的是专用橡胶隔振垫。

（1）橡胶隔振垫。

橡胶隔振垫之所以应用广泛，是因为它具有持久的高弹性，有良好的隔振性能；造型和压制方便；可自由地选择形状和尺寸，以满足刚度和强度的要求；具有一定的阻尼性能，可以吸收机械能量，对高频振动能量的吸收尤为突出；由于橡胶材料和金属表面间能牢固地粘接，因此不但易于制造安装，而且还可以利用多层叠加减小刚度，改变频率范围；价格低廉。

当然橡胶减振垫也有它的弱点，如易受温度、油质、臭氧、日光及化学溶剂的侵蚀，造成性能变化及老化，易松弛，因此寿命一般约为 8 年，但无以上侵蚀时寿命可超过 10 年。

橡胶隔振垫的适用频率范围为 10 ~ 15Hz（多层叠放低于 10Hz），各种橡胶隔振垫的刚度由橡胶的硬度、成分以及形状所决定。

橡胶隔振垫的性能不但与橡胶垫的形状及配方有关，还与橡胶的硬度有关。硬度高，刚度大，承载大；硬度低，承载小。

（2）聚乙烯交联发泡材隔振垫。

聚乙烯交联发泡材是一种隔声减振、隔热保温、防水防潮多项功能为一体的新型材料。聚乙烯交联发泡材，吸水率低，施工方便快捷；产品主要成分是聚烯烃，可以采用热熔焊接，有效避免了声桥的产生；具有良好的力学性能见表 2-56，通过交联大大提高了产品物理机械性能和耐老化性能，抗张强度，撕裂强度大，压缩强度高，永久变形小，回弹性优，自补性强，可有效防止施工中隔声材料被刺破而影响效果；规格多样化，可根据施工需要，裁切所需规格，大大降低了施工中材料损耗，也有效减少了施工中的接缝。具有优良的耐腐蚀性、耐化学药品性、无毒、无味环保节能、可回收再利用；可根据要求和不同用途进行不同密度、长度、宽度、厚度的后续加工，如图 2-119 所示。

可用于剧院、博物馆、音乐厅、录音室、播音室、测试室、设备机房、KTV、公交车停车场减振等。

相关性能及参数说明：

1）产品具有独立的闭孔气泡结构，密度范围大，重量较轻，质量性能优，隔声效果好。

图 2-119　5mm 聚乙烯交联发泡材隔振垫

2）具有优良的力学性能，抗张强度、抗压强度高，永久变形小，回弹性优，减振效果好。

3）具有优异的耐腐蚀性，耐化学药品性，物理机械性能和耐老化性能优良，使用年限长。

4）防水防潮、不吸水、不漏水，隔热保温、导热系数 0.035W/m·K 无毒、无味，环保节能。

5）根据需要定制规格，也可现场裁切，大大降低材料的损耗，也有效减少了施工中的接缝。

6）施工简单、快捷方便，接缝可采用热熔焊接，胶带粘贴，防止水泥砂浆泄漏产生声桥。

聚乙烯交联发泡材隔振垫相关参数 表 2-56

规格	NRFX							NRPP		
	3mm	5mm	11mm	20mm	30mm	50mm	100mm	3mm	5mm	15mm
Ln，W（dB）	66	64	58	56	55	54	53	65	63	62
ΔLn（dB）	12	14	20	22	23	24	26	13	15	16

（3）其他隔振垫。

采用聚氨酯材料或者聚氨酯材料和橡胶颗粒制成可压缩变形的隔振垫也在机械设备及建筑隔振工程中得到广泛的应用，由于聚氨酯属高分子材料，具有良好的阻尼性能，对冲击振动的隔振效果更好，而且可以多叠放，使用也很方便。

减振垫主要应用于声学实验室、录音棚、演播厅、酒吧、KTV、歌舞厅等娱乐场所及其他需要隔声减振的项目，具有极佳的阻尼减振效果，是一种性价比极高的浮筑地板材料。

2. 隔振块

隔振块采用高分子橡胶颗粒和优质软木颗粒经过科学合理的混合压制能有效地切断声桥的传播，减少固体传声，从而减少对原结构楼板的低频振动影响，在低频控制中起到重要对降低撞击声、增加隔声量、减弱结构声有着重要作用。广泛用于隔声振动和吸收冲击，无毒环保产品，采用特殊工艺制造软度适中手感舒适，不会热胀冷缩、具有超强承载力、高防水性、耐压性、防潮性、耐磨耐湿韧性佳、适用于各种潮湿环境，如图 2-120 所示。

安装便捷隔声、超强记忆性基材，可隔绝低频振动及撞击声、环保等特点。可用刀具自如裁剪，在安装时无需特殊其他工具，可直接铺设，也可以用胶固定，粘贴所需要的胶，选用合适的环保树脂胶即可。高密度发泡，穿孔率，孔径等都是经过特殊设计制成，能够做到防霉处理。

图 2-120　隔振块样式

（1）六大特性解决噪声根源问题。

1）基材混合压制。

2）阻尼弹性基材。

3）单块承重力强。

4）空腔浮筑楼板构造。

5）隔离结构传声及撞击声。

6）有效降低撞击声。

相关性能及参数见表 2-57。

表 2-57

地面橡胶软木隔振块（减振砖）

产品名称	地面橡胶软木隔振块（减振砖）
产品基材	橡胶颗粒和天然软木颗
环保级别	E1（可以直接接触）
产品规格	常用 150mm×150mm×50mm、其他规格可以定制
产品特性	无异味，减振隔声，耐压耐坑，承载力强
适用场所	浮筑地板、设备隔振、轨道隔振等

（2）安装步骤。

1）地面清理干净，减振砖 600mm 间距铺设。

2）空腔部位满铺隔声棉，上面加铺金属隔声板。

3）板与板之间做好密封，上面铺一层隔声毡（四周墙边保留 5cm 高度，防止声桥）。

4）隔声毡上面做 50mm 混凝土，混凝土上做其他装饰层。

安装示意如图 2-121 所示。

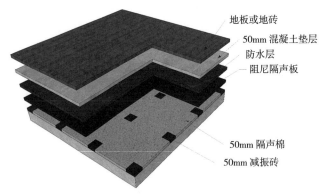

地板或地砖
50mm 混凝土垫层
防水层
阻尼隔声板
50mm 隔声棉
50mm 减振砖

图 2-121 减振块安装示意

2.7.3 隔振设备

1. 橡胶隔振器

橡胶隔振器是用橡胶制成的隔振器，既可使用在压缩状态，又可使用在剪切状态。它的最大优点是具有足够的内阻尼，适用于静态位移小而动态位移虽短暂但很大的情况，并且可以做成各种形状，以适应空间的要求。缺点是会老化，产生蠕变。主要用于隔离高频振动。

橡胶隔振器采用橡胶为主体的隔振器。其特点是承载能力低、刚度大、有蠕变效应。阻尼系数为 0.15 ~ 0.30。可制成各种形状，以便自由选取三个方向的刚度。多用于机器隔振。荷载较大时，做成承压式；较小时做成剪切状。应避免日晒及油和水的侵蚀，如图 2-122 所示。

图 2-122 隔振橡胶隔振器

橡胶隔振器按受力方式可分为压缩型、剪切型和压缩剪切型。

（1）压缩型橡胶隔振器。

此型隔振器一般能承载大载荷，多适用于载荷大或安装部位空间尺寸小的场所。压缩型在形状结构上还可做成多种样式，以适应各工况要求，诸如为圆形、方形及其他形状，外凸或内凹，中间还可有开孔或夹层等。

（2）剪切型橡胶隔振器。

这类隔振器多用于主作用方向刚度要求低的场合，或用于轻负荷低转速的机械隔振上，其隔振效果好，但稳定性稍差。形状结构也可多样化。

（3）压剪型橡胶隔振器。

此类隔振器从截断面上看，是一种斜向放置的压缩橡胶隔振器。其结构形状多变，内外形各异。受力角度主要是压与剪。常用于隔振与稳定都要求高的场合，有时工作场合需要三向等刚度隔振器，则大多通过组合结构形状来解决。

适用场所：橡胶隔振器是以金属件为骨架，橡胶为弹性元件，用硫化黏结在一起的隔振元件，故有时也称其为金属橡胶隔振器，是应用最多的一类隔振器，主要用于通用机械设备（通风机、压缩机、水泵、空调机组等）和各种发动机隔振；汽车、火车、城市轨道交通、飞机、船舶等交通设备更是离不开橡胶隔振器；有些冲压和锻压设备也采用橡胶隔振器隔离振动。

选用与安装：

橡胶隔振器件安装的基本原则是必须尽力使每个隔振器件的静态压缩量保持一致，防油污、避高温、尽力减少各处温差。

橡胶隔振器可直接置于地坪上，也可在隔振器与地坪之间放一块 2 ~ 5mm 厚的橡胶垫。如果机械设备运行时，使隔振器受到较大的动态力，则应将隔振器锚固在地坪上，如用地脚螺栓与地坪连接。锚固时须防止振动短路。隔振器安装好后，应校正机器水平，必要时，可用垫铁调整。

橡胶隔振垫一般均垫放在机座下，并尽量均匀地分布在机座的四周。每块垫的大小应相同。有筋的橡胶隔振垫在安放时，应按筋的方向交错排放。

2. 隔振弹簧

隔振弹簧是利用隔振元件将振动源与振动物体隔离开，将振动限制在一定范围。选型时需考虑振源体动载荷、静载荷、振动频率及使用环境等，如图 2-123 所示。

适用于冷却塔、空调设备、风机、通风管道、球磨机、空压机、各类泵、水管等输送管线的隔振。

结构性能：

隔振分为积极隔振和消极隔振两大类，积极隔振是将机器设备的振动隔离掉，以减少振动对建筑物和周围环境的影响；消极隔振是将来自外界的振动或来自基础的振动隔离掉，以减小振动对机器设备或精密仪器的影响。

设备运行时产生的振动，通过设备基础、与设备相连的管道及管道支撑构件传至建筑物围护结构，产生固体噪声，干扰建筑声环境。根据建筑设备振动的大小、振动特性和传递途

图 2-123　隔振弹簧样品图

径，采取隔振基座、柔性连接、隔振吊架、隔振支架、管道穿墙和楼板隔振处理等系统隔振措施。

隔振器的隔振效率在 90% 以上，减少固体传声 3 ~ 5dB（A）。

主要特点：

（1）固有频率低，阻尼系数大，振动衰减快。

（2）适用多种安装形式，安装简单，拆卸方便。

（3）受环境影响小，耐老化，使用寿命长。

CJ-GZQ 型隔振器种类主要有：橡胶隔振器、弹簧隔振器、阻尼弹簧隔振器、弹簧吊架和橡胶隔振垫等。

3. 减振吊件

减振吊件主要是通过减振吊钩以将振动减弱的。减振吊钩是利用橡胶、钢弹簧的反压原理，采用优质钢弹簧和丁腈合成橡胶阻尼材料组成的隔振降噪元件，设计成悬挂式缓冲减振吊架。它具有钢弹簧的高弹性、固有频率低和丁腈合成橡胶的阻尼比大的双重特点，能消除钢弹簧所特有的共振时振幅激增的现象，在较宽的干扰频率范围内有相当明显的隔振效果，特别适合悬挂隔离因设备振动造成的低频固体传声，如图 2-124 所示。

相关性能及参数见表 2-58。

图 2-124　减振吊件样品图

阻尼减振吊件性能表　　　　　　　　　表 2-58

产品名称	阻尼减振吊件
材质	钢弹簧和丁腈合成橡胶阻尼
规格	约 10cm 高，直径约：10 ~ 15cm，大荷载 50kg
颜色	黑色
优势	是用于全频音响、低音炮减振、通风管道、排水管道减振隔声的必要构件，它特有的阻尼橡胶块可以切断声桥的传播

减振吊钩是用于吊顶隔声的必要构件，它特有的阻尼橡胶块可以切断声桥的传播，尤其对于娱乐场所具有低音炮的地方，这是必不可少的，不然，无论多少的隔声材料都无法将声音隔于包房内，因此，它是隔声工程中最为重要的设施，它也可以作为水泵房等设备机房里面的管道吊杆用，克制低频声音传播，效果非常显著。

2.8 其他设备构件

2.8.1 隔声门窗

1. 隔声门

隔声门由门扇和门框组成，是一种采用优质冷轧钢板，冷加工处理成型，门体内按隔声等级填充吸声棉、PU、蜂巢结构、隔声材料（隔声材料主要有阻尼橡胶板、矿棉隔声板），采用先进技术、独特设计及特殊密封制作工艺，单、双裁口做法，具有防火、隔声、逃生优质性能，使用性能稳定，精工制作而成的木、钢质门，如图 2-125 所示。隔声门分为木制和钢制两种，敞开空间满足用户使用要求。

隔声门尺寸和隔声性能指标可按隔声等级要求、安装空间、防火等级选定。根据用户需要可装备不同五金配件。表面经防锈喷涂处理后喷面漆（面漆颜色可以指定），也可根据用户要求进行喷塑、贴木皮、热转印等表面处理。具有结构合理，整体性好，强度高，施工方便，具有表面平整美观，开启灵活，坚固耐用等优点。

隔声门相关性能及参数见表 2-59。

图 2-125　隔声门样品图

隔声门的分级及其隔声要求　　　　　　　　　表 2-59

《建筑门窗空气声隔声性能分级及检测方法》GB/T 8485—2008 等级	HCRJ 019 等级	计权隔声量 R_w/dB
I	I	$R_w \geqslant 45$dB

续表

《建筑门窗空气声隔声性能分级及检测方法》GB/T 8485—2008 等级	HCRJ 019 等级	计权隔声量 R_w/dB
Ⅱ	Ⅱ	$45 > R_w \geqslant 40\text{dB}$
Ⅲ	Ⅲ	$40 > R_w \geqslant 35\text{dB}$
Ⅳ	Ⅳ	$35 > R_w \geqslant 30\text{dB}$
Ⅴ	Ⅴ	$30 > R_w \geqslant 25\text{dB}$
Ⅵ	Ⅵ	$25 > R_w \geqslant 20\text{dB}$

隔声门分类：

隔声门按尺寸大小可分单扇门和双扇门。宽度小于 1.5m 时，可做成单扇门或双扇门，宽度大于 1.5m 时，则需做成双扇门。

隔声门按制作材料一般可分钢质门、木质门、钢木复合门以及其他材料如塑钢门、水泥隔声门等。

隔声门按开启方式可分平开门和平移门（尺寸、规格可根据用户需求而定制）。

隔声门主要起隔声作用，隔声门要求用吸声材料做成门扇，门缝用海绵橡胶条等具有弹性的材料封严。

（1）常见的隔声门主要有下列三种。

①填芯隔声门：用玻璃棉丝或岩棉填充在门扇芯内，门扇缝口处用海绵橡皮条封。

②外包隔声门：在普通木门扇外面包裹一层人造革，人造革内填塞岩棉，并将通长的人造革压条用泡钉钉牢，四周缝隙用海绵橡皮条粘牢封严。

③隔声防火门：在门扇木框架中嵌填岩棉等吸声材料，外部用石棉板、镀锌铁皮及耐火纤维板镶包，四周缝隙用海绵橡皮条粘牢封严。

适用场所：纯音测听、耳鸣检查、助听器、脑干诱发电位、耳声发射、声场测听等医学精密检测；大高中档宾馆、饭店、商厦、设备机房、工厂及人员密集、须疏散的声学场所，如录音室、演播厅、剧场、音乐厅一系列有声学要求办公、活动、科研场所。

（2）木质隔声门产品参数。

包框规格：910mm×2100mm（单掩）

1500mm×2100mm（双掩）

门扇厚度：45 ~ 90mm

声学性能：R_w = 25 ~ 50dB

五金配件：自降式门底封条、门边条、门锁、闭门器（选配）、天地锁（选配）

饰面：天然木皮，科技木皮，防火皮，环保烤漆，转印，粉末喷涂等

（3）钢质门技术参数。

①门框结构：门框厚：120mm，采用 1.5 ~ 2.0mm 厚镀锌钢板数控折弯成型内满焊焊接

工艺表面不焊接不打磨工艺保证表面镀锌层，开料公差范围：0.20 ～ 0.3mm。

②门扇结构：门扇厚 70mm（二级阻口）90mm（三级阻口）采用 1.5 ～ 2.0mm 厚镀锌钢板数控折弯成型内焊接工艺、1.5mm 厚龙骨基层 Z 形结构、门板平整度公差范围：3%。

③填充材料：2.0 三层阻尼隔声板 + 龙骨 +50mm 防火板 +80kg/ 棉。

④表面处理工艺：涂油处理工艺流程 + 防静电喷涂处理 + 单色高温烤漆 + 木纹转印技术。

⑤低频填充材料：高阻尼材料。

⑥高频设计材料：双层磁控密封条结构。

⑦门底设计工艺：高要求隔声量门槛设计高度为：48mm（隔声量设计为单开：40 ～ 45dB、双开设计为：35 ～ 40dB）

⑧无槛设计工艺：双层自动升降式密封条，防火要求场所（隔声量设计为单开 35 ～ 40dB、双开设计为：35 ± dB）

2. 隔声窗

隔声窗由双层或三层玻璃与窗框组成，玻璃厚度不同，使用经特别加工的隔声层，隔声层使用的是隔声阻尼胶（膜）经高温高压牢固黏合组合而成的隔声玻璃，有效地控制了"吻合效应"和形成隔声低谷，另外在窗架内填充吸声材料，有效地吸收了透明玻璃的声波，使各频段噪声有效地得到隔离。玻璃可以选用普通平板玻璃、有机玻璃、钢化玻璃和汽车用安全玻璃，如图 2-126 所示。

图 2-126　隔声窗

隔声窗与隔声墙、隔声门一样，也是隔声围护结构中的主要物件之一。它的作用是采光、通风、隔热、隔声、装饰。按窗框的材料不同，可分为木窗、金属窗、塑料窗等，按开启方式不同，可分为平开窗、平移（推拉）窗、翻窗以及不能开启的固定窗；按构造不同，可分为单道窗、双道窗以及单层玻璃、双层玻璃、中空玻璃和多层叠合玻璃等；按使用功能不同，可分为通风百叶窗、隔热保温窗以及隔声观察窗等，相关性能及参数见表 2-60 ～ 表 2-62。

隔声窗产品性能表　　　　　　表 2-60

产品名称	隔声窗
常规尺寸	最大尺寸：2200mm×4500mm 加工厚度：4 ～ 80mm。最小尺寸：300mm×300mm。最大加工厚度：60mm。铝框宽度：6mm，9mm，12mm，15mm，18mm
隔声量	隔声窗的隔声性能受多种因素影响，影响最大的窗扇的隔声量和窗扇与窗框之间的密封隔声处理。窗扇多数为玻璃。一般来说，玻璃的厚度增加一倍，平均隔声量提高 4dB。厚度增加吻合频率降低，使隔声的吻合谷向低频方向偏移

颜色	透明、乳白、灰、蓝、绿、粉红、青铜色等
优势	1 隔声量高，低频隔声效果好。 2 选材好，特种加工工艺，质量好不变形，经久耐用。 3 抗风压性能强、密闭性好。 4 防雨水渗漏、防灰尘与沙尘暴。 5 开启灵活、安全可靠。 6 造型美观、结构新颖、采光面大、擦洗方便。 7 安全防盗。 8 性价比高

不同厚度的单层和双层玻璃组层的窗扇的平均隔声量实测值　　　　　表2-61

玻璃层数	玻璃厚度 /mm	平均隔声量 /dB
单层	4	21.1
单层	8	26.4
双层	4+4	28.5
双层	4+8	32.8

种类：

（1）双层真空。

双层真空玻璃和双层中空玻璃在结构和制作上完全不相同，双层中空玻璃只是简单地把两片玻璃相黏合，中间夹有空气层，而双层真空玻璃是在两片玻璃中间夹入胶片支撑，在高温真空环境下使两片玻璃完全融合，并且两片玻璃中间是真空的，当然双层真空玻璃的真空度是不可能达到百分百真空，但一个窗户那么大，声情并茂那么多，这些只是微小的声桥就可以忽略不计。其实真空玻璃和中空玻璃的隔声性能相差不大。

（2）双层夹胶。

双层夹胶玻璃是在两层玻璃中间夹上一层胶片材料，而这胶片就跟真空玻璃的支撑是同一种材料，真空玻璃的支撑很小所以可以忽略不计，而夹胶玻璃的胶片是和玻璃一样大的，也就是全部是支撑点了，噪声肯定会通过支撑传导，当然如果有良好的窗户型材，做好窗缝密封，双层夹胶玻璃也能达到一部分的隔声效果，见表2-62。其实夹胶玻璃主要是为安全而设计的，一些车站，公共场所都用夹胶玻璃的。

隔声窗性能分级表　　　　　表2-62

等级	隔声量 R_w/dB
Ⅰ	$R_w \geqslant 45$
Ⅱ	$45 > R_w \geqslant 40$
Ⅲ	$40 > R_w \geqslant 35$

续表

等级	隔声量 R_w/dB
IV	$35 > R_w \geqslant 30$
V	$30 > R_w \geqslant 25$

2.8.2　隔声屏障

隔声屏障是一种隔声设施。它为了遮挡声源和接收者之间直达声，在声源和接收者之间插入一个设施，使声波传播有一个显著的附加衰减，从而一定程度减弱接收者所在的一定区域内的噪声影响。在室内使用隔声屏障，需根据噪声源的种类、声源特点、安装位置等来选择隔声屏障的形状和尺寸。隔声屏障主要用于公路、高速公路、高架复合道路和其他噪声源的隔声降噪。分为纯隔声的反射型声屏障，和吸声与隔声相结合的复合型声屏障，后者是更为有效的隔声方法。指的是为减轻行车噪声对附近居民的影响而设置在铁路和公路侧旁的墙式构造物。隔声墙也称为声屏障。在声源和接收者之间插入一个设施，使声波传播有一个显著的附加衰减，从而减弱接收者所在的一定区域内的噪声影响，这样的设施就称为声屏障。分为交通隔声屏障、设备噪声衰减隔声屏障、工业厂界隔声屏障、公路和高速公路上是使用各类型声屏障最多的地方，如图 2-127 所示。

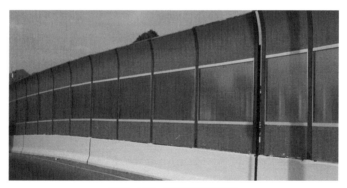

图 2-127　隔声屏障样品图

1. 隔声屏障的设施中各种吸声材料

隔声屏障铝板吸声特点：质轻无污染，防眩、抗老化、抗冲击、抗冻融、吸声系数稳定、耐潮湿、耐腐化、易弯易加工、易运输，拆装维护方便，性价比合理，并可喷涂各种颜色。

隔声屏障水泥吸声：结构类型多样，外形美观。可满足不同的设计要求，广泛运用于高速公路，铁路，高架桥及工业厂界噪声治理工程。

隔声屏障岩板吸声：珍珠岩是一种细孔、无机水泥组合物，它不含污染物，基本是以水泥、天然矿物质加上其他化学材料经由特殊处理后，搅拌，制模成型，因此经久耐用，而且可塑性非常高，可调配成不同容重、形状、颜色、外观以适应不同的安装及设计条件，能够满足实际应用的不同需要。

隔声屏障孔板吸声：微穿孔板其原理是在板上钻一定数量的孔，板后留有一定的空气层，使入射的声波产生共振吸收，从而达到吸声的效果。其特点是耐高温、耐潮湿、耐高速气流冲击。具有稳定的吸声性能，平均吸声系数大于 0.60，降噪系数 NRC0.60 左右，符合道路隔声屏障声学要求。

隔声屏障 PC 板吸声：抗冲击强度、拉伸强度好、弯曲强度大、抗疲劳与抗蠕变性等优势。同时 PC 板吸声具有透光率和耐候性等特点，抗化学性强，常温下对弱酸、弱碱和醇类抵抗性好，重量轻，隔声性能比玻璃高 3 ～ 4dB。

隔声屏障木屑吸声：水泥木屑复合吸隔声板由木屑、水泥和化学添加剂经一系列特殊工艺制成，具有优良的吸隔声性能，强度高、耐候性强、使用寿命长，能满足不同的设计与使用要求，可组成多种结构形式，是治理交通噪声、工业噪声、住宅园区噪声的理想材料。

隔声屏障玻璃棉吸声：是 20 世纪 80 年代国际上兴起的保温隔热新材料，具有阻燃、无毒、耐腐蚀、密度小、导热系数低，化学稳定性强，吸湿率低，憎水性好等诸多优点，是公认性能最优越的保温、隔热、吸声材料。

隔声屏障铝纤维吸声：铝纤维吸声板是由两面铝板网把其中间的铝纤维毡和铝箔夹住，经滚压成型的一种金属型吸声材料。它具有优异的吸声性能、抗拉强度高、超薄轻质、运输储存方便、耐候性能好、装饰性好、加工及施工安装方便、可回收使用等特点。规格：30mm 厚；降噪系数 NRC=0.85。

隔声屏障泡沫铝吸声：泡沫铝是由在纯铝或铝合金中加入添加剂后，经过发泡工艺而成，同时兼有金属和气泡特征，属于新型的多孔性吸声材料。具有金属相应的防火性、耐候性、耐腐蚀性、抗老化性，设计使用寿命 20 年。泡沫铝吸声板具有良好的防眩特性。

2. 选用原则

（1）隔声量大：平均隔声量应不小于 35dB。

（2）吸声系数高：平均吸声系数应不小于 0.84。

（3）耐候耐久性：产品应具有耐水性、耐热性、抗紫外线、不会因雨水温度变化引起降低性能或品质异常。产品采用铝合金卷板、镀锌卷板、玻璃棉、H 形型钢立柱表面镀锌处理防腐年限在 15 年以上。

（4）美观：可选择多种色彩和造型进行组合，与周围环境协调，形成亮丽风景线。

（5）经济：装配式施工，提高工作效率，缩短施工时间，可节省施工费及人工费。

（6）方便：与其他制品并行安装，易维修，更新方便。

（7）轻便：吸声板系列产品具有自重轻特点，可减轻高架轻轨、高架路的承重负荷，可降低结构造价。

（8）防火：采用超细玻璃棉，由于其熔点高，不可燃，完全满足环保和防火规范的要求。

（9）高强度：结合我国各地区不同的气候条件，在结构设计时充分考虑风荷载。通过生产线压制凹槽增加强度。

（10）防水、防尘：材料设计时充分考虑防水、防尘，在扬尘或淋雨环境中其吸声性能不受影响，构造中应设置排尘排水措施，避免构件内部积水。微穿孔共振空腔吸声在淋雨环境中吸声性能不受影响，针对中低频降噪特别明显。

（11）耐用：产品设计已充分地考虑了道路的风载、交通车辆的撞击安全和全气候的露天防腐。产品采用铝合金卷板、镀锌卷板、玻璃棉、H 形型钢立柱表面镀锌处理。在质保期内不腐蚀、不变形、吸声、隔声效果不降低。

2.8.3　静压箱

静压箱又称稳压室，连接送风口的大空间箱体。气流在此空间中流速降低趋近于零，动压转化为静压，且各点静压近似相同，使送风口达到均匀送风的效果。有的装到风机吸入口附近，同样也是起到降低风速作用，风机吸入口的风速过高，防止气流对叶轮的冲击。静压箱是一种传统的通风设施，常常被应用于恒温，恒湿和洁净室以及环境气候室这类对室内温度、湿度、洁净度和气流分布均匀性有精确要求的空调风系统中，一般的空调都是零静压的，用不到静压箱，只有功率大的空调，如 5HP，送风距离远，所以它即可用来减少通风、空调系统中的噪声，又可获得均匀的静压出风，减少动压损失。是送风系统减少动压、增加静压、稳定气流和减少气流振动的一种必要的配件，一般使用镀锌钢板来制作，可使送风效果更加理想，如图 2-128 所示。

图 2-128　静压箱样品图

1. 静压箱作用

（1）可以把部分动压变为静压使风吹得更远。

（2）内衬消声材料，可以降低噪声 [消声量 10 ～ 20dB（A）]。

（3）风量均匀分配。

（4）实际的通风系统和空调风系统中，常常会遇到通风管道方变圆、圆变方，变径，直角拐弯，多管交汇等情形，都需要有特定的管件来连接，这些特定管件的制作，既费时又消耗材料，安装也不便利。这时采用静压箱作为管件来连接它们，就能大大的简化系统，从而使静压箱起到一种万能接头的作用。

（5）静压箱可用来减少噪声，又可获得均匀的静压出风，减少动压损失，把静压箱很好地应用到通风系统中，可提高通风系统的综合性能。

2. 静压箱原理

由于空气分子不规则运动而撞击管壁所产生的压力称"静压"。静压是垂直于流体运动方向的压力，作用是克服流体输送过程中的阻力。那么建立静压箱的目的就是获取静压。（全压＝动压＋静压：风机的全压是不变的，风速降低，意味着动压变小，则静压增加了。）在多风管送风时，为使各风管的风压一致，则需要建立静压箱，使动压全部转化为静压，再平均分配到各风管中。同理，在多风管回风时，也需要静压箱，可使表冷器前的空气充分混合。有些单风管的送风管道也装静压箱，目的是利用静压箱消声，原理是空气进入静压箱内速度明显变慢，风声会减小。

设计原则：静压箱的作用是为各分支管路提供均匀的压力，从理论上说静压箱内部静压处处相等，也就是说静压箱内部流速处处为零，要满足这点的条件是静压箱体积无穷大。在工程项目中这是不可能的，一般箱内风速可控制在 2m/s 以下，或相对于进出风管风速有大大下降即可。

3. 静压箱特点和技术性能

（1）风管需要较大变径，但现场安装距离又无法满足变径所要求的长度时，可考虑制作静压箱。

（2）风管与空调设备（PAU、AHU、FAN 等）接口时，通常靠静压箱连接。

（3）静压箱内的内贴材料可根据要求选择岩棉，玻璃棉及其他吸声材料，表面为金属板材，防腐性能优越。

除在空调系统中使用到的静压箱外，在建筑中也通常会设置静压　来达到静压的功能，比如在剧场建筑中，剧场看台面积较大，座位较多，送风口小而多，要满足看台所需的送风要求，采用常规的管道通风系统难以实现，利用观众席下顶棚空间，设计了空调送风的整体静压箱送风系统。充分利用了静压箱系统的送风面广、送风量大、工作噪声小的特点，最大限度地利用了建筑空间，节约了资源，如图 2-129 所示。

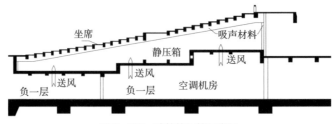

图 2-129　建筑静压箱示意图

2.8.4　降噪设备隔声罩（房）类

降噪设备隔声罩（房）类，隔声罩（房）系列隔声罩采用全封闭组装式结构，它是将噪声源罩在一个较小的空间里隔断噪声往外传播的一种控制措施。由于每种声源特性、控制要求、使用环境不一样，因此往往它需要根据现场情况设计加工。

1. 隔声罩特点

组装式隔声罩的隔吸声板、隔声门、有的设计有隔声观察窗、框架，照明、气体探测报警、温控、灭火系统等，采用模块式设计，具有拆装方便快捷、便于维修操作、降噪量从 25 ~ 55dB（A）可选。因此可根据用户不同的要求组装从而降低成本。

2. 应用范围

隔声罩适用于降低各类鼓风机、引风机、发电机、空压机、变压器、粉碎机、球磨机、电动机、水泵、汽轮机、木工机械等设备的噪声。它即可隔离设备的高噪声，又可作为高噪声车间的控制室，减少噪声对人体的危害。一般同时配备有通风散热的进、排风消声器、隔声门、隔声窗等，保证设备正常工作。

3. 相关性能及参数说明

（1）隔声罩的壁材应具有足够大的透射损失 LTL。罩壁材料可采用镀锌板、冷轧钢板、不锈钢板、铝板，壁薄、密度大的板材，一般采用 1.5 ~ 3mm 钢板即可。

（2）金属板面上加筋并粘贴阻尼层。通过加筋或粘贴阻尼层，以抑制和避免钢板之类的轻型结构罩壁发生共振和吻合效应，减少声波的辐射。阻尼层的厚度应不小于罩壁厚度的 2 ~ 4 倍，一定要粘贴紧密牢固。

（3）隔声罩内表面应当有较好的吸声性能。隔声罩内通常用 100 ~ 180mm 厚的多孔吸声材料进行处理，吸声系数一般不应低于 0.8。内衬的离心玻璃棉（容重 25 ~ 75kg/m³）作吸声层（根据噪声源频谱特性选择的密度不同），玻璃棉护面层由一层玻璃布和一层穿孔率为 25% 的穿孔钢板构成。这种构件的平均透射损失在 25 ~ 55dB（A）之间。

（4）隔振处理。隔声罩与机器之间不能有刚性连接，通常将橡胶或毛毡等柔性连接夹在两者之间吸收振动，否则会将机器的振动直接传递给罩体，使罩体成为噪声辐射面，从而降低隔声效果。机器与基础之间、隔声罩与机器基础之间均也需要隔振措施。

（5）罩壳上孔洞的处理。隔声罩内声能密度很大，隔声罩上很小的开孔或缝隙都能传出很大的噪声。若仍需在罩上开孔时应对孔洞进行处理：1）传动轴穿过罩的开孔处加一套管，管内衬以吸声材料，吸声衬里的长度应大于传动轴与吸声衬里之间的缝隙 15 倍，这样既避免了声桥，又通过吸声作用降低了缝隙漏声。2）因吸排气或通风散热需要开设的孔洞，应设置消声器。3）罩体为模块拼接式，隔声门、窗、模块间等接缝处，要垫以软橡胶之类的材料，当隔声门在关闭时，要用锁扣扣紧以保证接缝压实，防止漏声。4）隔声罩是根据噪声源的频谱特性设计，低频、中频、高频噪声源选择吸声材料是密度、厚度不同，面板及阻尼层也有所区别。

4. 结构及安装

隔声罩（内含金属骨架）各层构造依次为冷轧穿孔钢板（厚度 1.0mm）+ 玻璃纤维护面布 + 复合吸声材料（总厚度 120mm，是密度为 22kg/m^3 和 48kg/m^3 玻璃纤维棉的组合）+ 阻尼层 + 冷轧钢板（盲板，厚度 1.5mm）。隔声罩四周与洞口之间利用中性硅酮密封胶密封良好。

第三章

建筑声学设计

3.1 室内声学原理

在剧院观众厅、体育馆、会议厅、礼堂、播音室、教室等封闭空间内，不同于室外自由声场，声波在传播时受到室内各个界面的反射与吸收，声波相互重叠形成复杂的声场，如图 3-1 所示，这种室内声场的特征主要有：

（1）距离声源有一定距离的接收点上，声能密度比在自由声场中要大，不随距离的平方衰减。

（2）声源在停止发声后，一定的时间里，声场中还存在着来自各个界面的迟到的反射声，产生所谓"混响现象"。

（3）声波与房间产生共振，引起室内声音某些频率的加强或减弱。

（4）由于房间的形状和内装修材料的布置，形成回声、颤动回声及其他各种特殊现象，使得室内声场情况更加复杂，如图 3-2 所示。

因此，室内声学设计的主要目的就是探讨房间的形状、容积以及吸声、反射材料的分布等，以获取室内良好的声环境和听音环境。室内声学的原理包括几何声学原理、扩散声场的假定以及室内声音的增长、稳态和衰减。

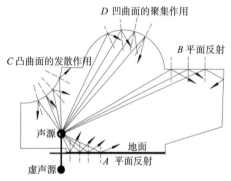

图 3-1　室内声音反射的几种典型情况
A，B—平面反射；C—凸曲面的发散作用；
D—凹曲面的聚焦作用

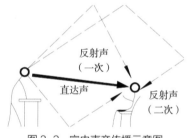

图 3-2　室内声音传播示意图

3.1.1 音质设计

1. 音质的主观评价和客观参量

室内音质的好坏是以听众或演奏者们等使用者能否得到满意的主观感受为判断标准的，涉及人们对语言声和音乐声两种声信号的主观感受。这种主观感受从五个音质评价标准出发，包括合适的响度、较高的清晰度和明晰度、足够的丰满度、良好的空间感及有无声缺陷和噪声干扰。每一项音质要求又与一定的客观声场参量相对应。室内音质设计则是通过建筑设计与构造设计保证各项客观物理指标符合主要的使用功能，以满足人们对良好音质的主观感受的要求。表 3-1 给出了不同演场用途房间的声学设计与问题解决。

客观参量主要包含声压级与混响时间、反射声的时间分布与空间分布、两耳互相关函数、初始时延间隙、低音比和温暖感等。

2. 混响设计

一般的考虑因素：

（1）尺寸——当要求短混响时（语言用厅堂），宜将房间体积减至最小；当要求中等或长混响时（音乐用大厅），则要选择大一些的房间体积。

（2）吸声——采用吸声材料来减少混响；采用反射材料或扩散材料来增加混响。

（3）低频吸收——对于有反射面且需要语音清晰度的大房间，可以用亥姆霍兹共振器、薄膜吸声体和填充吸声体来加强低频吸收。

（4）语言清晰度——对于大房间，宜用各扬声器且具有适当延时的分布式扩声系统；对于有混响的房间，则宜用强指向性的低声级扩音系统。

（5）演奏现代乐的房间中经常要使用扩声系统。当我们希望房间的自然声提供所需的音质时，如果扩声系统的声级设置得太高，无论怎样的建筑设计效果都会大打折扣。这些扩声系统中可以加入人工混响。因此我们建议对于大音量的现代乐演奏房间，尽可能地多做吸声处理，见表 3-1。

不同用途房间的声学设计与问题解决　　　　　　　　　　表 3-1

房间用途	设计要点	潜在问题	解决方法
演讲	尽可能小的房间尺寸和尽可能多的吸声处理。力争声场均匀分布而且获得最短的 RT	声场分布不均匀，大房间内混响过长	利用扩声系统，在靠近声源处放置反射罩，把声音直接传给听众；房间内所有表面均采用有效的吸声处理
演讲及现代乐	保持 RT_{60} 不超过 1.5 秒	大房间内混响过长	做大量的吸声处理，但可考虑在侧墙及顶棚处采用反射面，把声音直接传给听众
现代乐	保持 RT_{60} 在 1.3 秒至 1.5 秒之间	混响时间过短或过长	可考虑在地面、后墙及座椅上做吸声处理
现代乐及古典音乐	保持 RT_{60} 在 1.6 秒至 1.8 秒之间	混响时间过短或过长	做一定量的吸声处理，但要留出顶棚及侧墙做反射面和扩散面
古典音乐及浪漫派音乐	保持 RT_{60} 在 1.8 秒至 2.0 秒之间	混响时间过短或过长	在地面及后墙做吸声处理
古典音乐及教堂音乐	保持 RT_{60} 在 2.0 秒至 2.2 秒之间	混响时间不能同时适用于两种情况	限制座椅和后境的吸声；其他位置做漫反射处理；考虑采用可变混响的声学装置
教堂音乐	保持 RT_{60} 在 4 秒以上，尽可能大的房间尺寸，尽可能少的吸声处理	因房间尺寸小或存在吸声而造成混响时间偏短	尽量减少吸声表面，利用参差凸起的墙面做扩散体；考虑在较小的空间内采用电子混响系统
演讲及教堂音乐	保持 RT_{60} 在 4 秒以上，演讲时采用电声辅助	语言清晰度不够	演讲时，在靠近听众处放置低声级的扬声器
演讲及古典音乐	使 RT_{60} 不高于 1.8 秒，演讲时采用电声辅助	语言清晰度不够	演讲时，在靠近听众处放置低声级的扬声器

（6）为方便计算混响时间，通常可以建立 EXCEL 表格模板，输入不同材质的吸声系数，快速得到混响时间；表格如表 3-2 所示：

某学校报告厅混响时间计算　　　　　　　　　　　　　　　　　表 3-2

混响时间计算								
项目名称：			某学校报告厅					
室内容积（m³）			3029					
室内总表面积（m²）			1718.5					
位置	材料和做法	面积 S	125Hz	250Hz	500Hz	1000Hz	2000Hz	4000Hz
			α　A	α　A	α　A	α　A	α　A	α　A
顶棚	硬质材料	483.0	0.08	0.05	0.05	0.04	0.05	0.04
			38.64	24.15	24.15	19.32	24.15	19.32
	无机涂料	65.0	0.02	0.02	0.02	0.03	0.04	0.05
			1.30	1.30	1.30	1.95	2.60	3.25
墙面	转印木纹冲孔铝单板	143.9	0.22	0.43	0.55	0.60	0.60	0.60
			31.66	61.88	79.15	86.34	86.34	86.34
	白色吸声板	335.2	0.35	0.48	0.50	0.51	0.51	0.47
			117.32	160.90	167.60	170.95	170.95	157.54
	吸声防撞软包	67.9	0.35	0.45	0.48	0.55	0.62	0.63
			23.77	30.56	32.60	37.35	42.10	42.78
	LED 显示屏	55.6	0.04	0.03	0.03	0.03	0.02	0.02
			2.22	1.67	1.67	1.67	1.11	1.11
	观察窗	4.6	0.08	0.03	0.03	0.02	0.02	0.02
			0.37	0.14	0.14	0.09	0.09	0.09
地面	运动木地板	96.3	0.12	0.06	0.04	0.04	0.03	0.03
			11.56	5.78	3.85	3.85	2.89	2.89
	胶地板	271.0	0.12	0.08	0.05	0.05	0.05	0.03
			32.52	21.68	13.55	13.55	13.55	8.13
空场混响时间	空场坐席吸声量	196.0	0.20	0.30	0.37	0.41	0.46	0.46
			39.20	58.80	72.52	80.36	90.16	90.16
	总吸声量 S×α		298.55	366.85	396.52	415.43	433.95	411.62
	平均吸声系数 α		0.17	0.21	0.23	0.24	0.25	0.24
	−LN（1−α）		0.19	0.24	0.26	0.28	0.29	0.27
	−LN（1−α）×S		327.95	412.65	450.80	475.56	500.16	470.54
	空气吸声 '−4mv		0.00	0.00	7.27	12.72	26.96	79.36
	空场混响时间 RT		1.49	1.18	1.06	1.00	0.93	0.89
	与中频 500Hz 比值		1.40	1.11	1.00	0.94	0.87	0.83

3. 驻波与共振

驻波 自由空间中有一面反射性的墙。一定频率的声音入射到此墙面上产生反射，入射波与反射波的波形叠加，形成"干涉"。该驻波会在 2 个反射面之间的某些区域产生波节，某些区域产生波腹，即在入射波与反射波相位同向的位置上，振幅因相加而增大，而在相位反向的位置处，振幅互相抵消，相位相减故而"相位和"减小，由此形成了新的位置固定的波腹与波节，这就是"驻波"。

共振 声波共振是指利用一个与系统固有频率相同的声波，对系统形成激励，从而与系统达到共振。共振在声学中亦称"共鸣"，它指的是物体因共振而发声的现象，比如两个频率相同的音叉靠近，其中一个振动发声时，另一个也会发声。

（1）封闭管中的共振简正模式。

一根两端封闭的管，可以把它类比成两面相对的墙。这个封闭管是一个展示了简单的一维平面波动的案例。这时若以某种方式发出激励源，管体会在它本身固有频率处发声共振。此时声音的波长大于管的直径，声音沿着管的长度方向传播，不能穿越管壁。

例如在风琴管这样形式的乐器边沿，我们用嘴对其吹气，可以让管内的空气振动起来。管内若放置一个扬声器，通过它重放吹奏音的正弦信号，这一信号会随着频率的变化而改变。随着扬声器重放频率的增加，达到与管子的固有频率一致时，会产生明显的共振现象。

（2）封闭管内的固有振动。

此空间的边界条件是定义管在任意长度位置处的两端为刚性壁，管内固有振动频率也称为简正频率或振动的简正模式，而且在这些频率处管子产生共振，引起共振频率。在简正振动模式下，管中的声压和质点速度由位置决定。

（3）自由场内两个平行墙面之间的共振。

两个墙面之间，也可以维持驻波状态，即第二个墙面产生的驻波的波腹与波节与第一个墙面产生的驻波的波腹与波节在位置上重合，这样，在两墙之间就产生"共振"。

（4）矩形房间的共振。

四个墙面两两平行，地面又与顶棚平行的矩形房间，相对的墙面之间也会受到其他四个面的反射干扰，除了产生轴向与切向驻波，还会有斜向驻波形态。这时若以某种方式发出激励源，房间共振的机会将大幅度增加。

在房间的六个室内表面都是刚性，声学全反射，但是实际上，内表面总有一定的吸声。在室内表面上布置吸声材料或构造时，共振峰会略向低频移动，频率响应曲线也相应趋于平坦。在演播室或录音室的声学设计中，选择与共振频率相同的吸声材料或构造做法，使得室内的频率响应特别是在低频处的响应避免大的起伏是非常重要的。

有研究者给出矩形房间共振降低简并影响的几何尺寸与形体比例，这对于需要矩形房间形式的声学实验室、录音室、演播室、听音室、排练室等都具有较大价值。然而，实际工程中，诸如此类用途的房间常常设计采用不规则形体，一来可以防止简并驻波造成的音质畸变，二来可以增加美学与艺术效果。

4. 隔声设计

隔声设计是为阻止噪声传播而对建筑群总体布置、单体建筑布置和建筑结构进行的综合措施方案，本书隔声设计从空气声隔声、撞击声隔声以及雨噪声隔声三个方面考虑。

（1）空气声隔声设计。

1）隔声门与隔声窗。

除结构构件本身对门窗的隔声有影响之外，门窗周边是否密封也对隔声效果起到决定性影响。结构部件的隔声评价与单层或双层墙的评价方法相同，但是要将构件缝隙导致隔声量下降的因素考虑在内。总体来说，密封对隔声起到支配性作用，细节处理不同，施工精度不同，导致门窗的总体隔声量 R 值大有不同。如图 3-3 所示隔声门与地面缝隙的细部做法实例，这是门窗隔声的薄弱点所在。图 3-3 中显示了隔声门的不同工艺，左边隔声门用密封垫进行了周边密封，且四周进行吸声处理，根本性的一点是门缝应尽可能小。右边隔声门设有下压条，关门时密封垫会自动密封门的底缝。

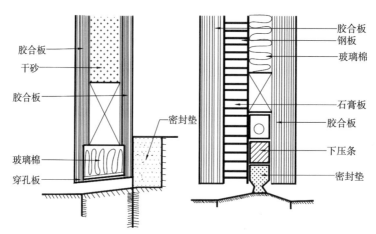

图 3-3　隔声门与地面缝隙的细部做法实例

2）隔声屏障。

隔声屏障降噪量的估算公式和图表很多，不同估算方法有各自的适用条件和范围。最常用的基本的是薄屏障，如图 3-4 所示的"菲涅耳数法"。图中，d 是声源和接收点的直线距离，在声屏障不存在时，是声波直接传播的直达路程，$A+B$ 是声屏障存在时声波绕射的路程。再根据声波波长可以算出菲涅耳（Fresnel）数 N：

$$N = \frac{2}{\lambda}(A + B - d) = \frac{2\delta}{\lambda} = \frac{\delta f}{170} \tag{3-1}$$

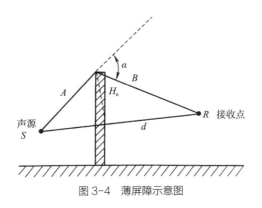

图 3-4　薄屏障示意图

式中 $\delta = A + B - d$，是绕射路径与直达路径的声程差；f 为声波的频率。图中 H_e 是声屏障有效高度，α 为绕射角。由菲涅耳数 N 查计算图可以得到降噪量 NR。图中，N 取负号是指声源点和接收点的连线越过了屏障顶部，即屏障对此连线无遮挡，但因为屏障的存在，仍会使传播的声波有所衰减。在 $N = 1 \sim 10$ 范围内，可以用下式近似地估算声屏障的降噪量：

$$NR = 13 + 10\lg N\,(\mathrm{dB}) \tag{3-2}$$

因为菲涅耳数 N 与声波频率成正比，所以声波频率高一倍，增加一个倍频程，声屏障降噪量大约增加 3dB。

应当指出，当隔声屏障的隔声量超过该频率的降噪量 10dB 以上时，则声屏障的透射声屏障存在时声波绕能对屏障的降噪量无影响。换句话说，设计声屏障时，屏障自身的隔声量应大于屏障降噪量 10dB 以上。此外，如果屏障朝向声源的一面增加设置吸声材料，以及尽量使屏障靠近声源，则会提高降噪效果。

实际上，任何设置在声源和接收点之间的能遮挡两者之间声波传播直达路径的物体都起到声屏障的作用，它们可以是土堤、围墙、建筑物、路堑的挡土墙等。而薄屏障的做法也多种多样，可以是砖石和砌块砌筑，也可以是混凝土预制板结构，在北美还采用木板墙。在市区的高架道路上，为减轻重量，亦可采用钢板结构的隔声屏，有的还采用玻璃钢，这些做法当然造价较高。声屏障的设计要综合考虑降噪量的要求、结构的安全和耐久性、施工和维护的简便、造价和维护费用的经济性，以及城市景观等诸多因素。

（2）隔声罩。

采用隔声罩来隔绝机器设备向外辐射噪声，是在声源处控制噪声的有效措施。隔声罩通常是兼有隔声、吸声、阻尼、隔振、通风、消声等功能的综合体，根据具体使用要求，也可使隔声罩只具有其中几项功能。

隔声罩可以是全封闭的，也可以留有必要的开口、活动门或观察孔，具有开启与拆卸方便的性能以满足生产工艺的要求。

1）主要结构。

外层通常用 1.5 ～ 2mm 厚的钢板制成，在钢板里面涂上一层阻尼层，阻尼层可用特制的阻尼漆，或用沥青加纤维织物或纤维材料。外壳加阻尼层是为了避免吻合效应和钢板的低频共振，使隔声效果变差。外壳也可以用胶合板、纸面石膏板或铝板制作。为提高降噪效果，在阻尼层外可再铺放一层吸声材料（通常为超细玻璃棉或泡沫塑料），吸声材料外面应敷盖一层保护层（穿孔板、钢丝网或玻璃布等）。在罩与机器之间要留出一定的空隙，并在罩与基础之间垫以橡胶垫层，以防止机器的振动传给隔声罩。对于需要散热的设备，应在隔声罩上设置具有一定消声性能的通风管道。隔声罩在采用不同处理时的隔声效果如图 3-5 ~ 图 3-7 所示。

2）隔声效果。

衡量一个隔声罩的降噪效果，通常用插入损失 L 来表示。它表示在罩外空间点，加罩前后的声压级差值，这就是隔声罩实际的降噪效果。插入损失的计算如式（3-3）所示：

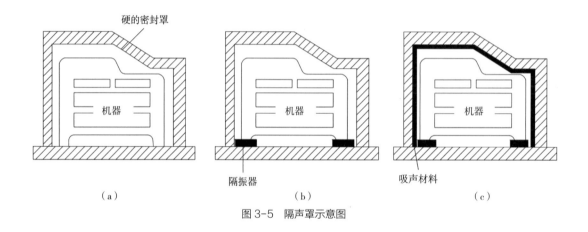

图 3-5　隔声罩示意图

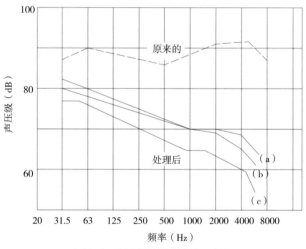

图 3-6　隔声罩的隔声效果示意图

注：图中（a）（b）（c）对应图 3-5 中的 3 种隔声罩。

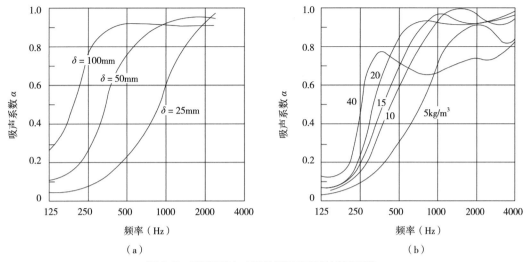

图 3-7　不同厚度与容重的超细玻璃棉的吸声系数

（a）密度为 27kg/m³ 超细玻璃棉厚度变化对吸声系数的影响；（b）5cm 厚超细玻璃棉容重变化时对吸声系数的影响

$$IL = 10\lg \frac{\alpha}{\tau} = R + 10\lg \alpha \text{（dB）} \qquad （3\text{-}3）$$

式中　α——罩内表面的平均吸声系数；

τ——罩的平均透射系数；

R——隔声量。

当 $\alpha = \tau$ 时，IL 为 0，因此内表面吸收系数过小的罩子，降噪效果很差。许多设备，如球磨机、空气压缩机、发电机、电动机等都可以采用隔声罩降低其噪声的干扰。

（3）撞击声隔声设计。

建筑在使用的过程中，各种来源的撞击、振动传播到建筑结构上，此时会引发振动并通过结构传播，称为结构声。

建筑外部的交通、施工或工业生产产生的噪声和振动，可通过地面或建筑基础以结构声的形式传入室内。

在建筑内部，经常发生很多由人的活动带来的结构声，如脚步、猛地关门、拖动家具等引起的撞击，这些房间中产生的声音可以激励其墙面、顶棚、地面产生振动，引发结构声的传播。再如机械设备的振动，如水泵、风机、电梯、冰箱等是产生稳态结构声的声源。此外，管道内传输液体或蒸汽时，也会在水龙头或阀门处产生间歇性结构声，并通过管道本身和建筑结构传播。

人们感知到的结构声是振动表面的振动波辐射到空气中引发空气声的结果。结构声隔声的设计就要从减弱振动源的振动和阻隔振动在楼层结构中的传播，以及阻隔振动结构向接收空间辐射空气声这三个途径上考虑。为评价撞击声被改善的效果，用声改善值 ΔL_p 来表示：

$$\Delta L_{\mathrm{p}} = L_{\mathrm{pn0}} - L_{\mathrm{pn}} \tag{3-4}$$

L_{pn0}——采取措施前的规范化撞击声级，dB；

L_{pn}——采取改善措施后的规范化撞击声级，dB。

隔声设计中主要针对面层材料处理的效果如图 3-8 所示，浮筑楼板不同浮筑垫层的效果如图 3-9 所示。

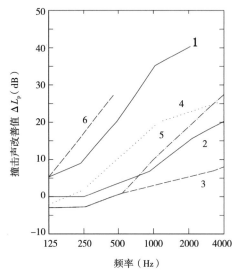

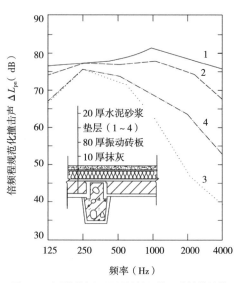

图 3-8　几种弹性地面的撞击声改善值
1—6mm 厚甘蔗板加 1.7mm 厚 PVC 塑料面（或 3mm 厚油地毡）；
2—干铺 3mm 厚油地毡；3—干铺 1.7mm 厚 PVC 塑料地面；
4—30mm 厚细石混凝土面层加 17mm 厚木屑垫层；
5—10mm 厚矿棉垫层；6—厚地毯

图 3-9　浮筑楼板不同浮筑垫层的隔声性能比较
1—无垫层；2—40mm 厚炉渣混凝土；3—8mm 厚纤维板；
4—8mm 厚纤维板，地面与踢脚有刚性联结

5. 体型设计和声缺陷

现如今国民生活水平不断提高，人们对追求良好建筑声环境的愿望愈加突出，厅堂（室内）音质设计已经成为建筑设计中不可或缺的一部分。特别是对部分具有特殊听音要求的建筑空间类型，如剧院、音乐厅、会堂、电影院、电视演播厅、录音室等，室内音质设计尤为重要。此外，随着家庭影院、听音室以及听音用多媒体房的普及化，要求在学校、住宅建筑的常规设计中加入厅堂声学的设计内容，具体需以合理的背景噪声控制以及空间体型两个设计作为基础考量。

为保证建筑室内音质的声环境效果，声学专业需要与建筑、结构、暖通、机电、装饰等专业互相配合。如马大猷所说："一座厅堂要达到良好的音质要求，需要水平最高的建筑师与声学师密切合作，创造性地发挥最高水平。"这意味着，建筑师与声学师需要相互关注并懂得对方的专业知识，并相互尊重彼此的工作。

在常规的空间中，室内音质设计应在做好建筑隔声和噪声控制（安静度）的基础上，以保证"足够的响度""满意的清晰度""合适的丰满度""声场均匀度""无噪声干扰""无声缺陷"等基本的声学要求，从而制订具体的设计与施工目标。

各类空间的音质等声学设计中的吸声、反射、扩散等的设计标准及预期会因空间功能的不同而存在差异，具体思路包括使用材料的类型、布置、安装方法等，应根据项目实际情况做针对性分析，不可简单地一概而论。

（1）体型设计。

1）体型设计的目的。

体型设计是音质设计的一部分，通常也是厅堂音质设计的首要步骤，这主要是由于以下几个原因：

①体型设计是建筑设计与厅堂音质设计的双重基础。

②容易被声学设计师忽略。

③声学设计师需要参与建筑体型设计，这一点却通常被项目业主和建筑设计师忽略，以致国内不少声学空间在建筑设计的初期，体型就存在较大声学缺陷而不被意识到。在建筑设计完成甚至主体施工完成后，再让声学设计师参与，就变成了一项难度极高的声学设计挑战。

体型设计的出发点是为了充分利用与安排房间内的有效声能，使早期反射声在时间和空间上能够合理分布，并防止房间内出现各类声学缺陷。

2）体型设计的原则。

对于观演类厅堂的体型，应由建筑声学设计师根据声学原理和项目功能定位要求进行设计。对于功能、体积已经确定的观演空间，体型设计的结果直接决定早期反射声的时间和空间分布，甚至影响直达声的传播，将对厅堂内的听音效果、装修造价产生重大影响。因此，体型设计是厅堂音质设计的重要基础。

体型设计应满足以下几个要求：

①合适的容积控制。

②充分利用声源的直达声，依据声学原理使直达声能够传播到厅堂的每一处。

③通过合理的体型设计，去争取和控制厅堂内的早期反射声、使其满足合理的时间和空间分布要求。

④适当的声扩散处理，使厅堂内的声场达到好的扩散效果，以满足厅堂内声场均匀度的要求。

⑤防止厅堂内出现声聚焦、颤动回声或多重回声、声影区、驻波等声学缺陷。

⑥明确墙体的装修厚度、顶棚的装修高度及荷载，给建筑、装饰设计师提供前期条件。

（2）厅堂的容积控制。

不同声学厅堂，对容积（每座容积）控制有不同的要求，见表3-3。

各类型建筑厅堂的建议每座容积   表 3-3

歌舞剧场观众厅	$4.5 \sim 7.5m^3$
话剧、戏曲剧场观众厅	$4.0 \sim 6.0m^3$
电影院观众厅	$6.0 \sim 8.0m^3$
会堂、报告厅、多功能厅观众厅	$3.5 \sim 5.0m^3$
体育馆比赛大厅	$15.0 \sim 25.0m^3$

（3）声源直达声的利用。

直达声强度的大小将影响观众席上声音的清晰度。由于观众席座位、听众衣服等的吸声作用，直达声每经过一个观众席，强度都会有衰减，故而观众席的听音清晰度与声源距离成反比，距离越近清晰度越佳。

演出时，演员和部分乐器发出的声音均有一定的指向性。高频声音的指向性强，低频声音的指向性弱。观众席不在声音辐射（指向性）的区域内时，听音清晰度较差；反之，清晰度较好。

以自然声演出为主的厅堂，体型设计应注意以下几点。

1）厅堂的纵向长度一般不宜超过35m。

2）使观众席尽量靠近舞台。当观众席超过1200座时，宜增加一层悬挑式楼座；当超过1800座时，宜采用两层或者多层悬挑式楼座。

3）建议将绝大部分观众席布置于以声源为顶点的140°角的平面区域内。

4）观众厅尽可能采用高低错落的梯田式布置形式。观众席的台阶级差设计与变化既可以满足视线的通达与，也有利于加强此区域的声扩散。

5）观众厅顶棚设计，既应满足声反射和声扩散的基本要求，还应满足混响、隔声的要求。

（4）早期反射声的控制。

比直达声滞后50ms以内到达的声音称为早期反射声（参数表示为C_{50}）。音乐演出可以延长至80ms（用参数表示为C_{80}）。观众厅的体型设计应该使厅内每个观众席都能够接收到丰富的早期反射声，尤其是侧向早期反射声。

依据声学的声线法基本原理，通过在平面、剖面图内做声线分析，即可得到每种体型的观众厅的早期反射声的状况。声线分析时，建议声源的位置选择舞台大幕线中心后3m、高于舞台地面1.5m处，通过声线分析确定顶棚及侧墙的形状和最佳造型。设有乐池时，应在乐池开口中心增设一个声源点再作声线分析。

图3-10为渤海实验学校剧场声线分析图。声源位于大幕线中心后3m，离舞台地面高1.5m处。从声源发出的声音，经观众厅吊顶及侧墙反射后，可到达池座和楼座观众席的各个区域，声场分布均匀，并给观众席提供了大量的早期反射声，为提高观众区域的听音清晰度、亲切感及空间环绕感发挥了重要作用。

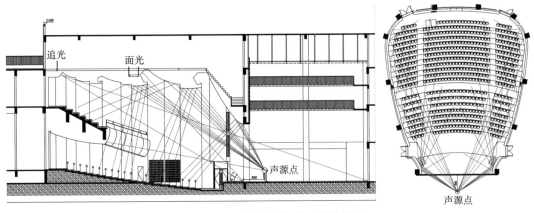

图 3-10　渤海实验学校剧场声线分析图

室内厅堂音质的评价是多元的，双耳相关函数，声场强度因子、声场扩散度、空间感、环绕感等建筑声学主、客观评价指标主要通过体型、容积率等室内空间因素决定。而混响时间、温暖感、反射声的初始延迟时间、声场均匀度及其频率特性等评价指标很大程度上取决于室内容积、界面材料及构造的选择。其中，混响时间是音质设计装饰的重要内容之一，对 RT 的控制通常采用在厅堂各界面布置声学构造的方法来实现。

3.1.2　建筑设备隔振

根据振动产生的过程，首先振源发出振动，通过介质传至受振对象（人或物），因此，振动污染控制的基本方法分为三个方面：振源控制、传递过程中振动控制和对防振对象采取的振动控制措施。建筑设备的隔振也从上述三点考虑。

1.振源控制

（1）采用振动小的加工工艺，避免零部件的强力撞击和基础振动，可采用非撞击方法来代替撞击方法，如焊接代替铆接、压延代替冲压、滚轧代替锤击等。

（2）减少振动源的扰动，可通过改进振动设备，降低振源本身的不平衡力和力矩引起的对设备的激励，减小其振动，达到最佳的控制效果。

（3）旋转机械，大部分属于高速运转类，如每分钟达到千转以上，其微小的质量偏心或安装间隙的不均匀都容易带来严重的振动危害。因此要调好其动、静平衡，提高旋转机械的产品质量，控制其对中要求和安装间隙，从而减少其离心偏心惯性力的产生。

（4）旋转往复机械，此类机械是曲柄连杆机构组成的往复运动机械，如柴油机、空气压缩机等。对于此类机械应从设计上采用各种平衡方法改善其平衡性能。

（5）传动轴系的振动，随着各类传动机械的要求不同而振动形式各异，主要有扭转振动、横向振动和纵向振动三种。改善此类轴系振动情况的方法有使其受力均匀，传动扭矩平衡，应有足够的刚度等。

（6）管道振动，主要是各种工业用管道，随着传递输送介质（气、液、粉等）的不同产生的管道振动形式不同。管道内流动介质由于其压力、速度、温度和密度等随时间呈现周期性变化，如与压缩机相衔接的管道系统，在周期性注入和吸走气体的情况下，气脉流动被激发，继而形成了对管道的激振力，带动管道的机械振动。设计改善的措施有适当配置各类管道元件，改善介质流动特性，避免气流共振和降低脉冲压力。

（7）改变振源的扰动频率。

在某些情况下，受振对象（如建筑物）的固有频率和扰动频率相同时，会引起共振，此时改变机器的转速，更换机型（如柴油机缸数的变更）等，都是行之有效的防振措施。

（8）改变振源机械结构的固有频率。

有些壳体结构振源，当扰动频率和本身壳体结构的固有频率相同时，会引起共振，此时可以改变设施的结构和总体尺寸，采用局部加强法（如加设筋、多加支承节点），或者增加壳体质量等，都可以改变机械结构的固有频率，避免共振。

（9）加阻尼以减少振源振动。

对于薄壳结构的机械振源，可采用在壳体上加阻尼材料的方法抑制振动。

2. 传递过程控制

传递过程控制措施如下：

（1）增加振源和受振对象之间的距离。

1）厂区总平面布置。

2）建筑物选址。

3）车间生产布置工艺。

4）其他方法。如将动力设备和精密仪器设备分别置于楼层中不同的结构单元内，如设置在伸缩缝（或沉降缝）、抗振缝的两侧，对振动衰减有一定的效果。

（2）隔振沟（防振沟）。

隔振沟对冲击振动或频率大于30Hz的振动有一定效果；对于比这一频率更低的振动则收效甚微。作用效果主要取决于沟深 H 与表面波的波长 λ_R 之比，对于减少振源振动向外传递而言，当振源距离沟为一个波长 λ_R 时，H/λ_R 至少应为 0.6 时才有效；对于防止外来振动传至精密仪器设备，该比值要达到 1.2 以上才可以。

（3）设备隔振措施。

当受空间位置限制或地皮昂贵或工艺需要时，不能加大振源与受振对象之间的物理距离时，设备隔振措施的优越性就显示出来了。从积极隔振与消极隔振两个层面考虑。前者是减少振动设备扰动外传，对其采取的隔振措施（即减少振动的输出）；后者是减少外来振动对防振对象的影响，对防振对象（如精密仪器）采取的隔振措施（即减少振动的输入）。原则是在振源或防振对象与支撑结构之间加隔振器材，研究表明，如此做法对保护机器本身的精密部件和模具的好处很多。

（4）管道隔振。

1）在动力机器与管道之间加柔性连接装置，例如在风机的风管与风机的连接处采用柔性帆布管接头，或在水泵进出口处加橡胶软接头，以防止振动传出。

2）在管路穿墙面而过时，应使得管路与墙体脱开，并垫以弹性材料，以减少墙体振动。同时对管道的架设而言，应每隔一定距离设置隔振吊架和隔振支座。

3. 对防振对象采取的振动控制措施

（1）采用黏弹性高阻尼材料，如阻尼漆、阻尼板等，增加阻尼，以增加能量耗散，降低其振幅。

（2）紧密仪器、设备的工作台，应采用钢筋混凝土制作的水墨石工作台，以保证工作台本身具有足够的刚度和质量，而不宜采用刚度小、容易晃动的木制工作台。

（3）精密仪器室的地坪设计，应采用混凝土地坪，必要时采用厚度不小于 500mm 的混凝土地坪。如必须采用木地板时，应将木地板用热沥青与地坪直接粘贴，不应采用在木格栅上铺木地板架空的做法，以避免操作人员在其上走动时产生的较大振动，进而影响精密仪器和设备的正常使用。

4. 其他振动控制方法

（1）楼层振动控制。

楼层结构的固有频率谱排列很密，而楼层上各类设备的转速变化范围较宽，非常容易引起共振。故在楼层结构设计时预先考虑其平面尺寸、柱网形式、梁板刚度及其刚度比值，以便把结构的共振振幅控制在某个范围内。通常增大构件刚度，调整柱网尺寸，对减少任意种类的楼层振动均有效。

（2）有源振动控制。

该方法的理念是：用传感器将动力机器设备扰力信号检测出来，并输入计算机系统分析，产生相反的信号，再驱使一个电磁结构或机械结构产生一个位相与扰力完全相反的力作用于振源上，从而达到控制振源振动的目的。

5. 通风和空调振动噪声控制

机械噪声和振动、风扇噪声、风道降噪、静压箱消声器、密闭的衰减器、管道位置、可调节的消声器、抗性消声器、有源噪声控制等。

3.2 建筑声学设计方法

3.2.1 建筑声学设计概述

根据声学设计项目的具体对象，明确空间类型，针对准确定位主要使用功能与次要使用功能，建筑声学设计规范，民用建筑隔声设计等相关规范与标准，逐条归纳出建声设计指导原则，必要之时配合电声系统对建筑声场的听觉感受进行补充或调节，保证关键性的若干建声设计技术指标能达到实际使用要求，例如响度、清晰度、丰满度是否足够，混响时间长短是否合理，声场均匀度是否满足，侧向早期反射声的能量分布是否超标，声场力度强弱和平衡度是否均衡，音乐透明度和空间感是否足够，背景噪声是否达到允许标准等，以营造一个高品质的视觉和听觉环境。

3.2.2 规划策划

声学工程师在参与实际项目时，要根据具体情况综合分析项目定位和功能分级，了解业主需求，并参与建筑规划等工作，以便制定出科学合理的声学设计任务书。

3.2.3 建筑声学设计主要内容

1. 一般要求

设计前的准备工作，首先要认真考虑选址、确定使用房间功能及对应的噪声级、初步布置建筑结构，接着开始对厅堂开展声学设计规划。

2. 图纸审核

当已经具备项目的建筑方案图、初步设计图的时候，声学工程师需要对图纸进行各个专项审核，着重要从声学设计的前提出发，提出缺少的资料与数据。根据前期的项目经验提出明显的可能对声品质造成影响的不利因素，并给出审核意见书。

3. 空间体型和参数确定

依据国家现行声学标准与规范，确定厅堂中音乐、语言、表演的种类，设计各项声学参数，计算出厅堂的容积以及座位数和总的表面积。

通过计算如果结果不能满足设计标准，则需要对初始的数值进行调整。就大厅的混响时间而言，为避免模拟结果和实际完工后的测量结果，出现不希望的偏差，在设计、施工阶段，材料及各类构造均需做非常认真的审核，以确保能达到设计所预期的混响时间和其他音质参量的实现。

4. 设定使用材料和声学结构

通过对参数的计算，声学工程师和建筑师协同配合，再决定以下内容：

（1）厅堂的声学结构，例如矩形、扇形或者不规则多边形等。

（2）根据初定的数值，适当地设计厅堂内部各个表面使用的材料和材料构造，例如，使用声学材料的位置、表面积大小、材质厚度，座椅的外包用材等。

（3）再次计算，进行细部设计，确定包厢、挑台、阶梯等是否可行，包括它们的形状和大小等参数。

5. 建立三维模型，进行模拟分析与仿真计算

使用声学模拟软件建立厅堂的三维模型，输入初步设定的声学参数等控制指标数值，进行声学模拟分析和参数的仿真计算。

6. 设计声学施工做法图

设计声学施工做法图包括以下内容：

（1）绘制声学设计施工图，给出施工重点与难点部位。

（2）确定细部构造节点的施工做法，绘制图纸；施工的难点与重点部位的构造做法图要齐全。

7. 其他内容

提供技术支持，现场技术交底、会议、中期检测、完工验收测试、工程质量监理。

3.3 声学模型建立及软件应用

3.3.1 SketchUp 软件（以 SketchUp pro 2019 为例）

SketchUp 是一款极受欢迎并且易于使用的 3D 设计软件，其文名为"草图大师"。该软件是由美国著名的建筑设计软件开发商 last Software 公司研发的一套集设计与绘图制作于一身的新工具。该公司在 2006 年被谷歌公司收购，后续发布 6.0、7.0、8.0 版本。它可以快速和方便地创建、观察和修改三维创意。是一款表面上极为简单，实际上却令人惊讶地蕴含着强大功能的构思与表达的工具。

1. SketchUp 特点包括以下几点：

（1）SketchUp 界面简单容易操作。

SketchUp 的界面相对简单，主要分为菜单栏，常用工具栏，大工具集，信息栏。当然还有主体的编辑窗口，对于用户来说是比较直观和明显的，特别复杂的功能相对没有，如图 3-11 所示。

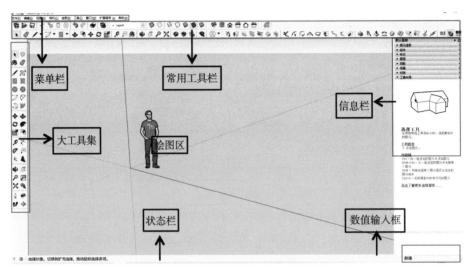

图 3-11　SketchUp 操作界面

（2）适用范围广。

SketchUp 的应用范围可以在建筑、园林、景观、室内设计、工业设计、3d 模型等设计领域。

（3）方便的建模功能。

SketchUp 软件可以通过简单的推拉功能，可以使得图形方便地生产 3d 几何体，不需要再进行复杂的三维建模。

（4）快速生成剖面。

SketchUp 可以快速生成模型任何位置的剖面，使得设计者可以比较快速地了解建筑的内部结构，同时也可以生成需要的二维剖面图导入 AutoCAD（以下简称 CAD）进行处理。

（5）兼容性强。

SketchUp 可以与 AutoCAD，Revit，3DMAX，PIRANESI 等设计软件结合使用，可以方便地导入，导出 DWG，DXF，JPG，3DS 格式文件，在需要软件替换的时候，也可以更加的方便，使得效果图、施工图与方案构思的完美结合，并且还为以上的软件提供插件。

（6）自带相当数量的材质库。

SketchUp 的材质库自带有大量的如门、窗、柱、家具等各种设计材质库，同时还有建筑肌理边线需要的一些材质。

（7）具有多种显示模式。

具有草稿，线稿，透视，渲染等不同显示模式，以便设计师在不同情况下的作图需求。

（8）可以制作方案演示视频。

轻松制作方案的演示视频动画，更加直观地体现设计师的创作思路。

（9）精准地定位阴影和日照。

设计师可以根据建筑物所在地区和时间实时进行阴影和日照分析，帮助设计师在建模的过程中，更加符合现实情况的设计。

（10）简便的标注方法。

简便地进行空间尺寸和文字的标注，并且标注部分始终面向设计者，方便设计者能够简单地对产品进行标记。

2. SketchUp 基础

（1）视图的操作。

1）环绕观察（使摄像机围绕模型转动观察）。

任何三维建模软件，都存在"相机"的概念。它和人的眼睛是一样的，将"看到"的东西反应在电脑屏幕上。我们改变相机的位置、角度，屏幕上显示的东西就会跟着变化，这就是这个功能的原理。它的快捷键是"O"，但是一般我们不会用到这个快捷键，而是直接摁住鼠标上的滚轮键然后拖动鼠标进行操作。这个功能让我们得以从各种视角去观察模型。这是接触 SU 之后所要掌握的第一个基本操作。在任意一个命令状态下双击滚轮，都可以是点击区域居中显示，如图 3-12 所示。

2）缩放操作（放大或缩小显示区域）。

工具栏左边的这个放大镜图标，直接按住鼠标左键拖动就可以达到缩放的效果，当然也可以用快捷键 Z。右边的这个放大镜，需要我们框选一个范围，我们可以直接框选需要放大

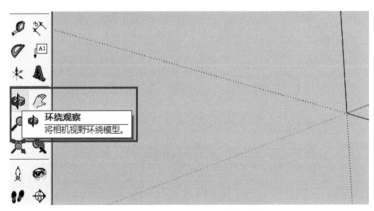

图 3-12　SketchUp 环绕观察

的地方，然后软件就会帮我们将所选的区域自动放大到合适的比例，如图 3-13 所示。小技巧：滚动鼠标滚轮也可以实现缩放效果。

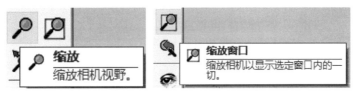

图 3-13　SketchUp 缩放操作

3）充满视窗（使整个模型充满绘图窗口），如图 3-14 所示。

快捷键：Ctrl+Shift+E 或 Shift+Z

图 3-14　SketchUp 充满视窗

4）垂直或水平移动相机（移动画布）。

看到那只小手手了吗？那就是垂直或水平移动相机的图标。但是我们一般不用快捷键或者点击图标来使用这个功能，而是在按住 Shift 的情况下按住鼠标中键拖动来实现。还有一种操作，是按住 Ctrl 和鼠标中键，这与 Shift+ 鼠标中键的区别是 Ctrl+ 鼠标中键是无视重力的，可以变换相机三个维度的位置，而 Shift+ 鼠标中键只能在 x、y 平面上变动相机视野，如图 3-15 所示。

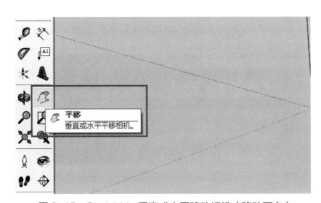

图 3-15　SketchUp 垂直或水平移动相机（移动画布）

（2）视图的切换。

如图 3-16 所示分别为：等轴图、顶视图、前视图、左视图、右视图。

图 3-16　SketchUp 视图切换

（3）对象的选择。

点选：单击选择单个模型元素（按 Ctrl 可加选；按 Ctrl+Shift 可减选；Ctrl+A 全选）。

双击：双击面，可将此面及与其直接相连的边线选中，如图 3-17 所示。

双击边线，可将此边线及与其直接相连的面选中。

三击：三击面或边线，可将与此面或边线相连的所有模型元素选中。

框选：用"选择"工具，从左往右，全部框住才能被选中，实线框。

叉选：用"选择"工具，从右往左，只要与选框接触就会被选中，虚线框。

取消选择：单击空白处或 Ctrl+T。

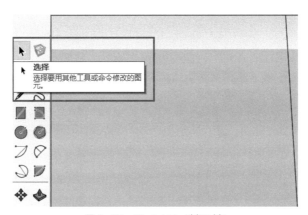

图 3-17　SketchUp 选择对象

（4）对象的显示风格及样式设置。

1）SketchUp 的七种显示风格，如图 3-18 所示。

①X 射线显示——使模型的表面以半透明的方式显示，需要与其他显示模式配合使用（线框显示模式没有面，X 射线显示模式相对于线框显示模式没有意义）。

②后边线显示——原本被遮住的边线会以虚线显示（线框模式下此按钮不可用）。

③线框显示——只显示模型的边线。

④消隐线框（隐藏线）显示——原本被遮住的边线不可见（输出电子格式图片或打印，可以进行后期处理取得手绘效果）。

⑤着色（阴影）显示——当赋予材质，单击此按钮可以以相应颜色显示（在此模式下，推拉工具不可用）。

图 3-18　SketchUp 选择对象

⑥贴图显示——若模型表面被赋予贴图材质，在此模式下可显示贴图材质（此模式相对其他模式显示速度会较慢）。

⑦单色显示——可以使模型使用默认的正/反面色显示，默认正面是白色，反面是灰色（可以用来分辨模型的正反面）。

2）边线的设置。

轮廓线：把物体的轮廓线加强显示。

深度暗示（即表现立体感）：离相近的边线将被加强显示。

延长：从端点开始把物体边线延长，会形成草图的感觉，但不影响捕捉。

端点线：物体边线末端加重显示，会形成草图的感觉。

抖动：模拟手绘抖动的效果。

3）天空与地面的设置，如图 3-19 所示。

图 3-19　SketchUp 天空与地面的设置

3. SketchUp 基本工具

（1）绘图工具。

1）直线。

作用：绘制直线段、多段直线与封闭图形，分割平面，补面，快捷键："L"，如图 3-20 所示。

①两个点连成一条线段。

需要注意的是两点连成一条直线之后它会默认去找第三个点，这时候如果我们不需要，可以按空格回到选择功能，这样直线功能就会自动结束了（如果形成了闭合的折线也会结束）。

还有一点需要说明，当我们将折线段封闭的时候，他就会自动形成一个面，将其中的一根线删除，面也会随之消失。

②从一点出发，给出指定的方向和距离。

首先，确定起始点；然后，找方向。SU 里自带捕捉功能，而且不能手动开关，所以一定要利用好自动捕捉的特性，一旦捕捉到了自己想要的轨迹可以按住 Shift，此时会显示出代表轨迹的虚线，这样方向就固定了；第三步，手动输入长度，然后按回车。这样比直接用鼠标找第二个点来得精确。

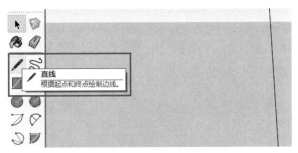

图 3-20　SketchUp 绘制直线

2）矩形。

作用：绘制矩形平面图元。快捷键："R"。

方法一：

①点击设置第一个角。

②按对角方向移动光标。

③点击设置第二个角。

④ Esc = 取消操作。

方法二：

鼠标定位 + 键盘输入准确的数据，比如我们想要一个 1000mm×1000mm 的矩形，我们就可以先用鼠标点一个点然后拖出去，确定矩形的大概位置，然后用键盘输入数据"1000，1000"就可以了，前提是模型以 mm 作为单位，如图 3-21 所示。

3）圆。

作用：绘制圆形图元，快捷键："C"，如图 3-22 所示。

图 3-21　SketchUp 绘制矩形

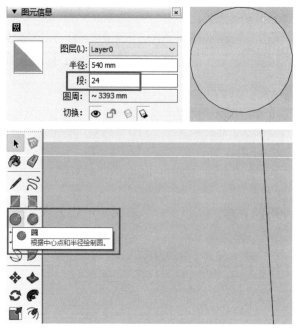

图 3-22　SketchUp 绘制圆

①从中心点向外移动光标确定圆心及半径，如有需要可以在右下角输入数值，绘制精准图形（如果输入数值没有反应，输入法切换为英文）。

②会发现圆是由多段线组成，圆的边缘不平滑。

③这时需要改段数，点击右侧面板里的图元信息。注意是选择圆的边，才会出现段数这一选择。段数越大，圆的边线越平滑。

4）圆弧。

如图 3-23 所示，快捷键是："A"。

①从中心和两点绘制圆弧。

方法：

a. 点击定义圆弧的圆心。视需要，可点击并拖动第一个点，以设置绘制平面。

b. 移动光标定义第一个圆弧点或输入半径。

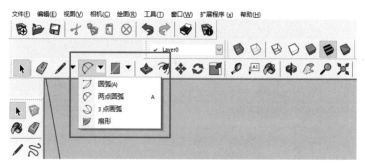

图 3-23　SketchUp 绘制圆弧

c. 点击设置第一个圆弧点。

d. 移动量角器导引周围的光标或输入角度。

e. 点击设置第二个圆弧点。

②两点圆弧。根据起点、终点和凸起部分绘制圆弧。

方法：

a. 点击确定圆弧的起点，再点确定圆弧的终点，通过移动鼠标调整圆弧的凸出距离。

b. 也可以在窗口右下角位置输入确切的圆弧的弦长，凸距，半径、片段数等参数。

③三点圆弧。通过圆周上的 3 点画出圆弧。

方法：

a. 点击设置圆弧的起点。

b. 从起点移开光标。

c. 单击以设置第二个点。圆弧将始终通过该点。

d. 将光标移动至端点。测量框中将出现一个角度，可以输入一个准确的数值。

e. 点击完成圆弧的操作。

④扇形。从中心和两点绘制关闭圆弧。

方法：

a. 点击定义扇形的圆心。视需要，可点击并拖动第一个点，以设置绘制平面。

b. 移动光标定义第一个圆弧点或输入半径。

c. 点击设置第一个圆弧点。

d. 移动量角器导引周围的光标或输入角度。

e. 点击设置第二个圆弧点。

5）多边形。

作用：绘制多边形图元。快捷键"P"，如图 3-24 所示。

方法：

①点击放置中心点。

②从中心点向外移动光标以定义半径。

图 3-24　SketchUp 绘制多边形

③点击完成多边形的绘制。

（2）编辑工具。

1）推拉。

作用：可以方便地把二维平面推拉成三维几何体，快捷键："P"，如图 3-25 所示。

在应用了推/拉工具后，接着双击其他面可直接应用上次推拉的参数按住 ctrl 键可复制移动选定的面推/拉工具。

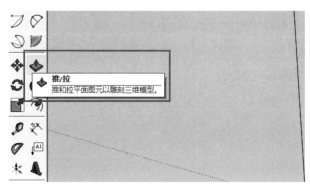

图 3-25　SketchUp 推拉命令

2）移动。

作用：移动、拉伸或复制图元，快捷键："M"，如图 3-26 所示。

移动：可以在数值输入框输入准确移动距离；按住 shift 键可以分别锁定 $x|y|z$ 三个轴向。

复制：按住 Ctrl 键可复制物体。输入 ×5，表示以前面复制物体的间距为依据复制相同距离的 5 个物体输入 /5，表示在复制的间距内等分复制 5 个物体不仅能移动/复制整个模型，而且能够移动模型物体中的点、线、面元素（如坡屋顶）。

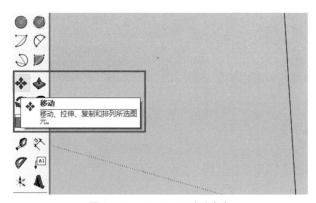

图 3-26　SketchUp 移动命令

3）旋转。

作用：沿圆形路径旋转、拉伸、扭曲或复制图元，快捷键："Q"，如图 3-27 所示。

第三章 建筑声学设计

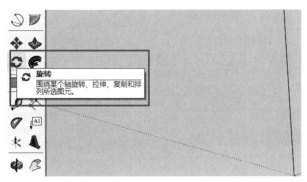

图 3-27 SketchUp 旋转命令

点击图标，出现一个有点像量角器一样的光标。沿圆形路径旋转、拉伸、扭曲或复制图元。

旋转：确定旋转的轴心点、起始线位置、终止线位置。

复制：按住 Ctrl 键，然后确定旋转的轴心点、起始线位置、终止线位置输入 ×5，表示以前面复制物体的角度大小为依据复制相同距离的 5 个物体输入 / 5，表示在复制的角度内等分复制 5 个物体。

角度设置：窗口—模型信息—单位。

4）缩放。

作用：根据模型中的其他图元对几何图形进行大小调整和拉伸，快捷键"S"，如图 3-28 所示。

方法：

①鼠标放在角点上可等比缩放，放在非角点上可非等比例缩放。

②鼠标放在非角点上，按住 Shift 键可转换成等比例缩放。

③鼠标放在角点上，按住 Shift 键可转换成非等比例缩放。

④按住 Ctrl 键，则以整个模型的轴心点为中心进行缩放。

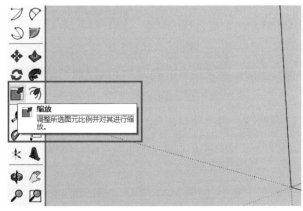

图 3-28 SketchUp 缩放命令

249

⑤可配合 Shift 键和 Ctrl 键缩放物体的局部通过数值输入框输入比例值准确缩放。

⑥通过数值输入 –1，可镜像对象。

⑦可直接输入尺寸。

功能键：

Shift = 统一调整比例。

Ctrl = 以几何图形的中心为基点调整。

5）偏移。

作用：以离原件等距的距离创建直线的副本，快捷键："F"，如图 3-29 所示。

方法：

①点击平面。

②移动光标。

③点击完成偏移操作。

功能键：

Alt = 切换允许 / 修剪交迭。

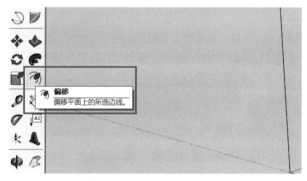

图 3-29　SketchUp 偏移命令

6）路径跟随。

作用：以离原件等距的距离创建直线的副本，如图 3-30 所示。

方法：

①手动放样：用路径跟随工具直接点击截面并跟随路径当路径是一个面时，可按 Alt 键选择面进行放样。

②自动放样：先选择路径，再用路径跟随工具点击截面直接放样（举例：球体、圆锥、圆环、圆管等），如果放样路径的边线位于同一平面上，可直接选择这个面作为放样的路径。

（3）构造工具栏。

1）测量 / 辅助线（卷尺工具），如图 3-31 所示。

作用：测量距离，创建引导线、点或调整模型比例。

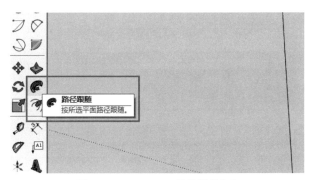

图 3-30　SketchUp 路径跟随命令

①测量距离：可测量模型中任意两点间的距离，在数值输入框中会准确显示测量值。

②绘制辅助线：通过单击拖出辅助线并在数值输入框输入准确的数值可为精确建模提供依据（隐藏与删除辅助线）。

③缩放操作：

a. 场景模型整体缩放。

b. 如需在当前场景模型中缩放单个物体，需成创建组或创建组件，然后进入组内编辑。

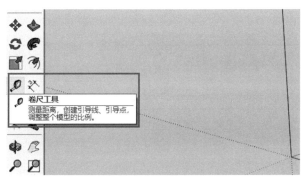

图 3-31　SketchUp 测量 / 辅助线（卷尺工具）

2）量角器工具，如图 3-32 所示。

作用：测量角度并创建有角度的构造线图元。

①可创建出角度辅助线，可在数值输入框内输入精确的角度值，负值表示往当前鼠标指向相反的方向旋转，按 Shift 键可锁定当前平面。

②按住 Ctrl 键可只对角度进行测量，而不产生角度辅助线。

③量角器角度捕捉设置（窗口→模型信息→单位），鼠标放在量角器图标内要更灵敏一些。

④可输入斜率（即正切，直角三角形中角度所对应的对边：邻边）。

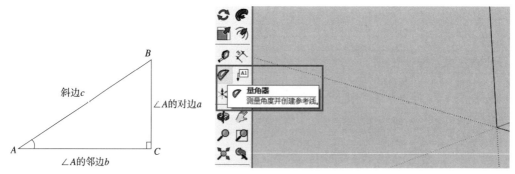

图 3-32　SketchUp 量角器工具

3）坐标轴工具，如图 3-33 所示。

作用：用坐标轴工具可以在斜面上重设坐标系，以便精确绘图。

①红、绿、蓝轴。

②右击坐标轴：重设、放置、移动、对齐视图、隐藏。

③取消隐藏坐标轴。

④右击面：对齐轴、对齐视图。

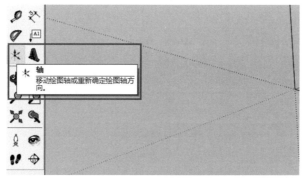

图 3-33　SketchUp 坐标轴工具

4）尺寸标注工具，如图 3-34 所示。

作用：用来对场景物体进行尺寸标注。

①线段的标注：选择线段的两个捕捉点（或线段与参考线的交点）直接选择线段。

②圆的标注（直径、半径的切换：右击标注文字→类型）。

③圆弧的标注（直径、半径的切换：右击标注文字→类型）。

④参考线上的任意两点标注。

⑤尺寸标注文字的修改：双击要标注的尺寸文字。

⑥尺寸标注的设置：窗口→模型信息→尺寸。

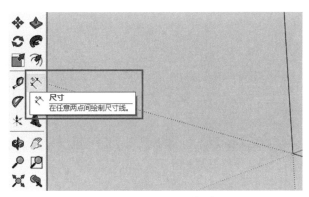

图 3-34 SketchUp 尺寸标注工具

5）文本标注工具，如图 3-35 所示。

作用：用来对场景物体进行文字标注。

①引线文本。有引线、无引线，可标注点、线、面、组等，引线文本因视图的变化而变化，双击可修改文字。

②屏幕文本。屏幕文本在屏幕上的位置是固定的，不因视图的变化而变化，双击可修改文字。

③文本标注的设置：窗口→模型信息→文本。

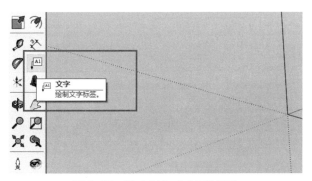

图 3-35 SketchUp 文本标注工具

6）三维文本，如图 3-36 所示。

作用：用来制作立体文字效果。

对齐：用来确定插入点的位置（左、中、右）高度：指文字的大小。

填充：勾选才能使文字生成面，否则只生成轮廓线。

已延伸：文字挤压的厚度。

放置后的三维文本自动变成组件，双击后可进入组件内进行编辑。

（4）漫游工具栏。

1）定位镜头（相机位置）与正面观察（绕轴旋转），如图 3-37 所示。

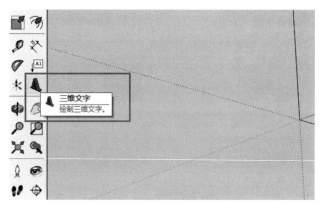

图 3-36　SketchUp 三维文本

作用：对物体进行移动观察。

定位镜头用来确定相机的位置，控制视点高度：点击确定位置拖动确定位置。

相机位置确定后，正面观察工具自动激活，好比人站在原地不动而转动头部，可配合缩放工具缩放视图。与环绕观察工具的不同点（环绕观察好比人绕着物体观察），可配合辅助线准确确定相机位置，当在顶视图操作时相机自动指向绿轴正方向。

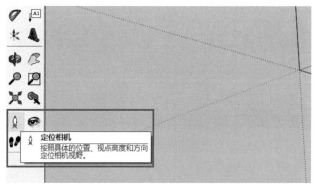

图 3-37　SketchUp 定位镜头（相机位置）与正面观察（绕轴旋转）

2）漫游，如图 3-38 所示。

作用：可以像散步一样观察场景模型，鼠标离十字参考点越远，移动速度越快。

方法：按住 Shift 键，将鼠标上下移动可增加和减少视点高度；将鼠标左右移动，可将视点平行移，按住 Ctrl 键，可加快移动速度。按住鼠标滚轮可切换成正面观察（绕轴旋转）工具。

漫游工具仅在透视图中可用，按住 Shift 键 + 缩放工具可改变视角大小，可在缩放状态下直接输入"数值 deg（degree 度数）"，控制相机视角或"数值 mm"控制相机焦距。

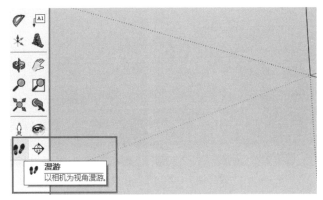

图 3-38　SketchUp 漫游

3.3.2　SketchUp 软件建模步骤

1. CAD 整理（以 CAD2019 版本为例）

（1）在 CAD 中整理好图纸，单击鼠标选择需要建面的线，比如：墙面轮廓线、座位区域的阶梯线、舞台轮廓线还有舞台阶梯线。或者删掉不需要的线，保留需要的线，如图 3-39 所示。

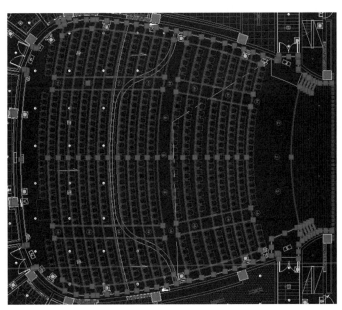

图 3-39　CAD 中选择需要建面的线

（2）选择工具栏上方的"组"，把选择的线成组，或输入快捷键"B"。然后单击选中组，快捷键"C"，将组复制移动到空白处。点击"组"旁边的红色叉"×"，或输入快捷键"X"，解组。然后检查有没有断线和多余的线，查缺补漏，整理删除，如图 3-40 所示。

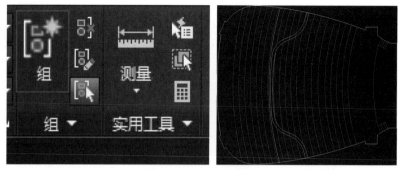

图 3-40 CAD 选择线成组

（3）选择全部对象，快捷键"W"，在文件名和路径那里，可以选择路径和重命名，如图 3-41 所示。

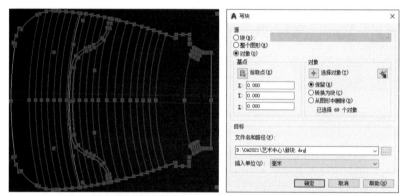

图 3-41 CAD 保存需要建模的对象

2. CAD 导入 SketchUp

（1）打开 SketchUp，注意选择模板单位为毫米，如图 3-42 所示。

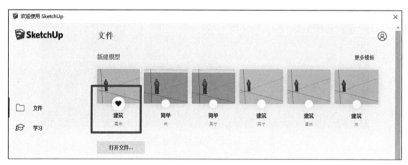

图 3-42 打开 SketchUp

（2）打开 SketchUp 之后，在"文件"菜单下选择"导入"。选择刚才保存的 CAD 文件，导入到 SU 里面，如图 3-43 所示（文件→导入）。

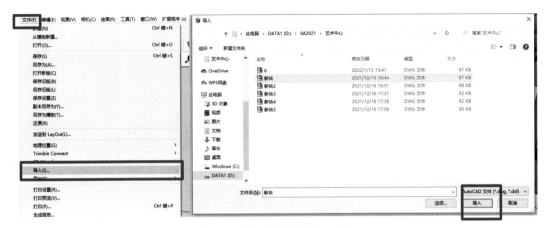

图 3-43　导入 CAD 到 SketchUp

3. SketchUp 建模

（1）单击图形，发现图被全选，是因为导入之后默认它们是一个组，需要分解，鼠标右键单击选择"炸开模型"，如图 3-44 所示。

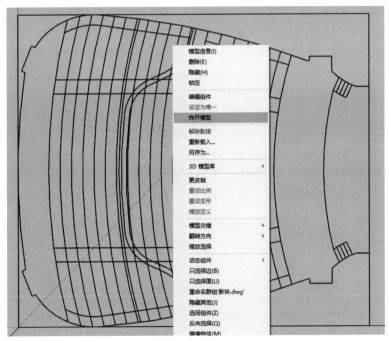

图 3-44　将导入的 CAD 炸开

（2）单击"直线"工具或者按快捷键"L"，开始描线，进行模型封面。闭合的线条才会生成面，如果无法拉出面，说明线没有闭合或者是不在一个平面，这时候要检查是不是缺线。颜色为白色的界面表示是闭合的区域，封面完成，如图 3-45 所示。

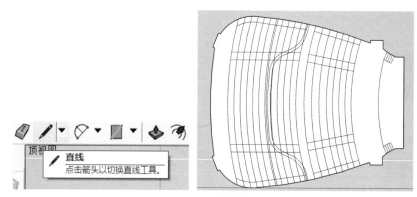

图 3-45　模型封面

（3）拉出墙面，首先我们采用矩形工具，在画面内画出一个矩形，框住模型，形成一个面。然后通过单击，选择推拉工具，或者输入快捷命令"P"，把推拉工具置于该面的面上向上拉，在右下角的数值输入框中输入高度，"Enter"回车。拉出模型的高度。随后选中外面多余的部分，"Delete"删除，得到墙面，如图 3-46 所示。

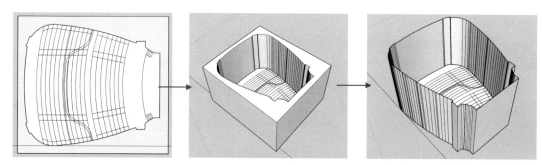

图 3-46　绘制墙面过程

（4）拉出模型楼梯高度。通过单击，选中楼梯一个面，选择推拉工具，或者输入快捷命令"P"，把推拉工具置于该面的面上向上拉，在右下角的数值输入框中输入 CAD 里的楼梯尺寸的高度，"Enter"回车，拉出楼梯。随后双击另一个楼梯面，就是与刚才相同的尺寸高度，如图 3-47 所示。

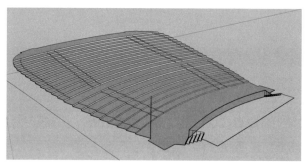

图 3-47　拉出模型楼梯高度

（5）导入 CAD 吊顶线条，使用移动工具，或快捷键"M"把吊顶移动到模型相应的位置上。运用直线工具，或快捷键"L"画线，把吊顶线条形成一个面。然后鼠标右键单击执行"创建群组"命令，如图 3-48 所示。

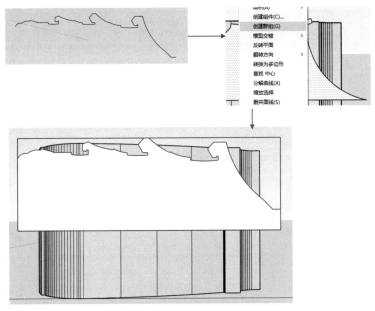

图 3-48　绘制吊顶线条面并创建群组

（6）先双击进入群组，然后单击，选中一个面，选择推拉工具，或者输入快捷命令"P"，把推拉工具置于该面的面上向模型的方向拉，使两个体块相交，如图 3-49 所示。

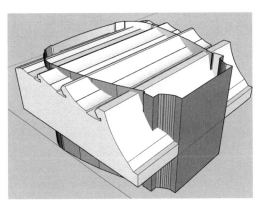

图 3-49　拉出吊顶体块，两个体块相交

（7）选中所有对象，右键单击执行"模型交错"命令。这样两个体块之间就会生成相交线。然后选择吊顶这个群组，鼠标右键单击"炸开模型"。最后框选出吊顶多余部分"Delete"删除。吊顶造型完成，如图 3-50 所示。

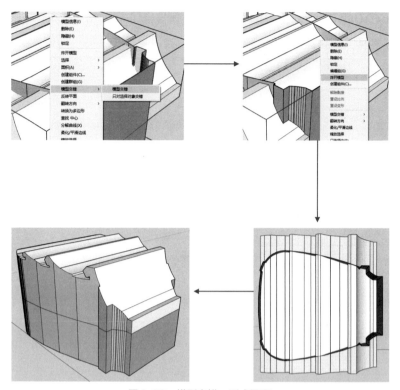

图 3-50　模型交错，形成吊顶

（8）接下来同理，完成剩下部分。工具很简单，就是画线、移动、旋转、推/拉之间的切换应用，如图 3-51 所示。

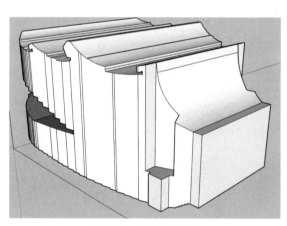

图 3-51　完成剩下部分

（9）模型完成后，开始分图层，先清理图层，点击第一个图层，再按住"Shift"的同时点击最后一个图层，完成全选。然后点击"—"删除图层按钮，在弹出的窗口选择"将内容移至默认图层"点击"好"，如图 3-52 所示。

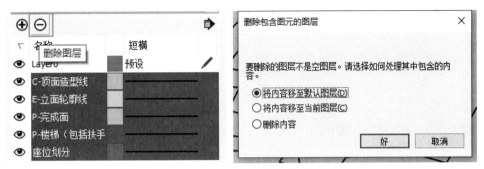

图 3-52　分图层完成各个部分

（10）首先找到右方图层界面，点击 + 号，添加图层，以各个界面的材质命名。大多数声学模拟软件为外国公司开发，图层名称应以英文字母为主，中文反而报错，如图 3-53 所示。

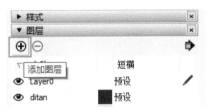

图 3-53　以材质命名各图层

（11）然后选中一个面，鼠标右键单击，选择"切换图层到"，点击界面对应的图层，如图 3-54 所示。

图 3-54　切换图层

（12）点击下方图中红框里的箭头，选择图层颜色，这样更有利于我们区分各个界面，如图 3-55 所示。

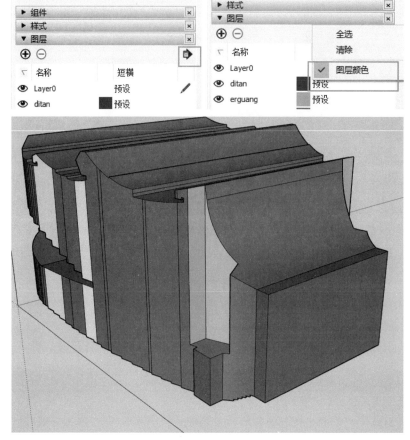

图 3-55　给图层选择颜色

3.3.3　声学模拟——ODEON 软件应用

1. 声场模拟软件 ODEON

　　长期以来，室内声学设计一直都是建筑声学领域内的一项技术难题。由于声音在建筑内传播和衰减比较复杂，容易造成建筑完工后声学质量难以达到预期标准，而后续的补救措施受到建筑整体结构的限制有很大的局限性，同时也会造成人力物力的浪费。近年来，随着声场数值计算理论、计算机软硬件技术和信号处理理论的快速发展，数字室内声场模拟技术有了很大的突破，已经出现了一大批得到广泛应用的声场模拟软件，如丹麦的 ODEON、德国的 EASE、瑞典的 CATT 等。这些软件和技术能够准确地在建筑结构建成之前仿真模拟出设计方案的音质效果，为建设施工提供有效的指导。下文结合实际应用，介绍计算机声场仿真软件 ODEON 的特点及其应用。

　　软件的基本功能如下：

　　（1）建立模型。

（2）材料设置与编辑。

（3）可视化功能：ODEON 软件可视化工具相当丰富，可以提供声线、声粒子和基于 OpenGL 的 3D 建筑效果。对载入软件的厅堂模型可以三维显示，厅堂显示可以平移或任意角度旋转。用户可以在自己想要的角度对模型进行查看，配以丰富多彩的表面颜色，能够检查不同表面的声吸收和声散射状况。

（4）可听化功能：软件利用厅堂某处的房间脉冲响应，及利用真人头或假人头在消声室测量所得出的相关传输函数 HRTF，再加上原始的消声室录制的听音材料，将其依次卷积运算，就可以得到包含厅堂声学效果和声源定位效果的听音文件，通过扬声器或耳机重发方式即可聆听厅堂声学效果，实现双耳可听化和多通道可听化，让用户在设计阶段就能听到建成后的音质效果、避免声学缺陷的发生。

（5）模拟计算：ODEON 软件自带的计算功能有快速估算（Quick Estimate）、整体估算（Global Estimate）和点的响应计算（Calculating of responses）共三种混响时间计算方法。

ODEON 软件模拟计算的音质参数如下：声压级 SPL、A 计权声压级 SPL（A）、早期衰变时间 EDT、混响时间 T30、侧向声能因子 LF、语言传输指数 STI、明晰度 C_{80}、清晰度 D50、重心时间 T_s 等。

2. 计算步骤

（1）保存 Odeon 文件，单击红色框内的插件，在 SketchUp 软件中保存 Odeon 格式的文件，如图 3–56 所示。

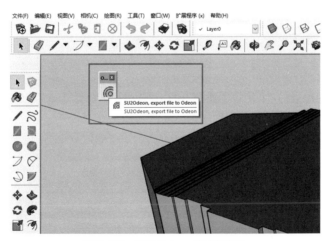

图 3-56　保存 Odeon 格式的文件

（2）在 Odeon 里面打开文件，如图 3–57 所示。

（3）SketchUp 导出三维模型 DXF 格式，如图 3–58 所示。

将建好的 SketchUp 模型导出三维模型 DXF 格式（文件→导出→三维模型）。在选项里面选择导出平面。

图 3-57　在 Odeon 里面打开文件

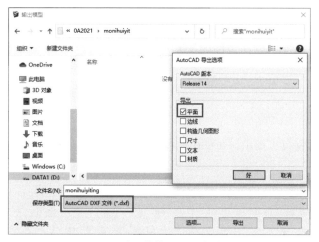

图 3-58　导出三维模型 DXF 格式的平面

先选择文件类型，更方便我们找到导出的 DXF 文件，如图 3-59 所示。

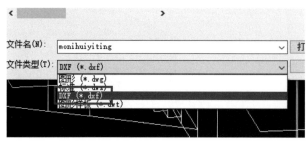

图 3-59　选择文件类型找到 DXF 文件

（4）设置声源点。

根据《室内混响时间测量规范》GB/T 50076—2013 确定声源点位置与个数，在 CAD 里面找到其坐标点。

　　用于降噪计算和扩声系统计算的混响时间测量时，声源应选择有代表性的位置，并应在检测报告中说明声源位置。

　　用于演出型厅堂音质验收的混响时间测量时，在有大幕的镜框式舞台上，声源位置应选择在舞台中轴线大幕线后 3m、距地面 1.5m 处；在非镜框式或无大幕的舞台上，声源位置应选择在舞台中央、距地面 1.5m 处。在舞台区域和演奏者可能出现的区域，宜增加其他声源的位置。不同声源位置间距不宜小于 3m。舞台防火幕不能升起时，可将声源移至观众厅一侧，声源中心位置应选择在舞台中轴线距防火幕大于 1.5m 处，并应在报告中说明声源位置。

　　用于非表演型且无舞台的房间为音质考察而进行混响时间测量时，声源宜置于房间的某顶角，且距离三个界面均宜大于 0.5m。

　　先确定声源点位置，因为此模型是非镜框式或无大幕的舞台，声源位置应选择在舞台中央、距地面 1.5m 处。然后在上方面板处找到实用工具单击，选择点坐标，把点坐标放置我们确定的声源位置，得到三轴的坐标，如图 3–60 所示。

　　（5）设置测点。

　　设置测点方法与设置声源点的方法相同，根据《室内混响时间测量规范》GB/T 50076—

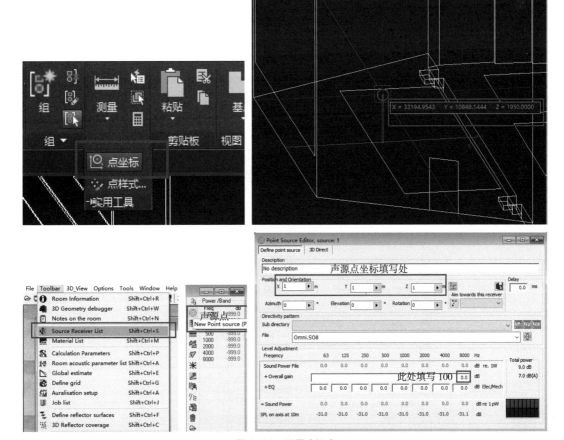

图 3-60　设置声源点

2013 确定测点位置与个数，在 CAD 里面找到其坐标填入。

用于演出型厅堂音质验收的混响时间测量时，传声器位置宜在听众区域均匀布置。房间平面为轴对称型且房间内表面装修及声学构造沿轴向对称时，传声器位置可在观众区域偏离纵向中心线 1.5m 的纵轴上及一侧内的半场中选取。一层池座满场时不应少于 3 个，空场时不应少于 5 个，并应包括池座前部 1/3 区域、眺台下和边侧的坐席；每层楼座区域的测存，不宜少于 2 个；舞台上测点不宜少于 2 个。房间为非轴对称型时，测点宜相应增加一倍，如图 3-61 所示。

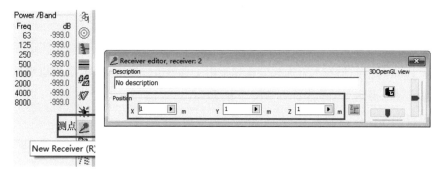

图 3-61　设置测点

（6）设置吸声系数。

软件材料编辑菜单里提供了多种常规材料，每一种吸声材料均给出 8 个倍频带（63 ~ 8kHz）的吸声系数；用户可对材料的散射系数进行编辑；另外，用户可根据设计的具体情况对材料数据库中的数据进行修改，根据需要添加新的吸声材料，如图 3-62 所示。

（7）图层与吸声系数相对应。

选中右边的材质，然后分配给左边相对应的图层。可以全部分配，也可以一个一个分配，一般一个图层下，都是同一种材质，因此我们都选择全部分配。特殊情况的时候可以选择单个分配，如图 3-63 所示。

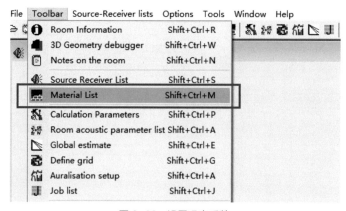

图 3-62　设置吸声系数

图 3-62　设置吸声系数（续）

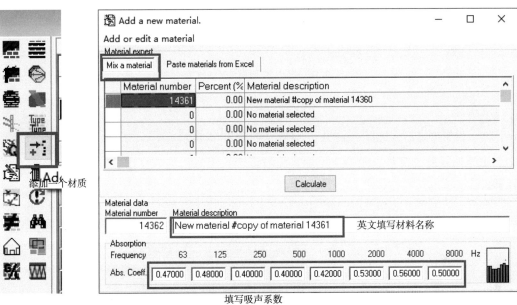

图 3-63　设置与吸声系数相对应的图层

（8）设置观众区映射。

首先在菜单栏点击"Define grid"选项弹出选择接收网格的窗口，然后对听音区进行选择，最后设置接收机之间的距离，接收机之间的距离数值越小，得出的结论越准确，如图 3-64 所示。

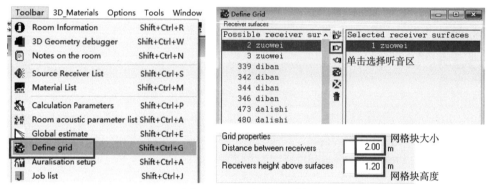

图 3-64　设置观众区映射

（9）设置好之后，选择"Job list"计算，如图 3-65 所示。

全部设置好了之后，单击 Job list，然后选中声源点，最后点击"Run single job"开始计算。

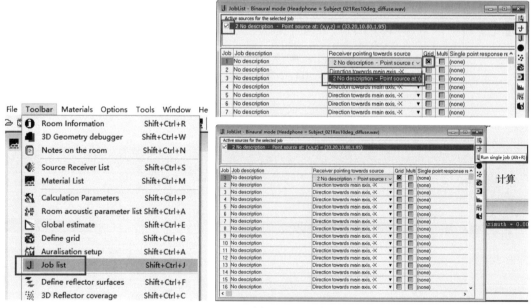

图 3-65　选择 Job list 计算

3.3.4 声学模拟——CATT 软件应用

1. 计算机声场模拟软件 CATT

CATT-Acoustic™ 系列软件是由瑞典 CATT 公司出品的一套基于几何声学原理的建筑声学预测和可听化模拟软件。自 1998 年至今已有二十多年的开发历史，可以针对各种类型的房间进行建筑声学参数的分析。CATT 主要可以针对各种类型的房间进行建筑声学参数的分析，设计者可以通过 SketchUp，CAD 软件建模导入软件中，对各个房间界面设定各种材质和吸声参数，通过其软件的虚声源和声线追踪等先进的计算方法对房间内的各种声学行为进行计算。通过模拟计算仿真出建筑声学参数，例如房间的声压级分布，混响时间，D50 语言清晰度，C_{80} 音乐明晰度，脉冲等一系列的建筑声学参数，为设计师设计装饰方案提供最佳的声学参考，及时帮助设计师发现房间内音质缺陷，并进行相应的调整。同时 CATT 还可提供可听化工具，可以将各声学参数的最终现象影响直观展示出来。

2. 计算步骤

（1）CAD 导入 SketchUp 建模，如图 3-66 所示。

1）在 CAD 里清理线段，只保留需要建面的线。

2）将清理好的 CAD 文件导入 SketchUp 里面建模，建模过程见章节 3.3.2。

建模时需要注意的分图层（分图层的目的是在 CATT 计算时给不同的材质赋予不同的吸声系数，只要材质不同就需要不同的图层）。

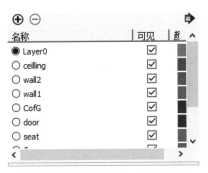

图 3-66　CAD 导入 SketchUp 建模

（2）SketchUp 导出三维模型 DXF 格式。

将建好的 SketchUp 模型导出三维模型 DXF 格式（文件→导出→三维模型）。在导出时选择只导出平面（选项），如图 3-67 所示。

（3）在 CAD 里面描面。

在 CAD 里面打开，用 3DFACE 命令描面。

命令：3DFACE（需要注意的是描面顺序：如果从外往里看，那个面就是逆时针描，如果

图 3-67　SketchUp 导出三维模型 DXF 格式

从里往外看，那个面就是顺时针描）。

（4）dxf 转 Geo 文件（选择保存在英文目录下），如图 3-68 所示。

用"dxf2Geo"插件将描好面的 dxf 文件转换成 Geo 文件（单位选择 mm）。

（Read DXF→选择 dxf 文件路径打开→Create a receiver-file 创建接收文件（√）Create a source-file 创建接收文件（√）→ Save as GEO 选择保存在英文目录下）。

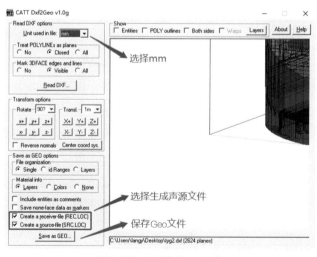

图 3-68　dxf 转 Geo 文件

（5）导入 Geo 文件。

1）导入 Geo 文件，选择输入路径和输出路径，如图 3-69 所示。

2）设置吸声系数。更改每个图层对应的吸声系数（10 代表 0.1），如图 3-70 所示。

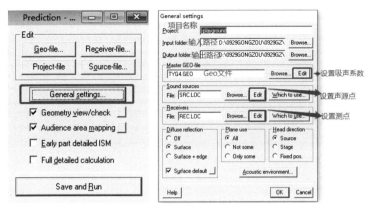

图 3-69　导入 geo 文件

```
ABS XYB = <33 43 49 45 47 45> {152 152 152}; layer:XYB
ABS FLOOR = <9 10 11 12 8 60> {19 38 0}; layer:FLOOR
ABS WINDOW = <14 11 8 6 6 60> {76 38 0}; layer:WINDOW
ABS VERTICAL = <9 10 11 12 8 60> {165 82 82}; layer:VERTICAL
ABS SEAT = <14 11 8 6 6 60> {152 152 152}; layer:SEAT
ABS WALL = <70 68 73 71 72 60> {0 127 127}; layer:WALL
ABS CEILING = <45 46 57 57 44 30> {165 82 82}; layer:CEILING
```

图 3-70　设置吸声系数

3）设置声源点。

根据《室内混响时间测量规范》GB/T 50076—2013 确定声源点位置与个数，在 CAD 里面找到其坐标点。在“which to use”里面有几个声源点就勾选几个，如图 3-71 所示。

```
SOURCEDEFS
;electro-acoustic source, Lplm_ea specified
 A0      52.2        43.9         1.5  catt.sd0       52.2        45.0         7.3 ; generic source position
 Lplm_a = Lp_voice_normal
 Lplm_ea = <80 90 90 90 90 80>
 Delay_e = 0
```

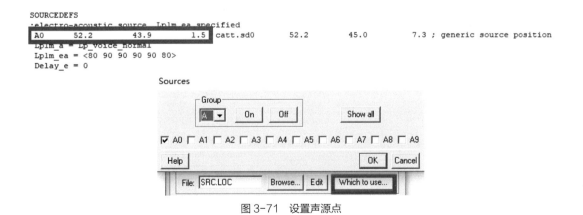

图 3-71　设置声源点

4）设置测点。

设置测点方法与设置声源点的方法相同，根据《室内混响时间测量规范》GB/T 50076—2013 确定测点位置与个数，在 CAD 里面找到其坐标填入。在“which to use”里面有几个测点就勾选几个，如图 3-72 所示。

```
RECEIVERS

0       82.5        12.0            9.6 ; generic receiver position
1       21.8        12.0            9.6 ; generic receiver position
2       21.8        76.0            9.6 ; generic receiver position
3       82.5        76.0            9.6 ; generic receiver position
4       15.8        29.6            3.3 ; generic receiver position
5       15.8        58.4            3.3 ; generic receiver position
6       88.2        58.4            3.3 ; generic receiver position
7       88.2        29.6            3.3 ; generic receiver position
8       57.8         2.4           15.2 ; generic receiver position
9       57.8        87.7           15.2 ; generic receiver position
```

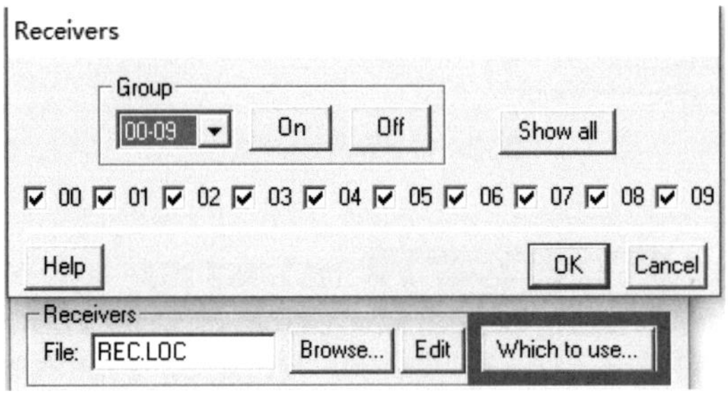

图 3-72　设置测点

（6）设置观众区映射，如图 3-73 所示。

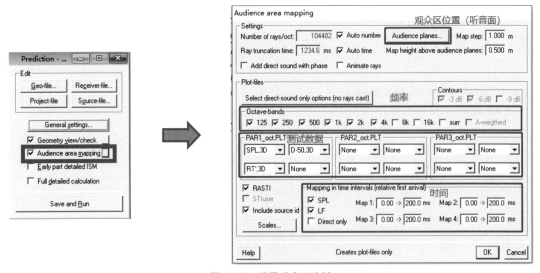

图 3-73　设置观众区映射

1）设置观众区位置（听音面）

在用记事本打开 Geo 文件，找出听音面的序号，填入 "audience planes"。勾选 "Auto number" 和 "Auto time"，如图 3-74 所示。

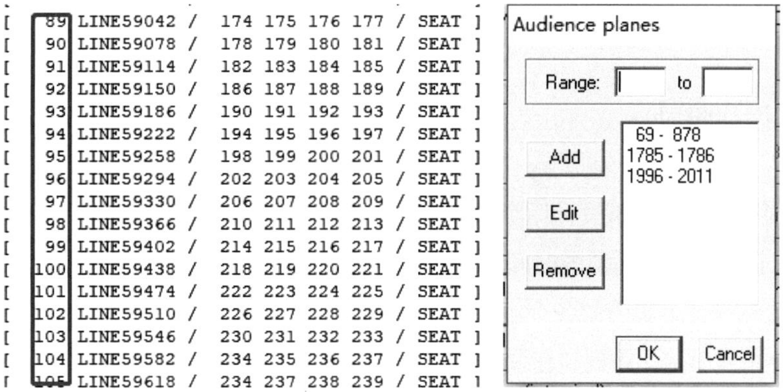

[89 LINE59042 / 174 175 176 177 / SEAT]
[90 LINE59078 / 178 179 180 181 / SEAT]
[91 LINE59114 / 182 183 184 185 / SEAT]
[92 LINE59150 / 186 187 188 189 / SEAT]
[93 LINE59186 / 190 191 192 193 / SEAT]
[94 LINE59222 / 194 195 196 197 / SEAT]
[95 LINE59258 / 198 199 200 201 / SEAT]
[96 LINE59294 / 202 203 204 205 / SEAT]
[97 LINE59330 / 206 207 208 209 / SEAT]
[98 LINE59366 / 210 211 212 213 / SEAT]
[99 LINE59402 / 214 215 216 217 / SEAT]
[100 LINE59438 / 218 219 220 221 / SEAT]
[101 LINE59474 / 222 223 224 225 / SEAT]
[102 LINE59510 / 226 227 228 229 / SEAT]
[103 LINE59546 / 230 231 232 233 / SEAT]
[104 LINE59582 / 234 235 236 237 / SEAT]
LINE59618 / 234 237 238 239 / SEAT
Audience planes
Range:
to
Add
Edit
Remove
69 - 878
1785 - 1786
1996 - 2011
OK
Cancel

图 3-74　设置观众区位置（听音面）

2）设置频率。勾选需要测试的频率值，如图 3-75 所示。

Octave-bands
125
250
500
1k
2k
4k
8k
16k
sum
A-weigthed

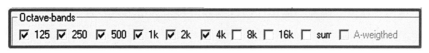

图 3-75　设置频率

3）设置需要测试的参数：

SPL：声压级；D-50：语言清晰度；RT：混响时间；C-80：音乐明晰度；LF：侧向声能比；G：强度指数；RASTI：室内语言传输指数；（RASTI 室内语言传输指数，勾选√）。

其他不用算的一律选择 None，如图 3-76 所示。

PAR1_oct.PLT
D-50,3D
RT',3D
SPL,3D
C-80,3D
PAR2_oct.PLT
G,3D
None
LF,3D
None
PAR3_oct.PLT
None
None
None
None

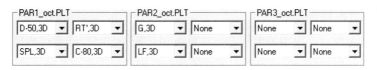

图 3-76　设置需要测试的参数

4）设置时间间隔。例如 0 ~ 200ms，则选择 0 ~ 200ms 区间，如图 3-77 所示。

Mapping in time intervals (relative first arrival)
SPL
LF
Direct only
Map 1: 0.00 -> 200.0 ms
Map 2: 0.00 -> 200.0 ms
Map 3: 0.00 -> 200.0 ms
Map 4: 0.00 -> 200.0 ms

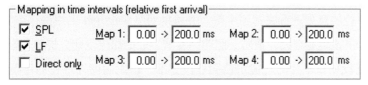

图 3-77　设置时间间隔

（7）设置好之后，选择“save and run”计算，导出结果。

3.4 建筑声学设计任务书

3.4.1 方案设计阶段

（1）详细了解工程建筑设计图纸，与业主、各设计顾问、设计院讨论，根据建筑不同区域的功能性，设定各空间的混响时间、背景噪声等音质指标参数。

（2）对建筑设计方案中的各个空间进行体型分析，确定空间尺寸及几何形状；每座容积率的核算；提出声学优化和调整建议，满足建筑声学的空间体型要求。

（3）为建筑精装不同功能区域制定声学标准，计算厅堂音质参量，同时对观众厅内吊顶、墙面、舞台、乐池、乐台等区域的声学材料选型、布置位置、安装方式、面积等装饰设计提供指引。

（4）根据建筑初步图纸，对涉及的声学施工区域，提供建筑、结构、精装隔声和隔振意见。制定所有内外墙体、楼板、屋顶、门等的隔声技术规范要求，建议采用适合的建筑材料和结构形式。

（5）机电机组设备房位置审核，界定噪声区与噪声敏感区，并建议噪声控制处理方式；评估主要机组设备噪声及振动控制声功率及防噪处理要求，如空调通风、给水排水、机电及管道安装等噪声振动控制。

3.4.2 设计深化阶段

（1）确定各空间声学参数指标、声环境控制，包括各个厅、堂、室的体型，吊顶和墙面形状，混响时间、声场分布。

（2）声学构造设计，声学装修构造设计通常包括各界面材料的选择和绘制构造设计图，需详细规定材料的声学性能、面密度、表观密度、厚度、穿孔率、孔径、孔距、背后空气层距离以及龙骨的间距等技术参数。

（3）建立三维计算机模型，并进行计算机模拟分析、仿真计算、模拟吸声材料选择、音质参数测量、数据分析、方案实施的声学效果预判。

（4）进行建筑声学施工做法图设计，包括各个空间的声学施工做法节点和构造，按照建设单位和设计单位的意见进行完善施工图，并协助对装修设计施工图进行声学审核，提出审核及整改意见；审核暖通空调、消防、照明、音响专业的深化设计，提出声学审核意见。

（5）根据建设项目本身的功能定位和建设标准，匹配国内外现行的声学标准，对门窗、墙体、楼板、管道、电梯等的声学性能提出明确、具体、合理的指标，并针对建筑设计单位的设计方案进行声学设计审核，提供参考节点设计配合。

（6）分析确定主要机组设备噪声及振动控制的设计方案，提出如冷冻机、冷却塔、发电机、消声器位置、风机管风速、扩散器噪声、风机盘管、空调机、水泵水管、通风管等设备设施的技术要求，配合机电设备的噪声及振动控制设计工作。

3.4.3　招标投标阶段

（1）根据甲方要求，审查相关专业的招标技术文件，为其提供声学专业技术说明及规范。

（2）为甲方提供至少三家合格的声学相关材料和设备供应商名单，并协助甲方筛选最终的优质供应商。

（3）协助甲方对声学相关设备承包商的招、投标文件及深化设计进行审核评估，对选型确定后的机电设备及管线审核相关噪声控制措施。

（4）就有关投标书评审事宜，根据甲方要求提供声学专业建议及其他技术支持，并回复投标过程中有关声学技术问题。

（5）为甲方及项目实施单位提供关于本工程的声学相关答疑和咨询服务。

（6）参与设备考察，评估设备设施的噪声控制和技术标准，并参与相应声学测试。

3.4.4　施工阶段

（1）审查施工单位提供的深化图纸，并提供专业声学建议。

（2）施工期间，进行现场施工指导，并对关键节点进行现场巡查，指出现场未符合声学施工要求的意见，形成声学现场巡查报告。对现场出现的声学问题提出处理意见或整改建议，协助甲方对声学施工效果的控制。

（3）大面积展开施工时，对关键节点和机电相关降噪细节进行不定时现场巡查，力求声学措施的落实和效果保证，提供声学现场巡查报告。

（4）参与现场相关技术会议，有义务对施工做法图进行技术交底，及时答疑。

3.4.5　验收阶段

（1）按原设计要求对项目的所有机电设备及重要房间进行实地勘察，不符合声学设计要求之事宜，提供整改方案。

（2）评估和审核施工图、竣工图，确保设计和施工一致，以满足设计所需的指标。

（3）相关声学空间进行现场声学测量，并形成声学检测报告。

（4）编辑声学工程验收报告或声学专项施工验收报告。

3.5　建筑声学设计方案模板框架

建筑声学设计适用范围非常广泛，剧场剧院、音乐厅、体育馆、礼堂、影院、会议室、开敞办公区、录音棚、演播厅、展陈空间、候乘空间、图书馆、博物馆、住宅空间等建筑都离不开声学设计，不同空间类型有不同的设计手法，不同功能需求有不同的参数设定，根据项目装饰效果的差异化去匹配不同的声学材料和构造来满足装饰效果。

下面根据剧场剧院案例进行方案设计分析。

3.5.1　项目概况

项目概况的目的是说明项目的基本情况，以便方案浏览者快速了解项目全貌，包括项目背景情况、业主基本需求，设计方案理念，项目规模，项目使用功能要求等。

示例：×××剧场位于北京市顺义区新国展附近，为一厂房改造成艺术演出剧场的项目。项目总建筑面积 5859.82m^2，观众厅建筑面积为 222m^2，总坐席为 313 座，按照观众席数量分类为小型剧场。剧场总容积为 2818m^3，每座容积率为 5.4m^3/座。×××剧场的主要使用功能为小型歌舞演出、话剧、演讲等，并且还需满足会议的举行；当话剧表演和演讲时，主要以自然声为主，如图 3-78 所示，见表 3-4。

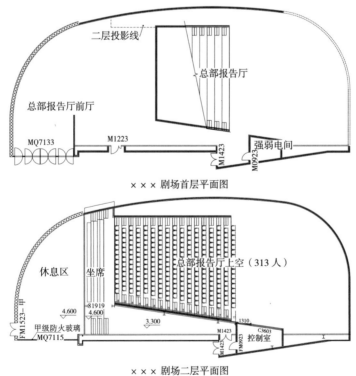

图 3-78　×××剧场首层、二层平面图

剧场概况一览表　　　　　　　　　　　　表 3-4

序号	名称	参数
1	观众人数	313 座
2	观众厅建筑面积	222m²
3	容积（包含舞台）	约为 2818m³
4	每座容积	5.4m³/座
5	排距	0.85m
6	舞台面高度	0.6m
7	池座高差	3.3m
8	设计视点	0.2m
9	首排到舞台距离	1.7m

3.5.2　建筑声学设计步骤

建筑声学设计工作是一项相对复杂的工作，涉及很多相关专业的技术配合，为能确保顺利实施，需要遵循一定流程，循序渐进深入。技术要点描述需要清晰，相关数据需要明确才能保证设计质量，施工过程中要不断进行技术交底和过程检查才能保证施工质量符合设计要求，通过设计、施工、监理的全力配合才能构建出精品工程。

根据建筑声学设计经验得出一套流程供参考：获取业主需要→制定设计任务书→审核相关专业图纸意见→确定声学设计指标→体形设计确认→装饰方案确认→声学材料的选择→计算机仿真模拟计算→施工做法节点设计→整体声学方案编制→施工过程声学监理→声学测试调试→竣工验收和评价。

1. 设计依据

根据项目需求和设计任务书内容确定设计参考的依据，建议参考最新现行标准和规范。

（1）《剧场建筑设计规范》JGJ 57—2016。

（2）《剧场、电影院和多用途厅堂建筑声学设计规范》GB/T 50356—2005。

（3）《民用建筑隔声设计规范》GB 50118—2010。

（4）《建筑隔声评价标准》GB/T 50121—2005。

（5）《声环境质量标准》GB 3096—2008。

（6）《建筑内部装修设计防火规范》GB 50222—2017。

（7）《民用建筑工程室内环境污染控制标准》GB 50325—2020。

（8）《厅堂扩声系统设计规范》GB 50371—2006。

（9）《厅堂扩声系统声学特性指标》GYJ 25—1986。

（10）《厅堂扩声特性测量方法》GB/T 4959—2011。

（11）《室内混响时间测量规范》GB/T 50076—2013。

（12）《建筑隔声与吸声构造》08J931。

2. 声学设计原则

设计原则是设计工作思路的基本要求，根据项目的特定条件去匹配不同的设计参数。

（1）合理的混响时间设计，满足会议功能和现场演出功能的使用。

（2）保证观众厅各处有相对合适的声音强度、有足够的响度、良好的语言清晰度。

（3）声场分布均匀，在演出时观众厅内任何位置上不得出现回声、颤动回声、声聚焦等对听音形成干扰的音质缺陷。

（4）选用合适的、环保的、防火性能佳的吸声和反射产品，保证不同频段内的声学效果，获得良好过渡的混响频率特性。

（5）采取电声系统（扩音系统）以及相应的室内声学措施，保证现场演出的实时性等。

（6）控制观众厅背景噪声达到允许标准，营造一个低噪声，高清晰度的剧场。

3. 其他专业图纸设计的评价

声学设计工作涉及的相关专业设计条件，如：建筑、装饰、结构、水电、消防、暖通、机电、舞台工艺等，其中专项设计之间的配合尤为重要，建筑声学设计之初会对相关专业图纸进行审核，并给出声学专业意见，编制审核意见书，形成书面文件。

建筑施工图纸的设计从建筑声学的角度进行评价是非常重要的。因为建筑师大多并不通晓建筑声学，需要声学设计者与之配合。如果发现存在物理缺陷，应尽快通知建筑师进行修改，如果建筑施工图纸已无法改动。则在后期的室内设计和建筑声学设计中应重点考虑调整，尽可能弥补缺陷，达到功能需求的设计目的。背景噪声控制是声学设计的一项重要工作，机电和暖通专业对于背景噪声的影响极其严重，机电和暖通专业在不考虑背景噪声的前提下进行设计工作极易出现较大的声学缺陷，导致背景噪声严重超标。

4. 音质评价和设计目标

音质设计参数设定包括以下内容：

（1）混响时间及其频率特性。

根据不同使用要求，使得不同空间具有不同的最佳的混响时间，混响时间是音质设计的重要内容之一。如下图所示，根据3.5.1剧场案例条件使用要求，混响时间按照多功能剧场进行设计，《剧场、电影院多用途厅堂建筑声学设计规范》GB/T 50356—2005中规定，多用途厅堂内剧场室内混响最佳混响时间范围如图3–79所示，依据本剧场规模可确定室内中频（500 ~ 1000Hz）满场的最佳混响范围为0.8 ~ 1.2秒。

由于该剧场还需要满足文艺演出的功能，兼顾语言类厅堂和文艺演出的使用要求，剧场

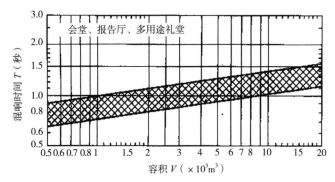

图 3-79　不同容积观众厅在 500 ~ 1000Hz 时满场条件下 T 的范围

混响时间中频（500 ~ 1000Hz）确定为 RT=1.0 ± 0.1 秒；在低频（中心频率 125Hz 的倍频带）的混响时间应有 10% ~ 30% 的提升，在高频（中心频率 2000 ~ 4000Hz 倍频带）的混响时间应有 10% ~ 20% 的降低。保证在厅内活动的人员能够听清楚扩声系统的发出的全部信息，剧院内满场混响时间频率特性见表 3-5。

剧院内满场混响时间频率特性表　　　　　　　　表 3-5

频率（Hz）	125	250	500	1k	2k	4k
RT60（sec）	1.17	1.03	0.9	0.9	0.81	0.72

（2）背景噪声。

根据《剧场、电影院和多用途厅堂建筑声学设计规范》GB/T 50356—2005 中规定会堂、报告厅和多用途礼堂的厅内噪声限值，采用自然声时，剧院内背景噪声应满足 NR-25，采用扩声系统时，剧院内背景噪声应满足 NR-30。自然声演出时，厅内噪声级不大于 30dBA；采用扩声系统时，应低于 40dBA，见表 3-6。

采用自然声与扩声系统放音时的背景噪声 NR　　　　　　表 3-6

NR	31.5	63	125	250	500	1000	2000	4000	8000
NR-25	72	55	43	35	29	25	21	19	18
NR-30	76	59	48	39	34	30	26	25	23

（3）响度。

响度是与声强相对应的声音大小的知觉量，是人耳感受到的声音强弱，以往提出室内的音质评价指标时，响度列为首位。一般用强度指数 G 来评价响度，在本剧院中，取 G ⩾ 0dB，可达到满意的听音效果。

（4）明晰度（声能比）。

当到达观众的早期声占相当优势时，清晰度便高。因此，把早后期反射声能之比作为一个音质评价参量来考虑，一般用明晰度 C_{80} 来表示。在本剧院中，取 C_{80} 在 0 ~ 4.0dB，即可保证听音清晰。

（5）声场不均匀度。

声场不均匀度是描述厅内各位置声场分布均匀程度的指标，以不同位置的声压级差值来表示。声场不均匀度反映了听音区的音质差异，在自然声源的条件下，厅内声场不均匀度应不大于 ±4dB，最大与最小声级差值不大于 8dB。

（6）语言清晰度。

语言清晰度是评价厅堂，扩声是通信系统声音质量的一项重要指标。它指的是语言由发音人发出经过一定的传输通道到达听者时声音的清晰程度。尤其对以语言扩声为主的场所或语言通信系统来说，语言清晰度是反映其声音传输质量的重要依据。因此，在本剧院中，取语言清晰度大于 0.60，见表 3-7。

各项音质指标的数值范围　　　　　　　　　　　　　　　　表 3-7

背景噪声 NR 噪声评价曲线	混响时间 T（秒）	强度指数 G（dB）	明晰度 C_{80}（dB）	语言清晰度 STI	声场 不均匀度
≤ NR30	1.20 ± 0.10	≥ 0	$1 \leqslant C_{80} \leqslant 4.0$	> 0.60	≤ 8dB

3.5.3　声学体形分析与设计

通过声线分析法分析平面与立面的声线反射效果。该章节以剧场剧院观众厅为例进行分析。

观众厅形体的设计是建筑声学设计的一项重要内容。一般厅堂的音质设计都是从形体设计开始，观众厅形体方面的设计主要是优化观众厅内声场的时间和空间分布，有利于声场分布均匀、使各个区域有足够的响度，消除和避免可能产生的局部声聚焦和回声等音质缺陷。

在形体设计时，要注意使近次反射声（主要是一次反射声）合理分布于整个大厅，特别是早期侧向反射声。在剧院观众厅台口前端侧墙和吊顶，是可以向大部分观众席提供强的短延时反射声的重要部位，在设计时，要充分利用。

1. 平面侧墙

侧墙可为观众席前、中区提供丰富的早期侧向反射声，有利于增加厅堂的空间感和环绕感，如图 3-80 所示。

2. 立面吊顶

观众厅上方吊顶能将来自舞台的声音均匀反射到观众席各区域，有利于提高观众厅的声场均匀度，如图 3-81 所示。

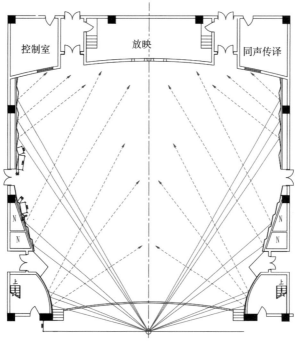

图 3-80 侧墙的早期侧向反射声线

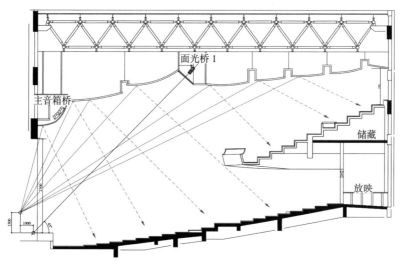

图 3-81 观众厅上方吊顶对声音的均匀反射

3.5.4 各界面材质的声学设计要求

厅堂内各界面声学材料的选择、安装位置及数量关系到总体装饰效果和投资额度，也关系到厅内声场的分布和扩散效果，更关系到厅内混响时间及其频率特性的控制，方案将对厅内各主要表面的材料选择及其配置部位提出建筑声学专业的建议。该章节以剧场剧院为例进行分析。

1. 吊顶

观众厅吊顶作为声反射面考虑，吊顶的形式应有利于为观众区提供有效的反射声，确保整个观众区声场分布均匀，这无论是自然声、还是使用扩声系统的演出都是重要的。就吊顶所采用的材料而言，均应起声反射作用，如 GRG 增强石膏材料、多层石膏板黏合或高密度衬底，外贴防火装饰板。为了对声波起有效的声反射作用，吊顶的面密度应在 $40kg/m^2$ 左右，特别是台口至第一道面光前的声反射板尤为重要。楼座和侧向长包厢下方的顶棚可采用两至三层纸面石膏板作为吊顶构造。

观众厅顶面一般不需要做吸声处理，应考虑为硬质反声材料。为了减小低频吸收，吊顶面密度应不小于 $35kg/m^2$。吊顶外形可考虑适量的微扩散构造，微扩散构造的空间起伏程度，主要结合室内设计而定。

2. 乐池

乐池作为乐队演出活动的空间，其内壁墙面也需要进行适度的声扩散和声吸收处理，以有利于乐队演奏时，各声部之间的平衡，同时避免声级过高，对乐师的听闻产生不良的影响。具体做法将在室内设计阶段配合室内设计确定。

3. 观众厅墙面

以音乐（演奏或演唱）演出为主的多功能剧场，应保留较长的混响时间，并使低频混响有较大的提升（相对于中频混响）。对此观众厅内一般不应再作专门的吸声结构。听众和座椅本身的声吸收已相当可观，没有必要增加吸声材料（结构），设计中如需补充吸声材料，可选择观众厅后墙进行布置。

对于以音乐使用为主的剧院，其要求从舞台发出的声能，最大限度地利用侧墙反射给听众。侧墙可以为观众提供良好的早期反射声，加强直达声提升厅内的响度，保证观众听闻清晰。故侧墙可采用 30mm 厚 GRG 造型板，防止低频共振吸收，要求板之间不得存在有缝隙或者密封的接缝。

4. 后墙

观众厅的后墙距离主席台较远且面对舞台，不做声学处理容易出现声缺陷，在声学构造中也做了相应考虑。观众厅后墙可采取一定吸声处理，不仅对观众厅混响时间有效调节，还减弱声音的回馈，消除话筒啸叫的问题。为保证剧场观众厅有合适的混响时间，池座和楼座的后墙均需布置吸声材料，可选用软包板、穿孔吸声板或其他吸声材料，吸声系数要求由声学设计提供，具体外观形式需与室内沟通后确定。

5. 地面

舞台地面采用架空双层木地板。

观众区地面用料可根据装修标准、清洁要求及经济等因素确定，声学设计要求地板为贴实材料，并注意将龙骨间隙填实，避免地板共振吸收低频。地面施工还必须处理好送风口及座椅安装的接口问题。

6. 舞台墙面

为保证演员在舞台演出时能够获得和观众席一致的耦合空间声学效果，（耦合空间效果：舞台混响时间过短演员不能把演出的声音充分传递给观众，舞台的混响时间过长演员得不到从观众厅回馈到自己耳朵的声能，则不能正确控制自己演出声音的平衡）设计舞台的声学混响时间接近观众厅的混响时间，舞台内部的后墙、侧墙以及前墙，都应该铺设相应的吸声材料，建议内部铺设黑色强化玻纤吸声板。强化玻纤吸声板对于各个频段的吸声效果都较好，能有效还原舞台空间内演员、发言人、主持人等的话语，提高其语音清晰度，混响时间也能控制到与观众厅的接近。此之外，舞台两侧均布设吸声帘布，除了为增强舞台装饰效果外，吸声帘布能补充舞台空间内的吸声量，这使得处在舞台空间的人员有更好的听音及录音效果。

舞台墙面 6m 以上使用 $100kg/m^3$ 密度的强化玻纤吸声板，舞台墙面 6m 以下使用 $200kg/m^3$ 密度的强化玻纤吸声板，强化玻纤吸声板降噪系数 NRC 大于 0.80。

7. 舞台音乐罩

举办交响音乐会时，舞台上将设置音乐罩，一方面使声能量更多地反射到观众厅，防止声能量在巨大舞台空间逸散，加强整个乐队不同演奏者之间的相互听闻效果，和整体演奏的协调感；另一方面，音乐罩能使观众区域的混响时间略有提高、音乐明晰度、响度等均有所改善。根据本多功能剧院的舞台形式，音乐罩的顶板和墙板采用拼装的方式，顶板采用若干块拼装单元，平时可悬吊在舞台上空，侧板和后板可为推拉平移式，平时可存储在侧舞台或后舞台。顶板、侧板和后板的材料应对声音起到有效的反射作用。音乐罩顶板的面积宜适当大一些，而侧板可以组合，这样既可容纳大型乐队，也可根据乐队规模进行缩放，有较大的灵活性。音乐罩后板与侧板结合处及和顶板结合处均留 200mm 左右空隙，以便降低后部打击乐、铜管乐的声级，使整个乐队演出时有更好的声部平衡感，避免后部打击乐器的声级过高。顶板设照明及空调风口，侧板设乐队入口、出口门。国内不少新建剧院采用了定制成品的音乐罩，其主要特点是整个乐罩的金属构架比较轻巧，面板材料重量较轻，拆装便利、快捷。本项目也可以考虑定制购置成品音乐罩。

8. 栏板

楼座栏板面密度同侧墙要求 30 ~ 35kg/m^2，池座栏板要求稍低，建议为 25 ~ 30kg/m^2，材质采用 GRG。要求采用密度不小于 1800kg/m³ 的产品。

楼座栏板 GRG 厚度要求最薄处不小于 20mm。

池座栏板 GRG 厚度要求最薄处不小 15mm。

池座栏板倾斜角度根据声线分析结果确定。

9. 座椅

观众席是观众厅内最重要的吸声面，中高频吸声量大约占整个观众厅总吸声量的 2/3 到 3/4，因此对观众厅内的实际混响时间起着非常关键的作用。一般情况下，观众的吸声增量在 0.1 ~ 0.2 左右（随季节变化），因此选择座椅的型号、用料，声学性能的控制成为观众厅音质设计的重要环节。对于本观众厅座椅，其技术要求如下：

（1）座椅在空椅和坐人两种条件下的吸声性能尽可能接近。座椅厂商必须提供由专业声学单位检测的座椅吸声性能测试报告。

（2）坐垫应有缓冲装置，翻动时不产生噪声，尤其不能产生碰撞声。

（3）座椅宜采用木靠背及木扶手，靠背宜留木边框，同时靠背软垫不需太厚。

（4）坐垫下底面宜做吸声处理，建议选用木质穿孔板。

（5）座椅下部应附带与地面连接的送风口装置。

（6）对观众厅内座椅吸声系数提出以下要求见表 3-8。

观众厅内座椅吸声系数范围 表 3-8

中心频率	125	250	500	1000	2000	4000
单个座椅吸声量	0.25 ~ 0.35	0.30 ~ 0.40	0.40 ~ 0.45	0.40 ~ 0.55	0.40 ~ 0.55	0.40 ~ 0.55
每平方米座椅吸声系数	0.4 ~ 0.5	0.4 ~ 0.5	0.65 ~ 0.75	0.65 ~ 0.75	0.65 ~ 0.75	0.65 ~ 0.75

10. 面光桥

为防止通过大面积面光口连通顶棚内的平顶空间体积，影响厅内混响控制，面光桥应以石膏板将其分隔成室，灯桥两侧设门与马道连通。面光桥的长条内壁面也会引起不良声反射，故要求在面光桥内壁面做一般吸声处理，采用穿孔水泥压力板后铺 50mm 厚离心玻璃棉，外包防火布，A 级防火。面光桥各界面的构造均采用不燃材料，面光开口尺寸、吊架规格由建筑及灯光工艺专业确定，如图 3-82 所示。

11. 主音箱室

位于台口前上方的主音箱室应在建筑声学上考虑以下措施，如图 3-83 所示：

（1）主音箱室应封闭（除声音辐射口外）隔声，以防声音向上部平顶内散出（建议采用石膏板或硅钙板密封）。

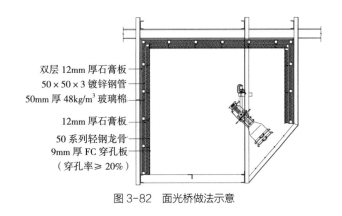

图 3-82 面光桥做法示意

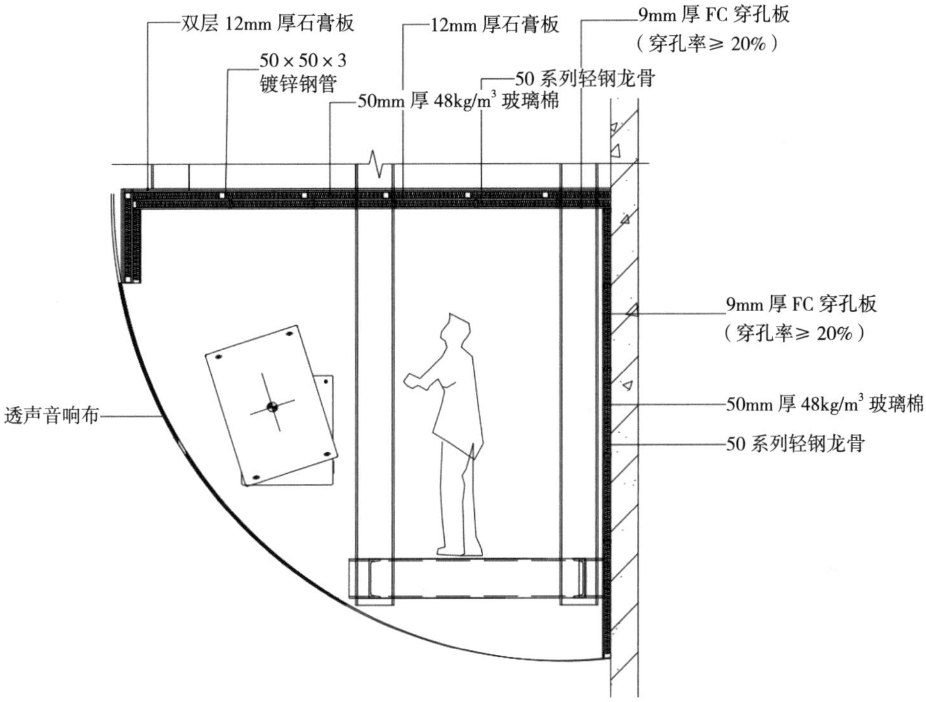

图 3-83 主音箱室做法示意

（2）主音箱室内的所有内壁面均应做吸声处理，避免产生不利的声反射，建议在内部做穿孔吸声板处理，A 级防火。

（3）声辐射口采用全频透声优良的音响布包蒙，并尽可能同台口顶棚颜色一致。

（4）声辐射口位置大小、音箱室吊架、龙骨用料规格及音箱吊挂构件等由建筑、装修及音响工艺专业确定。吸声板声学要求同面光桥内吸声板做法。

12. 耳光室

观众厅两侧的耳光室内部容积较大，在表演时，门洞为开启状态，且门洞面积较大，将会与观众厅形成耦合空间，对观众厅内混响时间影响较大；因此，耳光室内需做吸声处理。

13. 声控、灯控室

（1）声控、灯控室的位置：声控室要能瞭望舞台，并希望能直接听到场内的扩声效果，便于操作调节，因此它的位置应在观众厅的后部。为了工作时与舞台上联系方便，以楼下后部为佳。

（2）声控、灯控室与观众厅之间要有足够宽敞的窗，并可以开启。不仅为了看，也为了直接监听场内的实际效果并进行调音控制。观察窗开启后净空通常不小于 1m（高）×2m（宽），而且坐在调音台前的工作人员能看到主扬声器，这样才能听到中高频的直接声。

（3）声控、灯控室的净面积为 10 ~ 12m²，净高不小于 2.8m，深度不得小于 2.5m。声控室地面宜超过观众厅最后一排地面至少 60cm，使厅内后排有人走动时不致遮挡对舞台的观察。窗台下沿净高 90cm，使操作台面不高于窗台。

（4）声控、灯控室内铺设架空防静电活动地板，活动地板距混凝土地面为 200 ~ 300mm，声控室内管线均暗敷在活动地板下。

（5）声控、灯控室混响时间宜为 0.3 ~ 0.5 秒，且混响特性基本平直，以提高监听音箱的清晰度。声控室装修做法：吊顶为玻纤吸声板吊顶；地面为架空防静电活动地板；墙面采用木制吸声板，后称 50mm48kg/m³ 离心玻璃棉。

（6）空调系统产生的噪声不宜超过 NR-25。

14. 声闸

（1）为防止走廊的噪声通过门传入观众厅，因此出入观众厅均需采用双道防火隔声门以形成声闸，声闸的整体隔声量要求不小于 50dBA。

（2）声闸内顶棚、墙面均需做吸声处理。

（3）声闸的内部门（靠近观众厅）：隔声量应不小于 35dBA。没有金属锁件，只有推拉把手，这样可以保证进出观众厅时不产生太大响声。声闸的外部门：采用防火隔声门，隔声量应不小于 35dBA。可采用金属锁件。

15. 入口大厅等公共空间

剧院前厅装饰是剧院的设计亮点，剧院的公共空间作为交流和集会的场所，应营造一个安静舒适的声环境，尤其是入口大厅等体型较大的空间，若不采取声学措施加以控制，将导致混响时间过长，甚至于相互交谈也产生困难。因此声学建议可根据装饰要求进行声学设计，墙面和顶棚都应采取相应的声学工艺。

3.5.5　噪声控制

1.剧场噪声控制内容

为使听音不受噪声的干扰，有听音要求的房间应控制较低的背景噪声值。一般空间噪声也不应很大。噪声控制的内容包括以下几个方面：

（1）防止外部环境噪声传入房间内部。

（2）防止各功能房间之间相互噪声干扰，防止设备间对功能房间的噪声干扰。

（3）楼板撞击声控制。

（4）设备振动控制及设备间噪声控制。

（5）空调系统噪声控制。

（6）其他噪声控制，如舞台设备噪声等。

2.噪声控制主要方法

（1）提高房间门、墙体、楼板等的隔声量。

（2）设备机房隔振设计。

（3）设备机房吸声处理。

3.噪声控制主要措施及做法

（1）为避免外部环境噪声的影响，其剧场整体空气声计权隔声量（R_w）应大于50dB，楼板的计权标准化撞击声压级不应大于65dB。通往观众厅的入口需设声闸及隔声门。相应功能房间的墙面和吊顶需要做隔声降噪处理等。

（2）观众厅楼板隔声。

楼板撞击声是指上层建筑的物体撞击楼板，使楼板振动并通过结构传递给下层空间。作为演义建筑，所以对其楼板隔振、隔声要求较高，以避免对下层建筑产生影响。根据相关规范及设计标准，对于有较大振动的房间需要进行浮筑地面处理，楼板的计权标准化撞击声级小于或等于55dB，高于《民用建筑隔声设计规范》GB 50118—2010第3.2.2条：分户层楼板计权标准化撞击声级一级，不大于65dB（A）。

（3）吸、隔声吊顶。

为给观众创造出一个良好的声环境。改变入口大厅总是人声嘈杂的印象，前厅及观众休息厅吊顶应采用吸声吊顶。在大厅的内墙也应做一定的吸声处理。对于一些顶层有隔声要求的房间，其上层建筑却没有设置浮筑楼板的，可做隔声吊顶，如各部分的声闸、声控室的吊顶均需采用隔声吊顶。同时，由于空调风管中气流通行时会产生二次噪声，对于这部分噪声的控制，也可采取隔声吊顶的措施，避免风管内的噪声向走廊和房间辐射。

（4）隔声门及声闸的设置。

观众厅入口门可采用隔声门，计权隔声量不小于 35dB。舞台道具口入口采用隔声卷帘门，完成后的门整体计权隔声量应大于 45dB，以确保隔声效果。但对于声学要求较高，并且体量较大的厅堂出入口，均应设置声闸。声闸的侧壁为吸声墙体，顶棚为吸声隔声吊顶。内外两侧均为隔声门，隔声门之间至少间隔 0.8mm。内侧隔声门的隔声量 R_W 不小于 7dBA，外侧隔声门的隔声量 R_W 不小于 32dBA，通过这些手段，使得声闸本身的隔声量达到 52dBA 以上。除了声闸，对于一些有较高背景噪声控制要求的声学用房等，采用隔声门；对于一些会产生噪声的设备机房，如空调机房等，也采用隔声门。无声闸的情况下，单扇隔声门的隔声量 R_W 不小于 40dBA，其他没有任何注明时，门的隔声量均要求 R_W 不小于 27dBA。

（5）内墙隔声处理。

所有内隔墙隔空气传声指标应大于 50dB（R_W）。噪声敏感用房隔墙隔空气传声指标应大于 60dB（R_W），这些用房包括礼堂观众厅、灯光音响控制室、舞台机械控制室等。对于有较大振动的房间需要进行浮筑地面处理，楼板撞击声隔声指标小于等于 55dB（$L_{pn,w}$），这些房间包括排练室、舞台、机械控制室等。

隔声墙体做法：除混凝土墙外，建筑墙体分三类：多孔黏土砖墙，加气混凝土砌块墙及轻质石膏板墙。

1）对于隔声要求不高的墙体，采用混凝土加气块，根据不同的功能房间要求，在墙体外侧附加隔声材料，以提高墙体的隔声性能，确保 R_W 在 42dB（A）以上。

2）对于有一定隔声要求的墙体采用黏土多孔砖，根据不同功能房间的要求，在墙体外侧附加隔声材料，以提高墙体的隔声性能，确保 R_W 在 52dB（A）以上。

3）对于有特殊隔声要求墙体采用了多层石膏板与隔声材料组成的复合墙体，使 R_W 不小于 62dBA。

（6）机房。

对机房主要是采用吸声降噪的方式，虽然空调机房所处位置是变化的，但吸声结构的做法大体是相同的。墙面均为穿孔 FC 板吸声结构，吊顶可为穿孔石膏板或穿孔 FC 板吸声结构。

（7）其他。

针对其余设备机房的噪声控制，可根据其对周围空间的影响程度，参考以上对空调机房的处理措施进行处理，在此不做详述。空调设计中，需要详细计算，严格控制观众厅座椅下送风器的气流和产生的噪声。气流流速过快，容易造成观众腿部不适，夏季空调送冷风时尤其严重。气流流速过快，相应送风器噪声会显著提高，对观众欣赏演出产生影响。空调降噪设计由空调专业或设备生产厂家完成，本设计只提出空调系统噪声控制要求。对于大剧场周边其余设备用房，根据其使用时产生噪声的情况，参考空调机房噪声控制的方法进行处理。

3.5.6　建筑设备隔振

1. 概述

应特别强调控制振动的固体传声处理，设计中除必须选用低噪声设备外，对空调冷冻、给水排水机组以及旁边的电梯机房等，应采取隔振措施，如设置减振垫、减振器、设置风管软连接等等。另外，机房的顶棚、侧墙应做吸声降噪处理。针对各厅室本底噪声允许值，除了对围护结构进行隔声设计外，还需对设备振动产生的噪声加以控制，以达到控制背景噪声的要求。根据以往设计经验，提早考虑设备隔振设计有利于在下一步的设计中充分考虑到声学设计的需要，使得建筑声学同土建、设备等工种的配合更融洽。因此，以下将对设备设计中可能需要采用的主要隔振设计提出要求。

2. 具体措施

（1）基础隔振。

1）空调机组及风机。

各类空调机组及风机设备在运行时，其振动和固体声会沿着基础、楼板、墙体及管道等传递，除振动固体声传递外，直接安装在楼板上风机设备会激发楼板的振动，并辐射出噪声。为了安装和调整方便，空调箱设备应加隔振台座（或隔振钢台座），以增加系统的质量，降低隔振系统重心。并且能增加系统的稳定性，减少隔振系统的位移，从而减小风机设备因设置隔振装置而增加颤动。对于重量不大的空调机组可采用混凝土梁作为基座，同时在梁下安装有阻尼弹簧的隔振器。若空调箱及排风机在楼板上，由于楼板刚度较小，为确保更好的效率，建议在设备机房内用橡胶隔声板满铺加钢筋混凝土板做半浮筑结构的双层隔振措施。

2）冷冻机组。

冷冻机组设备自身质量大，转速高，所以隔振要求也相对较高，多采用钢混凝土板混合结构作为基座形式进行隔振，以降低隔振体系的重心，提高隔振体系稳定性。通过采用阻尼弹簧减振隔振器使得传到支承结构上的干扰力尽可能小。

3）水泵。

为使设备隔振传递率达到规定要求，使隔振元件受力均匀，设备振动受到控制，因此要求水泵隔振基座有一定的质量和刚度，同时根据产品技术参数及隔振设计的要求，设计计算隔振基座的重量必须是水泵重量 1.5 倍以上控制面振幅。对设备房区域环境有特殊要求时，水泵可采用双层隔振设计，以提高它的隔振效率，如橡胶隔振垫加阻尼弹簧隔振器的双层隔振设计，不仅有很好的隔振效率且高频隔声也有很好的效果。

4）变压器。

变压器运行时产生 50Hz 的电磁波发出噪声，也会通过结构进行传递，影响周围环境，建议在变压器安装时楼板采用半浮筑结构的隔振措施，以减少噪声振动对周围环境影响。

3. 管道

一般振动机械与外界连接的部分大部分为管道系统，各种管道不论是水管、风管、气管、油管等，大多应该加接管道补偿软连接装置。

（1）水管。

大部分进水口管道及出水口管道均采用橡胶柔性连接管连接，但对于水泵来说，其量程高、压力大，建议出水口采用金属波纹管连接。

（2）风管。

空调风机出风口和管道连接处用帆布接口连接，防止风机振动通过管道振动传递。

（3）固定方式。

管道可采取钢架支撑形式隔振，但由于管道振动较大，会通过钢架支撑传递到楼层下，设计时需考虑采用可调式弹簧隔振器隔振。

4. 机房

对机房主要是采用吸声降噪的方式，虽然空调机房所处位置是变化的，但吸声结构的做法大体是相同的。墙面均为穿孔 FC 板吸声结构，吊顶可为穿孔石膏板或穿孔 FC 板吸声结构。

3.5.7 声学模拟计算

1. 室内音质计算机模拟概述

近年来室内声学计算机模拟分析技术已成为声学设计的一个重要的辅助设计手段，一方面是由于计算机性能的提高使复杂的模拟运算能以较短的时间得以完成；另一方面是模拟方法的不断完善和改进，使得室内音质物理参量模拟的准确性得到了很大的提高。室内声学计算机模拟软件已经较为成熟，已广泛地应用于室内声学的研究和音质设计等方面。作为室内声学音质设计的辅助工具，声学模拟技术的最大优点是能够对设计阶段及时地做出符合声学要求的各类调整，提出为达到音质要求的优化方案。与进行观众厅缩尺模型测试相比，它克服了模型制作、修改和测试中的困难，同时也大大地节约了时间和费用。

室内声学计算机模拟技术是基于几何声学的数字模拟方法，主要包括声线追踪法和虚声源法（也称声像法），声线追踪法是将室内声源发出的球面波假想为由许多条声线组成，每一条声线携带一定的能量，以直线形式遵循几何声学规律传播，遇到界面时反射，同时也损耗部分能量。计算机在对所有声线传播追踪的基础上合成接收点处的声场。虚声源法则将声波在界面处的反射效应用声源对该界面所形成的虚声源（声像）等效，室内所有的反射声都假定由相应的虚声源发出。声源与所有虚声源发出的声波在接收点合成总的声场。声线追踪法和虚声源法都是基于几何声学中声波以直线形式传播这一基本假设。

该次室内声学计算机模拟分析所采用的 Odeon 室内声学模拟软件，兼有声像法和声线法的功能。采用 Odeon 软件进行室内音质计算机模拟的步骤为：首先建立实际厅堂符合声学软件要求的三维几何模型，然后对三维几何模型的所有面布置声学材料，将材料声学特性参数值输入计算机软件，就形成了三维声学模型。最后由软件按几何声学法则来模拟声波在厅堂内的传播规律并得到声场的特性。实际厅堂三维声学模型的建立是整个模拟计算的基础，而现阶段各类声学软件所能接受的面都必须是平面，因此每一个曲面都必须由若干平面组成。对于结构复杂的实际厅堂，为不影响有效声像的正确判断和最终各个声学模拟参量计算的准确性，Odeon 软件强调指出，所建立的声学模型与实际建筑的完全几何逼真性并不能保证模拟结果的正确性，相反却有可能因为平面太多，虚声源判断不准确而导致模拟计算结果的不精确。因此一般对于起主要作用的声反射面应尽可能地大一些，软件本身也会自动合并一些较小的、但相互关联的面成为较大的平面，而对于一些次要的面则可作适当的简化。当然，为保证模拟结果的正确性，软件分析计算过程中，一些参量的正确设置也是非常重要的。实际厅堂的三维声学模型可由本软件内置的参数建模语言或通用的 SKETCHUP 软件建模，再转换成 Odeon 软件所能接受的文件格式（如 PAR 格式的文件）。Odeon 对输入的模型进行自动检查，找出不符合该软件所定义的三维面，并进行模型封闭性检查，经过修正使得所有的三维面都符合软件的要求后，才能进行接下来的各类模拟分析计算。对于声源的类型、位置、声功率级及指向性、观众席和接收点的位置等参数根据实际情况进行设置。厅堂各表面材料需要输入相应的吸声系数和散射系数，与通常的几何声学不同，当声线与声学材料发生碰撞，除由于材料的吸声作用而导致能量损失外，还会依据 Lambert（朗伯余弦）定律发生散射作用。该软件可自动计算出各接收点的一些主要声学参数，也可按预先定义的接收点网格布置，给出从 63Hz 至 8000Hz 共八个倍频带中心频率各声学参量的彩色网格分布图。

该次室内声学计算机模拟分析是在建筑初步设计已完成的基础上进行的，主要分析剧院观众厅内的声场特性及对应各项室内声学的物理参量，通过声学模拟分析，检查厅内是否存在音质缺陷，各类音质参量的模拟分析结果的数值分布范围，以便在后续的建筑声学设计和室内建筑装修设计中加以优化和调整。

2. 计算机模拟的客观参量简介

厅堂音质的计算机模拟中，通用的客观评价参量主要包括反映混响感的时间参量、反映能量分布的明晰度指标以及反映空间感的侧向声能因子等几个参量，现分别简要介绍如下。

（1）混响时间 RT。

混响时间是最早提出的也是至今最重要的音质评价指标，它由赛宾（Sabine）于 1895年提出，定义为声音已达到稳态后停止声源，平均声能密度自原始值衰变到其百万分之一（60dB）所需要的时间，以秒计。在实际测量过程中，总会存在背景噪声，当背景噪声级与接收点实际声级的差值小于 60dB 时，由于噪声的掩蔽作用，声音将难以衰变到原始值的百万分之一。此时，可用平均声能密度自原始值衰变 30dB（或 20dB）外推至衰变 60dB 所需的时间作为混响时间，以 T_{30}（或 T_{20}）标记。以后来依林（Eyring）发现在吸收较大的房间中（平均吸声系数大于 0.2 时），需要对赛宾混响公式进行修正，在室内音质的计算机模拟计算中一般采用 Eyring 公式，以下式计算：

$$T_{60} = \frac{0.161V}{-S\ln(1-\alpha)+4mV}$$

式中　V——房间容积，m^3；

　　　S——室内总表面积，m^2；

　　　α——室内平均吸声系数；

　　　m——空气中声衰减系数 m^{-1}。

（2）早期衰变时间 EDT。

另一个与混响的主观感受密切相关的物理指标是早期衰变时间，由乔丹（Jordan）于 1968 年提出的。它定义为声源停止发声后，室内声场衰变过程早期部分从 0 ~ –10dB 的衰变曲线的斜率所确定的混响时间。具体计算方法是将室内声场衰变过程早期部分从 0dB 衰变到 –10dB 所经历的时间乘以 6，即由衰变 10dB 的时间推算得到衰变 60dB 时的混响时间。早期衰变时间 EDT 与混响的主观感受比混响时间 T_{30} 与混响的主观感受更密切。

（3）明晰度 C_{80}。

明晰度 C_{80} 是由理查德（Reichard）等人于 1973 年提出的，主要用来评价音乐的明晰程度。厅内某处在接收到直达声之后的前 80ms 时间内的声能和 80ms 后声能的比值，定义为该处的明晰度。某接收点处在直达声之后的前 80ms 时间内的声能和 80ms 后声能的比值，定义为该处的明晰度。

$$C_{80} = 10\lg\frac{\int_0^{80\text{ms}} p^2(t)dt}{\int_{80\text{ms}}^{\infty} p^2(t)dt}$$

对于古典音乐类的演出，C_{80} 范围为 –2 ~ 2dB；对于歌剧、音乐剧类的演出，C_{80} 应适当提高，范围在 0 ~ 3dB；话剧类等以语言清晰度为主的演出，C_{80} 的建议值为 1 ~ 4dB。

（4）侧向声能因子 LF。

侧向声能因子最先由 Barron 于 1971 年提出，后由 Jordan 于 1980 年进行修正。它主要用于评价听众因侧向反射声而产生的被声场包围的感觉，定义为 80ms 内侧向反射声能与 80ms 内总声能的比值，对应的公式为：

$$LF = \frac{\int_{5\text{ms}}^{80\text{ms}} p_\infty^2(t)dt}{\int_0^{80\text{ms}} p_0^2(t)dt}$$

其中 $P_\infty(t)$ 为 8 字形指向性传声器测得的声压，积分从 5ms 开始是为了消除直达声的影响。

为获得较好的空间影响，侧向能量因子应在 20% ~ 35% 之间。

（5）强度指数 G。

强度指数 G 是由列曼（Lehman）于 1976 年提出的，主要用来评价厅内各处声场强度的大小，也是反映房间对声源强度放大作用的指标。它定义为所有反射声声压的平方与自由声场中（声功率保持不变）离声源 10m 处的声压平方之比，对应的公式为：

$$G = 10\lg \frac{\int_0^\infty p^2(t)dt}{\int_0^\infty p_A^2(t)dt}$$

式中，$p(t)$ 是采用无指向性的脉冲声源激发，在实际厅堂的某受声点处记录的声压；$p_A(t)$ 是同一声源在消声室内距离声源 10m 处记录的声压。

（6）语言传输指数 STI。

语言传输指数 STI 由 Houtgast 和 Steeneken 于 20 世纪 70 年代初提出，主要用来评价语言可懂度。STI 是由调制转移函数 MTF 导出的客观参量。从 MTF 得到 STI 最主要的思想是，将调制指数的作用以表观信噪比来解释，采用加权平均求出平均表观信噪比，经归一化后可以导出语言传输指数 STI。语言传输指数需要考察 125 ~ 8000Hz 的 7 个倍频带中心频率，在每个中心频率处以 0.63 ~ 12.5Hz 共 14 个 1/3 倍频带中心调制频率 F 进行语声包络曲线的调制。最后对这 98 个调制因子按照频率计权，得到语言传输指数 STI。语言传输指数 STI 与语言可懂度或语言清晰度之间有良好的对应关系，见表 3-9。

STI 与语言可懂度或语言清晰度之间的对应关系　　　　　　　　　　表 3-9

STI	< 0.3	0.3 ~ 0.45	0.45 ~ 0.60	0.60 ~ 0.75	≥ 0.75
语言可懂度等级	劣	差	中	良	优

3. 室内声学模拟分析结果

（1）三维模型及测点分布。

声源位置在舞台台口处、距地面 1.5m 处，为无指向性点声源。观众区共布置了 12 个接收点，每个接收点均匀分布在观众席位置，其中 4 个点（R1 ~ R4）位于池座一区座位，其中 4 个点（R5 ~ R8）位于池座二区座位，其中 4 个点（R9 ~ R12）位于楼座座位，接收点高度距离对应座位地面 1.2m，如图 3-84、图 3-85 所示。

（2）三维模型及测点分布。

对观众席区域按网格分布布点，各音质参量分布的模拟结果以彩色网格图的方式表示，报告中仅选取了各音质参量中频 500Hz 和 1000Hz 的彩色网格图。

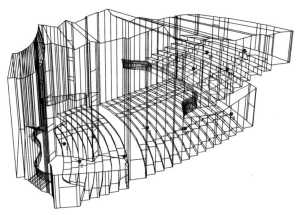

图 3-84 大剧院声源及接收点透视示意图

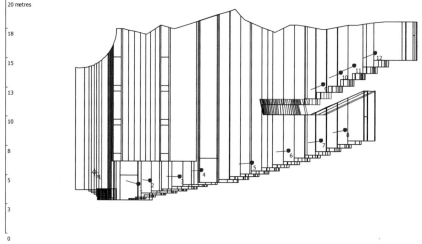

图 3-85 大剧院声源及接收点纵剖面示意图

1）早期衰变时间见表 3-10，如图 3-86、图 3-87 所示。

满场条件下 EDT 模拟计算值（s） 表 3-10

模拟参数	倍频带中心频率（Hz）					
	125	250	500	1000	2000	4000
早期衰变时间 EDT	1.56	1.24	1.17	1.13	1.11	1.09

2）混响时间 T_{30}。

根据模型中所采用的材料及其吸声系数，并考虑各个表面的散射特性，按模拟软件的要

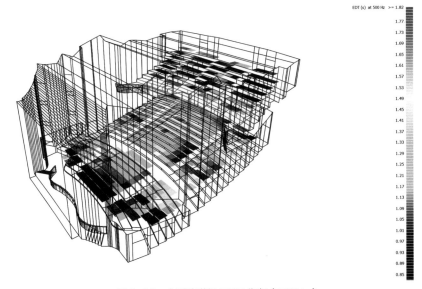

图 3-86　大剧院满场 EDT 分布（500Hz）

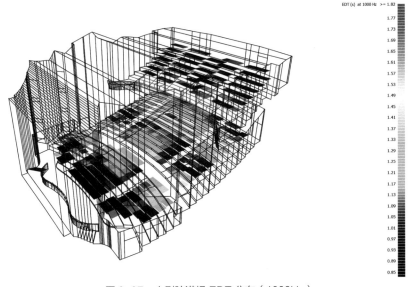

图 3-87　大剧院满场 EDT 分布（1000Hz）

求给每一个材料均赋散射系数。如观众席区域的散射系数一般取 0.5，面积较大且光滑平整的表面，散射系数取 0.1 或 0.05，见表 3-11，如图 3-88、图 3-89 所示。

满场条件下混响时间 T_{30} 模拟计算值（秒）   表 3-11

模拟参数	倍频带中心频率（Hz）					
	125	250	500	1000	2000	4000
混响时间 T_{30}	1.45	1.17	1.14	1.12	1.10	1.07

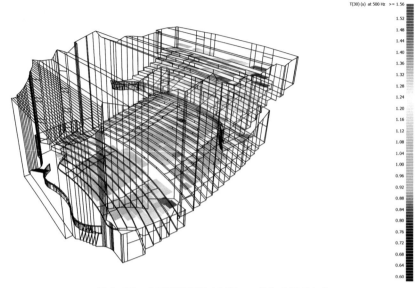

图 3-88　大剧院满场混响时间 T_{30} 分布（500Hz）

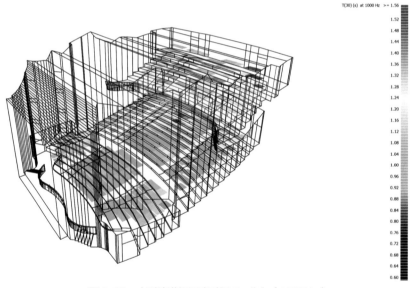

图 3-89　大剧院满场混响时间 T_{30} 分布（1000Hz）

3）声场分布，见表 3-12，如图 3-90 所示。

满场条件下声场分布模拟计算值（dB）　　　　　　　　表 3-12

模拟参数	倍频带中心频率（Hz）					
	125	250	500	1000	2000	4000
相对最大声压级	88.1	87.7	87.9	87.8	87.3	87.1
相对最小声压级	82.3	81.5	81.4	81.2	79.9	79.7
声压级差	5.8	6.3	6.5	6.6	7.4	7.4

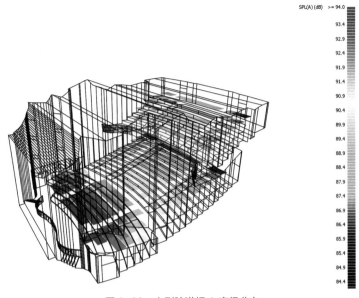

图 3-90　大剧院满场 A 声级分布

4）明晰度 C_{80} 见表 3-13，如图 3-91、图 3-92 所示。

满场条件下 C_{80} 模拟计算值　　　　　　　　　　　　　　　表 3-13

模拟参数	倍频带中心频率（Hz）					
	125	250	500	1000	2000	4000
明晰度 C_{80}	1.2	1.6	1.2	1.4	2.6	2.7

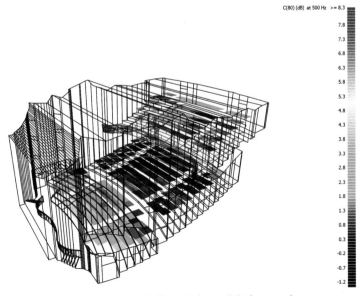

图 3-91　大剧院满场明晰度 C_{80} 分布（500Hz）

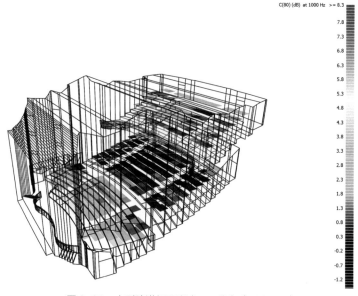

图 3-92 大剧院满场明晰度 C_{80} 分布（1000Hz）

5）清晰度 D_{50}，见表 3-14，如图 3-93、图 3-94 所示。

满场条件下 D_{50} 模拟计算值 表 3-14

模拟参数	倍频带中心频率（Hz）					
	125	250	500	1000	2000	4000
清晰度 D_{50}	0.43	0.55	0.57	0.59	0.56	0.57

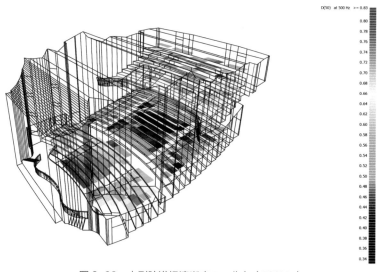

图 3-93 大剧院满场清晰度 D_{50} 分布（500Hz）

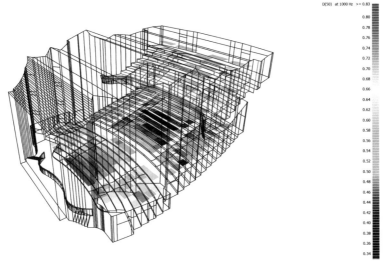

图 3-94 大剧院满场清晰度 D_{50} 分布（1000Hz）

6）强度指数 G，见表 3-15，如图 3-95、图 3-96 所示。

满场条件下 G 模拟计算值（dB） 表 3-15

模拟参数	倍频带中心频率（Hz）					
	125	250	500	1000	2000	4000
强度指数 G	4.7	5.0	5.4	5.7	6.3	6.4

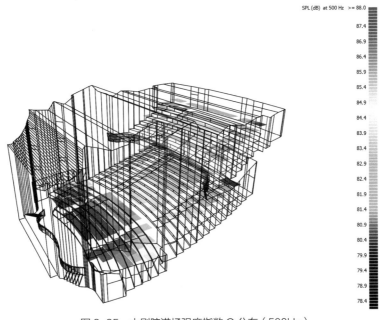

图 3-95 大剧院满场强度指数 G 分布（500Hz）

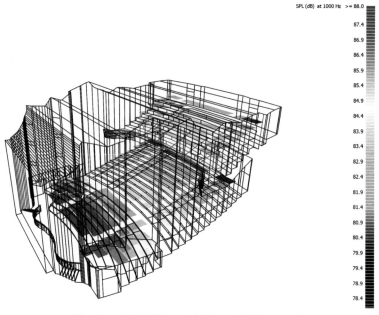

SPL (dB) at 1000 Hz >= 88.0

图 3-96　大剧院满场强度指数 G 分布（1000Hz）

7）侧向声能因子 LF 见表 3-16，如图 3-97、图 3-98 所示。

满场条件下 LF 模拟计算值　　　　　　　　　表 3-16

模拟参数	倍频带中心频率（Hz）					
	125	250	500	1000	2000	4000
侧向声能因子 LF	0.20	0.20	0.23	0.23	0.21	0.22

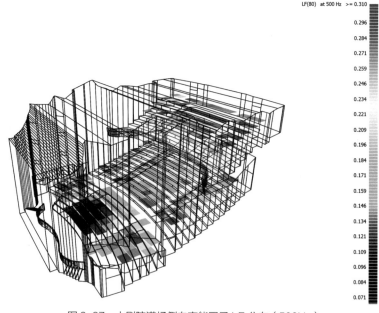

LF(80) at 500 Hz >= 0.310

图 3-97　大剧院满场侧向声能因子 LF 分布（500Hz）

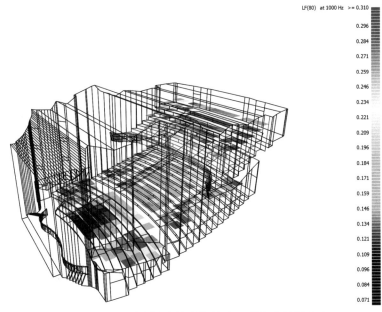

图 3-98 大剧院满场侧向声能因子 LF 分布（1000Hz）

8）语言传输指数 STI，见表 3-17，如图 3-99 所示。

满场条件下 STI 模拟计算值   表 3-17

模拟参数	均值
语言传输指数 STI	0.60

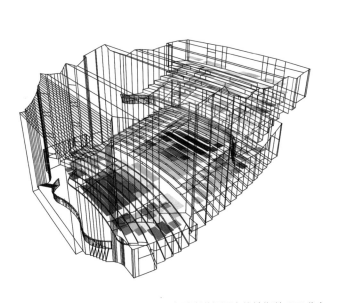

图 3-99 大剧院满场语言传输指数 STI 分布

3.5.8 模拟结果分析与总结

1. 模拟结果分析

根据观众厅内各声学参量的网格分布图统计分析结果，并结合厅内多个测点的声学模拟结果，可以得到以下结论：

（1）对于满场条件下混响时间及其频率特性这一重要的音质评价指标，从观众厅网格声学参量的模拟计算结果来看，经过声学处理后，观众厅的中频混响时间约1.14秒，混响时间的频率特性符合音质设计要求。

（2）从观众厅内混响时间的分布图可知，观众厅内混响时间分布均匀，不存在的较大的起伏。

（3）从声场分布网格图可以直观地看出，观众厅内的声场分布相对比较均匀。再考察观众厅内相邻位置声级变化的趋势，也可以看出声级变化是缓慢而连续的，这表明相邻位置的声级差异不明显，这也证明室内声场分布不仅是均匀的，且声场力度 G 在各个频段平均值都大于 0dB。

（4）从明晰度 C_{80} 来看，本观众厅网格分布图的明晰度 C_{80} 的平均值基本都在 1 ~ 4dB 的范围内，适合话剧类语言演出，本观众厅的听闻效果会比较满意。

（5）侧向声能因子 LF 是观众厅中的重要音质参量，它与听众主观的空间感密切相关，空间感主要体现在声源的横向拓宽和纵向延伸以及音乐的环绕感。一般认为，侧向声能因子在 0.2 以上的区域，空间感会比较好。从本观众厅侧向声能因子的网格分布图可以看出，观众厅大部分区域的侧向声能因子的平均值都超过 0.2，侧墙对侧向声反射有较好的贡献，来自侧向的声反射将会丰富听众的空间环绕感。

（6）从多个接收点反射声序列图可以看出，大部分接收点前 50 毫秒的反射声较丰富，并且大部分接收点侧向反射声比较丰富。

2. 总结

通过对本观众厅的室内音质计算机模拟分析结果可知，包括混响时间 T_{30}、明晰度 C_{80} 等参量的模拟计算结果都符合室内声学设计的目标值，声场均匀度、侧向反射能量因子 LF、声场强 G 等指标，也均表明在各种演出状况下，观众区域均有令人满意的声学效果。模拟分析计算中，坐席区是非常重要的吸声面，座椅的吸声性能直接影响到观众厅混响时间的模拟结果，进而影响其他参量，如 C_{80} 等，因此，在室内设计及施工过程中必须严格按照声学要求选择观众厅座椅，同时对于室内设计所采用的材料及其对应的构造都必须进行声学专业的仔细复核，以确保所有细节方面的问题均符合声学要求，这样总体上最终的声学效果才是可控的。声学产品施工也是比较专业的施工，需要由专业的施工队伍施工，施工过程中不得破坏材料的声学性能，严禁对项目使用的吸声材料进行覆盖，明确符合规定的产品、声学性能、表面和安装。

第四章

噪声振动控制

4.1 噪声分析

4.1.1 噪声源分类

噪声源 是向外辐射噪声的振动物体。噪声源有固体、液体和气体三种形态。噪声源种类很多，可以按照不同原则进行分类，如按照产生的机理、产生的来源、随时间的变化、空间分布形式等。为便于系统地研究各种噪声源特性，对噪声源按如下分类原则进行研究：

（1）按照噪声产生的机理，噪声源可分为机械噪声、空气动力性噪声、电磁噪声等。

（2）按照噪声产生的来源，噪声源可分为工业噪声、交通噪声、建筑施工噪声、社会生活噪声等。

（3）按照噪声随时间的变化，噪声源可分为稳态噪声和非稳态噪声两大类。稳态噪声是指噪声强度不随时间变化或变化幅度很小的噪声，非稳态噪声是指噪声强度随时间变化的噪声，而非稳态噪声。

（4）按照噪声的空间分布形式，在声学研究中常把各种声源简化为点声源、线声源和面声源。声环境的预测评价需要从点声源、线声源、面声源分类上开展。

研究噪声源就要了解噪声源的振动辐射特征，包括声源强度、辐射效率（输入机械功率与输出的声功率之比）、声辐射的频率特性、声源指向性以及声源的辐射阻抗等。这些特征不仅与声源的结构组成有关，而且与声源受激励的方式有关。如空气动力性噪声源中的喷射噪声、涡流噪声、旋转噪声、燃烧噪声，各有不同的振动结构和辐射特征，而机械噪声源中的电磁、碰撞、摩擦等噪声辐射也各不相同。

4.1.2 噪声评价、烦恼及危害

1. 噪声对人的生理影响

噪声引起人体的生理变化称为噪声的生理效应。噪声对人体的影响是多方面的，除了引起噪声性耳聋外，对神经系统、心血管系统、消化系统和内分泌系统等方面也有明显的影响，统称噪声病。

（1）噪声对神经系统的影响。

长期在噪声环境下工作和生活的人，常常会发生头疼、昏厥、脑胀、耳鸣、失眠、多梦、嗜睡、心悸、全身疲乏、记忆力衰退等症状。这些症状，在医学上俗称神经衰弱症候群。对例如，对在纺织厂噪声环境下工作的 374 名工人进行的一次职业性健康调查，结果见表 4–1。由表可知，神经衰弱症候群的发病率随着接触噪声的声级增高而增大。

纺织厂噪声环境下对 374 名工人进行的一次职业性健康调查　　　表 4-1

症状	噪声声压级 /dB（A）		
	80 ~ 85	82 ~ 87	96 ~ 99
	可分析人数		
	56	136	182
	症状人数		
易怒感	21	26	32
头痛	10	32	62
头晕	2	35	27
心区痛	13	11	12
耳鸣	1	4	4
易倦感	2	7	27
睡眠不良	7	21	18

　　通过表 4-1 可以看出，在纺织厂中，被调查工人以工种分为车工和钳工，砌碹工，自动机床操作工，这三种工种可分析的人数分别计为 56，136 和 182 人。结果发现，根据噪声级等级的不同，神经衰弱症候群的症状各不相同。噪声声压级为 80 ~ 85dB（A）环境下的车工和钳工以头痛（占比 15.6%）和睡眠不良（占比 24.4%）为主，碹工和自动机床操作工除了头痛之外还出现疲乏和易怒等症状。此外，对在 109 ~ 127dB 的脉冲噪声下工作的冲压工人进行调查后，发现有 76.8% 的工人患头痛（大部分分布在额部、枕部），而且在休息后，这些症状还会持续几个小时。

　　多年前，我国《工业企业厂界环境噪声排放标准》GB 12348—2008 和《工业企业噪声控制设计规范》GB/T 50087—2013 在研究编制时期就针对噪声对人体健康的影响的问题做过大规模的调研工作，被调人数超过 6 万人。结果显示，将近 1.7 万例噪声暴露者的神经衰弱症候群的阳性率随着噪声级的增高、工龄的加长而增大。神经衰弱症是由于噪声长期作用于人的中枢神经系统，在大脑皮层形成牢固的兴奋灶，产生无法自行复原的病理学影响，而最终罹患的。具体表现包括有大脑皮层抑制平衡失调，条件反射异常、脑血管受损害、脑电位改变、神经细胞边缘出现染色质的溶解，甚至引发渗出性出血灶。

　　噪声的作用时间越长，中枢神经系统功能状态改变越明显。比如，声级相同的脉冲噪声，冲击次数较少的（如 0.5 ~ 1Hz）相比较冲击次数频繁（如 15Hz）的脉冲噪声，对中枢神经系统的影响严重得多。大量资料表明，在噪声长期刺激机体的情况下，大脑和丘脑下部交感神经兴奋的现象反复发生，将导致疲劳性影响，令大脑皮质功能受损。例如，长期在 85dB（A）以上的噪声环境下工作，工人脑电图出现 α 节律抑制现象，以及就寝后 1 ~ 5 小时不能入睡，或者睡眠后夜中醒 2 ~ 5 次等睡眠障碍的现象；此外，还有工作效率低，睡眠状态出现不同程度的波动等现象，这些都是对噪声刺激的不断适应以及累积作用交替过程的表现。

噪声的生理效应影响可以应用生物控制论原理和量子力学理论的方法展开研究，根据大脑信息在脑电图方面的表现，可以建立"脑电功能指数"，作为衡量大脑信息加工效率的指标。通常对职业性长期（10 年及以上）暴露于噪声环境中 [如 65 ~ 95dB（A）] 的人群，可以进行枕叶脑电图测量，以获取脑电功能指数与噪声级（L_A）之间的关系研究。20 世纪 80 年代，方丹群主持的中国《工业企业噪声控制设计规范》GB/T 50087—2013 编制组所做的实验结果表明，随着职业性噪声暴露噪声级的增高，自发脑电功能指数呈线性下降。进一步说，即脑电功能指数差的人，脑的信息功能也差，而且也得到噪声级与脑电功能指数的反比线性关系，反映了噪声对脑的信息功能存在着不利的影响。

脑电功能指数对脑功能具有较高的灵敏度，这一指标除了可以反映工作疲劳对脑功能的影响，因为实验对象工作前脑电功能指数普遍较工作后优越；它还有益于对"智力"的判断，也许可以为"智商"提供客观度量的依据。从控制论的观点来看，分析脑电的脉冲响应可以考察大脑两半球信息传递功能的好坏。

（2）噪声对心血管系统的影响。

近年来发现，噪声接触组心房和心室心肌细胞有显著的 DNA 损伤。一项对冲压车间的噪声调查发现，冲压车间的噪声高达 110dB（A），冲床每分钟冲击 120 次，有 30% 的工人心率（HR）也同步为冲床冲击频率，即每分钟 120 次。国外有专家对猴子做噪声暴露实验，严格控制各种因素，将猴子连续暴露于 L_{eq} 为 85dB 的噪声环境中 6 个月，结果发现，暴露组的 HR 增加了 9%，而对照组的 HR 减少了 1%，而且在接触噪声的初期，HR 增加较多，噪声停止后，HR 逐渐减慢，但仍快于暴露前。有专家采用流行病学方法观察了热电厂工人噪声环境（90 ~ 113dB）暴露后 HR 的变化，见表 4–3。结果表明，与对照组相比，各个工龄段 HR 都明显加快，工龄小于 10 年组及 10 ~ 20 年组的 HR 与对照组的差异均有统计学意义（$P < 0.05$，$P < 0.01$）。HR 加快跟升高的肾上腺素（E）、去甲肾上腺素（NE）作用于心脏的 $\beta 1$ 肾上腺素受体引起的。有研究结果表明，短期噪声暴露的刚开始 HR 加快，随着暴露时间延长，HR 逐渐减慢，噪声停止后，HR 又恢复到正常水平，揭示了 HR 变化的适应性过程。

我国《工业企业厂界环境噪声排放标准》GB 12348—2008 和《工业企业噪声控制设计规范》GB/T 50087—2013 编制组也对噪声对心电图的影响做了较大规模的调查研究工作。得到结论为：噪声对心电图 ST–T 改变的阳性率、对心电图 QRS 间期的阳性率，随着噪声级的增高及工龄的加长有明显增高的趋势，见表 4–2。

噪声环境中噪声对工人心电图的影响调研　　　　　　　　　　表 4–2

组别		工龄 10 年及以下			工龄 10 年以上			总计		
		检查人数	阳性例数	阳性率 /%	检查人数	阳性例数	阳性率 /%	检查人数	阳性例数	阳性率 /%
对照组		155	10	6.45	115	14	12.17	270	24	8.89
参照组	80dB（A）	184	14	7.61	164	20	12.19	348	34	9.77

组别		工龄 10 年及以下			工龄 10 年以上			总计		
		检查人数	阳性例数	阳性率 /%	检查人数	阳性例数	阳性率 /%	检查人数	阳性例数	阳性率 /%
参照组	85dB（A）	129	11	8.53	92	16	17.39	221	27	12.22
	90dB（A）	197	24	12.18	244	64	26.23	441	88	19.95
	95 ~ 100dB（A）	221	29	13.12	199	62	31.16	420	91	21.66

注：受试者男女比例为 1 : 3；工龄 10 年以下者为 18 ~ 34 岁（平均 24.1 岁）；工龄 10 年以上者为 31 ~ 50 岁（平均 37.8 岁）。

P 对暴露在噪声级 95 ~ 100dB（A）的绳索厂工人的心血管状况，对工艺美术厂雕刻工的高血压患病率，织布工人在不同声级的白噪声对血压、心脏收缩次数的影响，对噪声接触工人和非接触工人血脂水平的调查。

超声多普勒法发现，噪声环境下工作的工人的心脏二尖瓣、主动脉瓣、三尖瓣、心包、心内膜等发现增厚现象。1993 ~ 1997 年在丹麦哥本哈根地区约 5 万人参与的一项饮食、癌症与健康调查显示，交通噪声会提高中风风险，噪声每增加 10dB，风险提高 14%，若是 65 岁以上的老人，经常处于交通噪声环境中，风险提高 27%。另外，交通噪声会使得血压升高、心跳加快，影响睡眠。

王书云、闫春雨、刘冰玉等人研究交通噪声对人体心电指标的影响，是借助多功能动态生理检测仪、现场道路交通噪声信号采集系统及室内道路交通噪声信号回放系统等精密仪器设备，并运用统计学、时间序列理论分析道路交通噪声影响人体心电指标的变化规律，提出一种解释此规律及确定噪声安全阈值的理论方法。不同声压级的噪声对心电低频（LF）、高频（HF）之比（LF/HF）时间序列的自相关系数衰减速率影响不同，声压级越高，LF/HF 时间序列的自相关系数衰减到 0.500 时的速率越慢，经历的延迟期越长；当道路交通噪声超过 43dB 时，有可能对人体心电状态造成潜在的影响。

他们的实验研究成果分布在如下三个方面：

1）初步确定可描述噪声 – 心电关系的噪声指标与心电指标。

2）采用自相关分析确定 L_{Aeq} 影响 LF/HF 的规律。

3）道路交通噪声分级。

（3）噪声对消化系统、视觉器官、内分泌系统等的影响。

消化系统影响的方面，有调查研究发现，接触噪声的工人极容易发生胃功能紊乱，表现为食欲不振、恶心、无力、消瘦及体质减弱等。胃液分泌实验表明，在被调查的工人中有 1/3 的人胃分泌处于抑制状态，胃液酸度降低。X 光摄影发现，有 1/2 以上的人出现胃排空机能减慢，胃张力降低，蠕动无力，但未发现器质性病变。

噪声还可能通过听觉神经传入系统的相互作用，引起其他一些感觉器官功能状态的变化，如视觉。调查发现，暴露于 800 ~ 2000Hz 的中高强度噪声可引起人视觉功能的改变，视网膜轴体细胞光受性降低。115dB 的飞机发动机噪声可能令工人眼睛的适应光感度降低 20%。噪声对视野也会产生影响，对绿色、蓝色光线的视野增大，对橘红色光线的视野缩小。噪声强度与视力清晰度之间也呈现出负相关关系，即噪声强度越大，清晰度越差，工作后视力恢复所需要的时间越长。例如，在 70dB 噪声下工作后，经过 20 分钟视力清晰度就可以恢复正常，而 80dB 噪声下工作后，恢复视力清晰度需要 1 小时。噪声强度与视觉运动反应潜伏期成正比，噪声强度越大，潜伏期越长。现代解剖生理学认为，噪声刺激会直接影响固有的听觉器官，通过植物性中枢神经系统，噪声也会对人体任一感觉器官带来反应。

噪声对内分泌系统的影响体现在，人体内物质代谢被破坏，血液中的油脂和胆固醇升高，甲状腺活动增强并有轻度肿大。临床观察还发现，长期噪声作用下人的尿中的 17-酮固醇含量减少，女工出现月经失调，并存在剂量-反应关系。噪声也是致使妊娠恶阻、浮肿、难产和泌乳不足的危险因素，危险度与噪声强度也存在剂量-反应关系。此外，长期噪声暴露还会引起嗜酸性粒细胞及嗜中性粒细胞两类白细胞减少，淋巴细胞增多以及贫血等血细胞分类改变的症状。

对 160dB 以上的高声强噪声，可导致动物死亡。实验表明，暴露在 158 ~ 171dB 的宽带噪声会使得豚鼠死亡，解剖结果表明，肺部强弥漫性出血以及严重的淤血性水肿，使得豚鼠在短时间内就窒息死亡，是损伤最为严重的器官。实验表明，165dB 噪声暴露的情况下，半死亡时间 17.5 分钟；170dB 半死亡时间 17.5 分钟；173dB 半死亡时间 2.93 分钟。总之，高强噪声的杀伤力不容小觑。

2. 低频噪声对人的心理、生理影响

（1）低频噪声的心理效应。

低频噪声通常指的是频率范围在 20 ~ 250Hz 范围内的噪声。在实际的噪声环境中，由于频域较宽，不能单纯根据声音频率判定噪声类别（高频、中频和低频噪声），往往将声能量中以低频段声能量为主的噪声称为低频噪声。

评价低频噪声给人造成的主观感受常用"主观烦恼"（subjective annoyance）。这个评价指标是指人们对所处声环境的负面评价，包括不愉悦、不适、不安、干扰、不满、烦恼、讨厌、苦恼、恼怒等多种不舒适的感受。在欧美，针对低频噪声引起的主观烦恼，开展了一系列的研究工作。例如，Broner 和 Leventhall 以 10 种低频噪声为促发声源，研究了 20 个被试的个人烦恼函数，这一函数是一个包括个人的心理、生理学函数的简单的能量函数：

$$\psi = \kappa \varepsilon^{\beta} \qquad (4\text{-}1)$$

式中　ψ——心理生理学评价量；

　　　ε——刺激强度；

　　　β——主观显著指数；

　　　κ——修正系数。

研究表明，个体主观显著指数 β 的取值范围为 0.045 ~ 0.400。

Moller 研究了频率为 4Hz、8Hz、16Hz、31.5Hz 及 1000Hz 纯音的等烦恼度曲线如图 4-1 所示，图中竖轴为 150mm 长的主观烦恼度直线轴，横轴是声压级轴。可见，声音频率越低，越需要维持在一个较高的声级时才被听得到，而一旦可被听到，其烦恼度将随着声压级的上升迅速地增大，呈现为一条很陡的直线。当主观烦恼度从 0 增至 150，4Hz 的纯音声压级上升范围为 10dB，8Hz 和 16Hz 的纯音声压级上升范围为 20dB，31.5Hz 上升为 40dB，而作为对照的 1000Hz 纯音，其上升范围最大，为 60dB。

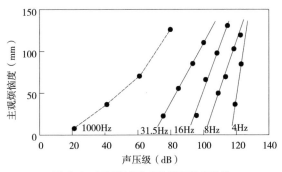

图 4-1　不同频率纯音的等烦恼度曲线

关于低频噪声主观烦恼的预测，国内外有大量的研究。常用的等效连续 A 声级（L_{Aeq}）和响度（N）等指标均在一定程度上低估了低频噪声带给人的主观烦恼，除这两个指标外，噪声的很多其他声学特性也是影响其主观烦恼的重要因素，L_{Aeq} 相同而其他特性不同的噪声对人的心理影响会有显著差异。Zwicker 等人从心理声学角度，建立了基于响度（N）、粗糙度（R）、尖锐度（S）、抖晃度（F）等心理声学参量的噪声主观烦恼计算模型是非线性的。由该模型计算得到的心理声学烦恼度（PA）值没有上限。此外，也有不少学者利用心理声学参量建立多元线性回归模型，用于声音愉悦度或烦恼度等的预测。

$$PA = N_S \left(1 + \sqrt{W_S^2 + W_{FR}^2} \right) \tag{4-2}$$

式中　　PA——心理声学烦恼度；

N_S——累计百分响度；

S、F、R——分别表示尖锐度、抖晃度和粗糙度。

$$W_S = \begin{cases} (S - 1.75) \times 0.25 \lg (N_S + 10) & S > 1.75 \\ 0 & S \leqslant 1.75 \end{cases} \tag{4-3}$$

$$W_{FR} = \frac{2.18}{N_S^{0.4}} (0.4F + 0.6R) \tag{4-4}$$

除主观烦恼度以外，舒适度、可接受度、干扰度等也被用于低频噪声主观感受的实验室研究。一些学者也尝试利用认知心理学的方法研究低频噪声的心理效应，发现低频噪声可对多种认知任务产生影响，尤其是注意力任务。

（2）低频噪声的生理效应。

低频噪声也跟一般噪声类似，除了会对人体产生心理方面的影响以外，还对包括神经系统、听觉系统、心血管系统、消化系统、视觉内分泌系统和其他脏器引发生理反应。相关研究表明，活体组织和细胞受外界刺激时，在产生应激性反应的同时，往往伴生电位变化，并产生微弱且可测的电流。

Trimmel 等研究发现，脑力活动时，外部听觉刺激可以改变中枢神经系统的活动性能。浙江大学翟国庆等研究了噪声刺激下被试脑电动态的变化与噪声主观烦恼度的相互关系。图为暴露时间 6 秒及 5 分钟的声刺激下额部脑电功率平均值与主观烦恼度的关系。噪声暴露时间为 6 秒时，脑电功率平均值没有显著规律，且与主观烦恼度的关系并部明显；当暴露时间为 5 分钟时，受声者额部 θ 波、α 波功率平均值与主观烦恼度呈现较好的关联度。此外，声刺激下的 θ 波或 α 波在左右脑各部位的波形变化趋势基本一致；无论在安静状态下还是声刺激下，左右脑各部位中的 θ 波、α 波功率平均值都以额部最大。噪声刺激前后 11 分钟时间内，θ 波功率平均值出现两个极大值点，且随着频率的增加（160 ～ 4000Hz），出现极大值的两个时间点分别缓慢地前移。在噪声刺激结束后的 5 分钟内，θ 波功率平均值有所增加，其增量随噪声频率增大而减小。声样本刺激过程中，随着频率的增加，α 波功率平均值随之减小，而 θ 波功率平均值却随之增加。

除听觉的直接影响外，低频噪声还可通过引起人体振动而影响其他器官。Brown 等利用频域为 3 ～ 100Hz、声压级为 107dB 的低频噪声开展了相关研究。他们将一根弹性带连接人体，并在弹性带的另一端安装加速度计，以测量人体振动，同时，他们还在被试者的胸部、胃部等部位外安装加速度计以测量这些部位的振动。实验结果表明，低频噪声暴露开始后，人体随之产生了振动，其中以胸腔的振动最为明显。由于这种振动一般人很难察觉到，如果长期影响，容易引发人体的一些慢性疾病。

（3）音调特性对噪声主观感受的影响。

除低频特性外，对于含有音调成分的低频噪声主观烦恼，国内外有研究者通过不同实验得到了许多有益的结论。专家研究了不同工作场所中低频、中频、高频噪声主观烦恼与暴露声级、音调成分的关系，结果表明，音调对主观烦恼的影响程度受到噪声频率特性和声压级的影响，相同计权声压级下，含音调成分的噪声更让人烦恼，且主观烦恼度随着音调成分的增加而增加。Jeon 等试图通过改变空调噪声频谱以改善室内声品质，研究发现，被试偏好于不含音调成分的声音，且无论是否含有音调成分，在 250 ～ 630Hz 上具有较大能量的声音更容易被接受。然而，Alayrac 等的研究表明，对于 100Hz 及其谐波频率存在音调的变电站噪声，相同 A 声级下 100Hz 处声能量较高的变电站噪声主观烦恼度较低。

翟国庆等在充分调研国内外有关变电站低频噪声特性、生理心理效应、评价方法和标准限值等相关研究的基础上，对 500kV 及以上的超高压、特高压变电站噪声进行了主观评价实验，分析了样本主观烦恼与 31 个声学参量之间的相关性，并采用逐步回归模型及 Zwicker 心理声学烦恼度模型分别建立了变电站噪声声学参量与主观烦恼的剂量效应关系，他们的研究结果表明：

1）变电站噪声低频成分丰富，且在 100Hz 及其谐波频率处存在明显的音调特性，属典型的低频有调噪声。

2）与线性拟合相比，采用逻辑方程可以更好地拟合变电站噪声各声学参量与主观烦恼之间的关系。

3）变电站噪声与其他中低频噪声的主观烦恼较为相似，且与其他中低频噪声相比，在 A 声级较低的情况下，变电站噪声中的音调可轻微地增加噪声的主观烦恼，随着声级的提高，这一影响逐渐减弱，而在 A 声级较高情况下，音调成分较为明显的变电站噪声主观烦恼反而相对较低，两种情况之间的临界值在 60B（A）左右。对于高频噪声，由于其尖锐度较为突出，在相同 A 声级条件下其主观烦恼普遍高于变电站低频噪声。

4）通过 Zwicker 心理声学烦恼度模型计算得到的心理声学烦恼度对 500kV 和 750kV 变电站噪声主观烦恼具有较好的预测效果，但对音调成分最为明显的 1000kV 变电站噪声主观烦恼预测效果不佳。为使 Zwicker 模型更好地预测有调、无调噪声烦恼度的相对大小，翟国庆等对模型进行了改进，在原先的表达式中增加了表征音调度对烦恼度影响的 W_T 项，即：

$$PA' = N_S \left(1 + \sqrt{W_S^2 + W_{FR}^2 + W_T^2} \right) \qquad (4-5)$$

$$W_T = \frac{6.14}{N_S^{0.52}} T \qquad (4-6)$$

式中，T 为样本的音调度。研究结果表明，该改进后的模型可以更好地预测含有不同音调成分的变电站噪声主观烦恼的相对大小。

3. 噪声对人的心理影响

（1）噪声干扰引起投诉。

车水马龙常被看成是城市繁华的标志。但如今，越来越多的人希望远离闹市，找个安静的地方生活。究其根源，噪声可以说是"罪魁祸首"。20 世纪 60 ~ 70 年代以来，随着工业和交通运输业的迅速发展，噪声污染越来越严重，已演变成为国际公害。它不仅影响人们的生活、睡眠、学习和工作，而且会诱发心血管系统病变、神经衰弱、耳聋等多种疾病，已成为一个严重扰民的社会问题。在各城市出现的各种污染投诉、诉讼中，噪声投诉占比最多，这不是说在环境污染中噪声污染最严重，有的城市水污染、大气污染也相当严重，而是说噪声扰民最多、最广。

在世界各地，因噪声污染问题引发的纠纷、冲突、群体性抗议时有发生，甚至导致斗殴，发生人员伤亡事件。可见，噪声问题已发展成为制约人们生活质量提高、影响和谐社会建设的严峻问题。

环保部发布的《中国环境噪声污染防治报告》中指出，2016 年全国各级环保部门收到的环境投诉共计 119 万件，其中噪声投诉 52.2 万件，占环境投诉量的 43.9%。在 52.2 万件噪声投诉中，工业噪声类占 10.3%，建筑施工噪声类占 50.1%，社会生活噪声类占 36.6%，交通运输噪声类占 3%。在建筑施工噪声投诉中，昼间施工噪声投诉占 9.5%，夜间施工噪声投诉占 90.5%；在社会生活噪声投诉中，对娱乐场所（酒吧、KTV 等）噪声投诉占 26.6%，对固定设备（冷却塔、风机等）噪声投诉占 18%，对商业、邻里、广场舞等其他类噪声投诉占 55.4%。

纽约、东京、伦敦、巴黎、莫斯科、悉尼等城市都曾有过噪声投诉数量占各类环境污染投诉数量首位的报告。而澳大利亚的悉尼有一年超过 10 万次噪声投诉的记录，前纽约市长彭博曾大声疾呼扑灭噪声污染。英国国家统计局数字显示，过去 20 年，居民噪声投诉量翻了 5 倍。2002 年，日本横滨地方法院判决：美军厚木军事基地飞机噪声严重影响居民生活和身体健康，责令日本政府向 4951 名原告赔偿 27 亿日元的损失费。我国唐山曾发生因噪声引发的自缢案件，法院最终认定自缢由噪声引起，被告应承担经济赔偿。

世界卫生组织指出，虽然发达国家采取了许多噪声控制措施，但全球的噪声污染依然越来越严重。在美国，生活在 85B 以上噪声环境中的居民人数 20 年来上升了数倍。在欧盟国家，40% 的居民全天受到交通运输噪声的干扰，8000 万人对生活在其中的噪声环境"不能接受"，1.7 亿人经常遭受噪声干扰。在一些发展中国家的城市，噪声污染问题也日趋严峻，有些地区全天的噪声达到 75 ~ 80dB。

我国有关媒体针对噪声干扰进行的调查中，超过 80% 的人表示，噪声给生活带来了很大影响。在参与调查的 2800 人中，75.9% 的人表示对生活中的噪声"十分关注"，22.1% 的人"一般关注"，表示"关心"的只有 2.0%。同时，调查显示，车辆等交通工具鸣笛、高音喇叭、早市、商店以及建筑施工等发出的噪声让人最不可忍受，在噪声危害方面，1% 的人认为噪声最大的危害是伤害神经系统，让人急躁、易怒、焦虑、失眠，28.7% 的人认为噪声的主要危害是影响睡眠。

美国环保署根据等效声级来评价噪声影响，他们指出城市环境噪声超过 55B（A），人就较难忍受，而超过 70B（A），则对人体健康有害。然而，美国有 1 亿人生活在噪声超过 55dB（A）的环境中，1300 万人生活在噪声超过 70B（A）以上的环境中。

世界卫生组织在《社会噪声指南》中公布，欧洲昼间大约有 40% 的人口暴露在 55B 以上的道路交通噪声中，20% 的人口暴露在 65B 以上的噪声中，考虑所有交通噪声的共同影响，超过 1/2 的欧洲居民不能保证在舒适的声环境中生活，而夜间则有 30% 的人口暴露在等效连续声级高于 55B 的环境中，严重影响睡眠。俄罗斯一些大城市每天 24 小时中噪声达到标准的还不到半小时。英国伦敦、曼彻斯特等城市，有 70% 以上的市民受到城市噪声的干扰，不胜其烦。

有的国家，由于城市规划、管理措施不到位，噪声污染日益严重，工厂、街道无一处安静之地。因此，有报刊说："寂静像金子一样珍贵。"富人在远郊以高代价建造高级别墅，较富有的市民或者迁离喧哗的闹市，或者建造特别的隔声休息室，这等于用高价购买"安静"。普通市民只好在喧哗的环境里忍受着噪声的干扰，有的人只有靠在耳朵里塞上棉花球才能勉强入睡。有的国家，由于噪声干扰，导致学生不能上课，只好建造无窗教室，完全靠人工照明和空调来解决采光和换气问题。

1910年逝世的世界细菌学奠基人、德国科学家罗伯特·科赫曾预言："早晚有一天，为了生存，人类将不得不与噪声进行斗争，就像对付霍乱和瘟疫那样。"他的话在短短几十年里就变成了现实。

近年来，世界各国在噪声控制方面进行了大量工作，但是，因为交通工具越来越多，机器设备越来越大，人对生存环境的要求越来越高，工业、交通增长的力度和速度将改善了的声环境又恶化了。噪声控制问题仍任重道远。

环保部、国家发展改革委等11个部委在2010年12月15日发给各省（市）、自治区在《关于加强环境噪声污染防治工作改善城乡声环境质量的指导意见》中指出"近年来，随着经济社会发展，城市化进程加快，我国环境噪声污染影响日益突出，环境噪声污染纠纷频发，扰民投诉始终居高不下。解决环境噪声污染问题是贯彻落实科学发展观、建设生态文明的必然要求，是探索中国环保新道路的重要内容"。

（2）交通噪声干扰。

美国环保署（EPA）很久以前就发现交通噪声（包括客运汽车、公交车、摩托车、中型和重型卡车、火车、飞机等）是最重要的城市噪声污染源之一。在《噪声危害手册》一书中，估计美国有超过1亿人受到住宅附近交通噪声的干扰。

据报道，伦敦高架车的钢轨有磨损时，距车25m处噪声为104dB（A），改用新的碳钢轨车后，噪声还有87dB（A）。日本高架线旁的居民有75%～95%的人睡眠受到干扰，甚至在家中连电视都听不清楚。

在众多的城市交通噪声中，机动车辆噪声影响最大。在静夜，当一辆高噪声的摩托车疾驰而过时，会有许多人从睡梦中被惊醒。20世纪60～70年代，机动车辆噪声高达80～95B（A），这些噪声通过门窗传进马路两旁的住宅，严重干扰居民的正常生活。在美国，平均两人一辆汽车，超过1.5亿辆汽车在公路上行驶。在我国，据2015年统计，全国机动车有2.46亿辆，其中客车12326万辆，货车2125万辆，其他10149万辆，我国已成为世界汽车产销大国。

据报道，2017年我国汽车产销量为2800万辆。汽车噪声严重污染环境，给人们生活环境带来重大干扰。发达国家发布并实施汽车噪声标准多年，噪声的限值也逐步严格化。汽车制造商投入了大量资金降低噪声，欧洲和美国30年降低了10～12dB，中国20年来降低了5～6dB，但城市交通噪声控制的实际效果并不明显，其原因是车辆数量不断增加，重型车辆发动机声功率不断增大，轮胎—路面噪声日益突出。

根据车辆噪声与车速、发动机转速的相关性，机动车辆噪声源可分为三类：

1）与车速相关声源，包括排气噪声、进气噪声、风扇噪声、发动机表面辐射噪声以及由发动机带动的发文富有电机、空气压缩机噪声等。

2）与发动机转速相关声源，包括传动系统噪声、轮胎—路面噪声、车体振动和气流噪声等。

3）与车速、发动机转速无关声源，包括鸣笛噪声、刹车噪声和其他通信装置产生的噪声等。

监测数据表明，我国一些主要交通干线的交通噪声已超过70dB（A）的国家标准，且昼夜差距不大，有的路段甚至夜间噪声超过昼间。大型货车和客车通过的瞬时噪声值超过90dB（A），有些公交车刹车时超过100dB（A），列车鸣笛时在距其30m处测得声压级可达107dB（A）。

面对日益上升的交通需求和机动车增长的趋势，轨道交通逐渐成为解决城市交通问题的重要手段，然而由此引发的噪声负面环境效应问题却成为环境保护与社会经济发展矛盾冲突的焦点，日益得到社会各方面的广泛关注。现有的测试数据表明，地铁运行引起的环境振动振级最大可达85dB，地铁出地面后的最大噪声可达87dB（A），地铁经高架桥时的最大噪声可达90dB（A），即使是低噪声的低速磁悬浮列车的最大噪声也达到75dB（A）。北京地铁大兴线、5号线、13号线，上海地铁1号线，广州地铁1号线等地铁线路部分路段均出现了振动和噪声超标问题，引发很多投诉，有关部门已组织采取了诸多降噪措施。

此外，使用频繁的高速铁路也对铁路沿线两侧环境造成了严重的噪声污染。高铁运行时速达到300km/h，其噪声可达95dB（A），高速磁悬浮列车的噪声最高可达100dB（A）。噪声是高速铁路运营中一个严重的环境问题，也因此在城市人群密集地区受到进一步发展的制约，例如我国由于新建高铁噪声扰民的问题，不得不在有些路段采取降噪减速等措施。

（3）工业噪声干扰。

工业噪声不仅给生产工人带来伤害，而且对附近生活的居民也造成了不同程度的干扰和影响。这些工业噪声，特别是位于居民区附近且无噪声控制设施或降噪设施效果不好的工厂发出的噪声，对居民的干扰有时相当严重。例如，钢铁厂的大型鼓风机、球磨机，机械厂的空气锤、冲床，建工建材厂的电锯、电刨，纺织厂的织布机，化工厂的压缩机、空分设备，矿大、井的主扇风机等设备，有时在附近居民区产生60～80dB（A）甚至90dB（A）的噪声。发电厂高压锅炉以及钢铁厂大型鼓风机、空压机排气放空时，若未安装消声器，排气口附近噪声将高达110～150dB（A），传到附近居民区，有时噪声还高达100dB（A）以上，这将严重污染周围环境。

在城市建筑施工中，打桩机、打井机、推土机、挖掘机、风镐、移动式空压机以及运输车辆等，可在其附近的居民区产生80～90dB（A）的噪声。

经过20多年的噪声防治工作和声环境管理措施的不断完善，工业噪声的治理工作取得了相当大的进展，其影响范围在逐步缩小，已不再是市区内的主要噪声源，其仅占城市噪声的1%左右，对居民生活的影响远低于交通噪声和社会生活噪声。然而，一些大型设施、设备的噪声依然较高，也有一些新噪声源出现。电力、冶金、化工、建材等行业一些大型电厂、钢铁厂、水泥厂等环境噪声扰民的纠纷时有发生。随着城市中心区域工业企业的搬迁，工业噪声在城市核心区的影响日益减小，但噪声污染有向乡村转移的趋势，在中小城市和农村乡镇将有所增加。

（4）航空噪声干扰。

近年来航空事业迅猛发展，航空噪声干扰也日益严重。

航空噪声主要由飞机噪声引起。飞机噪声的主要来源是喷气噪声、推进器噪声、风扇噪声以及附面层噪声。这些噪声使机身产生声疲劳，影响飞机使用寿命和飞行安全，使乘客产生不适感，对机场地面工作区、机场附近居民区以及航道下的工作区造成地面噪声污染。超音速飞机还能引起轰声，即超音速飞行产生的冲击波传到地面时形成的爆炸声，这是一种 N 型波。N型波是一个快速压缩，后继一个缓慢膨胀，然后紧接着另一个快速压缩的连续过程。快速压缩时超压大约为 $48 \sim 480N/m^2$，在两个快速压缩之间的膨胀时间大约是 0.05 ～ 0.30 秒。轰声具有以下特点：其基频由飞机的尺寸大小决定，大约为 1 ～ 10Hz；其频谱中有丰富的谐波；其能量大部分集中在次声范围。超音速飞机的航线下会形成一个地面轰声污染区，其宽度约为89 ～ 160km，其长度为启程机场的航线后方 160km 至降落机场的航线前方 160km，也就是说，超音速飞机的轰声影响沿航线长数千公里，横扫周围宽度 160km。由于轰声的压力是突然到达地面的，这种到达人耳的突然巨响，严重的将使人产生头痛、耳鸣、惊骇、颤抖以及鼻部堵塞等，也有人在突然受到轰声侵袭时出现"瞬间休克"现象。人若置身于轰声下 5 分钟，将会整天头昏。轰声还会造成建筑物的损坏。例如，1962 年，三架美国军用飞机以超音速低空掠过日本藤泽市，许多居民房间玻璃振碎、烟囱倒塌、日光灯掉落，商店货架上的商品被振落满地，造成很大损失。美国统计了 3000 件喷气式飞机使建筑物损伤的事件，其中窗损坏的占 32%，墙裂开的占 15%，抹灰开裂的占 43%，瓦损坏的占 6%，其他占 4%。超音速飞机除了骚扰人类、损坏建筑外，还会影响动物的正常活动，造成鸡飞狗跳，奶牛挤不出奶，猪、马、牛、羊的发育受到影响等。例如，某机场的航道上就有飞机掠过造成村中母鸡下不了蛋的事故。

在 20 世纪 60 ～ 70 年代，有些城市航空噪声已经成为主要公害。例如美国洛杉矶国际机场，每天 24 小时中，每分钟就有一架喷气式飞机起飞或降落，在其航道下有所小学，当飞机飞越上空时，教室内的噪声高达 80 ～ 90dB（A），室外高达 100dB（A）以上，严重影响学生上课。在那些年代，无论是波音、协和，还是图 –104❶、DC10，起飞降落噪声的 EPNL 声级值都有超过 100dB（A）的记录，严重扰民。

最近 40 年来，人们对飞机噪声控制开展了广泛的研究，动员了大量的人力、物力、财力，并采用多项技术，使其由 120 EPNdB 降低到现在的 80 EPNdB，这极大改善了航空噪声的扰民程度。然而，航空噪声问题并没有彻底解决，它仍是扰民的因素之一。近年来，中国民航系统首次对我国通航的 202 个机场，进行了噪声影响部分调查。将我国民用机场噪声影响

---

❶ 一种双发动机喷气式中程客机，1960 年停产。

程度分为严重、较严重、一般和轻微 4 类，在调查和分析的 121 个机场中，严重的 1 个，较严重的 17 个，一般影响的 18 个，轻微影响的 85 个。

近年来，美国和欧洲又推出了新的静音飞机计划。其中，美国洛克希德马丁公司正在研发一种"宁静超音速飞机"（quiet supersonic transport），该飞机的噪声级将比"协和"式客机下降 20dB，在飞行过程中将不会惊扰到地面的居民。代号为 SAX40 的翼身融合体静音飞机也是正在研发的静音飞机之一，其目标是，在机场周边的加权平均噪声级为 63dB（A），即低于公路交通噪声水平，在普通机场的周边地区几乎听不见该机产生的噪声。这些说明噪声问题是未来 2 年新型大型民用客机急需解决的关键问题。人们在等待着宁静飞机问世，希望最终解决航空噪声扰民问题。

（5）社会生活噪声干扰。

社会生活噪声，是指人为活动所产生的除工业噪声、建筑施工噪声和交通运输噪声之外的干扰周围生活环境的声音。近年来我国社会生活噪声投诉占噪声总投诉的比例越来越高，有的城市甚至达到 40% 以上。

居民区内夜间"引吭高歌"的歌厅，造成居民难以入睡；播放着时下流行音乐的饭店，本想招引顾客，餐厅服务员和顾客听得"如醉如痴"，却吵得附近的居民大人不能互相谈话，孩子无法做作业，不堪忍受。

由商业活动产生的社会生活噪声与行为更普遍存在，且形式多样。据统计，社会生活和公共场所噪声，如公共场所的商业噪声以及公共汽车、人群集会和高音喇叭等发出的噪声，占城市噪声的 14%。

随着人们生活水平现代化发展，家庭中的家用电器噪声对人们的影响越来越大。据检测，家庭中电视机、收录机所产生的噪声达 60 ~ 80dB（A），洗衣机为 50 ~ 70dB（A），空调机为 50 ~ 80dB（A），电冰箱为 35 ~ 50dB（A）。有些家庭经常聚会，只求自己沉浸在乐曲中，忽视了对邻里是否造成干扰，有些卡拉 OK 机的高音响甚至高达 90 ~ 100dB（A），无形中增加了噪声的污染强度。至于燃放爆竹的噪声，有时更会高达 100dB（A）以上。

家庭、幼儿园、学校的噪声源也越来越多，如电视机、录音机、收音机、音箱、大喇叭、课间教室内外学生的大声喧哗、部分电动玩具、机械玩具等。现在一些综合体里的游戏场所内的游戏机、电动车等噪声也很大。据有人监测，部分商场的噪声平均值在 85dB（A）以上，最高可达 96dB（A），这种环境会对人的听力系统、身体健康造成影响。在这些儿童乐园工作的有些服务人员甚至出现耳背的现象，在家看电视都要把声音调得很大。大人尚且如此，孩子就更难以经受。

此外，少部分社会生活噪声源更是个人的不必要行为造成的。例如，在日益流行的国际汽车短程竞赛中，德国车队的一个音响工程师小组在 2002 年创造了震耳欲聋的 177dB 的声级纪录。那些装有强劲立体音响系统的赛车常常将音响的音量和重音开足，并且摇下车窗，招摇过市，自以为威风八面，噪声却可高达 140 ~ 150dB（A），严重扰民。

我国环境保护部、国家发改委等 11 个部委在 2010 年 12 月 15 日发给各省（市）、自治区的《关于加强环境噪声污染防治工作改善城乡声环境质量的指导意见》中就指出："推进社会生活噪声污染防治。严格实施《社会生活环境噪声排放标准》GB 22337—2008，禁止商业经营活动在室外使用音响器材招揽顾客。严格控制加工、维修、餐饮、娱乐、健身、超市及其他商业服务业噪声污染，有效治理冷却塔、电梯间、水泵房和空调器等配套服务设施造成的噪声污染，严格管理敏感区内的文体活动和室内娱乐活动。积极推行城市室内综合市场，取缔扰民的露天或马路市场。对室内装修进行严格管理，明确限制作业时间，严格控制在已竣工交付使用的居民宅楼内进行产生噪声的装修作业。"可见，社会生活噪声已经引起国家的充分重视。

4. 人耳听力与保护技术

首先介绍听觉系统构造与功能。

（1）听觉的产生。

物体振动产生声音，最终在大脑形成听觉，人耳听觉系统构造如图 4-2 所示。

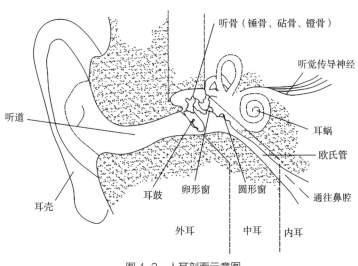

图 4-2　人耳剖面示意图

1）人耳的听觉范围。

人耳并不能听见自然界所有的声音，一般来说人能听到的声音频率范围只有 20 ~ 20000Hz 之间，如图 4-3 所示。动物常常能听到人耳所听不到的声音，听觉频率范围比人的广，例如狗的听觉频率范围是 15 ~ 50000Hz，猫的听觉范围上限更高一些，在 60 ~ 65000Hz。

2）听觉形成过程。

①物体振动（声源）产生声音，声音经外耳道传入中耳。

②中耳将声音振动传入内耳耳蜗。

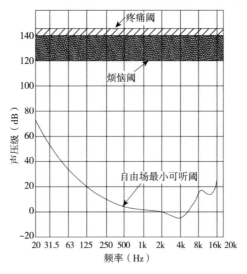

图 4-3　人耳的听觉范围

③耳蜗内部有数以千万计的毛细胞，毛细胞将声音振动转换为电信号，刺激相邻的听觉神经纤维。

④信号由神经传入大脑，产生听觉。

3）具体的听觉过程。

周围环境中的声源使空气压力发生变化，经耳廓收集，并经耳道传声及扩音，振动鼓膜，鼓膜的振动带动附着在其上的锤骨柄运动以及砧骨、镫骨的运动，由于镫骨底板的运动，挤压前庭窗，并由于耳蜗内的淋巴液惰性较大而促使蜗窗做相对运动，并在声波疏导时，由于基底膜由蜗底向蜗顶的移位，产生毛细胞的剪切运动产生电波，电波经听神经传至大脑皮层的听觉区进行分析、分辨，最终我们就听见了声音。

4）声音的传导途径。

声音要传入内耳形成听觉，传导的路径主要有两条：一种方式是通过气传导来实现；另外一种方式是通过骨传导来实现。

传导途径：鼓膜→听骨链→卵圆窗→前庭阶外淋巴→蜗管中的内淋巴→基底膜振动→毛细胞微音器电位→听神经动作电位→颞叶皮层。

（2）耳的构造。

1）人耳的基本构造。

人耳听觉的基本构造可分为：外耳、中耳与内耳。

①外耳的构成与功能。

外耳包括耳廓和外耳道，其主要作用是收集和传导声音，耳廓、外耳道的主要功能如下。

②耳廓的功能。

a. 收集声音：耳廓能收集 20 ~ 20kHz 的声音。

b. 定位：由于声源到达两耳的时间差、强度差，在大脑中形成了定位的印象。

c. 扩大声能：对频率 2 ~ 5kHz 的声音，耳廓能扩大其声能。这是由于耳廓长 3.5 ~ 5cm，使该频率段声音发生了共振。

③外耳道的功能。

a. 传导声音：将由耳廓收集的声音传至中耳（气导）。

b. 扩大声能：成人的外耳道直径约 0.7cm，长 2.5 ~ 3cm，与 3 ~ 4kHz 的声音产生共振，可提升声强。再结合耳廓的扩大声能，平均起来就提升频率以 2.7kHz 为中心的声音 15 ~ 25dB。

2）中耳的构成与功能。

中耳由鼓膜、听骨链、股室和咽鼓管等结构组成，各个结构组成具有不同的功能。中耳的主要功能是将空气中的声波振动高效地传递到内耳淋巴液，其中鼓膜和听骨链的作用尤其重要。

具体而言，首先中耳将外耳道传过来的声能转换为机械能，声音经气导传递至耳道，振动鼓膜并使得依附于鼓膜上的锤骨柄动作，将振动传递至听骨链，此时，中耳已经将声能转换为机械能，之后，由于镫骨底板的转动，振动卵圆窗，激动淋巴液的波动，又进行了一次换能，将机械能转换成液能，中耳的构成如图 13-23 所示。

3）内耳的构成与功能。

内耳又称迷路，包括骨迷路和膜迷路。膜迷路与骨迷路形状相似，凭借纤维固定于骨迷路内。膜迷路内充满内淋巴，膜迷路和骨迷路之间的间隙内充满外淋巴，内淋巴和外淋巴不相通。

①骨迷路的构成及听觉功能。

由前庭、半规管和耳蜗组成。骨迷路的构成如图 4-4 所示。

其中，耳蜗是外周听觉系统的组成部分，其核心部分为柯蒂氏器，是听觉转导器官，负

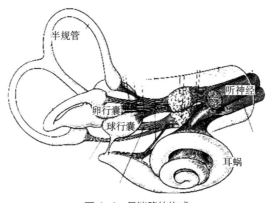

图 4-4　骨迷路的构成

责将来自中耳的声音信号转换为响应的神经电信号，交送脑的中枢听觉神经系统接受进一步处理，最终实现听觉知觉。耳蜗与频率响应的示意图如图所示。耳蜗若产生病变，将会导致多种听觉障碍。

②膜迷路的构成及听觉功能。

膜迷路包括椭圆囊、球囊、膜半规管、膜蜗管。膜迷路的构成如图 4-5 所示。

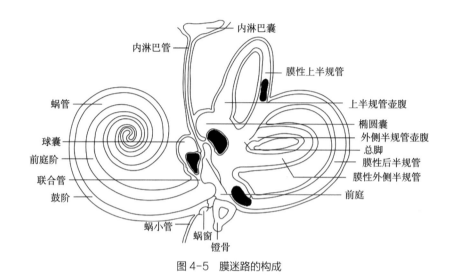

图 4-5　膜迷路的构成

椭圆囊、球囊的囊内壁各自有囊斑，是位置觉感受器。壶腹嵴、与椭圆囊斑、球囊斑、统称为前庭器或位置觉感受器，其中壶腹嵴能感受旋转运动的刺激，椭圆囊斑和球囊斑能感受直线变速（加速或减速）运动的刺激。此感受器病变时，人不能准确地感受位置变化的刺激，而导致眩晕症（以旋转为主），临床上称为"美尼尔氏综合征"。

膜半规管也是位觉感受器，能感受旋转运动的刺激。膜蜗管内下壁山的基底膜上有高低不等的毛细胞，称为螺旋器，是听觉器官，可接受低频、高频声波的刺激。

（3）噪声性听力损失。

噪声性听力损失是由于工人在噪声作业环境中长期与噪声接触而发生的一种进行性的等音性听觉损伤，是一种累积性听力损伤。病理是在长期噪声刺激影响下，耳蜗血管纹首先出现血循环障碍，螺旋器毛细胞损伤、脱落，严重者内毛细胞也可能出现损伤，继之螺旋神经节发生退行性病变，其中以耳蜗基底圈末段及第二圈病变最明显。

噪声性听力损失是耳蜗毛细胞病变的结果，通过显微镜可以观察到听力排列散乱倒伏、断裂消失或肿胀融合、细胞线粒体分布与结构异常，溶酶体增加、细胞变性崩解消失等。

噪声性听力损失最初容易在 4000Hz、6000Hz 表现出来，随着暴露时间的增加，听力损失的频率向低频扩展，进而影响人的正常交流和日常生活，表 4-3 为强度差阈最小可辨别的声压级差。

强度差阈最小可辨别的声压级差（dB）　　　　　　表 4-3

声压级高于听阈的分贝数	纯音频率 f（Hz）							白噪声
	35	70	200	1000	4000	7000	10000	
5			4.75	3.03	2.48	4.05	4.72	1.80
10	7.24	4.22	3.44	2.35	1.70	2.83	3.34	1.20
20	4.31	2.38	1.93	1.46	0.97	1.49	1.70	0.47
30	2.72	1.54	1.24	1.00	0.68	0.90	1.10	0.44
40	1.76	1.04	0.86	0.72	0.49	0.68	0.86	0.42
50		0.75	0.68	0.53	0.41	0.61	0.75	0.41
60		0.61	0.53	0.11	0.29	0.53	0.68	0.41
70		0.67	0.45	0.33	0.25	0.49	0.61	
80			0.41	0.29	0.25	0.45	0.57	
90			0.41	0.29	0.21	0.41		
100				0.29	0.21			
110				0.25				

噪声型听力损失形成分为四个病理阶段：听觉适应、听觉疲劳、早期听力损失、听力损失。噪声的强度和性质、个体暴露时间、个体身体素质的差异、敏感程度都会对噪声性听力损失的形成起影响作用。

1）噪声的强度和性质。

不同强度的噪声对人耳的听力损伤程度的影响程度是不一样的。一般的规律是：在相同噪声暴露时间的情况下，噪声强度越大，听力损失越严重。另外，国内外的调查研究表明：脉冲噪声对人耳的损害强于稳态噪声。

2）噪声暴露时间。

噪声性听力损失是听力逐步恶化的累积过程，因而个体在噪声作业环境中的暴露时间越长，听力损害程度也就越大。

3）个体因素。

大量的调查研究结果表明：性别、年龄、体质等因素不一致时，出现听力损失的概率也是有所差异的。一般说来男性比女性易受到噪声的伤害。

4）个体敏感度。

个体对噪声的敏感程度是不一样的。有的人在轻微的声音下就能感受到不舒服，出现一些异常反应情况，这些都属于噪声敏感型人群。一般地，敏感人群比其他人群容易发生噪声性听力损失。

5）工作环境。

如果工作环境中伴随着其他的有害职业因素，可能会加强噪声对听力的损坏作用。

听力损失分为三个主要类型，分别为传导性听力损失、感觉神经性听力损失和混合性听力损失。过度噪声暴露会导致噪声诱发的暂时性阈移（NITTS）、永久性阈移（NIPTS）、耳鸣或声创伤。

NITTS 是指听力灵敏度的暂时性损失，是由短期噪声暴露或内耳简单的神经疲劳导致的，在几小时或几天后听力灵敏度将回到暴露前水平。NIPTS 由长期噪声暴露或声创伤导致，破坏了内耳感觉细胞造成听力灵敏度永久损失。

"耳鸣"是用来描述人们抱怨耳边存在声音，但非周围实际声音的情况。存在的声音通常被描述为一个哼声、嗡嗡声、吼声、铃声或口哨声。这个声音是由内耳或神经系统产生的，耳鸣可以由非声学事件造成，如打击头部或长期使用阿司匹林。然而：耳鸣主要的成因是长时间暴露于高声级下，虽然短时间暴露于非常高的声级下也可能引起，如鞭炮或射击。如果耳鸣在噪声暴露后立即发生，这意味着噪声暴露可能会损害听力，如重复发生，将可能导致永久性听力损失。许多人在他们的生活中都经历过耳鸣。通常只是暂时的，尽管它可能造成永久伤害。诊断和治疗耳鸣可能很困难，因为耳鸣是主观的，无法进行客观衡量，但是耳鸣可以量化，根据病人耳鸣的声音，匹配一个同频率的声音来确定。

（4）声创伤。

声创伤指由突发性的强烈噪声导致的临时或永久性听力损失，例如爆炸，声创伤可能造成传导性或感觉神经性听力损失。声创伤导致传导性听力损失的例子是突发性的强烈噪声导致耳膜穿孔或中耳听小骨破坏。突发性强烈的噪声导致暂时或永久性耳蜗毛细胞的损伤是声创伤导致感觉神经性听力损失的例子。

1）听力测试与评估

听力曲线图表是通过纯音听阈测试后，将气导和骨导听阈值记录在一张标有横纵坐标的图表上并连成一条曲线，即称纯音听力曲线，亦称听力图或听力表，如图 4-6 所示。

听力曲线图表是医生对听力损失情况做出诊断的主要参考依据，里面包括了听力方面的很多信息。所以，病人可以通过看听力曲线图表对自己的听力情况有一个初步的了解。听力曲线图表一般为左右两耳分别记录，用蓝色笔记录气导曲线，红色笔记录骨导曲线（听力曲线图并不一定气导和骨导同时出现，职业病诊断中较常用气导曲线）。横坐标的数字代表的是频率，单位为赫兹（Hz）；纵坐标代表的是听觉阈值，单位为 dB，用来表示不同程度的听力损失。

①听力曲线。

通过听力测试，得到各频率的听阈值，接着把气导和骨导的听力曲线绘在同一张听力图上，通过将两条曲线进行比较、分析，就可以判定听力损失的程度和听力损失的性质了。

②听力图的诊断。

a. 听力正常。

在听力图上，如果骨导听力在各频率范围中均为 0 ~ 20dB，气导听力在 0 ~ 25dB，且气导和骨导之间的差值在 10dB 以内，这种情况为听力正常。

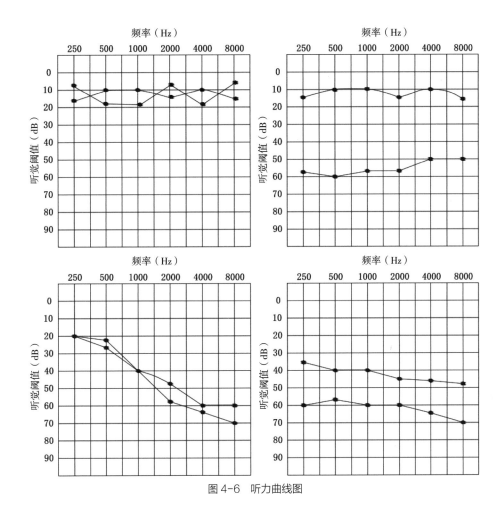

图 4-6　听力曲线图

b. 传导性听力损失。

如果气导听力减退而骨导听力正常，反映在听力图上为气导曲线在骨导曲线的下方，并且气导和骨导之间的差距大于 10dB 以上，这种情况属于传导性听力损失。

c. 感音神经性听力损失。

如果气导和骨导听力均减退，在听力图上表现为两条曲线重合，多数频率点上气骨导差小于 10dB，这种情况属于感音神经性听力损失。

d. 混合性听力损失。

如果气导与骨导听力曲线皆有下降，而且气导听力曲线降低更明显，多数频率上气骨导相差 10dB 以上，说明中耳的传音结构和内耳的感音功能均有减退，是混合性听力损失的特征。

（5）护听器技术。

护听器是佩戴在耳部，减少进入耳道的噪声，保护听觉器官的个体防护用具。护听器按照基本性能可分为以下三大类：耳罩、耳塞与特殊型护听器。由于隔声效果的不同与佩戴的方便性等实用价值的差异，在不同的场合中将视环境的需要而选择不同的单独的护听器或其组合来使用。护听器在工业生产及其他有需要的活动中被广泛使用。从工业生产噪声治理措施的角度出发，护听器不是听力保护的优先考虑方案。但在许多工作环境或特殊环境中，减少噪声排放或采用工程措施降低人员噪声暴露量，从技术和经济条件上难以实现，效果上无法满足要求，这时就需要采用佩戴护听器的个体防护方法。护听器一般可以使耳内噪声级降低 10～45dB，一些护听器还具有特别的频率响应，可根据既定环境噪声的频谱特性选用。

品质优良的护听器也能改善语言交流质量。然而好的护听器除具有佩戴舒适、不刺激皮肤等基本性质外，还应具有合适的声衰减值。佩戴护听器后的保护效果，与声音传递至内耳的路径有关，主要有如下四种途径。

1）气导泄漏。

在佩戴护听器时，由于护听器与外耳道之间无法完全封闭，或多或少存在缝隙，因此噪声会通过这些缝隙进入耳道。

2）材料泄漏。

材料泄漏是指制造护听器的材料由于材料质量或缺陷导致护听器隔声效果的降低。比如耳罩护盖有任何破洞，则此耳罩将几乎完全丧失其隔声性能。

3）护听器振动。

当噪声撞击到护听器时，会导致护听器产生微弱的振动，进而产生声能传递至外耳。

4）骨传导。

声音的传递除了可经由外耳、中耳至内耳的途径，同时可经由骨骼组织直接传递至内耳。因为当人体暴露于噪声环境下时，实际上人体是受到噪声的撞击，并且产生振动能量的传递，只是其传递的能量与经由气导通过外耳传递至内耳的声音能量比较之下，其比例较小，不易被注意。

常用护听器种类可按照性能、材料的不同进行分类，目前多数国家采用性能进行分类。英国将护听器分为主动式护听器和被动式护听器，澳大利亚将护听器分成耳罩、耳塞、防声头盔和特殊型护听器四类。我国普遍采用耳塞、耳罩、特殊型护听器的分类方法。

①耳塞。

耳塞型护听器是用于外耳道中或者是外耳道入口，以阻止声音经由外耳道进入内耳。依使用大数分类，耳塞基本上可分为即抛型与重复使用型。即抛型耳塞，只使用一次即丢弃，如可压缩耳塞；重复使用型耳塞，可多次重复使用，如模压型耳塞。

可压缩式的耳塞由如泡绵等可压缩较软材料制造而成。经手压缩后放入外耳道后，耳塞会膨胀在外耳道中形成气密功能。有些利用岩棉制造的耳塞，在使用时不需用手压缩，而是直接插入耳道中使用，可避免因使用手造成耳塞的污染。

模压型耳塞通常由软硅胶、橡胶或塑胶等可模压型材料制造而成，它们可以不经由压缩变形，而是直接插入外耳道内。通常它们有不同的尺寸供使用者来选择。模压型耳塞有时会用头带或者是绳子互相连接，以防止耳塞掉落或遗失。

个人模压型耳塞与模压型耳塞极其类似，不同的是，模压型耳塞具有通用性，适用于大众，而个人模压型耳塞则是根据个体的耳道形状所灌模压铸的。此类型具有合适的耳道的耳塞由于与个体耳道有较佳的密闭功能，因此能减少气导泄漏，增加护听器的隔声值。

②耳罩。

耳罩型护听器比耳塞型护听器结构复杂。它包括具有隔声功能与包覆外耳朵的硬质护盖（耳罩），以及与耳朵密合的软垫，软垫内通常内衬有吸声材料。两个耳护盖通常是由一具有弹性的金属或者塑胶制的头带互相连接，利用头带夹紧的力量使软垫与耳廓四周密合，以阻绝外界与外耳道声音的传递。与耳塞相比，耳罩除了可阻绝气导噪声外，还可以隔绝部分骨导声，因此耳罩能比耳塞获得较高的隔声值。

③特殊型护听器。

除了上述介绍的常用的耳罩、耳塞护听器，市场上还有以下多种特殊目的与功能的护听器。

a. 主动噪声控制耳罩。

主动噪声控制耳罩是应用电子线路产生人为声音与既有的噪声互相结合后，利用相位的差异将噪声抵消，以达到噪声减量的目的。从技术角度出发，主动噪声控制耳罩适用于稳定且低频的噪声消除，此特点正好弥补了传统护听器对低频噪声隔声较弱的缺点，因此此类型耳罩适用于以低频噪声为主的工作环境中，例如：飞机机舱、锅炉房、冷水主机房、船舶、生产车间等。

b. 通信用耳。

在隔声耳罩上面安装有线或者无线的装置，让使用者可以清楚地接收通信娱乐与紧急信号，又能隔绝外界有危害的噪声。

c. 防声头盔。

防声头盔通常多使用在极高噪声的环境中，防声头盔将头的大部分都包覆起来，除可以减少声音经由耳道进入内耳外，还可以同时减少空气声音经由头部骨骼传递进内耳的骨导音，因此隔声的效果远大于耳塞、耳录。

（6）护听器的比较。

市场上常见的例如有带孔、阀等特殊声学结构的护听器，带电子音频输入、带娱乐音频输入、声级关联型（环境声音感知）、内置无线电对讲机、主动降噪（有源降噪）等护听器，为一些比较常见的护听器。

（7）护听器的选择。

护听器的保护作用只有在佩戴时才能发挥。职工可能由于舒适性原因拒绝佩戴，即使在有安全制度监管的情况下，佩戴护听器也可能流于形式。护听器应使用便捷、不易损坏，特别针对短时、间歇性噪声暴露要满足上述基本条件。有些作业需要与周围进行交流并注意接收警报信号，职工初次佩戴或者更换新型护听器时，已经造成听力损失的职工需要佩戴具有特殊频率响应的护听器。

获得批准认可适用于工作场所的护听器品种及类型很多，要求针对工作既定情况选择适当的护听器，因此选择过程中要充分考虑以下因素：1）正规厂家生产的合格产品。2）符合声衰减需要。3）与其他个人防护用具，例如头盔和防护眼镜等共同使用时的兼容性；4）佩戴者的舒适度；5）适用工种和工作环境。6）相关病史。

护听器的具体选择要求：

1）确定护听器保护水平。

当职工作业噪声暴露声级 Lg 达到或高于 85dB（A）时需使用护听器。声衰减值是衡量护听器的重要性能指标。护听器声衰减过低，则对听力保护不利，会导致听力受损，但如果护听器声衰减过高，则会影响交流和对周围警示信号的接收，合适的护听器应根据实际职工作业噪声暴露声级测量结果和戴护听器时有效的 A 计权声压级参照表 4-4 进行选择。

噪声暴露声级和戴护听器时有效的 A 计权声压级　　　　表 4-4

L_A / dB（A）	保护水平
> 85	保护不足
80 ~ 85	可接受
75 ~ 80	好
70 ~ 75	超出必要
< 70	过度保护

2）实际使用环境护听器的声衰减。

实际使用中，护听器的声衰减通常低于实验室中的测量值和制造商的标称值。由于佩戴方法不当（特别是耳塞）、佩戴者为长发、同时佩戴其他防护用具等情况都可能影响护听器的测法性能。

选用的护听器具有不必要的高声衰减。过高的声衰减值将影响佩戴者对周围环境的感知，无法顺利交流和接受危险警示信号。另外，过高的声衰减值使佩戴者产生不舒适感。从而减少佩戴时间，降低在噪声暴露周期内听力保护的效果。

3）过度保护。

选用的护听器具有不必要的高声衰减。过高的声衰减值将影响佩戴者对周围环境的感知，无法顺利交流和接受危险警示信号。此外过高的声衰减值使得佩戴者产生不舒适感，从而减少佩戴时间，降低在噪声暴露周期内听力保护的效果。

4）多种护听器共同使用。

强噪声环境下 [$L_{Aeq,8h}$ ≥ 105dB（A）]，单一护听器不能提供足够的声衰减，往往需要佩戴一个以上的护听器，通常为耳塞和耳罩。需要注意的是，两种护听器共同使用时其声衰减值并不是两种护听器单独使用时的声衰减值的简单相加，一般情况下，两种护听器共同使用时获得的声衰减值为两种护听器声衰减值较高的增加 5dB。

（8）护听器的使用和维护。

坚持佩戴，以形成心理适应，正确使用护耳器，有研究表明，经过训练后的佩戴比自行佩戴防音效果好 2.6 ~ 4dB。佩戴时注意规范的护听器产品外包装上的佩戴方法的简要说明，不同类别的护听器佩戴方法也不尽相同，在某些特殊的工作环境中，或者有特殊的要求，此时在不同的场合中应使用各自的防噪声护具。如在高温高湿环境中，适宜使用耳塞，或在耳塞软垫内置入有清凉效果的液体装置，或使用容易吸汗的软垫套子（需经过声音衰减性能测试）；在尘土较多的环境中，适宜使用即时丢弃式耳塞，或使用附有可更换软垫套子的耳罩；频繁进出高噪声环境，适宜使用易脱戴的耳罩或附有头带的耳塞；高频信号、警号信号或交谈信号听取，由于防噪声防护具的声音衰减特性大多是在低频时数值较低，高频时数值较高，如果为了听取警告、高频信号，尽量挑选声音衰减在频率范围内尽量平均分布的防噪声用具，即低频声衰减较高，而高频声衰减较低。

此外，护听器必须定期检查、可重复使用的耳塞一定要按照说明进行清洁，并保证收纳与保存干净整洁。耳罩长期使用后，垫圈内填充物老化需要及时更换，但要注意更换后是否造成声衰减性能降低。具有电子元件的护听器应由受过培训的人员定期维护，避免部件受损，保护其隔声性能。

此外，还要注意佩戴护耳器后的新增问题：1）注意护耳器对警示信号的掩蔽，以防造成安全事故。2）护耳器对交谈的掩蔽。3）护耳器对耳病患者的影响等，并需采取相对应的措施。

（9）听力保护计划。

听力保护计划是针对工业、企业作业环境中的高噪声操作岗位以及作业场所而制定的一系列保护作业人员免遭噪声危害的方法、措施或方案的总称。听力保护计划的制定是此类高噪声企业听力保护计划实施与管理的前提，而听力保护计划的实施与管理是保证计划效果实现的核心环节。

企业制定符合自身的情况与特点的听力保护计划，可以设立听力保护计划执行组织机构，设置岗位，以此保证听力保护计划长期、持续、正确而有效地执行与实施。质量优良的计划结合相关的管理措施，预防职业性听力损失的发生，同时也巩固和加强听力保护效果。

听力保护计划制定的关键是找到导致噪声性听力损失发生的有关因素，"对症下药"寻求对策与方案，其中最主要的诱发因素是作业环境中的噪声情况及工人与高噪声的接触时间。企业应对作业人员、机械设备、作业环境、工作时间、管理制度及其他相关组成部分加以综合考虑，科学合理地制定听力保护计划，计划的内容主要包括 3 个方面：现场噪声调查、听力测试与评定以及听力保护措施。

噪声暴露超标是听力保护计划提出的必要前提，这时需要编制一个书面的噪声控制计划。计划可以包括下列事项：

1）确定作业人员的噪声暴露量。

2）实施包含听力测试的听力保护计划，为 $L_{eq,8h}$ 大于 85dB（A）的所有作业人员提供听力保护。听力测试是为了确定噪声暴露的环境中听力保护计划的实施效果，使用听力测试仪器测试工人各个频率的听阈范围是否达标，一般包括作业前的听力测试和定期的听力测试两个内容。

3）当可行时，应采用工程或管理控制来减少 $L_{eq,8h}$ 大于等于 90dB（A）的员工的噪声暴露。

4）针对噪声暴露，选择性价比适当的、最合理的噪声控制方案。

5）编制针对购买新设备、改造现有设施和设计新设施的指南。例如，购买低噪声设备，采取吸声与隔声、消声、减噪降噪、隔振等措施以提升设施的性能，减少声传播。通常来说，预防性措施比改造花费更少。

6）员工定期培训和教育，包括噪声对听觉的影响、如何正确使用听力保护设备、不同类型的听力保护设备的优缺点、个人听力测试的目的以及听力测定的结果。

7）记录保存，内容有工厂噪声暴露、听力测试结果、员工佩戴的听力保护设备类型、员工培训文件、认证文件、测试仪校准数据、任何其他的医学或听力学测试结果以及工厂噪声监测数据和工程管理控制方案在内的全部记录，有时还包括员工娱乐时的噪声暴露记录。

8）计划评估。国家职业安全与健康研究检查表，有效的计划能够保证员工发生显著阈值变化的概率低于 5%。显著阈值变化的意思是在不考虑年龄的前提下，任意测听频率（500Hz、1kHz、2kHz、3kHz、4kHz 或 6kHz）对同一耳朵的重复测试中，听阈增加 15dB。职业安全与健康管理署定义的显著阈值变化是考虑年龄校正，在最近的一次听力测试中任一耳朵在 2kHz、3kHz 和 4kHz 的平均阈值超过 10dB。若平均听阈值变化超过 25dB，听力损伤可记录为工伤。

4.2 噪声振动控制

振动对人的影响。普遍存在的振动源有自然振动源与人工振动源两大类；自然振动源如海浪、地震和风振等，人工振源如各类动力机器的运转、建筑施工打桩和人工爆破、交通运输工具的运行等。人为产生的振源带来振动波，一般在地表土壤中传播，通过建筑物的基础或地坪传至人体、精密仪器设备或建筑物本身，这会对人和物造成破坏。

（1）人工振动源一般包括工业振动源与交通振动源。

工业振动源来自工业生产活动中常使用的机械设备，比如风机、电机、泵类、压缩机、纺织机、冲压机、锻锤、切割机、破碎机、剪板机等，这些设备运转时产生的振动形成振动源。这些机械振动源根据工作原理不同分为以下几类：旋转运动式振动、往复运动式振动、锻压式振动、传动式振动、管道振动。

交通振动源是交通运输工具产生的振动，包括道路交通振动、铁路交通振动、城市轨道交通振动等。

1）单自由度系统。

确定一个机械系统的运动状态所需的独立坐标数，称为系统的自由度数。分析一个实际机械结构的振动特性时需要忽略某些次要因素，把它简化为动力学模型，同时确定它的自由度数。简化的程度取决于系统本身的主要特性和所要求分析计算结果的准确程度，最后再经过实测来检验简化结果是否正确。最简单的弹簧质量系统是单自由度系统，它是由一个弹簧和一个质量组成的系统，只用一个独立坐标就能确定其运动状态。根据具体情况，可以选取线位移作为独立坐标，也可以选取角位移作为独立坐标。以线位移为独立坐标的系统的振动，称为直线振动。以扭转角位移为独立坐标的系统的振动，称为扭转振动。

2）多自由度系统。

不少实际工程振动问题，往往需要把它简化成两个或两个以上自由度的多自由度系统。例如，研究汽车垂直方向的上下振动时，可简化为以线位移描述其运动的单自由度系统。而当研究汽车上下振动和前后摆动时，则应简化为以线位移和角位移同时描述其运动的多自由度系统。多自由度系统一般具有两个不同数值的固有频率。当系统按其中任一固有频率自由振动时，称为主振动。系统做主振动时，整个系统具有确定的振动形态，称为主振型。主振型和固有频率一样，只决定于系统本身的物理性质，与初始条件无关。多自由度系统具有多个固有频率，最低的固有频率称为第一阶固有频率，简称基频。研究梁的横向振动时，就要用梁上无限多个横截面在每个瞬时的运动状态来描述梁的运动规律。因此，一根梁就是一个无限多个自由度的系统，也称连续系统。弦、杆、膜、板、壳的质量和刚度与梁相同，具有分布的性质。因此，它们都是具有无限多个自由度的连续系统，也称分布系统。

（2）隔振设计时遵循的原则及步骤。

1）首先要掌握以下资料。

①紧密仪器、设备的大体结构、工作机理及用途；设备仪器的外形几何尺寸、质心、质量及底脚螺栓的位置、孔径等。

②紧密仪器、设备有内振源时，必须了解内扰力的性质、大小、作用点位置及作用力方向。

③有移动部件时，需要了解移动部件的位置、质量和移动范围。

④了解周围环境振动源情况，如周围有何机械设备，相隔距离；周围火车、汽车影响情况如何；第一、二类精密仪器还要考虑地面脉冲。在条件具备时，必要情况下还应对地面振动进行测试，最好进行频谱分析。

⑤被隔振的紧密仪器、设备的允许振动值，一般由工艺提供，或者说明书上的说明。

⑥支承结构的情况及工作环境。

2）根据以上资料和知识，确定隔振方案。

3）隔振传动率。

求隔振的振动传递率 μ_z 与固有频率 f_0：

$$\mu_z = \frac{允许振动}{地面振动} = \frac{1}{\left| 1 - \dfrac{\omega^2}{\omega_0^2} \right|} *$$ （4-7）

没有考虑阻尼的影响，对一般工程，均可以这样计算：

隔振体系的固有频率 f_0 计算表达式：

$$f_0 < \sqrt{\frac{\mu_z f^2}{\mu_z + 1}}$$ （4-8）

4）设备内振源。

当设备有内振源时，则应考虑其影响。此时，要确定分配给设备内扰力引起的振动，计算台座所需要的质量：

$$m' > \frac{p_0}{[A']\,\omega^2} - m_0$$ （4-9）

式中　m'——台座的质量；

　　　m_0——设备的质量；

　　　P_0——内扰力；

　　$[A']$——分配给内扰力引起的允许振动。

5）隔振台座的设计。

没有内振源的精密仪器设备的消极隔振效果主要取决于体系的固有频率于外界干扰频率纸币以及隔振器的阻尼，于台座的质量关系不大（这一点和积极隔振不同），故而台座的设计主要根据工艺要求等要素来确定，并应经济合理。

6）选择合适的隔振器。

7）验算隔振体系的水平振动。

此项计算比较复杂，对于精密等级不太高的仪器设备可以不做水平振动验算。

8）地面脉冲作用。

对第一、二类精密仪器，需要计算隔振体系在地面脉冲作用下的振动。

9）校验振动叠加。

校验所有振动的叠加是否小于允许振动，如大于允许振动，需要重新设计。

（3）隔振台座的设置。

隔振器可直接设置在机器的机座下，也可以设置在与机座刚性连接的基础下面，通常称与机座刚性连接的基础围隔振台座或刚性台座。刚性台座从材料角度可分为两类：一类是由槽钢、角钢等焊接而成；另一类是由钢筋混凝土浇筑而成。在下述情况下，应设置刚性台座。

1）机器机座的刚度不足。

2）直接在机座下设置隔振器有困难。

3）为减少被隔振对象的振动，需要增加隔振体系的质量和质量惯性矩。

4）被隔振对象是由几部分或几个单独的机器组成。

（4）隔振方式的选择。

隔振方式通常分为支承式、悬挂式和悬挂支承式。

1）支承式，隔振器设置在被隔振的机器设备机座或刚性台座下。

此种隔振体系的固有频率，单自由度体系支承式隔振体系的固有频率计算式。

双自由度耦合振动支承式隔振体系的固有频率计算先解耦，再按照单自由度体系支承式隔振体系的固有频率计算式计算。

2）悬挂式，将隔振设备安装在两端为铰的刚性吊杆悬挂的刚性台座上或直接将隔振设备的底座挂在刚性吊杆上。悬挂式可用于隔离水平方向振动。

此种隔振体系的固有频率。当刚性吊杆的平面位置在半径为某一定值（R）的圆周上时，x、y 与 ϕ_z 为单自由度振动体系，其余均受约束，此时，隔振体的固有频率为：

$$\omega_{nx}^2 = \omega_{ny}^2 = \frac{g}{L} \tag{4-10}$$

$$\omega_{n\phi_z}^2 = \frac{mgR^2}{J_z L} \tag{4-11}$$

式中　ω_{nx}——振动体系沿 x 轴向无阻尼固有频率；

　　　ω_{ny}——振动体系沿 y 轴向无阻尼固有频率；

　　　R——刚性吊杆的平面位置在半径为 R 的圆周上；

　　　L——单摆的无质量刚性吊杆长度；

　　　J_z——摆锤的质量 m 绕 O 点的转动惯量。

3）悬挂兼支承式。

隔振体系的质量中心与隔振器刚度中心在同一铅锤线上；当刚性吊杆与隔振器的平面位置在半径为某一定值的圆周上时，z 与 ϕ_z 为单自由度振动体系，x 与 ϕ_y 相耦合，y 与 ϕ_z 相耦合；当刚性吊杆与隔振器的平面位置不全在半径为某一定值的圆周上时，z 轴向为单自由度振动体系，x 与 ϕ_y 相耦合，y 与 ϕ_z 相耦合，ϕ_z 受到约束。

4.2.1　建筑噪声振动控制

建筑物的噪声控制与振动控制包括两方面，一方面是噪声控制，主要通过吸声降噪、隔声降噪以及消声三个手段对噪声加以控制；另一方面是振动控制，主要考虑隔绝地面弹性波的隔振方式，或者设计隔振器，从而达到符合建筑物振动标准的要求。

这里主要介绍建筑物的振动控制。

1. 地面弹性波

在地基土面上的横波、纵波和表面波在建筑物内传播，影响建筑物的稳定与安全。根据振动相关知识，在介质中传播的横波、纵波统称为实体波。

（1）在地面作用的面源，实体波自波源沿半球面向外传播，同时因土壤的非完全弹性，能量会因土壤阻尼而耗散。波源传输的能量密度具有如下特征。

1）以半球面辐射衰减。

2）单位体积能量密度与距离波源中心距离的平方成反比。

3）土介质的密度直接影响波能的传播。

4）通过半球面辐射出去的波源总能量一定。

（2）在地面作用的面源，面波能量呈环状扩散，同时地基土不是完全弹性，自波源沿半球面向外传播，能量会因土壤阻尼而耗散。面波在土介质中的能量密度具有如下特征：

1）以圆柱面辐射衰减。

2）单位面积能量密度与圆柱半径成反比。

3）土介质的密度直接影响波能的传播。

4）由圆柱面辐射出去的波源总能量与圆柱半径无关，能量密度的总和与波源面波总能量相等。

（3）地面振动的特殊情况。

地面振动周期的波动效应。

同一激振波源，同一地基，在不同激振频率作用下，能量衰减规律不同。

波源形状与波传播效应波源的几何形状的波动效应，对矩形波源，长宽比越大，体系的几何阻尼作用越明显。特别在高频段，基底长边的两端形成两个振源，使得辐射能量更多，几何阻尼也越大；中频段，由于波长与基底尺寸是同等数量级，波的传播区域较小，几何阻尼较小，阻尼随频率变化不明显；在低频段，波长远大于基底尺寸，基础的振动接近点源，波可以向各个不同的方向传播，因而几何阻尼也较大。

软土地基地下水深度与波动衰减饱和软黏土在人工波源作用下地面波动的衰减，在近源和远源均比同样孔隙比及其他共同特征的非饱和土要慢。

岩石地基上地面振波衰减的规律为：岩石地基在人工振动波的作用下，地面波的传播主要表现在近场比一般土地地基衰减快，远场则衰减慢。

周期波源与冲击波源的地面振动特性。

不规整地形地面振波传播。

2. 建筑物振动标准

建筑物内的各种动力设备、通风管道等产生振动，建筑物外的交通工具、动力设备等产生振动，这些振动可能引起建筑物的损伤，例如墙壁粉刷层的脱落、墙壁表层饰面开裂等，但是这些振动一般不会危及建筑物结构的安全性。

影响建筑物损伤的物理量主要有振动速度和振动速率，工程实践表明，建筑物的损伤程度与峰值振动速度有很强的相关性。德国、英国等欧洲国际标准均采用峰值振动速度作为建筑物损伤控制标准。

例如德国 1986 年颁布的 DIN4150 第三部分中关于防止建筑物损伤的振动速度限制。建筑物振动速度低于限值的情况下，通常不会发生损伤；略微超过限值时，不会危害建筑物的安全性，只可能导致非结构性损伤（例如产生外观表层裂缝），加速建筑物的老化，降低使用功能等。建筑物可能损伤的振动速度容许值见表 4-5。

建筑物可能损伤的振动速度容许值　　　　　　　　　　　　　　　　表 4-5

序号	结构类型	振动速度容许值（mm/s）		
		10Hz 以下	10～15Hz	50～100Hz
1	商业或工业建筑以及类似建筑	20	20～40	20～40
2	居住建筑以及类似建筑	5	5～15	15～20
3	有保护价值或对振动特别敏感的建筑	3	3～8	8～10

注：1 振动速度的测点在建筑物基础处，选用 x、y、z 方向中最大值进行评价。
　　2 民用建筑噪声控制。

超高层建筑的噪声控制，包括公建配套设施产生的噪声污染源，例如空调系统、供电系统、给水排水系统、通风系统、承载系统、消防系统、餐饮和娱乐场所以及车辆出入等发出的噪声，处理不当容易超标或引起投诉。

超高层建筑中常遇到的声学问题有：

（1）电梯噪声问题。

（2）外部装饰构件噪声问题。

（3）大型冷却塔噪声问题。

（4）避难层噪声与振动问题。

（5）超高层的晃动问题。

3. 建筑隔振新技术

除常见的浮置板隔振、房中房隔振处理方式之外，建筑物整体隔振是近来一种新的隔振方法。整体隔振主要用于对固体传声要求非常严格、附近有明显振源的建筑，比如附近有地铁经过的环境条件中。隔振方式是将整个建筑物支承在隔振元件上面。隔振元件一般采用可调平、可预紧、寿命较长的钢弹簧隔振器，称为整体弹簧，建筑物下方必须有适当的安装和检修空间，各种管路要柔性连接。

整体隔振可以有效隔离来自各个方向的振动，保证建筑物内所有空间的声学性能。整体隔振设计一般遵循下列原则：

（1）依据隔声要求选择隔振元件，主要是确定垂向固有频率，该频率越低，隔振效果越好。

（2）根据建筑物的自重、活荷载、支撑条件等进行隔振器选型和布置设计。

例如上海交响乐团音乐厅的"建筑整体弹性浮置"设计，采用300只大型弹簧隔振器将总重达26000t的大小两座音乐厅悬浮在弹簧隔振器上，保障了音乐厅的完美声学效果。地震烈度较高的地区，若采用弹簧隔振垫需预先进行抗震验算。普通结构在地震力作用下，结构会产生强制变形，有时会造成结构损伤。而采用弹簧隔振能将大部分地震力的波动转移到隔振器的变形上，上部结构则以对结构无害的刚体运动为主，从而降低了结构内力，减小了地震损伤。

4.2.2　交通噪声振动控制

交通噪声与振动控制按交通形式分为道路交通噪声（各种机动车辆所产生的道路整体噪声）；轨道交通噪声（铁路、地铁、轻轨、磁悬浮列车等，包括车厢内的噪声、车站内的噪声和线路路边噪声）；航空噪声（航空器在场地内及附近活动，包括起飞、降落、滑行、试车等产生的噪声）；船舶噪声（船舶动力机械噪声，包括主机噪声、螺旋桨噪声、水动力噪声等，和船舶辅助机械噪声，包括泵噪声、风机噪声等）。

给车辆加消声器也是噪声控制的方法之一。"会唱歌的路"以及"薄层低噪声路面"的设计是道路交通噪声控制的新技术，航空噪声控制的进展方面，如静音飞机（SAX-40）、静音超音速飞机等。

交通振动控制主要体现在轨道交通的隔振控制上。由于列车运行时，轮轨之间相互作用，产生的振动往往会传至地面。地面上的建筑物甚至每个房间的结构，都有自身固有频率，当列车运行时产生的振动频率与建筑结构的固有频率接近或者相同时，将会出现共振现象，产生强烈的振动。比较成熟的隔振技术有：科龙蛋、弹性套靴、先锋扣件、梯形轨枕、减振垫、弹簧浮置板等。科隆蛋、弹性套靴和先锋扣件对应于一般减振需求；梯形轨枕可以满足中等减振需求；减振垫可以满足高等减振需求；弹簧浮置板或钢弹簧浮置板可以满足高等和特殊减振需求，又由于其可靠性高、安全性好，养护维修方便，对轨道的副作用小，逐渐得到愈加广泛的应用。

国内先进的钢弹簧浮置板隔振方式是借助"钢筋笼法"和"预制板法"等施工方式得以实现。

4.2.3　工业噪声振动控制

工业企业的噪声分为生产环境（车间）内噪声、非生产环境噪声以及工业产品噪声三类。噪声控制措施包括有：

（1）总平面防噪、降噪的合理布局。

（2）设备噪声源的控制。

（3）车间的隔声与吸声处理。

（4）露天声源的噪声控制。

国内领先的隔振技术有精密加工和精密测量设备的隔振、通用设备隔振、冲压设备隔振、发电设备（核电）隔振等新技术，变压器有源噪声控制。

4.2.4　声源降噪及产品

噪声源种类繁多，降噪措施各异，都有一定效果，但最根本的方法还是从声源上进行控制。工业噪声中各类机械设备、电气设备，交通噪声中的各种交通工具，建筑噪声中的各种设备及管道，施工噪声中各类施工机具，在运行过程中都会或多或少发出噪声，这些噪声不仅对周围环境带来噪声污染的影响，还有可能对操作者带来危害，达不到操作作业施工保护相关标准。

一般而言，从声源处降低噪声主要有两个思路：第一是改革工艺，采用低噪声的工艺和设备，替代高噪声工艺和设备，例如采用铆接工艺代替焊接工艺，采用液压装置替代冲压设备，采用机械手替代人工操作；第二是提供低噪声产品，在保证机器设备各项技术性能基本不变的情况下，采用低噪声材料代替高噪声材料，采用低噪声部件替代高噪声部件，使整机的噪声大幅度降低，实现产品的低噪声化。

所谓低噪声产品，除特别注明者外，一般来说，同一类或同规格的设备，采取降噪措施后，其生产产品时的噪声级比原来条件下的设备生产时的噪声级要低 10dB（A）以上，才称得上是低噪声产品。

从声源上控制与降低噪声，研究、设计、生产低噪声产品已成为国内外噪声控制行业的主攻方向之一，在某些领域已取得较大进展。例如对航天交通业的大型豪华客机来说，近十年来，差不多每年要降低 1dB（A），现在乘飞机时的声环境舒适多了。还有家用电器的空调机、电冰箱、洗衣机、吸尘器、洗碗机、抽油烟机、消毒机、吹风机等都在追求低噪声化，并且这些家电的运行噪声已成为评价其产品优劣的关键性指标之一。在工业噪声领域，据统计已有 20 多种产品实现了低噪声化，被称为低噪声产品，其中以易发出高噪声的风机类和冷却塔类的低噪声产品居多。然而，对低噪声产品的追求必须以技术的突破、资金的投入为保证，总的来说，低噪声产品的研发和生产至今难度较大，此类产品的种类和数量仍较为有限，故未来具有广阔的发展空间。

简单来说，一些工业领域中常用的设备噪声声源主要有如下。

风机噪声源（低噪声轴流风机、低噪声混流风机、低噪声屋顶通风机、单吸式低噪声离心风机、三叶型低噪声罗茨鼓风机等）；冷却塔声源（低噪声冷却塔、超低噪声冷却塔、横流式冷却塔与逆流式冷却塔）；压缩机声源、电动机声源、冲压机械声源、机械车辆声源（发动机、空气动力、轮胎、传动系统、车身、车内噪声等）；木工机械声源（圆锯、平压刨床、低噪声木工刨等）；高速铁路声源、传播声源、建筑施工机械声源（施工阶段土石方噪声源　基础工程、结构施工、装修施工噪声源等）。

4.2.5　吸声降噪

众所周知，当声波入射到柔性材料、多孔材料、纤维材料和人体时，大部分声波被吸收，换言之，人体和这些材料是声的吸收体。从定义上来说，声吸收是把声能转变为其他形式的能量，即声能通过某种材料或撞击一个表面，最后转化为热能。从声能转化为热能的能量是极微小的。声波的传播速度不受吸收所影响。

实际上各种建筑材料都能吸收一部分声音，但在建筑物内要有效地控制声音，就要求采用具有高度吸声性能的材料。在环境声学中，下列各部分都能吸声：

（1）表面经过处理的墙壁、地板和顶棚。

（2）室内听众、帷幕、软椅和地毯。

（3）空间的空气。

吸声材料和吸声构件的种类。每一种吸声材料的吸声效率是由它对某一频率的吸声系数的大小来衡量。材料表面的吸声系数是指入射声能被吸收的部分（或没有被表面反射的部分），用 α 表示。α 值的范围为 $0 \sim 1$。例如，当吸声材料在 500Hz 时吸收入射声能 65%，并反射 35% 的声能时，这种材料的吸声系数为 0.65。又如砖、石、混凝土等材料是不易穿透的室内刚性表面，它吸收入射声能一般低于 5%，反射声能达 95% 或更大一些，这种材料的吸声系数小于 0.05。另一方面，厚的毛毡吸收入射声能达 80% 以上，吸声系数大于0.80。材料的吸声系数因声波入射在材料表面上的角度与频率的不同而有差别。在已发表的建筑声学文献中，某一频率的吸声系数值，是指该频率的所有入射角的平均值（即无规入射值）。

在实际工作中，沿用美国国家标准化组织定义的中心频率，作为可听频率范围内最重要部分的标准频率的吸声系数，这些频率为 125Hz、250Hz、500Hz、100Hz、200Hz、4000Hz，或 128Hz、256Hz、512Hz、1024Hz、2048Hz、4096Hz。

在建筑声学文献和一些制造商出版的资料中所刊载的声学材料，有时用减噪系数（NRC）来表示，它为 250Hz、500Hz、1000Hz、2000Hz 吸声系数的算术平均值，数值取 0.05

的倍数。当用作减噪处理时，此值是用来与声学材料所有的声吸收相比较。

材料表面的吸声量单位用赛宾表示，从前称为开窗单位。1 赛宾表示 1m² 面积材料的吸声系数为 α。表面的吸声量等于按 m² 计算的表面面积乘以吸声系数。例如，经过声学处理的表面面积 S 为 11m²，它的吸声系数 α 为 0.50，则吸收量 S_α = 11 × 0.50=5.5m²。W，C. 赛宾称这一表面吸声单位为开窗单位，它相当于同等开窗面积的吸收，因为开窗面积吸收 100% 入射声能，因此它的吸声系数为 1.0。为了纪念赛宾，曾经把开窗单位称为赛宾。

人体或外露的物体的吸声量可用每人或每个物体为多少赛宾单位来表示。例如，在剧场中每个坐在软椅上的观众，当直达声的入射频率为 500Hz 时，人和座椅的吸声量约为 0.4 ~ 0.5 赛宾。

4.2.6 隔声降噪

人居住在城市之中，由于这一大环境的关系，人会经常感觉到噪声的烦恼。实际上噪声不但可能影响身体和精神上的健康，还会大为降低工作效率。为增进健康并提高工作效率，有必要提出一些措施，防止噪声侵入室内。可惜的是，通常隔声的构造与措施往往需要很多预算与资金，或者在已有的建筑物中，弥补噪声这一缺陷必须采用的隔声设备，也常因为预算过高而不容易实现。如果想用较少的花费获取较大的收效，从而获得真正的工程经济，应在施工之前就妥善考虑隔声设计和实施等问题，方能节省可观的费用。

一般评价噪声的大小与程度，要理解噪声的响度与声音透射入室内的情况。

各类建筑物中，对于内部噪声的大小（响度）的要求并不相同，其所容许的噪声大小，也有各自的规定。假若室外的噪声响度为 A，那么室内的噪声隔声量为 B，在室内所发生的噪声限度为 C，而在室内所容许的（即设计的）噪声响度为 D，如此，则有：

$$D = A - B + C \qquad (4-12)$$

式中 D，A，B，C 均以 dB 为单位。

一般地，剧院或者电影院内，在开演时的噪声响度约为 20 ~ 40dB；在普通公共建筑物内，噪声响度约为 15 ~ 30dB。

噪声在建筑物中的传播有两种方式：空气噪声和固体噪声。前一种是随着空气吸收和墙体、楼板等围护结构的阻挡而衰减。空气噪声的影响仅限于靠近噪声源的附近。固体噪声声源能使得建筑结构某些部分产生振动，实际上增大声辐射表面面积，因而增加了辐射的声压。对于乐器而言，增大辐射面积是有用的，而大多数情况下，增大辐射面十分有害，例如一根供暖管道或水管固定在墙体或楼板上时，当它们在振动时，会使得附加的大面积受到振动，从而增加辐射噪声，使振动往更大的范围传播。抑制两种噪声的传播要区别对待。

为防止噪声进入室内，应分为两部分讨论，首先是隔绝空气声。

1. 空气声的隔绝

在工程上，常用隔声量 R 来表示构件对空气声的隔绝能力，它与构件透射系数 τ 有如下关系：

$$R = 10\lg\frac{1}{\tau} \qquad (4\text{-}13)$$

可以看出，构件的透射系数越大，则隔声量越小，隔声性能越差；反之，透射系数越小，则隔声量越大，隔声性能越好。

在一些国际标准中采用标准传声等级 STC，基本概念同 R_w，所不同的是，STC 的频率范围在 125 ~ 4000Hz，R_w 在 100 ~ 3150Hz。

采用单一评价量 R_w 评价构件隔声性能时，在不同声源条件下，由于声源频谱特性不同，R_w 相同的不同构件所得到的隔声性能还有可能有较大差异。例如，240mm 厚砖墙构造和 75mm 轻钢龙骨双面双层 12mm 纸面石膏板（空腔内填棉）构造的 R_w 同为 52dB，对于讲话等以中高频为主的声源（如用于酒店房间之间的隔墙），两者隔声效果是差不多的，但是，对于类似机械噪声或交通噪声等以低频为主的声源来讲，由于砖墙比石膏板墙重很多（约 10 倍以上），其隔声效果要更好一些。为反映声源频谱特性不同所引起的隔声效果差异，引入了两个频谱修正量 C 和 C_tr（应用范围见表 4-9），计算频谱修正量的声压级频谱（1/3 倍频程）见图 4-7 与表 4-7，作为标准计权隔声量 R_w 的补充，书写方法为：R_w（C，C_tr）。不同种类的噪声源及其宜采用的频谱修正量也不同，见表 4-6 与式（4-38）。

不同种类的噪声源及其宜采用的频谱修正量	表 4-6
噪声源种类	宜采用的频谱修正量
日常活动（谈话、音乐、收音机和电视） 儿童游戏 轨道交通，中速和高速 高速公路交通，速度 > 80km/h 喷气飞机，近距离 主要辐射中高频噪声的设施	C（频谱 1）
城市交通噪声 轨道交通，低速 螺旋桨飞机 喷气飞机，远距离 Disco 音乐 主要辐射低中频噪声的设施	C_tr（频谱 2）

频谱修正量 C_j 计算式：

$$C_\mathrm{j} = -10\lg\sum 10^{(L_{ij}-R_i)/10} - R_\mathrm{w}\ \mathrm{dB} \qquad (4\text{-}14)$$

式中 *j*——频谱序号，*j*=1 或 2，1 为计算 *C* 的频谱 1，2 为计算 C_{tr} 的频谱 2；

R_w——按照 3.2 或 3.3 节规定的方法确定的单值评价量；

i——100Hz 到 3150Hz 的 1/3 倍频程序号；

L_{ij}——表 3.3 中第 *j* 号频谱的第 *i* 个频带的声压级；

R_i——第 *i* 个频带的测量，精确到 0.1dB。

频谱修正量在计算时应精确到 0.1dB，得出的结果应修正为整数。

计算频谱修正量的声压级频谱　　　　　　　　表 4-7

频率 Hz	声压级 L_{ij}（dB）			
	用于计算 *C* 的频谱 1		用于计算 C_{tr} 的频谱 2	
	1/3 倍频程	倍频程	1/3 倍频程	倍频程
100	−29		−20	
125	−26	−21	−20	−14
160	−23		−18	
200	−21		−16	
250	−19	−14	−15	−10
315	−17		−14	
400	−15		−13	
500	−13	−8	−12	−7
630	−12		−11	
800	−11		−9	
1000	−10	−5	−8	−4
1250	−9		−9	
1600	−9		−10	
2000	−9	−4	−11	−6
2500	−9		−13	
3150	−9		−15	

（1）空气声隔声性能分级。

在国家标准《建筑隔声评价标准》GB/T 50121—2005 中，将建筑构件的空气声隔声性能分成 9 个等级，每个等级单值评价量的范围见表 4-8。

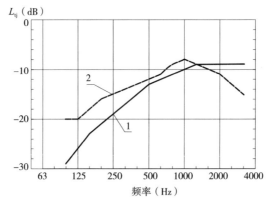

图 4-7　计算频谱修正量的声压级频谱（1/3 倍频程）
1—用来计算 C 的频谱 1；2—用来计算 C_{tr} 的频谱 2

建筑构件空气声隔声性能分级　　　　　　　　　　表 4-8

等级	范围
1 级	$20dB \leqslant R_w + C_j < 25dB$
2 级	$25dB \leqslant R_w + C_j < 30dB$
3 级	$30dB \leqslant R_w + C_j < 35dB$
4 级	$35dB \leqslant R_w + C_j < 40dB$
5 级	$40dB \leqslant R_w + C_j < 45dB$
6 级	$45dB \leqslant R_w + C_j < 50dB$
7 级	$50dB \leqslant R_w + C_j < 55dB$
8 级	$55dB \leqslant R_w + C_j < 60dB$
9 级	$R_w + C_j \geqslant 60dB$

注：R_w 为计权隔声量。C_j 为频谱修正量，用于内部分隔构件时，C_j 为 C，用于围护构件时，C_j 为 C_{tr}。

见表 4-9 为部分常见隔声构件实验室测量值。

为部分常见隔声构件实验室测量值　　　　　　　　　表 4-9

构件	R_w（C：C_{tr}）/dB
240 砖墙，两面 20mm 抹灰	54（0：-2）
120 砖墙，两面 20mm 抹灰	48（0：-2）
100mm 厚现浇钢筋混凝土墙板	48（0：-1）
180mm 厚现浇钢筋混凝土墙板	52（0：-1）
75mm 轻钢龙骨双面双层 12mm 纸面石膏板墙，内填玻璃棉（glass wool）或岩棉（rock wool）	50～53（-1：-7）
75mm 轻钢龙骨双面双层 12mm 纸面石膏板墙	42～44（-2：-7）

如果因为某种原因，不能采用环境噪声的控制方法（例如包括在声源处抑制噪声，城市规划，总平面设计，建筑设计，结构设计，机械和电器设计，组织措施，声吸收，掩蔽噪声，

构造隔声等控制方法）的条件下，这个时候，又需要隔绝空气噪声、固体（撞击）噪声与振动的传递，可采用墙、楼板和门窗隔声来获得所需的安静环境。过去，大多采用笨重而占用空间的建筑材料作为隔声围护结构，并且这类结构越重、越厚，其隔声效果就越好。在现代建筑中，为获得更多空间、减轻结构自重、降低建筑造价、缩短施工工期和提供设计的灵活性，建筑物应尽量避免采用厚而笨重的墙体和楼板。由于这些要求，促使在建筑物中采用薄而轻的预制活动式构件，因而给建筑带来一系列的声学问题，同时，也使住户得不到安静的居住条件。

另外，从研究视角分析，空气声隔声的目的是要降低声强水平。所用的量度用"透射损失"的分贝数来表示。"透射损失"的定义，如果用方程式说明为透射损失 $= 10 \times \log_{10}\left(\frac{1}{\tau}\right)$。

其中，"透射系数 τ"是一比率值，即从隔墙所传出的声能密度 / 投射的声能密度。

透射损失的试验，通常在传声室和受声室两个室内进行。两室之间用一堵隔墙隔开，而该隔墙上有一处孔眼嵌入试验材料。该项材料必须塞紧于孔内，孔的大小必须能适应在试验中所用的最大波长。必须注意，所用隔墙的透射损失在各种试验频率下，比较试验用材料的透射损失会超过很多。然后，在即传声室发出"声音"，此种声音是用一个或一个以上的旋转扬声器来发出的。在隔墙前后方的两室内（即传声室和受声室），同时量度平均声强，在频率高于 1000Hz 时，应该至少选择四个位置来量度。

此外，由于受声室的声能密度与声吸收有连带关系，此种试验程序中有一个常用的名词为"衰减度"（R.F.）。衰减度与试验材料的透射损失（T.L.）的关系，可以用一个方程表示，即：

$$
\begin{aligned}
\text{R.F.}\;(\text{dB}) &= \text{T.L.} + 10\log_{10}\frac{A}{S} \\
&= L_1 - L_2 + 10\log_{10}\frac{A}{S}
\end{aligned}
\tag{4-15}
$$

式中　A——受声室中总的吸声量（m^2）；

S——试料的面积（m^2）；

L_1——受声室内平均声强（dB）；

L_2——传声室内平均声强（dB）；

T.L. = 试料的透射损失。

由以上方程可知，这一透射损失试验，需要操作多次才能决定两室内的平均声强。同时，此种试验也需要测量受声室中的混响时间，以便决定其吸声总值。因此，在实际现场中，实行此种试验非常困难，并且必须谨慎从事，才能避免出错。尤其在现场中，使用移动式声级计时，必须预先确定两个实验室内的背景声压级，以便于测量透射损失（例如在一个实验室内大声讲话），但是在此类环境下测出的结果，显然并非强的透射损失。

声音可以通过坚硬的隔墙而传播，其中一小部分是折射作用，而大部分却是由于墙身的强迫振动，也就是由于入射声带给墙身的一种运动。一般情况下，有三个要素能支配墙身的运动：墙身的硬度，墙身的质量，和墙身的抗力。其中，墙身硬度是最主要的，对低频声的传声量影响非常大，其次是墙身质量决定了对高频声的隔声性能。

凡墙身为薄柔的嵌板构成的墙体，对于传声还包含有其他的影响要素在内，如板片之间弹性耦合的形式，嵌板的间距，嵌板内部的隔声物和夹板的情况等。不仅如此，还有较高频率的传声，不过主要关键乃是质量抵抗的问题。墙身多孔材料在隔声构造中只占据次要地位，除非这种材料特别厚，否则其隔声效果并不十分显著。对于坚实无孔的隔墙，其透射损失也可以用方程式计算。近年在建筑隔声实践中仍然常用到的质量定理与单值评价。

14年前，王季卿就曾研究得出，实心砖与空心砖的隔声性能与质量定律的区别。砖墙的隔声量大致上与质量呈现一定的规律。根据德国的实验室测试，对于不同面密度的实心砖墙的墙体隔声，空气声的计权隔声量 R_W（一种按规定隔声曲线做出的单值评价量），因隔声频率起伏、实验设施和试件装置条件的不同导致的损耗因数（结构阻尼）的变化，会给结果带来不小的偏差。故均质墙体通常可取 ISO 17512（2004）推荐的较为保守的质量定律公式来估算（$m' > 150kg/m^2$）。

如今工程上，常采用空心砖（或砌块）以代替传统实心黏土砖，这是从我国节能和保护耕地出发做出的举措。于是20世纪90年代起，在一些城市（如上海）开始明令限制乃至禁用黏土砖，取而代之以各种类型的空心砖或砌块。从工程技术角度看，它们具有较好隔热性能和质轻（更低的面密度）的优点。对于这些墙体的隔声性能，欧洲实验室曾实测各种轻质空心砖或砌块墙的计权隔声量 R_W。空心砖由于面密度（m'）小，重量轻，其隔声性能也因此大大地不及同厚的实心砖墙，这是符合质量定律的。为调节空心砖块的各向异性的特点，一些技术，如孔间"腹筋结构"（web structure）型式，虽然会削弱砌块的隔热保温性能，然而却能增加隔声性能，特别是提高低频和高频的隔声量。例如沿砌块厚度方向的弯曲劲度越高，隔声越好，而这种直通式"腹筋结构"会造成"冷桥"，对保温极为不利。欧盟国家现在生产的空心砌块有400多种，我国更需要深入探索兼顾隔热和隔声的空心砌块产品。

（2）墙体隔声的单值评价。

在20世纪30年代德国制定住宅隔声标准（DIN 4109）时，根据一砖墙隔声曲线提出的单值评价方法，如今已有补充。因为原先所用的单值评价量即计权隔声量 R_W，未考虑不同噪声源对建筑物和建筑构件实际隔声效果的不同影响。新的国家标准中引入了两类噪声源的频谱修正量 C 和 C_{tr}，前者针对生活噪声（中高频成分较多）为代表的噪声源，C 的修正量为 1～2dB，故影响不大；后者考虑以交通噪声（中低频成分较多）为代表的噪声源。

$$R_A = R_W + C = 33lgm' - 40dB \tag{4-16}$$

$$R_{A,\,tr} = R_W + C_{tr} = 33lgm' - 36dB \tag{4-17}$$

其中，$R_{A,\,tr}$ 是交通噪声的外墙空气声隔声单值评价量。

外墙隔声单值评价量 $R_{A,tr}$，在美国早有提出，被称为 EWR（Exterior wall rating），针对于此，在标示外墙窗户隔声性能时必须注意对交通噪声的隔声效果。

此外，还有薄板龙骨轻质组合隔墙、窗部位的隔声，声屏障及绿化降噪，大型开敞式办公空间内部的隔声设计措施对空气声隔声性能的影响等，一直以来亦是析疑解惑的研究要点。例如，龙骨隔墙中的龙骨材质选用与隔声量的关系是什么？窗扇隔声量取决于玻璃厚度、层数及窗的密闭程度，在满足通风要求的同时如何照顾到对隔声性能的考虑？大空间敞开式办公室内的工作人员交谈，语言清晰度指数 SII 是否有限制要求屏板的隔声 R_W 与吸声系数 α 是否可以随意设定？诸如此类的问题，自然也需要引起相关专业人员的充分重视。

2. 固体声隔绝

固体传声最为常见的是，建筑物的楼上有人的活动与脚步声，这脚步声可以传至楼下。固体噪声和振动在建筑物传播时的衰减量很小，传播的距离很远。如果要加以防止或者隔绝，最有效的方法是在声源或尽量靠近声源的位置去设法抑制。楼板隔声指的就是固体（撞击声）的隔绝。在其他条件不变的情况下，如果楼板的厚度增加 1 倍，楼板下的撞击声级可以降低 10dB。通常用下列措施隔绝固体（或撞击）噪声：

（1）楼板上铺设弹性面层（地毯、橡胶地砖、橡胶板、地漆布、塑料地面、乙烯基、软木地砖等），以减弱撞击声能量，减少撞击声传至楼板上。铺设这些面层，通常能改善中高频撞击声，然而对低频声要差一些。对材料的要求是厚度大且柔顺性好（如厚地毯），对低频声也会有较好吸收效果。

（2）采用柔性装置、防振垫，弹性（抗振）垫层。

（3）浮筑地板或者弹性悬吊式实心顶棚。

当楼板等建筑构件受到撞击时，振动将在构件及其连接结构内传播，最后通过墙体、顶棚、地面等向房间振动辐射声音。振动在固体中传播时的衰减很小，只要固定构件一直是连接在一起的。振动将会传播很远，将耳朵贴在铁轨上可以听到几公里以外火车行驶的声音就是这个原理。在建筑中的振动还有一个特点，就是传播方向不单一，可以向着四面八方各个方向传播，所有固体连接的部分都会振动，在房间中，由于四周都会振动发声，往往很难辨别振动声源的位置。但如果固体构件是脱离的（哪怕只是非常小的缝隙）或构件之间存在弹性的减振垫层，振动的传播将在这些位置处受到极大的阻碍，当使用弹簧或与弹簧效果类似的玻璃棉减振做垫层，将地面做成"浮筑楼板"能提高楼板撞击声隔声的能力。

隔振楼板和下面的支撑弹性垫层共同构成一个弹性体系，一般的隔振规律是：楼板越重、垫层弹性越好、静态下沉度（楼板压上去以后的压缩量）越大，隔振效果就越好。8cm 厚的混凝土楼板比 4cm 的楼板更重，减振效果更好；两层 2.5cm 厚的离心玻璃棉垫层的静态下沉度大于一层 2.5cm 厚的同材质垫层，减振效果更好。压缩后的垫层必须处于本身允许的弹性变形范围内，也就是说，将楼板移走后，垫层可以在弹性的作用下恢复原来的厚度，如果垫层被压实而失去回弹性，将失去减振效果。因此，使用离心玻璃棉做减振垫层时，需要使用密度较大的垫层，防止玻璃棉被压实，上层混凝土越厚重，玻璃棉就越厚，密度也需要越大，一般密度应大于 $96kg/m^3$。两种浮筑式楼板的构造示意图如图 4-8 所示。几种弹性地面的撞击声改善值频谱。

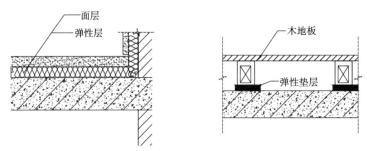

图 4-8　两种浮筑式楼板的构造方案

（4）弹性隔声吊顶。

在楼板下做隔声吊顶以减弱楼板向接收空气辐射空气声，吊顶必须封闭。若楼上房间楼板上有较大振动，如人员的活动、机器振动或敲击等，在楼下做隔声吊顶时需要采用弹性吊杆及吊件，否则振动会通过刚性吊杆传递到吊顶，再将声音辐射到房间内。这种吊顶做法叫作弹性吊顶系统。同样，反过来，如果房间内的噪声过大，会引起顶棚产生较大振动，进而向上部楼板传递噪声。为隔绝此类的顶棚振动噪声，需要使用弹性隔声吊顶。

设计弹性隔声吊顶时，必须根据声源的频率特性对弹性吊件以及整个吊顶系统进行减振计算，使得系统固有频率远小于可预见的常态声源的振动频率的 $1/\sqrt{2}$ 倍，尽量减少振动的传递。弹性吊杆的弹簧弹性应适中，过硬将失去弹性，成为刚性连接，不能起到减振作用；若弹簧过软，吊顶容易移动变形过大，荷载分布不均匀，吊顶的整体性和平整度将受到影响。构造做法如图 4-9 所示。

（5）房中房。

房中房是隔声隔振效果最好的一种建筑隔声形式，即在房间中再建一个房间，形成房套房的形式，内层房间位于弹簧或其他隔振设备上，四周墙壁及顶棚与外部房间之间没有任何连接。房间之间构成空气层，不但有利于空气声的隔声，而且有利于隔声撞击产生的声音。若采用良好的隔声门或声闸，如图 4-10 所示，标准化空气声计权隔声量可以达到 70dB，计权标准化撞击声压级可低于 35dB。选择房中房使用的弹簧等弹性材料，需认真计算荷载和静态下沉量，尽可能降低内层房间与弹簧系统的共振频率。

（6）柔性连接。

为防止设备振动传递到与其连接的其他结构上，需要采用柔性连接。振动随刚性越强而传递的振动越大。例如，在风机与风道连接位置处，为防止振动随风道传递出去，在接口处

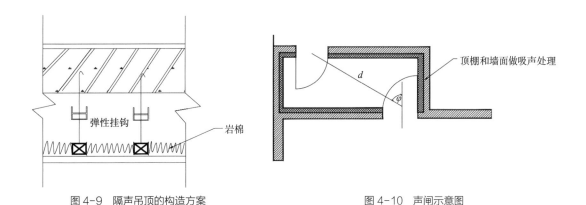

图 4-9 隔声吊顶的构造方案　　　　　图 4-10 声闸示意图

使用帆布或橡胶片作为柔性连接。水泵的水管与管道连接时，常常采用一小段橡胶接管作为柔性连接，阻止水泵的振动沿管道传播。柔性连接不但要满足减振的要求，而且要具有抗压、密封、耐老化等相关特性。

（7）上述几种组合使用。

要说明的是，在楼板上铺设软质面层的做法，对隔绝空气声并不很有效，只能减少或消除撞击噪声，例如脚步噪声。从另一方面来说，浮筑楼板或弹性吊顶棚却能改善组合楼板对隔绝空气声的能力。具体隔声量需要根据楼下房间所需要的最低噪声水平标准而定。此种设施的费用虽然比较高，但是为了隔绝经常造成侵扰的脚步声或其他杂音，尤其在公共建筑中实属必要。

3. 雨噪声

（1）雨噪声问题。

雨噪声很早就受到人们的注意。国内外剧场设计规范中，有采用重屋盖隔绝室内雨噪声的要求。近年来，大跨度、造型奇异的建筑增多，轻质屋盖大量使用，雨噪声问题增多。在别墅、讲堂、体育馆、演播厅、电影院、剧场、剧院等噪声敏感建筑中采用彩钢夹芯板、膜结构、金属屋面、阳光板等轻屋质盖时，常有雨噪声问题发生。尤其在我国南部降水较多地区，轻质屋盖雨噪声问题的影响更加突出。

2000 年夏季，国防部某重要的 1500m² 作战模拟指挥演播厅顶棚采用了 10cm 厚的彩钢夹芯板，普通中雨时室内噪声达到 78dB（A），使作战指挥模拟受到影响。为此进行的雨噪声实验研究显示，在顶棚附加荷载必须小于 8kg/m² 的要求下，利用隔声吊顶、屋顶喷聚氨酯、加防雨网等多种措施，室内噪声最多降低到 46B（A），仍不能满足使用要求，几千万投资的演播厅被迫拆除重建，改为混凝土重屋顶。

2001 年，河北某中学 4000 人体育馆因室内无任何吸声处理，混响过长，影响会议演出使用，委托清华大学建筑物理实验室完成该体育馆室内吸声改造设计。据校方反映，因其屋面为 10cm 厚夹芯彩钢板，如家长会、文艺演出时遇到下雨，馆内噪声极大，扩声系统几乎失灵，对场馆的使用造成严重不良影响。后因屋盖荷载的限制，加之需投入超过 100 万元的隔声资金，该问题至今尚未解决。

2002 年秋季，进行国家大剧院 3 万 m^2 钛金属轻质复合屋盖设计时，为保证中国这一标志性剧院的室内安静程度，法国设计师提出要求在 20 年一遇的暴雨条件下室内雨噪声必须小于 42dB（A）。雨噪声模拟实验显示，原设计屋盖雨噪声为 47dB（A），将 1mm 钢底板改 2mm、加橡胶弹性垫层、弧形板拼缝处密封、底板喷涂 K13 植物纤维阻尼等处理后，室内噪声降低到 41dB（A），达到了设计要求。

2003 年春季，进行国家游冰中心 ETFE 膜屋面设计时，为防止北京奥运会期间雨噪声干扰跳水运动员比赛，要求在 50 年一遇的特大暴雨条件下室内噪声小于 60dB（A）。雨噪声模拟实验显示，ETFE 膜雨噪声高达 80dB（A），必须隔绝 20dB（A）才能满足要求。后经实验确定，采用防雨网、透明聚碳酸酯隔声板夹层、透明微孔吸声薄膜吸声等方法可降低雨噪声至达标。

2004 年夏季，进行国家体育馆铝金属屋面设计时，在以往轻质屋面雨噪声实验成果基础上，金属屋面内设计了 8mm 水泥压力板隔声层，并在底层 2mm 钢板喷涂 TC 纤维阻尼层。雨噪声实验显示，在 50 年一遇的特大暴雨条件下，体育馆内噪声为 38dB（A），达到奥运比赛和赛后大型文艺演出的使用要求。首都机场航站楼，北京南站、广州新火车站、武汉火车站等站房设计均采用大跨度轻质屋盖，为保证室内广播和声环境质量，雨噪声是建筑设计中必须考虑的问题之一。

建立同时满足声学和雨量要求的人工模拟降雨实验室有一定难度，需要对降雨和对声学有长期研究以及数据的积累，因此，国际上只有少数实验室有能力进行这项研究。已开展这项研究的国家仅有美国、日本、加拿大、澳大利亚，英国、德国、法国和中国，每个国家有 1 ~ 2 个模拟人工降雨实验室。另外，由于组织、安排自然雨雨噪声观测及相关实验难度很大，可查文献及相关报道中，雨噪声研究基本上是在对自然雨机理研究的理论基础上建立人工模拟雨噪声实验室，"人为"地认为所建立的实验室测量方法"应该"与自然雨条件相符合，世界范围内尚无对人工模拟雨与自然雨雨噪声的关系进行过实验验证和定量的分析。

在国内，截止到 2008 年 1 月，仅有清华大学建筑学院建有雨噪声模拟实验室，进行过雨噪声实验和研究。可查到的公开雨噪声实验研究文献很少，原因主要是研究的人员少，难度大，成果少，另外，某些由轻质屋盖公司资助研究的成果也不对外公开。相关国外信息主要来自国际大公司轻质屋盖雨噪声或降低雨噪声产品的检测报告。国际标准化组织正在编制屋盖产品雨噪声的实验室测量规范草案，用以规范雨噪声的测量方法、比较轻质屋盖产品和降噪方案的雨噪声性能。雨噪声的研究主要针对玻璃屋面、金属屋面板、夹芯金属屋面板、ETFE 膜、PTT 膜、聚碳酸酯板（阳光板）等轻质屋面板。

1996 年 8 月，美国 Sound Attenuators Limited 公司的 Alan 等采用水箱滴水法，测试了在降水强度 3mm/min、雨滴末速度 3m/s、粒径 4mm 条件下多种夹芯彩钢屋面板的雨噪声情况。

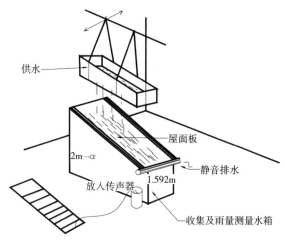

图 4-11 模拟降雨采用水箱法

屋面的面积为 3.25m×1.83m，倾斜角度 9.5°。模拟降雨采用了水箱法，测试系统如图 4-11 所示，在水箱底部穿孔并插入钢钉形成滴流，落水面积为 0.911m²。测试报告中没有提及为何采用这种人工降雨参数，也未提及产生 3m/s，雨滴末速度的落雨高度。实验结论之一为"雨噪声的主要频率集中在 500 ~ 2000Hz"，并得到较为翔实的实验数据。

1996 年 10 月，澳大利亚 Mattew Shield 和 David Eden 采用淋浴头喷水，测试 0.5mm 厚波纹金属层面板下喷 30mm 厚的 Cool or Cosy Envirospray 纤维喷涂材料，雨噪声可降低 17dB。层面板长 18.3m，宽 12m，房间侧墙高 4.24m。该实验考虑了房间室内顶棚喷涂吸声材料后混响时间变化的影响，但未考虑降雨量大小、雨滴粒径分布、雨滴末速度、屋面积水层以及侧向传声等因素的影响。

2000 年 5 月，为解决英国 Orange 呼叫中心金属屋面板的雨噪声问题，以证明某种有防止雨噪声作用的网（简称防雨网）能够解决该问题，英国 Buro Happold 公司的 Peter Roberts 等在汉普郡（Hampshire，英国南部之一郡）的一个板球俱乐部进行自然雨降雨噪声对比。在一间金属薄板屋面的房间顶上，测试在雨天时的三种状态下的室内雨噪声情况：一是仅为金属屋面顶；二是紧贴金属板顶上敷设防雨网；三是防雨网距离屋面 30cm。实验测试的结论是：这种防雨网置于屋面上，可以降噪 17.5dB（A），如果防雨网距离屋面 30cm，可以降低 13dB（A）。该实验报告称，由于测试期间网面不能全部覆盖屋面，测量期间降雨不稳定（断断续续）、排水管的排水方式对测试有影响，因此，测试结果可能比预期的要大，大的程度并未经过讨论。报告中对雨强的说明仅为中雨，未描述降雨雨强具体数值。

2002 年 6 月，德国汉诺威（Hannover）大学接受委托，对莱茵辛克（RHEINZINK）公司屋面系统进行雨噪声测试。莱茵辛克（RHEINZINK）是一种类似小尼龙圈交连在一起的有一定弹性的垫层，如图 4-12 所示。实验在一个隔声良好的仓库内进行，建起一个屋顶表面积为 9.3m²、斜度为 7°、体积为 21m³ 的实验室。每次实验时更换屋面构件，安装后进行落雨实验。

图 4-12　莱茵辛克（RHEINZINK）毡夹层及其施工安装

实验系统确保各种层盖面层的测试条件绝对一致。测试选用 0.5mm/ 分钟的流量，用淋浴喷头喷出滴流，使用 0.5mm/ 分钟喷水量的原因是大致与屋顶排水系统设计排水量相当。实验结果表明，轻质屋面结构层内采用莱茵辛克（RHEINZINK）毡夹层与普通玻璃纤维沥青垫层相比，具有 6dB（A）的雨噪声降低作用。实验数据表见表 4-10。

德国汉诺威（Hannover）大学对莱茵辛克（RHEINZINK）屋面系统雨噪声测试数据表　表 4-10

构造	声压级 /dB（A）	
	室内	室外
在玻璃纤维沥青屋顶毡 V13 上面，做 24mm 厚木盖板，再做两层莱茵辛克（RHEINZINK），斜度为 25°	57	36
先做 24mm 厚木盖板，再做两层莱茵辛克（RHEINZINK），斜度为 25°	62	61
先做 24mm 木盖板，再做玻璃纤维基础沥青屋顶毡 V13，再做 COLBOND-ENKAMAT7008，在它上面再覆盖莱茵辛克（RHEINZINK），斜度为 25°	51	58
先做 24mm 厚木盖板，再做 "隔声层"，再做莱茵辛克（RHEINZINK），斜度为 25°	60	66
在 3cm/5cm 厚的木板上装波纹纤维水泥板，斜度为 25°	59	55
在 3cm/5cm 厚的木板上装水泥瓦表面，斜度为 25°	51	52
先做 24mm 的木盖板，在上面覆盖天然石材，斜度 25°	51	54

2002 年 8 月，日本 Hiroshi keda 等在 Tsuruoka 体育馆进行 Shizuka-Ace 阻尼垫层雨噪声对比测试。Shizuka-Ace 是一种轻质的隔热阻尼材料，由树脂、铝箔、聚乙烯交联发泡三层复合而成，可以作为金属屋面的结构间层。文中称，理想的对比方式是在人工降雨的条件下进行测试，但因无法确定采用何种人工落雨方式才能有效地保证测试数据的准确性，因此，选择在雨天的时候，在体育馆两个相邻的金属屋面的房间进行自然降雨对比测试，其中一间的金属屋面采用了 Shizuka-Ace 阻尼垫层。实验过程中的雨强记录分别为 0.08mm/ 分钟、0.13mm/分钟、0.17mm/ 分钟、0.25mm/ 分钟、0.29mm/ 分钟。论文显示，金属屋面板下贴附 Shizuka-Ace 阻尼垫层可降低雨噪声 3 ~ 5dB。

2002 年 11 月，美国、澳大利亚、英国、德国等国家联合提交了 ISO 雨噪声实验室测量标准草案。该草案确定了采用滴流法模拟降雨，落雨高度 3m，雨强采用中雨和大雨，雨强和雨滴粒径分别为 0.25mm/ 分钟，2.0mm 和 0.75mm/ 分钟、5mm，降雨面积采用 1m²。在标准草案中，对实验室声学条件、声学仪器、雨强的控制、实验屋面板起坡的角度均进行了详细的规定。标准草案中没有给出雨噪声实验室测量结果与自然雨之间的关系的可靠性说明。清华大学建筑学院建造了雨噪声模拟实验室，开展了对雨噪声的实验研究，并给出了实验装置以及大暴雨雨强 2mm/ 分钟时的噪声声强级频谱特性。

（2）雨噪声的评价。

1) 基本要求。

①建筑构件的雨噪声隔声单值评价量的名称和符号与测量量有关。测量值与隔声单值评价量的对应关系应满足表 4-11 的要求。

②实验室模拟人工降雨的降雨类型应采用符合《声学建筑和建筑构件隔声测量　第 18 部分：建筑构件雨噪声隔声的实验室测量》GB/T 19889.18—2017 中规定的暴雨类型，并计算室内雨噪声。

建筑构件的雨噪声隔声单值评价量及对应的测量量　　　　　　　　　　表 4-11

由 1/3 倍频程测量量导出		测量量来源
单值评价量的名称与符号	相应测量量的名称与符号	
实际高空降雨室内噪声级，L_{AR}	测试房间的平均声压数，L_P	《声学建筑和建筑构件隔声测量　第 18 部分：建筑构件雨噪声隔声的实验室测量》GB/T 19889.18—2017，公式（5）

2）室内雨噪声的计算。

①根据实验室测量的构件各频带雨噪声声强级 b，各频带声压级按式（4-42）计算：

$$L_i = L_{Ii} + 10\lg\left(\frac{T_i S}{V}\right) + 14 \tag{4-18}$$

式中　L_i——第 i 个 1/3 倍频程中心频率的室内声压级（dB）；

　　　L_{Ii}——实测第 i 个 1/3 倍频程中心频率的雨噪声声强级（dB）；

　　　T_i——第 i 个 1/3 倍频程的室内混响时间（s）；

　　　V——室内容积（m³）；

　　　S——屋盖受雨正投影面积（m²）。

②实验室模拟降雨条件下的室内噪声 A 计权声级 L_{AL} 应按式（4-43）计算：

$$L_{AL} = 10\lg\sum_{i=1}^{18} 10^{0.1(L_i + C_i)} \tag{4-19}$$

式中　L_{AL}——实验室模拟降雨条件下的室内噪声 A 计权声级；

　　　C_i——第 i 个 1/3 倍频程上的标准 A 计权因子。中心频率为 100 ~ 5000Hz 之间 1/3 倍频程 C_i，应符合表 4-12 规定的数值。

1/3 倍频程标准 A 计权因子 C_i 值   表 4-12

i	频率（Hz）	C_i（dB）
1	100	-19.1
2	125	-16.1
3	160	-13.4
4	200	-10.9
5	250	-8.6
6	315	-6.6
7	400	-4.8
8	500	-3.2
9	630	-1.9
10	800	-0.8
11	1000	0
12	1250	0.6
13	1600	1
14	2000	1.2
15	2500	1.3
16	3150	1.2
17	4000	1
18	5000	0.5

③实际高空降雨室内噪声级 L_{AL} 应按式（4-44）计算：

$$L_{AL} = L_{AR} + 5 \qquad\qquad (4-20)$$

式中，L_{AR} 为实际高空降雨室内噪声 A 计权声级。

（3）雨噪声的测量。

1）测量设备。

声压级测量设备的精确度应满足《电声学　声级计　第 1 部分：规范》GB/T 3785.1—2010 和《电声学　声级计　第 2 部分：型式评价试验》GB/T 3785.2—2010 中规定的 0 型或 1 型要求完整的声测试系统包括：传声器、校准器、混响时间测量设备。传声器在每次测量前需要使用校准器进行校准，校准器应满足《电声学　声校准器》GB/T 15173—2010 规定的 1 型要求。13 倍频程滤波器应满足 EC61260 中规定的要求。混响时间测量设备应满足《声学　混响室吸声测量》GB/T 20247—2006/ISO354：2003 所规定的要求。

2）测试安排。

①测试室。

实验室测试设施应满足国家现行相关规定的要求，测试室内的背景噪声级应足够低，以保证试件由模拟降雨激发所产生的声音能够准确测得。

②试件。

测试房间屋顶洞口的尺寸应在 $10 \sim 20m^2$ 之间，短边的长度不应小于 2.3m，应处理好试件周边的密封，防止缝隙漏声。如果试件中含有连接件，其密封方式应尽可能与实际构造相同。对于天窗，首选的尺寸为 1500mm×1250mm，天窗应安装在具有足够高空气声隔声量的填充板构件上，周边密封良好，以保证测试房间内所测声场仅由模拟降雨激发并辐射产生。

屋盖试件坡度宜为 5°，天窗试件坡度宜为 30°，如果已知试件实际坡度，则应按其实坡度进行安装。小测试洞口在屋顶上的位置应符合《声学　建筑和建筑构件隔声测量　第 3 部分：建筑构件空气声隔声的实验室测量》GB/T 19889.3—2005 中测试墙体上窗体洞口的规定。不宜使用面积不足 $1m^2$ 的试件。

③降雨类型。

用雨强对自然雨进行分类，雨滴粒径和雨滴末速度应符合 IEC 60721-2-2 的规定，典型的数值见表 4-13。

EC60721-2-2 降雨类型的分类　　　　　　　　　　　　　　表 4-13

降雨类型	雨强（mm/h）	典型的雨滴粒径（mm）	雨滴末速度（m/s）
中雨	不大于 4	0.5 ~ 1.0	1 ~ 2
大雨	不大于 15	1 ~ 2	2 ~ 4
暴雨	不大于 40	2 ~ 5	5 ~ 7
大暴雨	大于 100	> 3	> 6

3）测试过程。

①降雨类型。

对各产品进行比较时，应采用暴雨作为标准降雨类型。

②其他降雨类型。

当不用于对产品进行比较时，亦可采用大雨类型，宜采用表 4-14 中大雨数值。

模拟降雨的特征参数　　　　　　　　　　　　　　表 4-14

降雨类型	雨强（mm/h）	雨滴粒径（mm）	雨滴末速度（m/s）
大雨	15	2.0	4.0
暴雨	40	5.0	7.0

注：表给出的三个模拟降雨特征参数的允差

（4）模拟降雨。

1）在测量期间内，模拟降雨发生系统应能在试件样品上，连续均匀地产生统一粒轻的水滴。

为消除附加噪声，应排出冲击到试件上的水。供水泵应放置于距测试房间足够远的地方，或者置于一个隔声罩中，以保证它不会增加背景噪声，从而保证雨噪声测试有效。对于天窗等小试件，可使用单一位置的模拟降雨。对于大型试件（10 ~ 20m²），可采用三个位置的模拟降雨，也可采用等面积全覆盖的方式。当采用小面积模拟降雨时，模拟雨滴撞击试件的位置应稍微偏离中心，以避免对称性。对于非均匀小试件（尺寸约为 1.25m×1.5m），应激发整个试件。

2）模拟降雨发生系统。

模拟降雨系统应是底部穿孔的水槽或等效水管阵列，它可以均匀产生已知规格的水滴。水槽或等效水管阵列底部的穿孔面积过大于1.6m²，即可全部覆盖按标准倾斜30°的小型试件。水槽或等效水管阵列底部穿孔最好选择随机分布，也可平均分布。供水压力和穿孔数量应保证水槽或等效水管阵列中的水位恒定，并产生所需强度，底部穿孔特性（直径）应保证产生的水滴粒径。

模拟降雨下落高度应根据水滴末速度的实测值或根据穿孔尺寸、供水压力和下落高度计算的理论值进行设计。

3）模拟降雨发生系统的校准。

如果所用水槽系统符合所要求的几何特性，那么只需检查雨强，即在精确测定的时间段内，在给定的面积上，通过收集雨水进行雨强测量。可以使用这种测量雨强的方法快速而简易地对模拟降雨发生系统进行定期检查。如果选用其他类型的降雨系统以产生其他类型的降雨，那么降雨系统的生产厂商需给出降雨类型的特性，包括水滴尺寸、水滴末速度和雨强。若该数据无法提供，则应进行实测。

使用上述同样测量雨强的方法，可以快速而简易地对模拟降雨发生系统进行定期核查。有若干种测量水滴尺寸和水滴末速度的非介入式方法，例如由光源（典型为闪光灯）、摄像机和计算机组成的成像分析仪，或者由发射器、接收器、信号处理器和计算机组成的相位多普勒粒子分析仪。

（5）声强级的确定（间接法）。

1）声压级的测量。

开始测量声压级之前，应保持试件上方的模拟降雨雨强持续稳定至少5分钟。保持稳定模拟降雨雨强的同时，应使用旋转传声器或固定位置传声器测量接收房间内的平均声压级。不同位置的声压级应进行能量平均。平均声压级的测量、测量频率范围应满足《声学　建筑和建筑构件隔声测量　第3部分：建筑构件空气声隔声的实验室测量》GB/T 19889.3 的规定。当降雨发生系统使用三个位置时（如对于大型试件），相应的3个声压级应按能量叠加。

2）背景噪声的修正。

应测量背景噪声级，以保证测试房间不受外界噪声的影响。背景噪声级应低于模拟降声测量值（含背景噪声）至少 6dB（最好低 15dB 以上）。在测试房间内任意频带上所测的声压级与背景噪声相比，差值小于 15dB 但大于 6dB 时，按式（4-21）进行修正计算：

$$L = 10\lg\ (\ 10^{L_{sb}/10} - 10^{L_b/10}\ )\ (\text{dB}) \qquad (4-21)$$

式中　L——修正后雨噪声声压级；

$\quad\ L_{sb}$——含背景噪声的雨噪声声压级；

$\quad\ L_b$——背景噪声声压级。

在任意频带上声压级差别不大于 6dB 时，减 1.3dB 作为修正。这种情况下，在报告中应写明测试结果是测量的上限。

3）声压级到声强级的转换。

应将测量的每个 1/3 倍频带声压级，转化为被测试件辐射的单位面积声功率级或声强级式（4-22）所示：

$$L_I = L_{pr} - 10\lg\ (\ T/T_0\ ) + 10\lg\ (\ V/V_0\ ) - 14 - 10\lg\ (\ S_e/S_0\ ) \qquad (4-22)$$

式中　L_{pr}——测试房间内的平均声压级；

$\quad\ T$——测试房间内的混响时间；

$\quad\ T_0$——参考时间（=1s）；

$\quad\ V$——测试房间的容积（m³）；

$\quad\ V_0$——参考容积（=1m³）；

$\quad\ S_e$——受雨的试件面积（若采用三个位置测试，则该面积为受雨面积的总和），m²；

$\quad\ S_0$——参考面积（=1m²）。

测试房间内混响时间的测量应按 GB/T 20247 的中断声源法进行测量。

A 计权声强级 L_{IA} 按式（4-23）计算：

$$L_{IA} = 10\lg\ \sum_{j=1}^{j_{max}} 10^{0.1\ (\ L_{Ij} + C_j\ )} \qquad (4-23)$$

式中　L_{Ij}——第 j 个 1/3 倍频带上的声强级，dB；

$\quad\ C_j$——标准 A 计权因子。

$j_{max} = 18$，中心频率为 100 ~ 5000Hz 之间 1/3 倍频带 C_j 值，见表 4-15。

由整个（面积为 S_e 的）试件辐射出的声功率级按公式（4-24）计算：

$$L_W = L_I + 10\lg\ (\ S_e/S_0\ ) \qquad (4-24)$$

式中　L_I——声强级，dB；

$\quad\ S_e$——受雨的试件面积（若采用三个位置测试，则该面积为受雨面积的总和）（m²）；

$\quad\ S_0$——参考面积（=1m²）。

1/3 倍频带序号 j 和 C_j 值

表 4–15

j	1/3 倍频带中心频率（Hz）	C_j（dB）
1	100	−19.1
2	125	−16.1
3	160	−13.4
4	200	−10.9
5	250	−8.6
6	315	−6.6
7	400	−4.8
8	500	−3.2
9	630	−1.9
10	800	−0.8
11	1000	0
12	1250	0.6
13	1600	1
14	2000	1.2
15	2500	1.3
16	3150	1.2
17	4000	1
18	5000	0.5

如果要确定倍频带的声强级 L_{Ioct}，则应以每个倍频带相应的三个 1/3 倍频带的声强级按式（4–25）

$$L_{\text{Ioct}} = 10 \lg \left(\sum_{j=3}^{3} 10^{0.1 L_{\text{I1/3octj}}} \right) \tag{4–25}$$

式中，$L_{\text{I1/3octj}}$ 为第 j 个相应的 1/3 倍频带上的声强级，dB。

4）直接法测量声强。

另一种替代声压级测量的方法是声强法，按《声学　建筑和建筑构件隔声声强法测量　第 1 部分：实验室测量》GB/T 31004.1—2014 规定的方法可直接确定声强级，测试房间，也就是《声学　建筑和建筑构件隔声声强法测量　第 1 部分：实验室测量》GB/T 31004.1—2014 中全文所涉及的接收室，可为任何满足 GB/T 31004.1 所规定的声场指标 F 和背景噪声指标的房间。

设定 L 加是在测量面积 S 上每个 1/3 倍频带中心频率直接测量得到的声强级，试件辐射m：出的声强级 L，可按式（4–26）计算：

$$L_{\text{I}} = L_{\text{Im}} + 10 \lg \left(S_m / S_e \right) \tag{4–26}$$

式中　L_{Im}——测量面积上每个 1/3 倍频带中心频率直接测量得到的声强级（dB）；

　　　　S_m——测量面积（m²）；

S_e——受雨的试件面积（若采用三个位置测试，则该面积为受雨面积的总和）（m^2）。

（6）使用参考试件进行归一化。

1）参考试件。

为了比较，应对参考试件进行测量。

2）归一化。

对被测试件进行测量得到的声强级，应根据参考试件的测试结果进行归一化，即使用式（4-27）进行计算：

$$L_{I\,norm} = L_I - \Delta L_{IC} \qquad （4-27）$$

式中　L_I——声强级（dB）；

　　ΔL_{IC}——修正系数（dB）。

（7）结果表达。

各频率声强级 L_I 和 A 计权声强级 L_{IA} 的数值都应精确到 0.1dB，并以表格和图表的形式列出。实验报告中的图表应为频率的对数坐标，并以 dB 为单位，其尺寸应为：

1）每 5mm 为一个 1/3 倍频带。

2）每 20mm 为 10dB。

3）总 A 计权声强级和 L_{IA} 相应的雨强也应列出。

4）各频率标准化声强级（$L_{I\,norm}$）也应精确到 0.1dB，并在表格和图表中列出。

5）还应给出总 A 计权声强级 $L_{IA\,norm}$。

4. 雨噪声的隔绝措施。

（1）影响雨噪声大小的因素。

1）雨强大小。

雨强越大，雨滴的数量越多，且大直径的雨滴增多。雨滴越大，落地速度越大，携带的动能越多，形成的雨噪声越大。以 2007 年为例，北京共下雨 46 次，主要以雨强小于 0.5mm/分钟的小雨到大雨为主，8 月份出现 1mm 以上的暴雨和大暴雨 3 次，对于普通建筑来讲，如一般的住宅、学校、商业、酒店等，一年中因暴雨、大暴雨出现的概率较小，应重点考虑中等雨强条件下，如 0.25mm/分钟，雨噪声情况能否达到安静要求。如果过分强调雨噪声问题，增加屋盖设计的复杂化，可能造成浪费。对于噪声敏感建筑，如表演空间、演播厅、录音室、重要比赛的体育场馆等，就需要考虑可能出现的大暴雨的影响。

2）屋面排水。

屋面起坡角度越小，排水速度越慢，形成的短时水层越厚，对雨滴撞击的缓冲作用越强，而且对屋面板的阻尼作用越明显，因此，雨噪声越小。但是，需要指出的是，屋面排水直接关系到建筑的安全性及其他重要的使用功能，因此，屋面起坡必须在满足建筑设计要求的前提下，再考虑降低雨噪声的问题。

3）屋面隔声。

雨滴撞击屋面引起屋面振动，将有两种声音传向室内：一种是屋面振动箱射出的空气声；另一种是通过结构传递的固体声。如果屋面的构造具有良好的空气声隔绝能力及良好的撞击声隔绝能力，可降低雨噪声。

4）隔声吊顶。

如在屋盖下附设吊顶，阻挡屋面雨噪声向室内的辐射，可降低雨噪声，研究发现，采用轻钢龙骨双纸面石膏板吊顶上铺吸声面的吊顶形式，可降低雨噪声 15 ~ 20dB（A）。

（2）增加屋盖质量。

重屋面的雨噪声要低，因为一方面重屋面固有频率低，有利于对冲击的减振：另一方面，根据质量定律，质量有利于阻止在物体中传递的弹性波，所以，屋面越重，雨噪声越低。建筑中的重层盖，一般为 8cm 以上的混凝土结构层，加之保护层、保温层、防水层、提平层、饰面层等等，往往总面密度超过 $250kg/m^2$，这样大的重量，降雨时房间内基本感觉不到雨噪声问题。

对于一些大跨度的建筑形式来讲，为减轻网架的荷载，屋面常常采用金属夹芯屋面板，有时局部采用玻璃，聚碳酸酯板（阳光板）、PTFT 膜、ETFE 膜等轻质结构板，因轻质屋面板自重轻，采用的防水、保温构造或材料也非常轻，往往总面密度不超过 $50kg/m^2$，下雨时，室内雨噪声问题就比较突出。单纯地增加轻质屋盖的重量是不现实的，轻质屋盖的优势就在于"轻"，可大大地减轻结构负荷，节约造价。

如果已完工的轻质屋面板出现了雨噪声问题，因设计荷载余量的限制，一般是无法通过增加质量的方法来缓解的，对于雨噪声敏感的建筑物，尤其是剧场、演播室，在设计之初最好采用重屋盖防止出现雨噪声问题。

（3）改造轻质屋面的分层构造。

改变不合理的轻质屋面构造可以提高隔绝雨噪声的性能。分层结构是较好的方法之一，即维持屋盖重量不变的前提下将屋盖做成多层结构，而通过结构有效地进行隔声。例如，2008 年北京奥运会的国家体育馆工程，采用了大跨度铝轻质屋盖板，为防止雨噪声对奥运比赛的干扰，以及赛后对大型文艺演出的影响，采用九层复合结构，虽然面密度只有 $50kg/m^2$，在 50 年一遇的特大暴雨条件下，室内雨噪声小于 37dB（A），几乎达到和重屋顶同样的隔声效果。

分层构造影响雨噪声隔绝的因素有如下几点：

1）分层数量分层越多，层与层之间的界面越多。雨噪声属于在结构中传递的弹性波，波通过界面时会因反射等而降低继续行进的声能，由此界面有利于降低声能。

2）使用隔声板材形成隔声，采用一层 12mm 厚纸面石膏板、8mm 厚 GRC 板、1 ~ 2mm 钢板等形成隔声层，通过降低层与层间传递的空气声可降低雨噪声。但需要注意的是，必须进行缝隙处理，尤其是弧形屋盖，隔声层一定不能出现漏声现象，否则隔声性能将大打折扣。

3）内填吸声棉采用岩棉、离心玻璃棉等吸声材料做层间填充，可提高隔声层的空气声隔声性能。同时，这些吸声材料还具有提高保温性能的效果。有些材料，如聚苯，聚氨酯等，虽具有保温特性，但不具有吸声性能，对于雨噪声的隔绝效果甚微。

4）声桥。

屋面板受到雨滴冲击所产生的固体声，会沿着屋盖板的结构件传递至室内面层，引起面层振动，向室内辐射噪声。屋面各层之间的支撑杆件像桥一样传递固体声，即声桥，减弱声桥的刚性，尽可能采用柔性连接，可降低固体声，从而降低室内雨噪声，如采用弹簧支撑件、上下檩条之间垫橡胶垫等。

（4）屋面敷设防雨网。

防雨网是用金属、植物纤维或聚乙烯等材料纺织而成的网，常用于野外通风遮阳、地面固沙防护、降低雨水对地面的强烈冲击等。

有如下三种使用防雨网降低雨噪声的方法。

1）在屋面上空悬挂防雨网。

防雨网可将大雨滴破碎成小雨滴。多颗小雨滴和一颗大雨滴在具有相同冲击能量的情况下，小雨滴形成的雨噪声更小些。这是因为，大雨滴分成若干小雨滴后，小雨滴冲击的屋面振动能量转换效率低，因此雨噪声更小，雨滴被破碎得越多、越细。

雨噪声越小。这种应用常采用在热电厂的淋水冷却塔降噪中，在冷却塔水面上设一道或多道防网，可降低淋水噪声达 7dB 左右。防雨网悬挂高度应不大于 50cm，以避免小雨滴合并回大雨滴。实验室雨噪声测试时需要在层面上张拉防雨网，实验结果显示，在彩钢屋面板上的防雨网使 2mm/ 分钟雨强条件下的室内噪声由 77.6dB（A）降低到 71.0dB（A），降噪效果约 7dB（A）。

2）紧贴屋面拉布防雨网。

降雨时，因防雨网紧贴在屋面上，会阻碍屋面排水，在屋面上形成比无网时更厚的一层水层，一方面缓冲了雨滴对屋面直接的冲击，另一方面起到屋面阻尼的作用。在 2008 年北京奥运会国家游泳中心的 ETFE 薄膜屋面雨噪声实验测试时，采用一种 TEXON 防雨网，雨噪声由 74.6dB（A）降低到 64.0dB（A），雨噪声降噪约 10dB（A）。

拉布防雨网方法的优点在于：附加荷载小，安装方便，视觉美观，无风荷载问题，未来可能是降低已建成轻质屋盖雨噪声的重要可选方法之一。

3）加装防雨棚。

若在屋面上方张拉防雨棚，如索膜结构，可防止雨滴直接冲击到轻质屋面上，达到降噪的效果。防雨棚的优点在于：基础、桅杆等可完全独立于原建筑，类似于为建筑"打了一把伞"，在轻质屋盖荷载受到限制或不能与建筑结构连接的场合，可能比较适用。

（5）增加阻尼层。

在屋面板上涂刷橡胶、沥青等阻尼材料，可以降低层面受雨滴冲击时的振动幅度，从而降低雨噪声。例如，在彩钢屋面板上喷覆一层聚氨酯保温层，由此形成阻尼而降低雨噪声可达 3dB。阻尼层原则上涂在屋面首层板上，跟涂刷在屋面首层板下的阻尼效果一样好。阻尼材料因其柔性，比金属屋面板声能转化率低，刷在首层板上面的降噪效果更好，但因阻尼材料外观效果欠佳，有时考虑到第五立面的效果，常常刷在板下。

另外，在屋面构造的最下层（室内层）涂刷阻尼材料，也可起到降噪的作用，因屋盖的最下层的振动直接将声音辐射到室内，这一层的阻尼降噪效果非常显著。在国家大剧院钛屋面板雨噪声降噪实验中，该屋面底板为 2mm 厚的钢板，通过喷涂 K13 植物纤维材料，一方面增加了钢板的阻尼，另一方面起到缝隙密封作用，雨噪声共计降低 7dB。

屋盖板内填吸声棉或保温棉时，因这类材料一般既柔软又有弹性，因此，过盈满填并用上下板将其夹紧，可为上下板提供阻尼，提高隔声效果。需要注意的是，如果采用的保温填层是聚苯、闭孔聚氨酯等无弹性材料，则不要用上下板将其夹紧，否则将产生强烈的声桥漏声，隔声性能不升反降。层与层之间空腔内填非弹性材料时，不要满填，应留有一层空气层。

玻璃屋面的阻尼可采用夹胶玻璃替换普通玻璃，夹胶玻璃中的 PVB 胶片具有凝胶特性，对玻璃起到了阻尼的作用，可降低雨噪声。玻璃屋面有时常采用双层中空玻璃起到夏季隔热、冬季防冷凝的作用，因此，受雨面一层玻璃可更换成夹胶玻璃。夹胶层越厚，阻尼效果越好，一般至少用四层胶片，即 1.44mm 的夹胶。

（6）隔声吊顶。

在轻质屋面板下设置一层隔声吊顶是较为常规的提高隔绝雨噪声性能的方法。一般空间网架或桁架屋盖的上下悬杆上分别具有一定荷载余量，可利用这一特点设计一道双层纸面石膏板上填吸声棉的隔声吊顶。

对彩钢聚苯夹芯板屋面下做隔声吊顶进行了自然雨条件下的实际观测。实验塔内的隔声吊顶是可升降的，为了对比测试，在短时降雨雨强不变的状况下，迅速起降，可获得比较准确的对比数据，如图 4-13 所示，吊顶构造为双 10mm 厚 GRC 板，吊顶就位后与屋盖板之间间距 600mm。实测得到，彩钢聚苯板夹芯板屋面，安装双层隔声吊顶可降低雨噪声

图 4-13　隔声吊顶降低雨噪声实验图（吊顶结构）

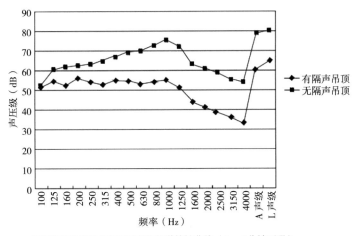

有无隔声吊顶室内声压级变化频谱特性曲线（2mm/分钟雨强）

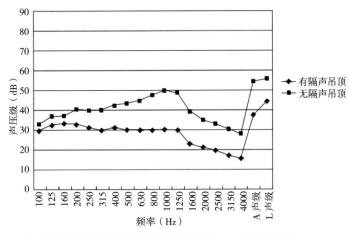

有无隔声吊顶室内声压级变化频谱特性曲线（0.5mm/分钟雨强）

图 4-14　有无隔声吊顶室内声压级的变化频谱特性曲线（雨强为 2mm/分钟和 0.5mm/分钟）

达到 10 ~ 15dB（A）。有无隔声吊顶时室内声压级的变化频谱特性曲线（雨强为 2mm/分钟和 0.5mm/分钟）如图 4-14 所示。

4.2.7　消声

消声是指采取适当的措施降低或消除空调通风系统的噪声。噪声控制有两个方面，一是暖通空调系统服务对象的噪声控制；二是暖通空调系统的设备房的噪声控制。

空调通风系统中常有的消声设备主要类型有：阻性、抗性、共振型和复合型等消声器。阻性消声器对中、高频有较好的消声性能；抗性消声器对低频和低中频有较好消声性能；共振型消声器属抗性消声器范畴，它适用于低频或中频窄带噪声或峰值噪声，但消声频率范围窄；复合型消声器可发扬上述消声器各自的优点。

4.3 设备主动降噪

设备主动降噪的原理为：从噪声源本身着手，设法通过电子线路将原噪声的相位倒过来，而频谱保持不变。

振动是噪声之源，在减振降噪的实践中，通过解决振动就可以有效解决噪声问题。在常见的噪声治理中，金属薄板振动如空气动力机械的管壁，机器的外壳，车体和船体等一般均由薄金属板制成，当设备运行时，这些薄板都会产生振动，进而辐射噪声，像这类由金属板结构振动引起的噪声称之为结构噪声。对于这种金属板辐射噪声的有效控制方法，一是在设计上，尽量减少其噪声辐射面积，去掉不必要的金属板面；二是在金属结构上涂敷一层阻尼涂料，利用阻尼材料抑制结构振动、减少噪声，这种方法我们称之为阻尼减振（vibration damping），是一种主动的降噪技术。

主动降噪在汽车工业、耳机等产品上都可以得到应用，目前在室内降噪的运用是针对窗外、四邻活动及家用电器运转等噪声源，研发三维开放声场主动降噪技术并将其运用到室内降噪以改善声环境，是未来室内噪声控制的一种可行方案。

第五章

声学工程施工
通用做法

5.1　吊顶工程

5.1.1　一般事项

（1）施工前，应依据吊顶施工设计图的要求和现场实际情况确定吊杆、龙骨位置间距及安装顺序，绘制吊顶材料排版图，确定各种连接处施工构造做法，并应取得设计单位的认可。

（2）所用材料在运输、搬运、存放、安装时应采取防止挤压冲击、受潮、变形及损坏板材的表面和边角的措施。

（3）施工现场环境温度不应低于5℃。如需在低于5℃的环境下施工，应采取冬期施工措施。

（4）在吊顶内的各种管道、设施等隐蔽项目经检验合格、外围护结构完成后，方可开始吊顶材料的施工。

（5）吊杆、龙骨及配件、吊顶材料及吊顶内填充的吸声、保温、防火等材料的品种、规格及安装方式应符合设计要求；填充材料应有防止散落、性能改变或造成环境污染的措施。预埋件、金属吊杆、自攻螺钉等应进行防锈处理。

（6）吊顶施工中各项作业工种应加强交叉配合，做好专业交接。合理安排工序，保护好已完成工序的半成品及成品。

（7）施工单位应建立吊顶安装质量保证体系，设专人对各种工序进行验收及保存验收记录，并应按施工程序组织隐蔽工程的验收和保存施工及验收记录。

5.1.2　吸声吊顶施工工艺

（1）适用范围：适用于矿棉吸声板、玻纤吸声板等明架龙骨安装材料。

（2）施工流程：基层清理→测量放线→固定吊杆→安装主龙骨→安装次龙骨→安装边龙骨→安装面板。

（3）施工工艺：

1）基层处理：基层要求平整、无杂质，主要是针对所有可能影响吊顶施工的安装物提出要求。

2）测量放线：根据吊顶设计标高弹吊顶线作为吊顶材料安装的标准线。

3）固定吊杆：根据施工图纸要求确定吊杆位置，安装吊杆预埋件，刷防锈漆，吊杆用直径为8mm的钢筋制作，吊点间距900～1200mm。安装时上端与预埋件焊接，下端套丝后与吊件连接。安装完的吊杆端头外露长度不小于3mm。

4）安装主龙骨：一般采用C38龙骨，间距900～1200mm。安装主龙骨时，应将主龙骨吊挂件连接在主龙骨上，拧紧螺丝，并根据要求吊顶起拱 1/200，随时检查龙骨平整度。房间主龙骨沿灯具长方向排布，注意避开灯具位置；走廊内主龙骨则沿走廊短方向排布。

5）安装次龙骨：配套次龙骨一般选用烤漆 T 形龙骨，间距与板横向规格相同，将次龙骨通过挂件吊挂在大龙骨上。在与主龙骨平行方向安装长度为 600mm 的横撑龙骨，间距为 600 或 1200mm（根据吸声板材的规格尺寸）。

6）安装边龙骨：采用 L 形边龙骨，与墙体用塑料胀管或自攻螺钉固定，固定间距应为 200mm。安装边龙骨前墙面应用腻子找平，可避免将来墙面刮腻子时出现污染和不易找平的情况。

7）隐蔽检查：在水电安装、试水、打压完毕后，应对龙骨进行隐蔽检查，待检查合格后方可进入下一道工序。

8）安装面板：吸声板的规格、厚度应根据具体的设计要求确定，一般为 600mm×600mm×15mm。安装吸声板时操作工人须戴白手套，以免造成污染。

9）施工验收：吊顶施工验收应检查的文件和记录主要包括：吊顶工程的施工图、设计说明及其他设计文件；材料的产品合格证书、性能检测报告、进场验收记录和复验报告；隐蔽工程验收记录及施工记录。

（4）吸声吊顶通用节点如图 5-1 所示。

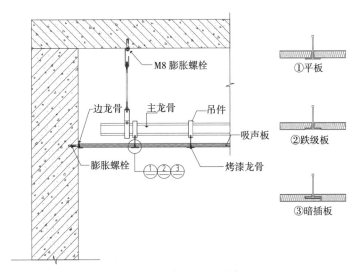

图 5-1　吸声吊顶通用节点

5.1.3　无缝吸声吊顶施工工艺

（1）适用范围：适用于聚砂吸声板等无缝安装材料。

（2）施工流程：基层清理→测量放线→固定吊杆→安装主龙骨→安装副龙骨→基层安装→铺贴网格布→找平处理→面层处理。

（3）施工工艺。

①基层处理：基层要求平整、无杂质，主要是针对所有可能影响吊顶施工的安装物提出要求。

②测量放线：根据吊顶设计标高弹吊顶线作为吊顶材料安装的标准线。

③固定吊杆：根据施工图纸要求确定吊杆位置，安装吊杆预埋件，刷防锈漆，吊杆用直径为 8mm 的钢筋制作，吊点间距 900 ~ 1200mm。安装时上端与预埋件焊接，下端套丝后与吊件连接。安装完的吊杆端头外露长度不小于 3mm。

④安装主龙骨：一般采用 C50 承载轻钢龙骨，间距 600mm。安装主龙骨时，应将主龙骨吊挂件连接在主龙骨上，拧紧螺丝，并根据要求吊顶起拱 1/200，随时检查龙骨平整度。房间主龙骨沿灯具长方向排布，注意避开灯具位置；走廊内主龙骨则沿走廊短方向排布。

⑤安装副龙骨：配套副龙骨一般选用 C50 覆面轻钢龙骨，间距为 300mm。

⑥基层安装：采用燕尾钉或自攻螺丝安装吸声基板。螺丝间隔为不大于 250mm，螺丝型号建议比板厚要多出 5mm 以上为宜，螺丝必须下陷到基板龙骨里，深度以 1 ~ 3mm 为宜，吸声板强度大，可以提前进行扩孔处理。

采用平贴安装时需要留意螺丝必须安装在龙骨上才能受力，否则吸声基板容易脱落。

⑦铺贴网格布：吸声基板板缝之间使用吸声涂层找平层材料填缝，待干燥后打磨平整，并用薄粘接缝网格布贴到吸声基板表面，防止板缝之间开裂，墙与顶棚阴角部位同样需要接缝石膏把接缝网格布安装在阴角区域，阳角收口区域可以采用接缝石膏固定阳角条进行护角处理。螺丝孔洞采用接缝石膏填充并做防锈处理。

⑧找平处理：待接缝石膏、阴角、阳角处理区域完全干燥后可进行找平处理。第一个步骤是满刮一层 1 ~ 2mm 左右厚吸声涂层，作用是遮盖底层的杂色，干燥时间约为 24 小时（环境条件：温度 25℃，相对湿度小于 60%）；待遮盖层干燥后进行第二个步骤，满刮一层 1mm 左右厚吸声涂层，采用不短于 1m 的铝合金找平方管进行大面积找平处理。

⑨面层处理：表面处理是全部工作的重点，表面处理之前整体检查是否平整，如有需要可以采用 40 ~ 60 目纱布进行打磨处理，确认平整后进行表层处理，表层工艺为三种：A. 光滑抹面工艺：表面使用抹子刮涂 2 ~ 3 遍，每遍控制厚度 1mm 左右，总厚度应控制在 2mm 左右，抹平后一次收光完成，不可重复涂抹以免增加厚度，造成平整度差。必要时可使用收光大抹子进行整体的二次收光处理，以保证表面的平整性。B. 质感喷涂工艺：使用气泵和喷枪进行喷涂，喷涂一般以 2 ~ 3 遍为宜，每遍喷涂间隔时间不低于 6 小时，喷涂手法要均匀，不可堆积，弹涂枪喷涂所保持的距离和气压需要一致，出料流量也要相同，保证表面有砂的颗粒质感。C. 艺术效果工艺：使用在抹面工艺和喷涂工艺的基层上，刮出不同的纹理，增加艺术效果，使得更具装饰性。

（4）无缝吸声吊顶通用节点如图 5-2 所示。

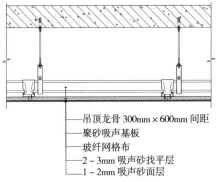

吊顶龙骨 300mm×600mm 间距
聚砂吸声基板
玻纤网格布
2~3mm 吸声砂找平层
1~2mm 吸声砂面层

图 5-2　无缝吸声吊顶通用节点构造大样图

5.1.4　隔声吊顶施工工艺

（1）适用范围：适用于隔声板、石膏板等隔声安装材料。

（2）施工流程：基层清理→测量放线→固定吊杆→安装减振器→安装边龙骨→安装主龙骨→安装次龙骨→填充隔声棉→安装面板→密封处理→装饰。

（3）施工工艺：

1）基层处理：基层要求平整、无杂质，主要是针对所有可能影响吊顶施工的安装物提出要求。

2）测量放线：根据吊顶设计标高弹吊顶线作为吊顶材料安装的标准线。

3）固定吊杆：根据施工图纸要求确定吊杆位置，安装吊杆预埋件，刷防锈漆，吊杆用直径为 8mm 的钢筋制作，吊点间距 900~1200mm。安装时上端与预埋件焊接，下端套丝后与吊件连接。安装完的吊杆端头外露长度不小于 3mm。

4）安装减振器：在安装龙骨之前，应该先在现有吊杆上安设顶棚减振器，可以减少隔声吊顶与原有顶棚的硬性连接。安装顶棚减振器及螺杆，螺杆长度根据吊顶高度确定。

5）安装边龙骨：边角龙骨采用 L 形轻钢龙骨，安装边龙骨用射钉固定，间距不大于 200mm。

6）安装主龙骨：主龙骨吊点间距、起拱高度应符合设计要求。当设计无要求时，吊点间距应小于 1.2m，应按房间短向跨度的 1%~3% 起拱。主龙骨安装后应及时校正其位置标高。

7）安装次龙骨：次龙骨应紧贴主龙骨安装，固定板材的次龙骨间距小于 400mm。

8）填充隔声棉：根据设计要求，在次龙骨上方放置隔声棉。

9）安装面板：使用填缝枪在将要放置隔声板外边缘的地方连续涂抹约 5mm 宽的隔声密封胶。放置隔声板，固定好之后在其周围涂抹密封胶，将隔声板布满吊顶。在放置隔声板时，尽可能保证隔声板之间，隔声板与墙体之间紧密接触。在固定隔声板时，应将螺钉拧入到与隔声板表面平齐的位置，并且不能使隔声板表面开裂，要注意的是，以距离周边 100mm，距中间 150mm 的螺丝间距，将隔声板固定在龙骨上。隔声板应同龙骨或托梁边缘紧贴在一起，隔声板接缝应交错排列。

10）由于以空气和建筑为传播载体的声音具有很强的渗透性，因此，当安装灯孔、管道、吊扇等需要在吊顶上掏框或掏孔时，应用隔声密封胶对隔声墙板同掏空框或贯孔之间的缝隙进行密封。

接缝处理和修饰：可以像安装普通石膏板时那样在接缝处粘贴胶带。在隔声板表面进行打腻子、刷涂料、油漆、贴墙布等装饰工作。

（4）隔声吊顶通用节点如图 5-3 所示。

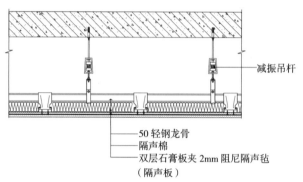

图 5-3　隔声吊顶通用节点构造大样图

5.2　墙体工程

5.2.1　一般事项

（1）墙体填充材料应进行防潮处理。材料应干燥、填充饱满，不得下坠、散落，铺设厚度应均匀一致。

（2）墙体的制作安装应牢固、平整、尺寸准确。

（3）墙体内、外层的设备管道口安装完毕后，应将缝隙封堵严密。

（4）面板材料的材质、规格、声学性能应符合设计要求。

（5）材料构造的后空腔厚度、材料面板安装工程的连接方法和防振处理应符合设计要求。

（6）材料面板不应有划痕、翘曲、裂缝和缺损，表面宜平整、洁净、色泽一致。

（7）面板上的孔洞套割应尺寸正确、边缘整齐、方正、交接严密。

5.2.2　墙面施工工艺

（1）施工流程：基层清理→墙体定位→龙骨安装→填充隔声棉→安装面板。

（2）施工工艺：

1）基层清理：基层要求平整、无杂质，主要是针对所有可能影响墙面施工的安装物提出要求。

2）墙体定位：按照设计确定墙体的位置，在地面上放出墙体线并将线引至顶棚和侧墙，同时标出门和窗洞口的位置。结构的螺栓眼洞，在施工前，应用细石混凝土塞堵密实。

3）龙骨安装：根据设计要求排列轻钢龙骨。C形轻钢主龙骨的安装从墙的一端开始排列，当最后一根龙骨与墙柱或门窗的距离大于龙骨的设计间距时，应增加一根龙骨，且门窗口的竖龙骨安装按照设计要求排列。竖向主龙骨的间距不得超过600mm，龙骨安装应平直，沿顶龙骨、沿地龙骨、边龙骨应与基体（顶板、地面、墙体）固定牢靠。

4）填充隔声棉：在龙骨间隙铺设隔声棉，隔声棉规格、种类满足设计要求。铺设隔声棉时，基层表面要平整、干燥、洁净；隔声棉必须按照要求安装牢固、不得松脱下垂，尤其是竖龙骨槽内要堵塞密实。

5）安装面板。

①吸声材料：根据不同吸声材料的安装形式确定，常采用自攻螺钉或专用龙骨卡件。吸声材料的安装不应采用衬板，背后全部为空腔。不应采用任何形式对吸声材料面板进行遮挡和封堵。

②隔声材料：根据不同隔声材料的安装形式确定，常采用自攻螺钉的安装方式。隔声板的安装应采用错缝排列方式，接缝不应在同一龙骨上。接缝处使用密封胶密实处理。

（3）吸声墙板通用节点。

1）适用于木质吸声板、吸声硅陶板等专用龙骨扣件安装节点如图5-4所示。

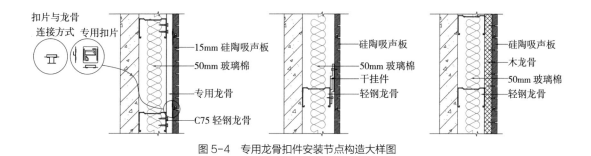

图5-4　专用龙骨扣件安装节点构造大样图

2）适用于无缝吸声材料安装节点如图5-5所示。

3）适用于软包、聚酯纤维板等平贴安装节点如图5-6所示。

（4）隔声墙板通用节点如图5-7所示。

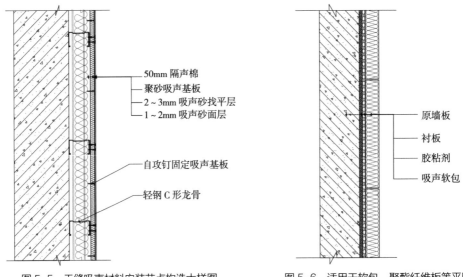

图 5-5　无缝吸声材料安装节点构造大样图

图 5-6　适用于软包、聚酯纤维板等平贴
安装节点构造大样图

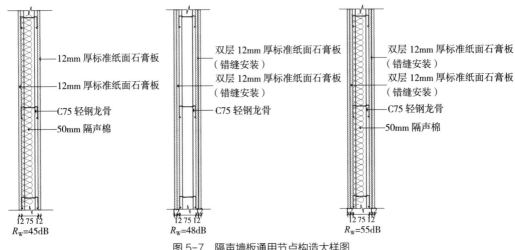

图 5-7　隔声墙板通用节点构造大样图

5.3　浮筑地板

5.3.1　一般事项

（1）浮筑地面应在干燥的基层地面上施工，并应做好防潮处理。

（2）浮筑地面与原结构地面间应整洁，无杂物进入。

（3）浮筑地面与结构楼板、地面及围护结构之间应设置弹性材料。弹性材料的性能和设置应符合设计要求。

5.3.2　浮筑地板施工工艺

（1）施工流程：基层清理→弹性材料铺设→墙面踢脚弹性材料施工→防水层施工→混凝土垫层浇筑

（2）施工工艺：

1）基层清理：将整个施工室内地坪清理干净，将地坪表面的浮浆、凸起物等打磨干净，并采用 2cm 左右的 1 ∶ 2 水泥砂浆找平，地坪平整度控制在 ±5mm 之内。

2）弹性材料铺设：根据设计要求铺设弹性材料。安装时需保障整个弹性材料平整。

3）墙面踢脚弹性材料施工：根据室内地坪完成面标高，采用胶粘剂将弹性橡胶材料（厚度为 2 ~ 3cm）粘贴在墙上，弹性踢脚上口比室内地坪完成面标高落低 20mm，待室内地坪完工后，采用防火硅胶密封。

4）防水层施工：为避免浮筑楼板渗水进入隔声层中，在弹性材料上采用聚乙烯防水纤维膜作为防水材料。防水材料应卷在墙面弹性踢脚上口，与墙面接触。

5）混凝土垫层浇筑：在防水层上浇筑不低于 50mm 厚的混凝土垫层，布置已预制好的冷轧带肋钢筋焊接网片，钢筋网片需根据设计要求布置。混凝土垫层可采用 C20 细石混凝土，根据具体墙体不同的设计要求施工。

（3）浮筑地面通用节点构造做法如图 5-8 所示。

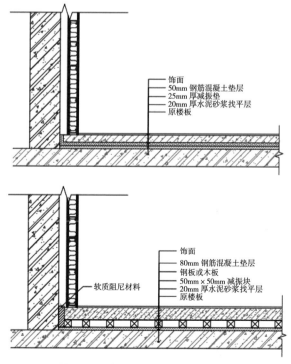

图 5-8　浮筑地面通用节点构造大样图

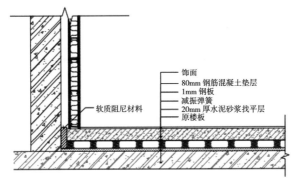

图 5-8　浮筑地面通用节点构造大样图（续）

5.4　房中房构造

5.4.1　一般事项

（1）房中房顶棚、隔墙、地板与原结构无任何刚性连接。

（2）隔声墙体与隔声吊顶的交接处应采取防开裂措施。

（3）隔声墙体、隔声吊顶、弹性材料及弹性钩的材料性能应符合设计要求。

5.4.2　施工工艺

（1）施工流程：浮筑地板施工→隔声墙体施工→隔声吊顶施工。

（2）施工工艺。

1）浮筑地板施工：详见本章 5.3.2 节浮筑地板施工工艺。

2）隔声墙体施工：详见本章 5.2.2 节隔声墙体施工工艺。

3）隔声吊顶施工：详见本章 5.1.3 节隔声吊顶施工工艺。

（3）房中房通用节点如图 5-9 所示。

5.5　空间吸声体

5.5.1　一般事项

（1）吸声体的规格、形状、材质应符合设计要求。

（2）吸声体的构造、面板厚度、后部填充材料应符合设计要求，填充材料应厚度均匀、牢固，无散落。

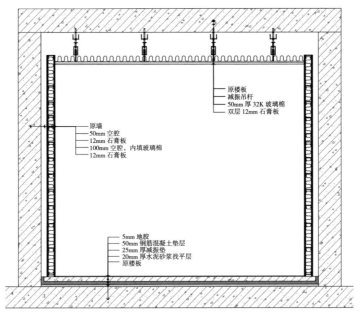

原楼板
减振吊杆
50mm 厚 32K 玻璃棉
双层 12mm 石膏板

原墙
50mm 空腔
12mm 石膏板
100mm 空腔，内填玻璃棉
12mm 石膏板

5mm 地胶
50mm 钢筋混凝土垫层
25mm 厚减振垫
20mm 厚水泥砂浆找平层
原楼板

图 5-9　房中房通用节点构造大样图

（3）吸声体板材的粘贴应密实、牢固，无空鼓、松动。

（4）吸声体、扩散体各种连接件、紧固件的连接应符合设计要求及安全要求，安装应牢固无松动，并有防松动措施。

5.5.2　施工工艺

（1）施工流程：基层清理→测量放线→固定吊杆→安装主龙骨→吊装空间吸声体。

（2）施工工艺。

1）基层处理：基层要求平整、无杂质，主要是针对所有可能影响吊顶施工的安装物提出要求。

2）测量放线：根据吊顶设计标高弹吊顶线作为吊顶材料安装的标准线。

3）固定吊杆：根据施工图纸要求确定吊杆位置，安装吊杆预埋件，刷防锈漆，吊杆用直径为 8mm 的钢筋制作，吊点间距 900 ~ 1200mm。安装时上端与预埋件焊接，下端套丝后与吊件连接。安装完的吊杆端头外露长度不小于 3mm。

4）安装主龙骨：主龙骨吊点间距、起拱高度应符合设计要求。龙骨间距应根据吸声体规格确定。主龙骨安装后应及时校正其位置标高。

5）吊装吸声体：采用专用挂钩固定吸声体，使用丝杆或者钢丝吊装。垂帘吸声体固定吊点每块不少于 2 个，浮云吸声体固定吊点每块不少于 4 个，将丝杆或者钢丝吊装于龙骨之上。

（3）浮云吸声体安装大样如图 5-10 所示。

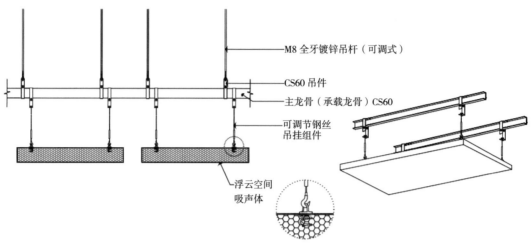

图 5-10　浮云吸声体安装构造大样图

（4）垂帘空间吸声体大样如图 5-11 所示。

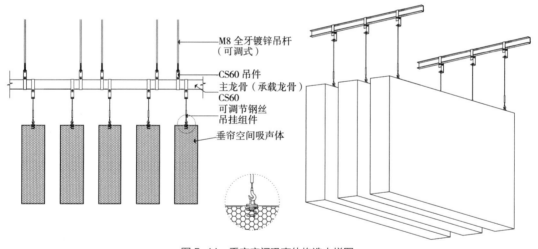

图 5-11　垂帘空间吸声体构造大样图

5.6　减振构造

5.6.1　水泵减振安装

（1）立式水泵。

立式水泵由于质心高，横向旋转扰力较大，应采用剪切型橡胶减振器做减振处理，减振效率不小于 85%，对于组合安装的立式泵组同样采用这种隔振方式，减振器安装在钢架与混凝土基础之间，减振器的数量及分布需根据设备运行重量的质心进行选择，具体的选型及布置数量待设备厂家、施工单位提供设备实际重量、转速后再复核确定。水泵的进出水管口使用金属软管或双球橡胶挠性接管连接，如图 5-12 所示。

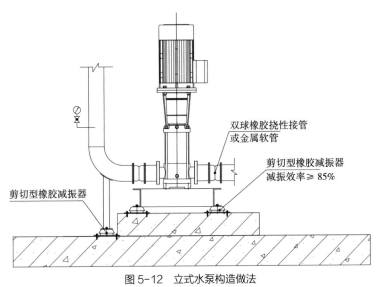

双球橡胶挠性接管
或金属软管

剪切型橡胶减振器
减振效率≥ 85%

剪切型橡胶减振器

图 5-12　立式水泵构造做法

（2）卧式水泵，卧式水泵构造做法如图 5-13 所示。

1）采用型钢混凝土混合结构隔振基座（厚度控制在 250 ～ 300mm），降低隔振体系的重心，增加水泵隔振体系的稳定性，提高隔振系统的刚度，控制和减少机组本身的振幅不超过

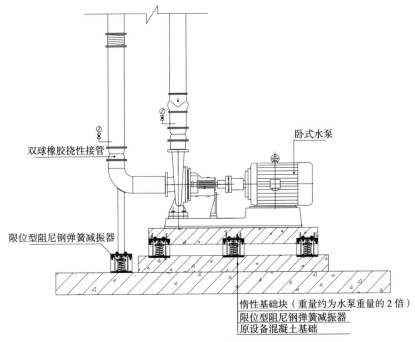

双球橡胶挠性接管

卧式水泵

限位型阻尼钢弹簧减振器

惰性基础块（重量约为水泵重量的 2 倍）
限位型阻尼钢弹簧减振器
原设备混凝土基础

图 5-13　卧式水泵构造做法

允许范围，减少其他外力引起的设备的变位或倾斜等不利影响和减少具有压力流体运输（如水泵等）输出口的反作用力，提高隔振效果。

2）水泵机组下应选用阻尼弹簧隔振器，隔振器的频率为 3 ~ 5Hz，隔振效率达 95%；水泵和隔振器的固有频率比控制在 f/f_n=4 ~ 5，使得传到支承结构上的干扰力尽可能地小；隔振器的阻尼比为 0.06，以防止水泵启动和关闭时产生共振。

3）水泵的进水口管道采用橡胶挠性接管连接隔振装置。水泵量程高、压力大，建议出水口采用金属波纹管连接。

4）泵头管道采取钢架支撑形式隔振，由于泵头管道振动较大，振动会通过钢架支撑传递到楼层上，因此必须考虑隔振处理，设计须采用可调式弹簧隔振器，便于现场施工安装及更换。

5.6.2 空调减振

各类空调机组及风机设备在运行时，其振动和固体声会沿着基础、楼板、墙体及管道等传递，除振动固体声传递外，直接安装在楼板上风机设备会激发楼板的振动，并辐射出噪声。

空调机组与新风机组厂家通常在风机下配置有隔振器。空调机组外还需整体做隔振处理，根据空调机组的转速不同采用橡胶或弹簧隔振器，如图 5-14 所示。当转速小于 1000r/分钟时，采用弹簧隔振器，弹簧隔振器内应有橡胶隔振垫层以防止弹簧高频失效；转速大于 1000r/ 分钟时，采用橡胶隔振器；弹簧隔振器固有频率范围为 3 ~ 8Hz，橡胶隔振器固有频率范围约为 8 ~ 15Hz。

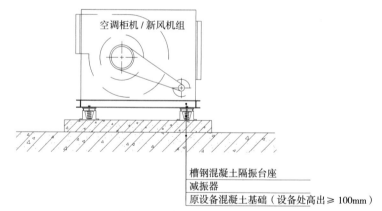

图 5-14 空调减振构造做法

5.6.3 风机减振

1. 风机座减振安装

对于风机设备应配备惰性块，惰性块重量一般为设备重量的 1.5 ~ 2.0 倍，采用混凝土惰性块，风机安装于惰性块上。根据风机设备的转速不同采用橡胶或弹簧隔振器，如图 5-15 所示，当转速小于 1000r/ 分钟时，采用弹簧隔振器，弹簧隔振器内应有橡胶隔振垫层以防止弹簧高频失效；转速大于 1000r/ 分钟时，采用橡胶隔振器。隔振器荷载以在设计荷载中间区域为宜。弹簧隔振器固有频率范围为 3 ~ 8Hz，橡胶隔振器固有频率约为 8 ~ 15Hz。

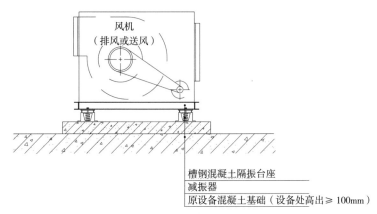

图 5-15　风机座减振构造做法大样图

2. 风机吊装减振安装

对于吊挂的风机，吊挂设备采用弹簧减振吊杆做法，隔振效率不小于 95%，如图 5-16 所示。

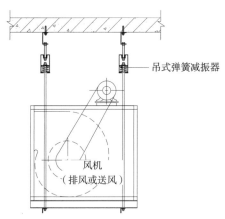

图 5-16　风机吊装减振构造做法大样图

3. 风机隔声安装大样

对于公共空间吊挂的风机，风机设备噪声超过室内所允许的背景噪声，则需对风机做专业隔声罩进行处理，隔声罩可降低设备噪声，如图 5-17 所示。

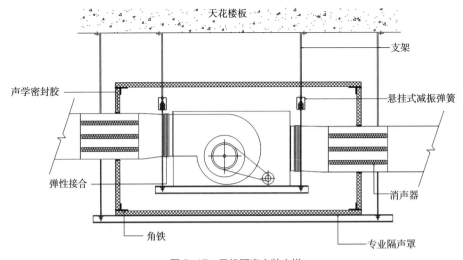

图 5-17　风机隔声安装大样

5.7　管道隔声、隔振

5.7.1　管道隔声

　　管道穿越墙体或楼板密封安装，如图 5-18 所示，需注意环形间隙不应大于 50mm，在安装之前先清洁孔口周边及贯穿物，使之干燥、无灰尘与杂物。将 80kg/m³ 矿棉紧密塞入孔壁与风管的缝隙内，两侧各留出 25mm 用于填注膨胀型防火密封胶。将膨胀型防火密封胶注入风管与孔壁间的缝隙之后做表面修整。管道系统保持在 48 小时内不得扰动。

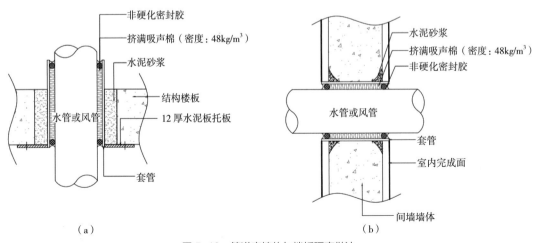

（a）　　　　　　　　　　　　　　　　　　（b）

图 5-18　管道穿墙体与楼板隔声做法
（a）管道穿越楼板之密封处理；（b）管道穿越墙体之密封处理

排水管如采用 PVC 塑料管材，须采取隔声处理。隔声处理措施，先用阻尼隔声毡包裹，然后用隔振垫包扎处理。通过该方式既能吸收部分噪声，减少传到室内的噪声，又能缓解管道振动，如图 5-19 所示。

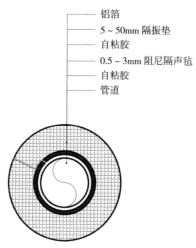

图 5-19 排水管道隔声处理做法

5.7.2 管道隔振

对于水泵房的设备管道，必须采取减振措施，对于机房外的水管不需隔振。

（1）水锤消声。

动力设备的出水管上必须设置消声止回阀，由机电顾问或设计师确定及落实。

（2）软连接。

设备进出水口与管道之间的连接设置双球橡胶挠性软接头或者不锈钢金属软管（长度得少于 300mm），软管前后法兰之间不设拉杆，避免刚性连接造成声桥短路。

（3）管道支撑及吊挂减振。

设备机房内所有管道采用橡胶管托，橡胶最薄处不得小于 40mm；或者采用外置式减振弹簧支托、吊挂时需满足 25mm 的变形量，如图 5-20、图 5-21 所示。

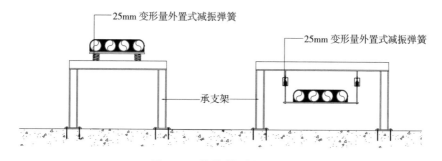

图 5-20 管道减振座地面安装

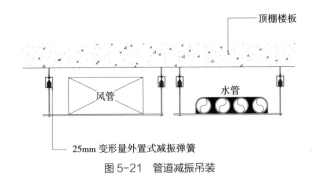

图 5-21　管道减振吊装

5.8　冷却塔降噪

冷却塔采用专业隔声罩封闭的做法降噪，进出口安装消声器，冷却塔降噪属于专业工程，需要结合整体设计方案实施。如图 5-22 所示方形横流式冷却塔降噪做法。

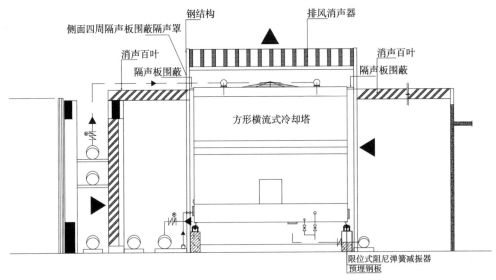

图 5-22　方形横流式冷却塔降噪做法

5.9　发电机房降噪处理

发电机房内四周墙面须采取吸声降噪措施，减少机房内的混响声；柴油发电机排烟管道的消声器需要采用两级消声，两个串联的消声器之间距离根据设计要求设置。对于发电机房的进排风口，需要安装消声器进行处理。发电机需采取弹簧减振器做隔振处理，隔振效率根据设计要求选配，机房降噪属于系统工程，需要结合专业设计方案实施。整体如图 5-23 所示。

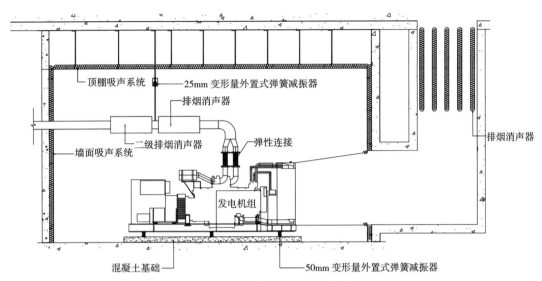

顶棚吸声系统　　25mm 变形量外置式弹簧减振器

排烟消声器

墙面吸声系统　　二级排烟消声器　　弹性连接

排烟消声器

发电机组

混凝土基础　　　　50mm 变形量外置式弹簧减振器

图 5-23　发电机房降噪构造做法

第六章

建筑和室内空间声环境设计

　　建筑和室内空间声环境设计是指围绕新建、改建或扩建建筑物和附属构筑物设施中的声能传播、声学评价和噪声控制，所进行的建筑规划、勘察、设计和施工等各项技术工作，其主要目的是解决改造建筑中声学环境的缺陷，新建建筑中如何提升室内音质水平、减少噪声污染和噪声振动带来的影响，以保证室内具有良好的听闻条件。受诸多外部因素影响，建筑声学问题一直以来都没能引起足够了解和重视，这就导致很多建筑处在一种相对较差的声环境中。由于本书篇幅受限，未能展现的其他建筑空间环境的声学设计内容将在《建筑和室内空间声环境营造》一书中详细展现，本章节内容仅对十种常见空间声环境设计进行分析，以此提升建筑和室内设计品质，营造健康的声环境空间。

6.1　综合医院

6.1.1　声环境概述

　　医院作为特殊的医疗场所，应为患者就诊带来安静、整洁的环境感受。然而，事实上，随着患者流动量的增大、医疗设备的更新换代、周边环境的变化，导致医院声环境问题日益加剧。据美国霍普金斯大学的研究发现，在过去的 10 年间，医院噪声水平稳定持续地增高已经升级到一个世界范围的问题。噪声不仅困扰着患者和医护人员，而且还增加了发生医疗事故的风险，如图 6-1 所示。

图 6-1　综合医院大厅效果图

6.1.2　影响医院的噪声因素

（1）交通噪声。

造成医院噪声持续增强的主要因素，首先由于城市道路的拓宽及交通量的增加，交通噪声使医院的整体背景噪声提高，尤其是对病房的噪声干扰，以致在开窗条件下患者难以入睡。如果在医院的设计、施工阶段未对外墙、外门窗的隔声性给予足够的重视和规定，很有可能即使关窗也无法达到睡眠所需的安静环境。

（2）设备噪声。

新的诊疗设施与机电设备产生的噪声及振动，如核磁共振检查仪、体外碎石机、病房的呼叫机、空调系统、通风系统的噪声和振动等，都不同程度地提高了医院的噪声水平。

（3）人为噪声。

人员活动产生的噪声是医院噪声的重要来源之一。挂号大厅的喧哗声、护士站患者寻求帮助或咨询的呼唤声、交谈声等，都使医院不再安静。

6.1.3　噪声来源区域

根据医院功能，噪声来源可分为 4 个区域：

（1）患者最先接触的环境——门诊大厅。

（2）患者和医生最初的交流空间——诊室。

（3）患者进行检查、治疗的环境——医技科室。

（4）患者康复静养的环境——病房。

6.1.4　声学设计指标

1. 允许噪声级

医院主要房间内的噪声级规定见表 6-1。

室内允许噪声级　　　　　　　　　　　　　　　　表 6-1

房间名称	允许噪声级（A 声级，dB）			
	高要求标准		低限标准	
	昼间	夜间	昼间	夜间
病房、医护人员休息室	≤ 40	≤ 35[1]	≤ 45	≤ 40
各类重症监护室	≤ 40	≤ 35	≤ 45	≤ 40
诊室	≤ 40		≤ 45	
手术室、分娩室	≤ 40		≤ 45	

续表

房间名称	允许噪声级（A 声级，dB）			
	高要求标准		低限标准	
	昼间	夜间	昼间	夜间
洁净手术室	—		≤ 50	
人工生殖中心净化区	—		≤ 40	
听力测听室	—		≤ 25²	
化验室、分析实验室	—		≤ 40	
入口大厅、候诊厅	≤ 50		≤ 55	

注：1 对特殊要求的病房，室内允许噪声级应小于或等于 30dB。

2 表中听力测听室允许噪声级的数值，适用于采用纯音气导和骨导听阈测听法的听力测听室。采用声场测听法的听力测听室的允许噪声级另有规定。

2. 吸声

空场情况下，医院各区域在 250 ~ 2000Hz 1/1 倍频程中心频率下的平均吸声系数应符合表 6-2 的规定。

医院各区域的平均吸声系数　　　　　　　　　　表 6-2

区域名称	平均吸声系数（ $\bar{a}$ ）
病房（无床）	> 0.15
诊室、治疗室（无床）	> 0.15
走廊	> 0.15
候诊区	> 0.25
中庭、入口大厅	> 0.10

3. 隔声标准

（1）医院各类房间隔墙、楼板的空气声隔声性能规定见表 6-3。

医院各类房间隔墙、楼板的空气声隔声性能　　　　　表 6-3

构件名称	空气声隔声单值 评价量 + 频谱修正量	高要求标准 （dB）	低限标准 （dB）
病房与产生噪声的房间之间的隔墙、楼板	计权隔声量 + 交通噪声 频谱修正量 $R_w + C_{tr}$	> 55	> 50
手术室与产生噪声的房间之间的隔墙、楼板	计权隔声量 + 交通噪声 频谱修正量 $R_w + C_{tr}$	> 50	> 45
病房之间及病房、手术室与普通房间之间的隔墙、楼板	计权隔声量 + 粉红噪声 频谱修正量 $R_w + C$	> 50	> 45
诊室之间的隔墙、楼板	计权隔声量 + 粉红噪声 频谱修正量 $R_w + C$	> 45	> 40

续表

构件名称	空气声隔声单值评价量 + 频谱修正量	高要求标准（dB）	低限标准（dB）
听力测听室的隔墙、楼板	计权隔声量 + 粉红噪声频谱修正量 $R_{\mathrm{w}} + C$	—	> 50
体外震波碎石室、核磁共振室的隔墙、楼板	计权隔声量 + 交通噪声频谱修正量 $R_{\mathrm{w}} + C_{\mathrm{tr}}$	—	> 50

（2）相邻房间之间的空气声隔声性能规定见表 6-4。

相邻房间之间的空气声隔声性能　　　　　　　　　　　表 6-4

房间名称	空气声隔声单值评价量 + 频谱修正量	高要求标准（dB）	低限标准（dB）
病房与产生噪声的房间之间	计权标准化声压级差 + 交通噪声频谱修正量 $D_{\mathrm{nT,w}} + C_{\mathrm{tr}}$	≥ 55	≥ 50
手术室与产生噪声的房间之间	计权标准化声压级差 + 交通噪声频谱修正量 $D_{\mathrm{nT,w}} + C_{\mathrm{tr}}$	≥ 50	≥ 45
病房之间及手术室、病房与普通房间之间	计权标准化声压级差 + 粉红噪声频谱修正量 $D_{\mathrm{nT,w}} + C$	≥ 50	≥ 45
诊室之间	计权标准化声压级差 + 粉红噪声频谱修正量 $D_{\mathrm{nT,w}} + C$	≥ 45	≥ 40
听力测听室与毗邻房间之间	计权标准化声压级差 + 粉红噪声频谱修正量 $D_{\mathrm{nT,w}} + C_{\mathrm{tr}}$	—	≥ 50
体外震波碎石室、核磁共振室与毗邻房间之间	计权标准化声压级差 + 粉红噪声频谱修正量 $D_{\mathrm{nT,w}} + C_{\mathrm{tr}}$	—	≥ 50

（3）外墙、外窗和门的空气声隔声性能规定见表 6-5。

外墙、外窗和门的空气声隔声标准　　　　　　　　　　表 6-5

构件名称	空气声隔声单值评价量 + 频谱修正量（dB）	
外墙	计权隔声量 + 交通噪声频谱修正量 $R_{\mathrm{w}} + C_{\mathrm{tr}}$	≥ 45
外窗	计权隔声量 + 交通噪声频谱修正量 $R_{\mathrm{w}} + C_{\mathrm{tr}}$	≥ 30（临街一侧病房）
		≥ 25（其他）
门	计权隔声量 + 粉红噪声频谱修正量 $R_{\mathrm{w}} + C$	≥ 30（听力测听室）
		≥ 20（其他）

（4）各类房间与上层房间之间楼板的撞击声隔声性能规定见表 6-6。

各类房间与上层房间之间楼板的撞击声隔声标准　　　　表 6-6

构件名称	撞击声隔声单值评价量	高要求标准（dB）	低限标准（dB）
病房、手术室与上层房间之间的楼板	计权规范化撞击声压级 $L_{n,w}$（实验室测量）	< 65	< 65
	计权标准化撞击声压级 $L'_{nT,w}$（现场测量）	≤ 65	≤ 75
听力测听室与上层房间之间的楼板	计权标准化撞击声压级 $L'_{nT,w}$（现场测量）	—	≤ 60

注：当确有困难时，可允许上层为普通房间的病房、手术室顶部楼板的撞击声隔声单值评价量小于或等于85dB，但在楼板结构上应预留改善的可能条件。

6.1.5　隔声减噪设计

（1）医院建筑的总平面设计，应符合下列规定：

1）综合医院的总平面布置，应利用建筑物的隔声作用。门诊楼可沿交通干线布置，但与干线的距离应考虑防噪要求。病房楼应设在内院。若病房楼接近交通干线，室内噪声级不符合标准规定时，病房不应设于临街一侧，否则应采取相应的隔声降噪处理措施（如临街布置公共走廊等）。

2）综合医院的医用气体站、冷冻机房、柴油发电机房等设备用房如设在病房大楼内时，应自成一区。

（2）临近交通干线的病房楼，在满足本规范 6.1.5.1 条的基础上，还应根据室外环境噪声状况及表 6-1 规定的室内允许噪声级，设计具有相应隔声性能的建筑围护结构（包括墙体、窗、门等构件）。

（3）体外震波碎石室、核磁共振检查室不得与要求安静的房间毗邻，并应对其围护结构采取隔声和隔振措施。

（4）病房、医护人员休息室等要求安静房间的邻室及其上、下层楼板或屋面，不应设置噪声、振动较大的设备。当设计上难于避免时，应采取有效的噪声与振动控制措施。

（5）医生休息室应布置于医生专用区或设置门斗，避免护士站、公共走廊等公共空间人员活动噪声对医生休息室的干扰。

（6）对于病房之间的隔墙，当嵌入墙体的医疗带及其他配套设施造成墙体损伤并使隔墙的隔声性能降低时，应采取有效的隔声构造措施，并应符合相关规范要求。

（7）穿过病房围护结构的管道周围的缝隙，应密封。病房的观察窗，宜采用固定窗。病房楼内的污物井道、电梯井道不得毗邻病房等要求安静的房间。

（8）入口大厅、挂号大厅、候药厅及分科候诊厅（室）内，应采取吸声处理措施；其室内 500 ~ 1000Hz 混响时间不宜大于 2 秒。病房楼、门诊楼内走廊的顶棚，应采取吸声处理措施；吊顶所用吸声材料的降噪系数（NRC）不应小于 0.40。

（9）手术室应选用低噪声空调设备，必要时应采取降噪措施。手术室的上层，不宜设置有振动源的机电设备；当设计上难于避免时，应采取有效的隔振、隔声措施。

（10）听力测听室不应与设置有振动或强噪声设备的房间相邻。听力测听室应做全浮筑房中房设计，且房间入口设置声闸；听力测听室的空调系统应设置消声器。

（11）诊室、病房、办公室等房间外的走廊吊顶内，不应设置有振动和噪声的机电设备。

（12）医院内的机电设备，如空调机组、通风机组、冷水机组、冷却塔、医用气体设备和柴油发电机组等设备，均应选用低噪声产品；并应采取隔振及综合降噪措施。

（13）在通风空调系统中，应设置消声装置，通风空调系统在医院各房间内产生的噪声应符合相关规定。

6.1.6　声学设计内容

1. 总平面降噪设计

为保证医院建筑整体优良的声环境，需要合理地规划医院的总平面布置，以充分利用建筑物的隔声作用。

（1）门诊楼可沿交通干线布置，但与干线的距离要考虑防噪要求。病房楼设在内院。

（2）医院的医用气体站、冷冻机房、柴油发电机房等设备用房自成一区。水泵、空调机组、风机、锅炉、电梯、变压器等设备设置应远离病房、ICU、医护人员休息室、听力测听室、手术室等对噪声要求高的房间，并应对设备进行有效的隔振处理。

（3）体外震波碎石室、核磁共振检查室不得与要求安静的房间毗邻，并对其围护结构采取隔声和隔振措施。

（4）病房、医护人员休息室等要求安静房间的邻室及其上、下层楼板或屋面，不设置噪声、振动较大的设备。

（5）医生休息室布置于医生专用区或设置门斗，避免护士站、公共走廊等公共空间人员活动噪声对医生休息室的干扰。

2. 门诊大厅 / 住院大厅 / 取药大厅设计

门诊部作为医院的重要组成部分，是患者就诊过程中首先接触的部门，因此门诊部在某种程度上肩负着塑造医院良好形象的重任。同时，患者在门诊部停留时间相对较长，因此门诊部内声环境的优劣会极大地影响患者的总体就诊感受。

门诊大厅、住院大厅面积较大，净空较高，人员较为密集。要求室内中频混响时间不大于 2 秒，室内噪声水平小于 55dB（A）。因此需要在门诊大厅、住院大厅顶棚和四周墙面安装吸声材料，尽量少使用或不使用反射类材料。

顶棚使用降噪系数 NRC 不小于 0.6 的多孔吸声材料，墙面使用降噪系数 NRC 不小于 0.70

的声学材料。

3. 诊室设计

诊室区域包括两部分，一部分是室外患者等候区域，另一部分是室内医生诊疗区域。为避免候诊区对诊室的影响，保证诊室的噪声水平小于40dB，候诊室区的顶棚应使用吸声降噪材料NRC不小于0.6。诊室门使用隔声量不小于30dB隔声门。

为保证诊室内医生与病人交谈语言清晰，要求诊室内中频混响时间应不大于0.8秒，诊室上空应设置吸声材料或吸声构造，同时保证吸声材料降噪系数（NRC）应不小于0.60。

4. 手术室设计

据测试手术室内平均噪声水平为60 ~ 65dB，通常接近90dB，而国际噪声委员会建议急诊区噪声平均水平白天不超过45dB，晚间不超过40dB，夜间不超过30dB，手术室是高度脑力劳动和体力劳动相结合的特殊场所，术中医护人员需要高度的思想集中、精心手术操作。严密地观察病情，任何噪声对他们都将产生不良影响，甚至造成意外差错事故。

保证手术室的噪声水平小于40dB，除选用低噪声空调设备，加强对器械的检查、保养和维护外，墙面还应使用隔声量不小于50dB的隔声材料或构造并使用隔声量不小于40dB的隔声门。手术室上空应设置吸声材料或吸声构造，吸声材料降噪系数（NRC）应不小于0.60。

5. 普通病房和 VIP 病房设计

病房为患者治疗及康复的区域，良好的医疗环境显得非常重要，所以相对门诊大厅对声环境的要求更高。

（1）为保证病人有一个良好的声环境，要求病房白天噪声值水平小于40dB，夜间噪声值水平小于35dB。

（2）病房之间的墙体，当插座、开关、医疗气体、综合管道系统面板嵌入病房之间的墙体时，应采取有效的隔声构造措施，避免削弱墙体隔声量。

（3）病房内配置的厕所、浴室与相邻病房之间的空气声隔声量等同于病房隔声量。

（4）病房不得与电梯井道、空调设备层直接相邻，空调机组、新风机组（热回收机组）、风机、冷却塔、风冷机组等产生噪声、振动设备不宜直接布置在病房卧室的正上方。

（5）相邻隔墙应使用隔声量不小于50dB的隔声材料或构造，病房的上空应设置吸声材料或吸声构造，吸声材料降噪系数（NRC）应不小于0.60。

6. 重症监护室设计

医院重症监护室为重病人集中治疗的场所，它汇集了大量高科技仪器设备为病人提供支持和治疗。

重症监护室不得与电梯井道、空调设备层直接相邻，空调机组、新风机组（热回收机组）、风机、冷却塔、风冷机组等产生噪声、振动的设备不宜直接布置在病房卧室的正上方。

重症监护病房（ICU）隔墙应使用隔声量不小于 55dB 的隔声材料或构造，重症监护病房（ICU）对声环境有严格要求房间的上空应设置吸声材料或吸声构造，吸声材料降噪系数（NRC）应不小于 0.80。

7. 测听室设计

测听室是医院为了进行听力测试而建造的具有理想测听环境的专用房间。

听力测听室不应与有振动或强噪声的设备间相邻，空调系统应装设消声器。听力测听室应做全浮筑房中房设计，且房间入口设置声闸。

测听室测听方法包括纯音气导和骨导听阈基本测听法、用纯音及窄带测试信号的声场测听法，然而暂无针对这些方法给出的测听室混响时间的规定，可依据影剧院声学设计标准进行设计与考虑。需要注意的是混响时间不宜太小，适当取正常环境即可，因此一般测听室的混响时间为 0.3 ~ 0.5 秒。

测听室中的本底噪声声压级应不超过会掩蔽测试信号的某些规定值，对测听室的本底噪声声压级的要求，取决于发送测听信号的方式，即根据测听信号是经耳机、骨振器还是扬声器发送的，而采用不同的规定要求。

8. 体外震波碎石室 / 核磁共振室设计

体外震波碎石室、核磁共振室是容易产生噪声的房间，为避免对其他房间带来影响，这两类房间不得与要求安静的房间毗邻，并对其围护结构采取隔声和隔振措施。隔墙应使用隔声量不小于 50dB 的隔声材料或构造，顶棚使用减振龙骨填充隔声棉，并且使用隔声量不小于 35dB 隔声门。

核磁共振室、体外碎石室等产生噪声的房间内宜设置医生控制室，并按照诊疗室的标准采取隔声措施。

9. 医生办公室设计

为保证相邻办公室的语言私密性，走道两侧布置办公室，相对房间的门宜错开设置，要求其背景噪声值水平小于 40dB。办公室房间外的走廊吊顶内，不应设置有振动和噪声的机电设备，混响时间在 0.5 ~ 1.0 秒之间，走廊吊顶上空应设置吸声材料或吸声构造，吸声材料降噪系数（NRC）应不小于 0.60。

10. 会议室设计

会议室根据自身用途，需要满足一定的语言清晰度，因此要采用短混响声学设计，同时无明显回声和颤动回声等声学缺陷；因此，选用强吸声措施降低室内混响时间，保证厅内语言清晰度。

小会议室使用面积宜小于 35m²，大会议室使用面积不小于 35m²。小会议室背景噪声值水平小于 40dB，中会议室背景噪声值水平小于 35dB。

会议室四周墙面应合理布置吸声材料，这样做法不仅可以将室内混响时间控制在会议室容积所对应的最佳混响时间范围内，而且能够消除回声和颤动回声等声学缺陷。对于较大会议室，在满足混响时间在规定范围的前提下，若出现回声、颤动回声或声场不均匀等缺陷，可在墙面合理设计扩散体（扩散体表面也可设置吸声材料），以使声场尽可能均匀。

会议室顶面原来假如几乎无吸声布置，则需要设计增加大量吸声，以达到声学设计指标。例如，在顶面做降噪系数 NRC 不小于 0.8 的强吸声材料的顶棚吊顶，或者吊件采用减振吊件，在增加可以增大室内吸声量同时又可以增加楼板的隔振量。若吸声量足够，则顶面只需做隔声吊顶。

11. 医护走廊设计

诊室、病房、办公室等房间外的走廊吊顶内，不应设置有振动和噪声的机电设备。

吊顶应设置吸声材料或吸声构造，吸声材料降噪系数（NRC）应不小于 0.70。

山墙或其他大面积墙面应做吸声处理，吸声材料降噪系数（NRC）应不小于 0.60。

对于低频的脚步声、设备与地面的摩擦声、病房区的小声交谈声等，采取在楼板和地面铺设塑胶地面或者软木地板等做法以达到降噪与隔声的要求。

12. 报告厅设计

报告厅建筑声学设计的基本要求是：足够的响度，令人满意的清晰度，声场均匀度，具有丰满度和亲切感，无回声干扰等物理声学缺陷。因此，报告厅设计的主要目的就是为了获得令人满意的声学效果，从而拟定相应的具体措施，以确保最终声学效果达到各项设计要求。

声学设计原则：

（1）合理的混响时间设计，满足会议和现场演出等功能用途。

（2）保证观众厅各处有相对合适的声音强度、有足够的响度、良好的语言清晰度。

（3）声场分布均匀，在演出时观众厅内任何位置上不得出现回声、颤动回声、声聚焦等对听音形成干扰的音质缺陷。

（4）选用合适的、环保的、防火性能佳的吸声和声反射产品，保证不同频段内的声学效果，获得良好过渡的混响频率特性。

（5）采取电声系统（扩音系统）以及相应的室内声学措施，保证现场演出的实时性等。

（6）控制观众厅背景噪声达到允许标准，从而营造一个低噪声，高清晰度的报告厅声环境。

13. 设备用房隔振设计

医院的一些配套机电设备中，在满足使用者的实际需求的同时，存在很大的噪声隐患，这些硬件设备包括电梯机房、空调机房、空压机房、通风机组、应急发电机组等。

产生噪声的建筑服务设备等噪声源（锅炉房、水泵房、变压器室、制冷机等）宜单独设置在建筑之外。医院所在区域内如果有发出噪声源的建筑附属设施，其位置应避免对噪声敏感建筑物产生噪声干扰，必要时应作防噪处理。

这些设备在运行时产生的噪声会通过机房的围护结构进行固体传导或者空气传播而影响到机房外部一些功能区的正常运行。为减小上下层声音的相互影响，需要加强楼板的隔声处理，具体做法如在面层铺设柔性材料，或在面层和结构层之间加置减振材料，或者机房门使用防火隔声门，墙面使用隔声毡，吊顶使用减振龙骨填充隔声棉。

14. 空调系统消声设计

通风空调系统应设置消声装置，消声器内的吸声材料应采用吸声性能好、满足医院洁净度以及防火性能要求的吸声材料。

对所有的空气动力性噪声、主机房进风和蒸汽喷射噪声统一采用消声治理措施。噪声源采取消声治理后，要求既要有适宜的消声量（即满足声学性能），同时对设备的运行不能有明显的干扰（即满足良好的空气动力性能）。

消声器材质应采用不燃材料，通风机直通大气的进、出口处必须设钢板网以做防护。

6.2　酒店

6.2.1　酒店概况描述

酒店主要为游客提供住宿服务、生活服务及设施（寝前服务）、餐饮、游戏、娱乐、购物、商务中心、宴会及会议等设施的场所。

声学设计的基本要求是：酒店其基本定义是提供安全、舒适，令利用者得到短期的休息或睡眠的场所。必须要有舒适安静的环境，因此，设计的主要目的就是为了获得令人满意的声学效果，对声学要求进行了详细阐述，并拟定了相应的具体措施，以确保最终结果达到各项设计要求。

6.2.2　声学设计依据

酒店建筑声学设计需要符合下列国家标准：

《城市区域环境振动标准》GB 10070—1988。

《建筑隔声评价标准》GB/T 50121—2005。

《社会生活环境噪声排放标准》GB 22337—2008。

《声环境质量标准》GB 3096—2008。

《民用建筑隔声设计规范》GB 50118—2010。

《剧场、电影院和多用途厅堂建筑声学技术规范》GB/T 50356—2005。

还需要符合国家有关防火规范、环保规范等。

6.2.3 酒店建筑声学设计指标

1. 允许噪声级

在旅馆建筑中，有安静要求的用房主要是客房，其次是会议室、多功能大厅、宴会厅和办公室。

旅馆的类型很多，建筑标准各有不同，噪声控制措施有较大的差别。为此，必须将旅馆客房按建筑标准和噪声干扰情形分如下四个等级，再去进行设计：

特级：五星级以上旅游饭店及同档次旅馆建筑。

一级：三、四星级旅馆饭店及同档次旅馆建筑。

二级：其他档次的旅馆建筑。

按上述等级制定的允许噪声标准见表 6–7。

酒店建筑各房间内的噪声级 表 6–7

房间名称	允许噪声级（A 声级，dB）					
	特级		一级		二级	
	昼间	夜间	昼间	夜间	昼间	夜间
客房	≤ 35	≤ 30	≤ 40	≤ 35	≤ 45	≤ 40
办公室、会议室	≤ 40		≤ 45		≤ 45	
多用途厅	≤ 40		≤ 45		≤ 50	
餐厅、宴会厅	≤ 45		≤ 50		≤ 55	

2. 隔声标准

（1）客房之间的隔墙或楼板、客房与走廊之间的隔墙、客房外墙（含窗）的空气声隔声性能规定见表 6–8。

客房墙、楼板的空气声隔声标准 表 6-8

构件名称	空气声隔声单值评价量 + 频谱修正量	特级（dB）	一级（dB）	二级（dB）
客房之间的隔墙、楼板	计权隔声量 + 粉红噪声频谱修正量 $R_W + C$	> 50	> 45	> 40
客房与走廊之间的隔墙	计权隔声量 + 粉红噪声频谱修正量 $R_W + C$	> 45	> 45	> 40
客房外墙（含窗）	计权隔声量 + 粉红噪声频谱修正量 $R_W + C$	> 40	> 35	> 30

（2）客房之间、走廊与客房之间以及室外与客房之间的空气声隔声性能规定见表 6-9。

客房之间、走廊与客房之间以及室外与客房之间的空气声隔声标准 表 6-9

房间名称	空气声隔声单值评价量 + 频谱修正量 $D_{nT,w} + C$	特级（dB）	一级（dB）	二级（dB）
客房之间	计权标准化声压级差 + 粉红噪声频谱修正量 $D_{nT,w} + C$	> 50	> 45	> 40
客房与走廊之间	计权标准化声压级差 + 粉红噪声频谱修正量 $D_{nT,w} + C$	> 40	> 40	> 35
客房与室外	计权标准化声压级差 + 粉红噪声频谱修正量 $D_{nT,w} + C$	> 40	> 35	> 30

（3）客房外窗与客房门的空气隔声性能规定见表 6-10。

客房外窗与客房门的空气隔声标准 表 6-10

构件名称	空气声隔声单值评价量 + 频谱修正量	特级（dB）	一级（dB）	二级（dB）
客房外窗	计权隔声量 + 粉红噪声频谱修正量 $R_W + C_{tr}$	≥ 35	≥ 30	≥ 25
客房门	计权隔声量 + 粉红噪声频谱修正量 $R_W + C$	≥ 30	≥ 25	≥ 20

（4）客房与上层房间之间楼板的撞击声隔声性能规定见表 6-11。

客房与上层房间之间楼板的撞击声隔声标准 表 6-11

楼板部位	撞击声隔声单值评价量	特级（dB）	一级（dB）	二级（dB）
客房与上层房间之间的楼板	计权规范化撞击声压级 $L_{n,w}$（实验室测量）	< 55	< 65	< 75
	计权标准化撞击声压级 $L'_{nT,w}$（现场测量）	≤ 55	≤ 65	≤ 75

（5）不同级别旅馆建筑的声学指标（包括室内允许噪声级、空气声隔声标准及撞击声隔声标准）所应达到的等级规定见表6-12。

声学指标等级与旅馆建筑等级的对应关系 表6-12

声学指标等级	旅游建筑的等级
特级	五星级以上旅游饭店及同档次旅游建筑
一级	三、四星级旅游饭店及同档次旅馆建筑
二级	其他档次的旅游建筑

6.2.4 酒店内不同类型功能房间声环境建议

1. 不同类型房间声学指标

不同旅馆建筑对应声学指标见表6-13。

声学指标与旅馆建筑的对应关系 表6-13

房间名称	背景噪声/dB（A）	隔声指标（R_w）	吸声要求
客房	35	55	0.8m² 吸声量/建筑面积
大堂	45	30	0.8m² 吸声量/建筑面积
餐厅	40	45	0.8m² 吸声量/建筑面积
宴会厅	40	45	0.8m² 吸声量/建筑面积
歌厅	50	50	0.8m² 吸声量/建筑面积
SPA、按摩	40	50	0.8m² 吸声量/建筑面积
冥想室	15	65	0.8m² 吸声量/建筑面积
台球厅	50	50	0.8m² 吸声量/建筑面积
会议室	40	50	0.8m² 吸声量/建筑面积
办公空间	40	50	0.8m² 吸声量/建筑面积
游泳馆	45	45	0.8m² 吸声量/建筑面积
健身房	45	55	减振处理
设备机房	—	55	吸声降噪，减振处理

2. 各功能使用房间的声学要求

酒店客房是商务酒店中核心的使用功能房间。酒店客房数量大，使用频率高，入住客人与之接触机会多。因此客房环境是评价酒店住宿环境的重要指标。酒店客房声环境要求一般主要有以下几个方面。

（1）客房背景噪声要求。

普通人舒适的睡眠环境要求室内背景噪声水平在 25 ~ 35dB（A）之间。背景噪声过高，容易使人难以入睡，或者对声音敏感的人会被吵醒。背景噪声过低，与人们正常生活的声环境相差较大，也会影响甚至降低客人的睡眠质量。

为满足客房背景噪声要求，客房外墙和外窗需要根据室外噪声环境进行合理设计、配置，以防止外界噪声对室内产生影响。

客房内部的空调通风系统需要进行系统消声设计，室内出风、回风口噪声指标满足NR25曲线要求。

（2）客房之间隔声的要求。

客房之间隔声要求体现在两个方面。

①避免不同房间之间产生噪声干扰，即一个客房内的电视声、电话声、卫生间淋浴冲水等声音对相邻客房产生噪声影响。

②保证房间内入住客人的私密性，在有特殊要求的情况下尽量满足保密要求。

一般客房之间的隔墙在现场隔声量满足 R_W 不小于50dB的情况下，普通的语言、电视。电话铃声等不会对隔壁客房产生影响。当 R_W 不小于55dB时能够满足保密要求。

不同楼层上下相邻客房之间的楼板需要做撞击声隔声处理。

卫生间内选用低噪声的洁具，上下水管道选用高隔声量管道。

（3）酒店大堂是酒店反映给客人的第一感觉，同时酒店大堂还是酒店内部的交通枢纽、客人和内部人员的休息场所、大型活动的接待场所。大堂要求背景噪声低于45dB，大堂内吸声量满足 $0.8m^2$ 吸声量/建筑面积，如此一来，既能满足休息的需要，又能满足电声广播系统的技术要求。

（4）酒店餐厅声环境主要包括背景噪声和室内混响时间。控制餐厅周围墙体的隔声量，尤其是做好餐厅与厨房、设备机房等房间之间的隔声处理，防止以上房间噪声对餐厅产生影响，这对西餐厅来说尤为重要。具体措施如：餐厅内部装修材料选用吸声材料，合理控制室内混响时间水平，保证室内语言的清晰度和广播系统的技术要求。

（5）卡拉OK厅、健身房等类型房间属于娱乐型空间，特点是房间内部噪声水平高，音响声压级高，且低频部分声音能量大，地面撞击声传声和结构传声严重，容易对周围环境造成影响。对于以上类型房间应处理好房间的隔墙隔声问题、地面的撞击声隔声问题和空调系统串声问题。

（6）SPA、桑拿等用房属于要求安静的房间，应该着重注意房间墙体和楼板的隔声问题，以保证室内安静的环境和客人在其中活动的私密性。

（7）游泳池、体育馆等房间是高档酒店中的附属设施，应满足客人在其中的体育活动要求。此类房间要求合理控制室内混响时间，满足语言清晰度要求。当体育馆位于其他房间上方时，应做好地面减振处理。

（8）酒店内附属的会议室、报告厅等会议办公空间一般要求室内背景噪声为40dB（A）左右，墙体门窗综合隔声量应大于50dB。以上两方面要求保证在会议期间室内有良好的声环境，同时满足会议的保密要求。

会议室内装修材料应选择吸声材料，保证室内的语言清晰度。对于有会议同期录音要求的会议室，室内的音质控制是房间声学设计中非常重要的环节。

（9）空调机房、水泵房等设备机房噪声控制主要由以下三方面组成：一是室内吸声降噪，二是维护墙体隔声，三是设备减振处理，如空调系统的消声设计。总体来说，一般采用综合的方式控制噪声源对敏感房间的影响。

以上房间主要是商务酒店中常用的功能房间，而对于不同类型的酒店，由于规模不同，涉及的功能房间也不尽相同。在声学处理中，通常要针对不同的类型功能房间提出不同的解决方案。

6.3 会展中心

6.3.1 会展中心声学环境概述

现代会展建筑是一种以展厅为主体空间，包括会议、酒店、餐厅、娱乐等多种辅助功能空间的建筑综合体，如图 6-2 所示。会展建筑声环境复杂主要体现会展大厅中。主要可以归纳为以下几个方面：（1）展厅空间的混响时间过长。（2）声场分布不均匀，举办会展活动时展厅内人声鼎沸，不仅人们相互间交流困难，无法达到良好的听音要求，而且对观众特别是长时间处于其中的工作人员身体带来了噪声危害。（3）扩声系统使用效果不理想，语言清晰度较差，可辨析度低等，上述问题严重影响了会展建筑的使用，成为亟待解决的问题。空调等设备噪声过大，影响会展活动的顺利展开。

图6-2　某会展中心大厅效果图

6.3.2　声学设计依据

《民用建筑隔声设计规范》GB 50118—2010。

《剧场、电影院和多用途厅堂建筑声学技术规范》GB/T 50356—2005。

《展览建筑设计规范》JGJ 218—2010。

6.3.3　会展中心建筑声学设计指标

1. 混响时间及其频率特性

混响时间是建声设计的基本参数之一。一般来说，混响时间过短，房间清晰度高，但声音干涩沉寂；混响时间过长，语音清晰度和可懂度影响较大，声音混淆不清。

根据不同使用要求，使展厅内具有最佳的混响时间，是音质设计的重要内容之一。根据展厅的使用要求，混响时间可以按照多功能厅堂进行设计。《剧场、电影院和多用途厅堂建筑声学技术规范》GB/T 50356—2005 中规定，多用途厅堂室内最佳混响时间的范围如图 6-3 所示。

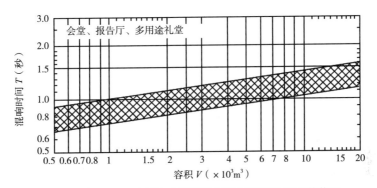

图 6-3　在 500 ~ 1000Hz 时满场状态下合适混响时间 T 的范围

其余各频段混响时间相对于中频（500 ~ 1000Hz）的比值如下表所示，在低频（中心频率 125Hz 的倍频带）的混响时间应有 10% ~ 30% 的提升，在高频（中心频率 2000 ~ 4000Hz 倍频带）的混响时间应有 10% ~ 20% 的降低，整体混响时间频率特性曲线平直，保证在厅内活动的人员能够听清楚扩声系统的发出的全部信息。

混响时间各频率特性比值如见表 6-14。

混响时间各频率特性比值　　　　　　　　　　　　　　　　　　　表 6-14

频率（Hz）	125	250	2k	4k
混响时间比值	1.0 ~ 1.3	1.0 ~ 1.15	0.9 ~ 1.0	0.8 ~ 1.0

2. 允许噪声级

会展建筑各房间内空场时的噪声级规定见表6-15。

室内允许噪声级 表6-15

房间名称	允许噪声级/dB（A）	
	高要求标准	低限标准
会展中心、商场、购物中心	≤ 50	≤ 55
餐厅	≤ 45	≤ 55

人群进入商业空间时，走动及相互间的交流形成人为噪声。人听到的正常谈话声为70dB（A）左右，当噪声超过70dB（A）时，人们为了互相听清，不得不提高音量或缩短谈话距离。噪声超过75dB（A）以后，正常交谈受到干扰，1m以内的交谈必须提高音量，1m以上时需要喊叫。一般认为，50 ~ 60dB（A）左右是购物中心、餐厅、展览馆等商业空间较理想的、有利于交流的噪声水平。

3. 室内吸声

容积大于400m²且流动人员人均占地面积小于20m²的室内空间，应安装吸声顶棚；吸声顶棚面积不应小于顶棚总面积的75%；顶棚吸声材料或构造的降噪系数（NRC）规定见表6-16。

顶棚吸声材料或构造的降噪系数（NRC） 表6-16

房间名称	降噪系数	
	高要求标准	低限标准
会展中心、商场、购物中心等	≥ 0.60	≥ 0.40
餐厅、健身中心	≥ 0.80	≥ 0.40

4. 隔声标准

（1）噪声敏感房间与产生噪声房间之间的隔墙、楼板的空气声隔声性能规定见表6-17。

噪声敏感房间与产生噪声房间之间的隔墙、楼板的空气声隔声标准 表6-17

围护结构部位	计权隔声量 + 交通噪声频谱修正量 R_w+C_{tr}（dB）	
	高要求标准	低限标准
会展中心、购物中心、餐厅等与噪声敏感的隔墙、楼板	> 50	> 45
健身中心、娱乐场所等与噪声敏感房间之间的隔墙、楼板	> 60	> 55

（2）噪声敏感房间与产生噪声房间之间的空气声隔声性能规定见表6-18。

噪声敏感房间与产生噪声房间之间的空气声隔声标准　　　　表6-18

房间名称	计权隔声量 + 交通噪声频谱修正量 $R_{\mathrm{w}} + C_{\mathrm{tr}}$（dB）	
	高要求标准	低限标准
健身中心、娱乐场所等与噪声敏感房间之间	≥ 60	≥ 55
购物中心、餐厅、会展中心等与噪声敏感房间之间	≥ 50	≥ 45

（3）噪声敏感房间的上一层为产生噪声房间时，噪声敏感房间顶部楼板的撞击声隔声性能规定见表6-19。

噪声敏感房间顶部楼板的撞击声隔声标准　　　　表6-19

楼板部位	撞击声隔声单值评价量（dB）			
	高要求标准		低限标准	
	计权规范化撞击声压级 $L_{\mathrm{n,\ w}}$（实验室测量）	计权标准化撞击声压级 $L'_{\mathrm{nT,\ w}}$（现场测量）	计权规范化撞击声压级 $L_{\mathrm{n,\ w}}$（实验室测量）	计权标准化撞击声压级 $L'_{\mathrm{nT,\ w}}$（现场测量）
健身中心、娱乐场所等与噪声敏感房间之间的楼板	< 45	≤ 45	< 50	≤ 50

6.3.4　会展中心建筑声学设计内容

会展中心的声学问题的主要原因就是混响过长导致诸多声学问题，因为会展中心建筑的面积通常较大，导致其体积越大，所以其混响时间越长。混响越长首先导致的就是自然声辨析度差，而且可能会导致回声这样的声学缺陷。其次混响时间越长，扩声系统越容易受到限制。大多数会展建筑展厅空间的中低频混响时间普遍大于3秒，空间声音的可懂度已经受到限制。所以解决会展中心的听闻问题要从混响时间着手。根据吸声减噪设计指标的要求400m² 且流动人员人均占地面积小于20m² 的室内空间，吸声顶棚覆盖是顶棚75%。所以控制室内的总吸声量是解决混响时间长的主要办法，如图6-4所示。

1. 会展中心顶棚声学处理

会展中心内顶棚是声反射的必经之地，也是吸声的有效之处。经过统计各种造型的会展中心顶棚约占馆内总表面积的30%，在吸声处理中占主要地位。声能在展厅中通常通过在地面—顶棚—地面之间多次反射，所以充分利用顶棚的吸声在整个展厅中的效率是最高的。

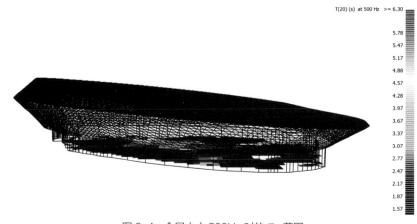

图 6-4　会展中心 500Hz 时的 T_{20} 范围

2. 门的隔声

一般来说，会展建筑大厅的门尺寸大，如若使用高隔声量（R_w–50dB）的门造价高，笨重，使用不便。可将大门入口设计成声闸室。即设置两重隔声门（R_w–35dB），两重门的间距大于 1m。

3. 防范雨噪声

因为会展中心的面积较大，顶棚面积也会较大，当下暴雨的时候，暴雨跌落至屋面可能达到 60dB（A）左右。撞击产生的噪声分为三种：撞击辐射噪声、振动传递（固体噪声）、室内无吸声处理所产生的混响噪声。防范雨噪声可采用屋面彩钢板 + 阻燃减振垫 + 聚砂阻隔振喷涂 + 减振吊钩 + 吸声棉包 + 吊顶的做法，屋面与檩条之间进行减振处理，此构造能将雨噪声减弱至 35dB 左右，同时有效控制了吊顶上方的混响噪声。

4. 空调等设备机房降噪处理

设备安装减振器。管道安装软管，支架及吊钩安装减振器，管道穿墙时做减振处理。

空调机房送至风机盘管的冷水管，其吊钩或支撑需要使用减振吊钩和减振支撑，在穿过墙壁或楼板时要进行减振处理。

机房要安装隔声门，通风管道采用消音风管或消声器。

6.4　学校

6.4.1　声环境概述

一直以来，在学校建筑的设计中，声学设计并没有得到人们足够的重视，国内众多教学建筑都普遍存在声学缺陷。学校作为最主要的学习场所，其室内听闻环境的好坏直接影响到师生间的交流。对学生而言，噪声将引起学习能力的下降，尤其是读写能力、计算能力和记忆力，而突发的噪声更易引起恼怒。国外对学校声学环境进行的大量研究表明，不良声环境对学生的学习成绩和课堂表现都有不利影响，他们在听闻环境不良的教室中很难集中注意力，对声音的辨别能力以及对语言的理解能力都较差，在需要对语义材料进行快速处理才能牢记的记忆力测试中的表现也较差。因此，在学校建筑中，设计师应充分考虑学生的实际情况，做出适合于他们使用的功能设计，体现建筑声学设计的合理性。

6.4.2　室内声学设计指标

1. 允许噪声级

（1）学校建筑中各种教学用房内的噪声级规定见表6-20。

室内允许噪声级　　　　　　　　表6-20

房间名称	允许噪声级（A声级，dB）
语言教室、阅览室	≤ 40
普通教室、实验室、计算机房	≤ 45
音乐教室、琴房	≤ 45
舞蹈教室	≤ 50

（2）学校建筑中教学辅助用房内的噪声级规定见表6-21。

室内允许噪声级　　　　　　　　表6-21

房间名称	允许噪声级（A声级，dB）
教师办公室、休息室、会议室	≤ 45
健身房	≤ 50
教学楼中封闭的走廊、楼梯间	≤ 50

2. 隔声标准

（1）教学用房隔墙、楼板的空气声隔声性能规定见表6-22。

教学用房隔墙、楼板的空气声隔声标准　　　　　　　　表6-22

构件名称	空气声隔声单值评价量 + 频谱修正量（dB）	
语言教室、阅览室的隔墙与楼板	计权隔声量 + 粉红噪声频谱修正量 $R_w + C$	> 50
普通教室与各种产生噪声的房间之间的隔墙、楼板	计权隔声量 + 粉红噪声频谱修正量 $R_w + C$	> 50

续表

构件名称	空气声隔声单值评价量 + 频谱修正量（dB）	
普通教室之间的隔墙与楼板	计权隔声量 + 粉红噪声频谱修正量 $R_w + C$	＞ 45
音乐教室、琴房之间的隔墙与楼板	计权隔声量 + 粉红噪声频谱修正量 $R_w + C$	＞ 45

注：产生噪声的房间系指音乐教室、舞蹈教室、琴房、健身房，以下相同。

（2）教学用房与相邻房间之间的空气声隔声性能规定见表 6-23。

教学用房与相邻房间之间的空气声隔声标准表 6-23

房间名称	空气声隔声单值评价量 + 频谱修正量（dB）	
语言教室、阅览室与相邻房间之间	计权标准化声压级差 + 粉红噪声频谱修正量 $D_{nT,w} + C$	≥ 50
普通教室与各种产生噪声的房间之间	计权标准化声压级差 + 粉红噪声频谱修正量 $D_{nT,w} + C$	≥ 50
普通教室之间	计权标准化声压级差 + 粉红噪声频谱修正量 $D_{nT,w} + C$	≥ 45
音乐教室、琴房之间	计权标准化声压级差 + 粉红噪声频谱修正量 $D_{nT,w} + C$	≥ 45

外墙、外窗和门的空气声隔声标准表 6-24

构件名称	空气声隔声单值评价量 + 频谱修正量（dB）	
外墙	计权隔声量 + 交通噪声频谱修正量 $R_w + C_{tr}$	≥ 45
临交通干线的外窗	计权隔声量 + 交通噪声频谱修正量 $R_w + C_{tr}$	≥ 30
其他外窗	计权隔声量 + 交通噪声频谱修正量 $R_w + C_{tr}$	≥ 25
产生噪声房间的门	计权隔声量 + 粉红噪声频谱修正量 $R_w + C$	≥ 25
其他门	计权隔声量 + 交通噪声频谱修正量 $R_w + C$	≥ 20

教学用房楼板的撞击声隔声标准表 6-25

构件名称	空气声隔声单值评价量 + 频谱修正量（dB）	
	计权规范化撞击声压级 $L_{n,w}$（实验室测量）	计权标准化撞击声压级 $L'_{nT,w}$（现场测量）
语言教室、阅览室与上层房间之间的楼板	计权隔声量 + 交通噪声频谱修正量 $R_w + C_{tr}$	≥ 45
普通教室、实验室、计算机房与上层产生噪声的房间之间的楼板	计权隔声量 + 交通噪声频谱修正量 $R_w + C_{tr}$	≥ 30
琴房、音乐教室之间的楼板	计权隔声量 + 交通噪声频谱修正量 $R_w + C_{tr}$	≥ 25
普通教室之间的楼板	计权隔声量 + 粉红噪声频谱修正量 $R_w + C$	≥ 25

注：当确有困难时，可允许普通教室之间楼板的撞击声隔声单值评价量小于或等于 85dB，但在楼板结构上应预留可能的改善条件。

6.4.3　学校建筑的声学设计

1. 学校建筑的防噪声规划

学校建筑的防噪声规划。取决于用地的选择和总平面设计。学校用地的选择不当，常常成为控制噪声的先天性缺陷，以致在教学楼的设计中采取各种隔声措施就要花费很大的代价，也很难获得相应的效果。因此，学校用地的选择是噪声控制的首要任务。

2. 学校教学楼的防噪声设计

良好的建筑用地和合理的总平面布置，还不能完全解决建筑本身的隔声问题，必须抑制教学楼内的各种噪声源（如音乐教室、劳作室及水泵房等）相互间的噪声干扰。在这方面，教学楼的平面形式和配置方式起着重大的作用。现就目前学校教学楼的几种形式，从防止噪声的观点作如下分析：

学校建筑虽是大量性建筑，但为了满足城市建设各方面的要求，因而常以多种形式的成套标准设计的方式出现，归纳起来不外乎有如下四种形式：即条形平面，U 形平面、L 形平面和工字形平面，如图 6-5 所示。

条形平面的教室楼采用得最少，就北京地区而言：仅占所建中、小学全部平面形式的 7.3%。它的缺点是占地大（与同样容量的教室相比），平面不紧凑，因而联系不便。从声学的观点分析，首先是通长的走廊使噪声不易衰减，其次是难以配置产生噪声的房间（如音乐教室等），使毗邻教室不受干扰，如图 6-5（a）所示。因此，近年的标准设计已基本上不采用这种形式。

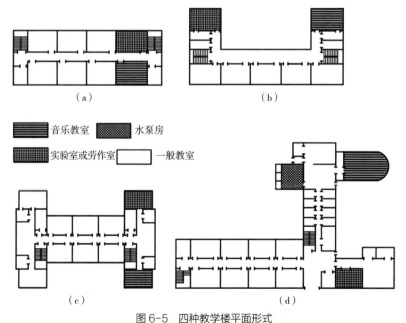

图 6-5　四种教学楼平面形式

（a）条形平面教学楼；（b）U 形平面教学楼；（c）工字形平面教学楼；（d）L 形平面教学楼

为避免上述平面形式的缺点，最广泛采用一种 U 形平面，它占北京地区所建学校全部平面形式的 56%。这种形式避免了条形平面在建筑上的缺点，同时对防止噪声干扰也是有利的。它可以把产生噪声的房间配置在 U 形平面的转角处如图 6-5（b）所示，以减少对教室的噪声影响。但由于与毗邻教室比较挨近，因此对防止噪声干扰的作用并不大。从这一意义来说，L 形平面就有条件把这类房间与教室完全隔离如图 6-5（d）所示。此外，也有可能进行严格的功能分区。因而这种形式逐年在增多。至今占北京地区所建学校的 22%。在学校建筑的平面形式中，也有少数采用工字形平面，如图 6-5（c）所示。这种形式只有在容量很大时才是比较经济的，但它的缺点是由于教室过于集中，因而使产生噪声的房间，无论配置在任何一个位置，都能干扰周围的教室，以防止噪声干扰的观点显然是不恰当的。同时，为了使多数教室获得良好的朝向，这种形式通常是有困难的，因此这种形式仅占 9.7%。此外，还有其他组合形式，如几个条形平面通过廊子连接的形式，以及随用地形状而设计的各种教学楼，约占 5%。

3. 围护结构的选择和提高安静度的措施

教学用房的墙体结构在中、小学建筑中，普遍采用砖墙抹灰。一砖墙（240mm 厚）和半砖墙（120mm 厚）双面抹灰可以满足空气声一级、二级标准，特点是造价低和使用坚固，因此在学校建筑中是较为理想的隔声墙体结构。

在多层或高层建筑的中学和高等学校中，隔墙通常不允许采用砖墙，原因是结构荷载大和黏土砖的使用量有限额。因此，均采用轻质隔墙。如复合石膏板、FC 板（纤维水泥加压板）的隔墙，可以满足一级、二级的隔声标准。由于教室与教室之间往往有门、窗和走廊间接传声，使隔墙的隔声效果受到很大影响。因此，对隔墙提出过高隔声要求是不切实际和不必要的。

对于教室楼板撞击声，由于上下教室同时上、下课，而学生上课时，在地板上发出噪声的机会不多，因此适合于住宅一级标准的楼板构造完全可以满足学校教室的撞击声标准。

例如在 130mm 厚的圆孔钢筋混凝土楼板上做浮筑水泥焦渣或锯末白灰等构造，都能达到计权标准化撞击声压级 65dB 的要求。但对目前多数不作隔声处理的楼板构造，通常接近三级标准（即在计权标准化撞击声级 75dB 左右）。

为提高教学用房的安静度，除了合理地选择围护结构外，还应减少门、窗的侧向传声。降低教室窗之间的传声，可以从教室楼的平面设计中得到改善，如锯齿形的平面设计或在相邻教室间设障板等，有一定的隔声效果。减少教室门之间的传声损失，主要依靠增加走廊内的声吸收。而多数学校走廊的混响时间很长，它起到传声筒的作用，从而恶化了教室间的隔声效果。

为改善教室楼的声环境和减少教室间通过走廊门的噪声干扰，走廊吊顶应作吸声处理。根据实测结果表明：一般顶棚作吸声处理后，15m 的长度距离便可增加约 8dB 的噪声衰减量。同时，还可消除走廊内某些情况下产生的颤动回声现象。近年来，新建的一些学校教学楼的走廊顶部作了矿棉板吸声处理后,都获得了较好的效果。

4. 教室最佳混响时间的确定

教室的最佳混响时间是根据调查测量中使用人员满意的数据加以整理,并参照国内有关建筑声学设计资料中提供的数据确定的。考虑到各类学校教室的容积相差不大,为使用方便起见,按房间使用性质确定混响时间,见表6-26。

各类教室混响时间表 表6-26

房间名称	房间容积（m³）	500Hz 混响时间（秒）（使用状况）	房间名称	房间容积（m³）	500Hz 混响时间（秒）（使用状况）
普通教室	200	0.9	健身房	2000	1.2
合班教室	500 ~ 1000	1.0		4000	1.5
音乐教室	200	0.9		8000	1.8
琴房	< 90	0.5 ~ 0.7	舞蹈教室	1000	1.2

注：表中混响时间值,可允许有0.1秒的变动幅度；房间容积可允许有10%的变动幅度。

5. 教室的形式和改善声场的措施

教室的形式,无论从建筑设计、施工、使用中课桌的安排,采光以及室内声场的分布等方面分析,矩形平面是较为适宜的,而需要改进的是讲台两侧和顶部应设置有利于加强后座声级的反射面。实践证明这种处理措施,可以提高后座同学的语言可懂度,降低老师讲课时的嗓音,从而提高了教学的效果。

除矩形教室以外,在中、小学建筑设计的实践中,为取得教室楼外形艺术效果和改善教室采光的需要,把教室设计成正六边形,也即圆内接六边形,如图6-6所示。这种形式、使教师的讲课声沿周边反射（即常称溜边现象）。致使室内声场不均,而对室内中部学生所发出的声音,则有明显声聚焦现象。因此使用者普遍反映音质不佳而要求改善。

从教室声学和采光方面的要求分析,正五边形的教室平面就有很大的改进。这种形式一次反射声增强后座直达声的强度,从而使声场分布均匀。

此外,国外还有采用圆形的八角形的教室,但都设有声扩散结构或作吸声处理,以防止由教室形状所引起的声学缺陷,这样就会提高造价。因此在确定教室的形式时,必须作全面的考虑,权衡利弊。当确有需要选用某种不利于声学效果的形式时,应在全面分析的基础上,在设计阶段就应做出相应的改善措施,且一次建成,以免建成后发现问题再进行改建,如此不仅会造成浪费,同时在多数情况下,这类改建工作很难付诸实施。

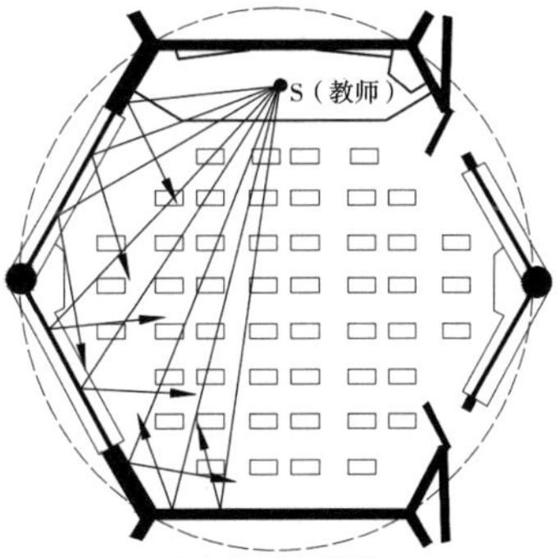

圆内接正六边形

图6-6 正六边形教室声反射状况示意

6. 隔声减噪设计

（1）位于交通干线旁的学校建筑，宜将运动场沿干道布置，作为噪声隔离带。产生噪声的固定设施与教学楼之间，应设足够距离的噪声隔离带。当教室有门窗面对运动场时，教室外墙至运动场的距离不应小于 25m。

（2）教学楼内不应设置发出强烈噪声或振动的机械设备，其他可能产生噪声和振动的设备应尽量远离教学用房，并采取有效的隔声、隔振措施。

（3）教学楼内的封闭走廊、门厅及楼梯间的顶棚，在条件允许时宜设置降噪系数（NRC）不低于 0.40 的吸声材料。

（4）各类教室内宜控制混响时间，避免不利反射声，提高语言清晰度。各类教室空场 500 ~ 1000Hz 的混响时间规定见表 6-30。

6.5　博物馆

6.5.1　声环境概述

博物馆是储存一个地域人类历史文化遗产的重要宝库，也是展示社会文明发展的重要窗口。作为向公众开放的非营利性社会服务机构，它通过陈列、展览、保护文物来展示文化内涵，并承载着教育功能，如图 6-7 所示。在一定意义上，博物馆是一个国家经济发展水平、社会文明程度的重要标志。

图 6-7　某一博物馆牌匾效果图

根据以往经验，结合博物馆建筑的特点分析，博物馆建筑中需要解决的声学问题主要有以下几个方面：

1. 声波对文物的伤害

博物馆的声学设计不同于一般厅堂的扩声设计，不仅需要考虑语言清晰度、声干涉等问题，而是避免声波对文物造成损伤。理论上，声波对文物会造成损害，并且这种损害是不可逆的。噪声对文物的伤害应根据文物的材质和新旧程度而定。纸质、木质、石质、金属质等文物都能够吸收声波，当声波穿透玻璃展柜到达文物的时候，使文物本身发生简正振动，长此以往必然对文物产生损伤。普通玻璃，包括钢化玻璃，其低频吸声系数高于高频吸声系数，而字画类文物的本征振动频率恰在低频范围内。因此，对字画展厅的玻璃需进行特殊声学处理，以提高声反射能力。

2. 声场重叠

在博物馆的多媒体体验区内，往往多个展位具有声源设备。在人流量高峰时，存在多个声源设备同时启动的可能性。此时，若建筑声学设计不当或音频系统不加针对性处理，将使参观者在一个展区内听见多个展区的声场重叠，就会严重影响参观品质；更重要的是，重叠的声场将增加嘈杂感，就会降低博物馆的高雅性。

3. 声聚焦

博物馆展厅的造型富有设计感，流线型设计大行其道。然而这种设计产生的凹面必然形成集中反射，使反射声聚焦在场馆内的某个区域，造成声音在该区域特别响的现象。声聚造成声能过分集中，使声能汇聚点的声音嘈杂，而其他区域听音条件变差，扩大了声场的不均匀度，严重影响参观者的听音条件。

4. 颤动回声

博物馆的部分展厅，采用回廊式布局，两边的展示橱窗距离较近，且均为对声波有强反射作用的钢化玻璃，再加上对顶棚和地板的处理方式随意，装修时没有布设吸声材料。如此，当展品需要与观众进行声频互动时，无论是吸顶式音箱还是壁挂式音箱，都不可避免地产生声波的持续平行反射，即颤动回声。这将严重影响语言清晰度，是灾难性的声学缺陷。

5. 混响时间过长

混响时间过长是厅堂扩声中常见的声学缺陷。相比于剧场、会议室，博物馆内的人员较少，人体吸声作用有限，更没有座椅吸声的条件。故只能在建筑声学材料上对混响时间加以调节。

根据赛宾公式，混响时间 $RT_{60}=0.161V/Sa$，其中 a 表示房间表面的平均吸声系数，V 表示房间体积，S 表示房间内部表面积。显然，V 是一个相对常量，而 S 可以通过材料进行更改，a 在大量使用玻璃材料的展馆内往往较小。以这些客观条件为基础，我们可以通过建声设计定量调节混响时间。

6. 噪声控制

外部环境噪声控制，包括外部交通的噪声，博物馆的选址应远离高速路、机场、铁路线、车站、港口、码头等存在显著噪声影响的区域与振动噪声源；合理地设计外墙结构，外窗及幕墙结构，控制外部环境噪声对博物馆建筑内部的影响。

内部环境噪声控制，包括博物馆建筑内部水泵、空调机组等机械设备的噪声控制，导游讲解声，游客交谈声等。

7. 音质控制

博物馆内部剧场、报告厅、研讨教室等音质要求较高房间的音质设计，保证有足够的响度、良好的语言清晰度。声场分布均匀，并无对听音形成干扰的音质缺陷。

6.5.2　声学设计依据

《展览建筑设计规范》JGJ 218—2010。

《剧场、电影院和多用途厅堂建筑声学技术规范》GB/T 50356—2005。

《民用建筑隔声设计规范》GB 50118—2010。

《博物馆建筑设计规范》JGJ 66—2015。

6.5.3　主要声学技术指标

1. 混响时间

博物馆应有较低的混响时间，保证导游的讲解、游客交流和广播的语言清晰度。根据《博物馆建筑设计规范》JGJ 66—2015 中规定，公共区域，包括展厅、门厅、教育用房等公共区域混响时间控制见表 6-27。

博物馆各用房混响时间控制　　　　　　　　　　　　　　　　表 6-27

房间名称	房间体积（m³）	500Hz 混响时间（使用状态，秒）
一般公共活动区域	200 ~ 500	≤ 0.8
	501 ~ 1000	1.0

房间名称	房间体积（m³）	500Hz 混响时间（使用状态，秒）
一般公共活动区域	1001 ~ 2000	1.2
	2001 ~ 4000	1.4
	> 4000	1.6
视听室、电影院、报告厅	—	0.7 ~ 1.0

注：特殊音效的 3D、4D 影院应根据工艺设计要求确定混响时间。

2. 噪声控制

博物馆建筑的室内允许噪声级规定见表 6-28。

博物馆建筑的室内允许噪声级　　　　　　　　　　　表 6-28

房间类别	允许噪声级（A 声级，dB）
有特殊安静要求的房间	≤ 35
有一般安静要求的房间	≤ 45
无特殊安静要求的房间	≤ 55

注：1 特殊安静要求的房间指报告厅、会议室等；有一般安静要求的房间指一般展厅、研究室、行政办公及休息室等；无特殊安静要求的房间指以互动性展品为主的展厅、实验室等。
　　2 对邻近有特别容易分散观众听讲解注意力的干扰声时，表中的允许噪声级应降低 5dB。
　　3 室内允许噪声级应为关窗状态下昼间和夜间时段的标准值。

3. 隔声要求

博物馆建筑不同房间围护结构的空气声隔声标准和撞击声隔声标准规定见表 6-29。

博物馆建筑不同房间围护结构的空气声隔声标准和撞击声隔声标准　　　表 6-29

房间类型 围护结构或楼板部位	空气声隔声标准 隔墙及楼板 计权隔声量（dB）	撞击声隔声标准 层间楼板计权 标准化撞击声压级（dB）
有特殊安静要求的房间与一般安静要求的房间之间	≥ 50	≤ 65
有一般安静要求的房间与产生噪声的展览室、活动室之间	≥ 45	≤ 65
有一般安静要求的房间之间	≥ 40	≤ 75

注：1 产生噪声的房间系指产生噪声的以操作为主的展示室、学生活动室等以及产生噪声与振动的机械设备用房。
　　2 博物馆建筑的空间布局，应结合功能分区的要求，将安静区域与嘈杂区域隔离。
　　3 对产生噪声的设备应采取隔振、隔声措施，博物馆内的机电设备，如空调机组、通风机组、冷水机组、冷却塔、柴油发电机组等设备，均应选用低噪声产品，并宜将其设于地下。
　　4 公众区域应避免产生声聚焦、回声、颤动回声等声学缺陷。

6.5.4　声学设计内容

1. 综合大厅

综合大厅作为博物馆的重要组成部分，是参观过程中首先接触的部门，因此综合大厅在某种程度上肩负着塑造博物馆良好形象的重任。同时，参观人员在综合大厅停留时间相对较长，因此综合大厅内部声环境的优劣会极大地影响参观人员的总体感受。

综合大厅面积较大，人员较为密集。要求室内中频混响时间不大于 1.6 秒，室内噪声水平小于 55dB（A）。因此需要在综合大厅顶棚和四周墙面安装吸声材料，尽量少使用或不使用反射类材料。顶棚墙面建议采用平均吸声系数宜不小于 0.60 的可满足任意造型无缝吸声材料。综合大厅的隔墙及楼板的计权隔声量空气声隔声应不小于 50dB，层间楼板计权标准化撞击声压级不大于 65dB。

2. 展厅

展示区应避免产生声聚焦、回声、颤动回声等声学缺陷。展示区活动区域的混响时间是声学效果的重要指标，一般情况下宜短不宜长，室内有良好的语言清晰度，听音清晰有力，根据展示区的容积大小设计 500 ~ 1000HZ 混响时间按博物馆一般公共活动区域混响时间范围上限的要求 RT 不大于 1.6 秒。

展示区活动区域的顶棚和墙面宜做吸声处理，以改善展示区活动区域的声环境质量，给参观人群以宁静舒适的感觉，其顶棚平均吸声系数宜不小于 0.70，墙面吸声的平均吸声系数宜不小于 0.60。展示区的隔墙及楼板的计权隔声量空气声隔声应不小于 45dB，层间楼板计权标准化撞击声压级不大于 65dB（少数据）。

3. 课堂

课堂是以语言类为主的声学空间，所以语言的清晰度就显得非常重要。而语言的清晰度和混响时间的长短以及响度的大小相关联。在响度一定的情况下，混响时间短清晰度越高。但混响时间过短声音又缺乏丰满度，所以课堂的中频混响时间控制 0.8 秒左右适宜。课堂的隔墙及楼板的计权隔声量空气声隔声应不小于 50dB，层间楼板计权标准化撞击声压级不大于 65dB。

在讲台两侧和顶部设置反射面，将声音反射至教室后部，可以提供后排座位的声压级，从而改善这些座位的语言可懂度。为避免颤动回声和驻波等声学缺陷现象，平行的墙面应该尽量做得凹凸不平，并布置反射扩散体，来增强反射声并利于声场均匀。或者将一面墙布置吸声材料，另一面墙不布置吸声材料从而避免声学缺陷。

由于顶棚可以把声音反射给听众而不受到遮挡，因此，顶棚靠近讲台的部分应尽量不设置吸声材料，以便均匀的把早期反射声分布到各个方向。顶棚后部由于易于使反射声延时太长，因此一般要做吸声处理。

4. 咖啡区、博物馆商店

咖啡区、博物馆商店允许噪声级不得高于 55（dBA），保证厅内有较低的噪声级、良好的语言清晰度，为顾客提供安静的购物、交流环境。为打造商店良好的声环境，语言清晰度应设定为 60% ～ 70%。商店要达到较好的声环境和语言清晰度，应安装吸声顶棚；吸声顶棚面积不应小于顶棚总面积的 75%；顶棚吸声材料或构造的降噪系数（NRC）不小于 0.60，中频（500 ～ 1000Hz）混响时间应在 1.0±0.1 秒。同时要避免商店内的噪声对其他区域的干扰，咖啡区、博物馆商店的隔墙及楼板的计权隔声量空气声隔声应不小于 45dB，层间楼板计权标准化撞击声压级不大于 65dB。

5. 贵宾厅

贵宾厅是作为接待客人之用，根据贵宾厅的用途，需要满足一定的语言清晰度，并且无明显回声、颤动回声等音质缺陷，对其要采用强吸声措施，降低室内混响时间，保证厅内语言清晰度。根据贵宾室的面积大小，室内混响时间应控制在 0.6±0.1 秒。贵宾厅的隔墙及楼板的计权隔声量空气声隔声应不小于 50dB，层间楼板计权标准化撞击声压级不大于 65dB。建筑声学建议顶棚可采用降噪系数（NRC）不小于 0.60 的吸声材料或构造，语言清晰度可达到 60% 以上，适合小型会议、谈话使用。

6. 办公用房

办公用房应主要注意房间内的语言私密性和其室内的背景噪声控制，相邻办公室之间的隔墙应延伸到吊顶棚高度以上，并与承重楼板连接，不留缝隙。要求其背景噪声水平小于 40dB，办公室房间外的走廊吊顶内，不应设置有振动和噪声的机电设备，混响时间在 0.5 ～ 1.0 秒，上空应设置吸声材料或吸声构造，吸声材料降噪系数（NRC）应不小于 0.60。

7. 室内空调、送回风系统消声处理

室内通风系统的空气动力性噪声是室内噪声重要组成之一，为降低室内噪声，避免噪声的影响，室内空调、送回风系统应采取必要的消声处理，根据声源噪声及风道内空气气流的附加噪声，并考虑了噪声衰减后，与使用房间或周边环境允许的噪声标准的差值，结合其噪声的频谱特点，选择消声器型式和段数。通风系统有消声要求的通风空调机组的进出口风管上至少应设置一段消声器，以防止风管出机房后一些部件的隔声不力所引起的传声。当机房外的风道有足够的直管长度时，其余的消声器宜设于此风道上（主管和支管）。当所有消声器均设于机房内时，从消声器至风道出机房围护结构之间的风道应做好隔声处理，防止机房噪声二次传入风管。当一个通风系统带有多个房间时应尽量加大相邻房间风口的管路距离，当对噪声有较高要求时，宜在每个房间的送、回风及排风支管上进行消声处理，以防止房间串声。声学要求高的房间应设置独立的空调通风管道。

8. 设备机房减振处理

产生噪声的建筑服务设备等噪声源（空调机房、水泵房、变压器室）宜单独设置在建筑

之外。这些设备在运行时产生的噪声会通过机房的围护结构进行固体传导或者空气传播影响到机房外部一些功能区的正常运行。为减小上下层的相互影响，应加强楼板的隔声处理，机房内壁表面应设置吸声处理。置于屋顶层的机械设备（空调机组、冷水机组等）应避免与屋顶的直接连接，采取相应的减振处理，必要时应采取声屏障或隔声罩等处理。

6.6　图书馆

6.6.1　图书馆声环境概况

图书馆作为阅读、学习的重要场所，需要安静的环境，使读者能够全神贯注投入阅读和学习中。在图书馆中，人们会自觉地保持安静，在这样一个环境中，翻书声、脚步声、外界的噪声、空调系统噪声等等都会显得刺耳。不同的区域间要求噪声互不干扰，馆内的吸声和隔声都应进行统一的设计，如图 6-8 所示。

根据以往经验，结合图书馆建筑的特点分析，图书馆建筑中需要解决的声学问题主要有以下几个方面：

（1）回声：是指强度和时间差到足以引起听觉将它与直达声区分开来的反射声，从单一声源产生的一串可分的回声。室内两个界面之间距离大于一定数值时，当在其中间之声源发声时，即将产生多重回声。回声的出现会影响听者的注意力，影响声音的清晰度，破坏立体声聆听的声像定位效果，所以在图书馆内，回声是应该防止的。

图 6-8　某图书馆大厅效果图

（2）颤动回声：当声源在两个平行界面或一平面与一凹面之间发生反射，界面之间距离大于一定数值时，所形成的一系列回声。颤动回声会引起听力疲劳，使人感到厌烦。这样会使人们无法静心，而丧失图书馆的作用。

（3）声聚焦：凹曲面对声波形成集中反射的现象，它使声能集中于某一点或某一区域致使声音过响，而其他区域则声音过低，是音质设计中的缺陷之一。声聚焦现象会造成声能过分集中，使声能汇聚点的声音嘈杂，而其他区域听音条件变差，扩大了声场不均匀度，严重影响听众的听音条件。应该防止这种缺陷。

（4）声影区：由于障碍物或折射的原因，产生声音辐射不到的区域。在声影区内、声压级很低，音量很轻。因此声影区的存在也是声压不均匀的原因，应防止。

（5）由于室内频率响应的变化，使原始声音信号被赋予外加的音色特点。对于容积小的听音室，本征频率在低频段分布不够密集连续、因此在低频段易产生"共振"的音染现象，应该采用措施防止。共振现象产生的声染色效应，引起声音信号的失真，产生主观听感上的厌恶情绪。严重影响听音效果。

综上所述，前四种缺陷一般在大厅中容易发生，解决的方法应用几何声学的有关规律，而第五种则多发生于小室，应从波动声学的角度加以考虑，消除音质缺陷。

6.6.2　声学设计依据

《图书馆建筑设计规范》JGJ 38—2015

6.6.3　声学设计指标

根据《图书馆建筑设计规范》JGJ 38—2015 中的建议，图书馆各类用房或场所的噪声级分区及允许噪声级规定见表 6-30。

图书馆各类用房或场所的噪声级分区及允许噪声级　　表 6-30

噪声级分区	用房或场所	允许噪声级 dB（A）
静区	研究室、缩微阅览室、珍善本阅览室、舆图阅览室、普通阅览室、报刊阅览室	40
较静区	少年儿童阅览室、电子阅览室、视听室、办公室	45
闹区	陈列室、读者休息区、目录室、门厅、卫生间、走廊及其他公共活动区	50

图书馆属于偏语言类的声学空间，对语言清晰度要求较高，混响时间较短，根据实际经验来说，混响时间应该控制在中频 500Hz：0.6 ~ 0.8 秒，混响时间频率特性接近于平直。避

免声聚焦、颤动回声等易在厅堂空间出现的声学缺陷。

电梯井道及产生噪声和振动的设备用房不宜与有安静要求的场所毗邻，否则应采取隔声、减振措施。

6.6.4　声学设计内容

1. 阅览区

图书馆的阅览区是一个开敞的空间，集阅、藏、借、管为一体，为读者提供多种选择性。环境噪声的干扰不可忽视，特别是图书馆建于企业厂界周围或是交通干道附近时，外界噪声与振动的影响更为严重。

（1）墙面：为满足自然采光的需求，图书馆外墙常采用玻璃幕墙或者玻璃窗，这是隔声最薄弱的环节。降低外界环境噪声干扰的首要任务是提高玻璃幕墙、玻璃窗的隔声性能，其做法可参照隔声窗构造进行，影响其隔声性能的主要因素有密封性、吻合效应、整体耦合和共振。材料可以选择不同厚度的中空 Low-E 玻璃，不仅能够获得较好的隔声和采光性能，并且保温性能良好，节约能耗，这也是绿色建筑所倡导的。

（2）顶棚：图书馆内部噪声主要包括设备噪声和读者发出的声音，在这类多噪声源环境下，顶棚的吸声减噪的效果较佳。顶棚吸声材料降噪系数（NRC）应不小于 0.60。

（3）地面：此外，还可在阅读区地面铺设地毯，既能起到吸声的作用，又可以减缓脚步声以及椅子拖动带来的噪声。

2. 视听室

多媒体视听室是现代化图书馆的重要组成部分。为满足学生对网络环境多媒体资源利用的需要，图书馆建成集视听、观影、数字体验、研习于一体的多媒体视听室，通过视听文献资源及相关延伸服务，帮助读者学习语言，传播科技文化知识，开展丰富的文化活动等。根据视听室功能用途，可知视听室需听音清晰、声场均匀，没有驻波、回声、颤动回声等声学缺陷。

（1）音质设计。

根据图书馆团体视听室音视频设计采用的国家标准，《剧场、电影院和多用途厅堂建筑声学技术规范》GB/T 50356—2005;《声环境质量标准》GB 3096—2008;《建筑隔声评价标准》GB/T 50121—2005 中的相关规定，报告的声学参数应满足如下要求：

1）足够的响度（声压级）。在没有噪声干扰情况下，观众听到的重放声应既不感到费力，又不感到震耳。通常要求有 85dB 的平均声压级，考虑到音乐高潮的不失真重放，可再留有 10dB 余量，数字环绕声系统更应有 20 ~ 30dB 动态余量。

2）均匀的声场分布。声场分布均匀，可保证整个厅堂内各点声能分布均匀，各区域内观众听到的响度基本一致。通常，均匀的声场分布应保证整个厅堂内最大声压级和最小压级之间不超过 6dB，最大 / 最小声压级与平均声压级之间最好不超过 3dB。

3）合适的混响时间。混响时间是影响影院音质的一个重要参数，混响时间控制合适就能提高语言清晰度和音色丰满度，有助声像定位，同时增加响度和声扩散。

4）频率响应和有效频率范围。频率响应是指在反馈给扬声器电压（一般为 1/10 额定噪声功率电压）不变情况下，扬声器在参考轴上距参考点为一定距离时输出声压随频率变化特性，它反映了扬声器对不同频率声波的辐射能力。频率响应通常用扬声器输出声压级随频率变化曲线表示，称为频率响应曲线。

5）信噪比应满足要求。室内环境噪声对正常听觉会产生干扰和掩蔽作用，影院内噪声应低于 42dB。

（2）隔声设计。

1）门：可采用"声闸"式双层隔声门。即把墙体加厚，设置内、外开两道木质门体，这样相当于两层门且加入了空气弹簧，会弥补木门由于质量不足从而导致的隔声量不高。两扇木质门体可采用多层不同厚度的板材且在门体空腔中填充松软吸声材料的方式制作，为避免吻合效应，也可以在板体内侧涂刷阻尼材料（如沥青漆、纤维喷涂材料），来抑制板体的共振。如此实施，在保证整体装饰外观的情况下，很大程度地提升了隔声量。

2）降低空气和结构传声：为了提高墙体的隔声量，房间可以采用"房中房"方式进行基层处理 ①地面：制作浮筑地板。地面基材采用"松软材料（如岩棉，玻璃棉）+复合板材防水层 +50mm 水泥垫层"制作，面上再铺设室内装饰所需要的材料。②墙面：原墙面 +100mm 空腔 + 轻钢龙骨（内铺设 50mm 聚酯纤维吸声棉）+15mm 厚减振隔声板。外墙面最好进行隔声处理：龙骨 + 空气层 + 吸声棉 + 石膏板 + 共振吸声结构板。③顶面：在原楼板 + 减振吊钩 + 轻钢龙骨 + 减振隔声板。上述做法可以保证房间的整体隔声效果。

3）音响设备减振处理。

为避免结构传声，地面及吊挂音箱必须采用减振措施。吊挂音箱的上端加设弹簧吊架减振器，地面音箱应该有独立的基座，加装一定厚度的减振垫。

4）混响时间控制。

①墙面：前墙及侧墙采用木质吸声板，还可挂上吸声性好的厚窗帘。可以保证足够的吸声。为了避免驻波的出现，在前墙墙角设置低频陷阱。同时，在顶面第一反射区设置扩散吸声结合结构（可以采用"十字栅格 + 吸声体"的方式）；侧墙设置扩散体（可以用连续的半圆或者三角柱体形态，面层为吸声材料）。

②地面：为避免过强的声反射，采用软木地板，放置一定厚度的地毯。

3. 大厅

图书馆大厅是反映给人的第一感觉，同时图书馆大厅包括入口、存物、出入口的控制台、门卫管理等。入口处要求与其他部分联系方便，并且便于管理。大厅要求背景噪声低于55dB。

（1）地面：应尽可能多布置有吸声功能的地毯、植物、皮革家具。

（2）墙面可部分使用高清晰度、超大规格的吸声板，以减少普通吸声材料的用量，既可美化视觉效果，又可有效消除回声，缩短大堂内的混响时间。设置一些具有流线感的凸面、弧面造型或浮雕装饰，以利于消除颤动回声。

（3）顶棚：根据装饰要求使用 NRC 大于 0.60 的吸声材料。

4. 室内空调、送回风系统消声处理

室内通风系统的空气动力性噪声是室内噪声重要组成之一，为降低室内噪声，避免噪声的影响，室内空调、送回风系统应采取必要的消声处理，根据声源噪声及风道内空气气流的附加噪声，并考虑了噪声衰减后，与使用房间或周边环境允许的噪声标准的差值，结合其噪声的频谱特点，选择消声器型式和段数。通风系统有消声要求的通风空调机组的进出口风管上至少应设置一段消声器，以防止风管出机房后一些部件的隔声不力所引起的传声。当机房外的风道有足够的直管长度时，其余的消声器宜设于此风道上（主管和支管）。当所有消声器均设于机房内时，从消声器至风道出机房围护结构之间的风道应做好隔声处理，防止机房噪声二次传入风管。当一个通风系统带有多个房间时应尽量加大相邻房间风口的管路距离，当对噪声有较高要求时，宜在每个房间的送、回风及排风支管上进行消声处理，以防止房间串声。声学要求高的房间应设置独立的空调通风管道。

5. 设备机房减振处理

产生噪声的建筑服务设备等噪声源（空调机房、水泵房、变压器室）宜单独设置在建筑之外。这些设备在运行时产生的噪声会通过机房的围护结构进行固体传导或者空气传播影响到机房外部一些功能区的正常运行。为减小上下层的相互影响，应加强楼板的隔声处理，机房内壁表面应设置吸声处理。置于屋顶层的机械设备（空调机组、冷水机组等）应避免与屋顶的直接连接，采取相应的减振处理，必要时应采取声屏障或隔声罩等处理。

6.7　多功能厅

6.7.1　声环境概述

多功能厅是供举行大型会议报告使用。除会议外，还应考虑为会议即兴演出（音乐、歌舞、电影）和学术讨论、演讲、新闻发布等多功能使用的可能性。多功能厅经过合理的布置，

并按所需增添各种功能，增设相应的设备和采取相应的技术措施，就能够达到多种功能的使用目的，也提高了经济效益，广受欢迎。这种多功能大厅在形式上与剧场大体相同，都有舞台和观众厅两个空间，多数并设有乐池。坐席数量多在 1000 以上，规模大的坐席数量可达 2000，如图 6-9 所示。

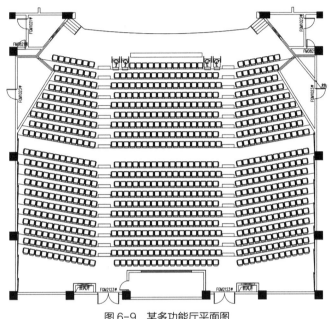

图 6-9　某多功能厅平面图

6.7.2　声学设计依据

《剧场、电影院和多用途厅堂建筑声学设计规范》GB/T 50356—2005。

《民用建筑隔声设计规范》GB 50118—2010。

《建筑隔声评价标准》GB/T 50121—2005。

《声环境质量标准》GB 3096—2008。

《室内混响时间测量规范》GB/T 50076—2013。

6.7.3　音质评价技术参数

1. 混响时间及其频率特性

混响时间是最早提出的也是至今最重要的音质评价指标，它由赛宾（Sabine）于 1895 年提出，定义为声音已达到稳态后停止声源，平均声能密度自原始值衰变到其百万分之一（60dB）所需要的时间，以秒计。在实际测量过程中，总会存在背景噪声，当背景噪声级与接收点实际声级的差值小于 60dB 时，由于噪声的掩蔽作用，声音将难以衰变到原始值的百万分之一。此时，可用平均声能密度自原始值衰变 30dB（或 20dB）外推至衰变 60dB 所需的时间作为混响时间，以 T_{30}（或 T_{20}）标记。以后来依林（Eyring）发现在吸收较大的房间中（平均吸声系数大于 0.2 时），需要对赛宾混响公式进行修正，在室内音质的计算机模拟计算中一般采用 Eyring 公式，以下式计算：

$$T_{60} = \frac{0.161V}{-S\ln(1-\alpha) + 4mV} \tag{6-1}$$

式中　V——房间容积（m^3）；

　　　S——室内总表面积（m^2）；

　　　α——室内平均吸声系数；

　　　m——空气中声衰减系数（m^{-1}）。

混响时间是建声设计的基本参数之一。一般来说，混响时间过短，房间清晰度高，但声音干涩沉寂；混响时间过长，语音清晰度和可懂度影响较大，声音混淆不清。

根据不同使用要求，使多功能观众厅具有最佳的混响时间，是音质设计的重要内容之一。根据多功能厅使用要求，混响时间按照多功能厅堂进行设计，《剧场、电影院多用途厅堂建筑声学设计规范》GB/T 50356—2005 中规定，多用途厅堂室内混响最佳混响时间范围如下图 6-10 所示。

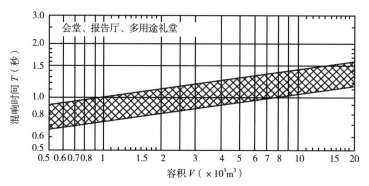

图 6-10　会堂、报告厅和多用途礼堂对不同容积 V 的观众厅，
在 500～1000Hz 时满场的合适混响时间 T 的范围

其余各频段混响时间相对于中频（500～1000Hz）的比值如下表所示，在低频（中心频率 125Hz 的倍频带）的混响时间应有 10%～30% 的提升，在高频（中心频率 2000～4000Hz 倍频带）的混响时间应有 10%～20% 的降低，整体混响时间频率特性曲线平直，保证在厅内活动的人员能够听清楚扩声系统的发出的全部信息。

混响时间各频率特性比值见表 6-31。

频率（Hz）	125	250	2k	4k
混响时间比值	1.0 ~ 1.3	1.0 ~ 1.15	0.9 ~ 1.0	0.8 ~ 1.0

混响时间各频率特性比值　　　　　　表 6-31

2. 背景噪声控制

根据《剧场、电影院和多用途厅堂建筑声学设计规范》GB/T 50356—2005 中规定会堂、报告厅和多用途礼堂的厅内噪声限值见表 6-32，采用自然声时，会展中心内背景噪声应满足 NR-30，采用扩声系统时，会展中心内背景噪声应满足 NR-35。自然声报告时，厅内噪声级不大于 35dBA；采用扩声系统时，应低于 40dBA。

会堂、报告厅和多用途礼堂的厅内噪声限值　　　　　　表 6-32

NR（dBA）	31.5	63	125	250	500	1000	2000	4000	8000
NR-30（dBA）	76	59	48	39	34	30	26	25	23
NR-35（dBA）	79	63	52	44	38	35	32	30	28

3. 声场不均匀度

声场不均匀度以描述厅内各位置声场分布均匀程度的指标，以不同位置的声压级差值来表示。声场不均匀度反映了听音区的音质差异，在自然声源的条件下，厅内声场不均匀度应不大于 ±4dB，最大与最小声级差值不大于 8dB。

4. 语言传输指数 STI

语言传输指数是评价厅堂扩声或通信系统声音质量的一项重要指标。它指的是语言由发音人发出，经过一定的传输通道到达听者时声音的清晰程度，尤其对以语言扩声为主的场所或语言通信系统来说，语言传输指数是反映其声音传输质量的重要依据，见表 6-33。

会堂、报告厅和多用途礼堂的厅内噪声限值　　　　　　表 6-33

STI	< 0.3	0.3 ~ 0.45	0.45 ~ 0.60	0.60 ~ 0.75	≥ 0.75
语言可懂度等级	劣	差	中	良	优

5. 清晰度 D_{50}

语言清晰的客观指标，定义为 0 ~ 50 毫秒内反射声与总声能的比值（其最终目的与 STI 一样还是为了反映语言可懂度这一指标）。

$$D_{50} = \frac{\int_{0ms}^{50ms} p^2(t)dt}{\int_{0ms}^{\infty} p^2(t)dt} \%$$

（6-2）

其中，$P(t)$ 为接受点的脉冲响应。D 值越大，则清晰度越高，极端情况在自由场时，$D = 1$。D_{50} 大于 0.5，语言可懂度就能达到 90%。$D_{50}=0.7$，语言可懂度为 95%。相关标准建议其范围为 0.3 ～ 0.7 之间。

6.7.4 声学设计内容

1. 一般要求

（1）会堂、报告厅和多用途礼堂的观众厅音质主要应保证语言清晰，厅内各处还宜有合适的相对强感（强度因子）和均匀度。观众厅内任何位置上不得出现回声、多重回声、颤动回声、声聚焦和共振等缺陷，且不受设备噪声、放映机房噪声及外界环境噪声的干扰。

（2）观众厅的容积超过 1000m² 时宜使用扩声系统，并应把扬声器位置作为主要声源点。

2. 观众厅体型设计

（1）观众厅平面和剖面设计，在声源为自然声时，应使厅内早期反射声声场均匀分布。到达观众席的早期反射声相对于直达声的延迟时间宜小于或等于 50 毫秒（相当于声程差 17m）。

（2）观众厅的每座容积宜为 3.5 ～ 5.0m²/ 座。对有台口镜框式舞台的观众厅，其容积计算按舞台大幕线为界限。

（3）设有楼座的观众厅，跳台的出挑深度 D 不宜大于楼座下开口净高度 H 的 1.5 倍。

（4）以自然声为主的观众厅，每排座位升高应根据视线升高差 C 值确定，C 值宜大于或等于 120mm。

3. 音质设计

（1）多功能区顶棚声学处理。

多功能厅内顶棚是声反射的必经之地，也是吸声的有效之处。考虑多功能厅会被分隔为多个分隔厅使用，所以为保证装饰的完整性，控制每个分隔厅的混响时间，建议充分利用顶棚的吸声，提出厅内吸声顶棚的平均吸声系数要求达到 0.6 ～ 0.8（$\bar{a} = 0.6 ～ 0.8$）。

（2）多功能厅墙面声学处理。

根据多功能厅用途，可知多功能厅需要满足较高的语言清晰度，所以需要在多功能厅墙面合理布置吸声材料，控制厅内混响时间控制在多功能厅容积所对应的最佳混响时间范围内，同时能够消除回声、颤动回声等声学缺陷和降低背景噪声。

4. 噪声控制

应考虑防止各项噪声源对观众厅的干扰。这些噪声源包括下列方面：

（1）建筑物内设备噪声。包括观众厅的空调系统、送回风系统（包括电扇）和电器系统噪声，以及出入口门开关碰撞声和座椅翻动声等噪声。

（2）外界传入观众厅的噪声。既包括来自房屋内其他部分的噪声，如来自休息厅的喧哗，放映机房、舞台设施、办公室和厕所设备等处的噪声，也包括户外交通噪声（车辆、铁路、航空等噪声）以及其他社会噪声。

（3）与本建筑物相关设施的其他噪声源。

5. 噪声控制及其他相关用房的声学要求

（1）观众厅宜利用休息厅（廊）、前厅等作为隔绝外界噪声和防止对外界干扰的措施之一。休息厅（廊）和前厅宜做吸声降噪处理。观众厅的出入口宜设置声闸、隔声门。

（2）声控室观察窗敞开时应使操作者能直接听到观众厅的音质实效。观察窗关闭时的中频（500 ~ 1000Hz）隔声量宜大于或等于 25dB。

（3）同声传译室围护结构的中频（500 ~ 1000Hz）隔声量宜大于或等于 45dB。声控室和同声传译室的混响时间宜为 0.3 ~ 0.5 秒，频率特性平直。空调系统在上述各室内所产生的噪声不宜超过 NR-25。

（4）侧台直接通向室外的门，应考虑隔离外界噪声对舞台上演出时的干扰。

（5）舞台大幕开关时的噪声，在观众席第一排中部不应大于 NR-40。升降乐池和其他舞台机械设备运行噪声，在观众席第一排中部不应大于 NR-45。

（6）声乐、器乐练习用房应考虑房间长宽高的比例及声场扩散条件，并宜加装简易帘幕调节吸声。视容积不同，其中频（500 ~ 1000Hz）混响时间宜为 0.4 ~ 0.6 秒。空调系统噪声宜小于 NR-30。

（7）排练厅应考虑房间的声场扩散条件。中频（500 ~ 1000Hz）混响时间宜为 1.0 秒，频率特性平直。空调系统噪声宜小于 NR-35。

（8）空调机房、风机房、冷却塔、冷冻机房和锅炉房等设备用房宜远离观众厅及舞台。当与主体建筑相连时，应采取良好的降噪隔振措施。

（9）放映机房与观众厅之间隔墙的中频（500 ~ 1000Hz）隔声量宜大于或等于 45dB。放映机房宜做吸声降噪处理。

（10）多厅式电影院相邻观众厅的中频（500 ~ 1000Hz）隔声量不应低于 60dB，低频（125 ~ 250Hz）隔声量不应低于 50dB。

6.8　会议厅堂

6.8.1　项目概况

　　会议厅的声学设计应确保厅内的语言清晰度，通常采用强吸声短混响的声学处理方式。会议厅的规模（容积和容量）的差异较大，小至十几人，容积 $100m^3$ 左右；大的可容纳万名听众，容积为 $100000m^3$ 乃至更大规模的会议厅，差距达千倍。因而相应的混响时间差别也很大，必须根据容积确定混响时间值，通常在 0.5 ～ 1.8 秒范围内；会议厅的等级、用途和标准的差异很大，既有本部门或本系统的会议厅，也有供国际会议使用的各类会议厅、室。由于等级、用途和标准的不同，所用的设备、内装修和声学处理，显然也有较大的差别。由于会议厅均采用强吸声、短混响的声学处理方式，因此，体形在声学上作用不大，选择比较自由。会议厅根据容量和用途可采用扩声系统，也可用自然声，这在建筑设计和声学处理上也将区别对待如图 6-11 所示。

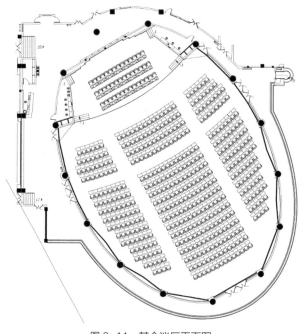

图 6-11　某会议厅平面图

6.8.2　设计依据

　　《剧场、电影院和多用途厅堂建筑声学技术规范》GB/T 50356—2005。

　　《办公建筑设计标准》JGJ/T 67—2019。

　　《民用建筑隔声设计规范》GB 50118—2010。

6.8.3 主要声学技术指标

1. 混响时间及其频率特性

会议室根据用途，需要满足一定的语言清晰度，要采用短混响声学设计；同时无明显回声和颤动回声等的声学缺陷；因此，需要用强吸声措施，降低室内混响时间，保证厅内语言清晰度。根据《剧场、电影院和多用途厅堂建筑声学设计规范》GB/T 50356—2005中规定，不同体积会议厅、报告厅和多用途礼堂最佳混响时间如图6-12所示。

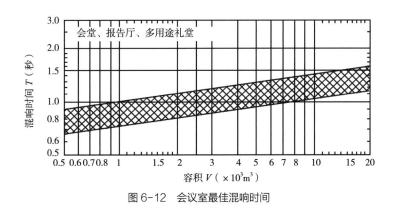

图6-12 会议室最佳混响时间

会议中心内满场混响时间各频率特性比值见表6-34。

会议中心内满场混响时间各频率特性比值 表6-34

频率（Hz）	125	250	2k	4k
混响时间比值	1.0 ~ 1.3	1.0 ~ 1.15	0.9 ~ 1.0	0.8 ~ 1.0

2. 背景噪声控制

根据《剧场、电影院和多用途厅堂建筑声学设计规范》GB/T 50356—2005中规定会堂、会议室和多用途礼堂的室内噪声限值见表6-35，采用自然声时，会议中心内背景噪声应满足NR-30，采用扩声系统时，会议中心内背景噪声应满足NR-35。自然声报告时，室内噪声级不大于30dBA；采用扩声系统时，应低于35dBA。

会堂、会议室和多用途礼堂的室内噪声限值 表6-35

NR	31.5	63	125	250	500	1000	2000	4000	8000
NR-30	76	59	48	39	34	30	26	25	23
NR-35	79	63	52	44	38	35	32	30	28

根据《办公建筑设计规范》JGJ 67/T—2019中规定，办公建筑的空气声隔声标准见表6-36，一般会议室隔墙应满足隔声不小于45dB。对噪声控制要求较高的会议室应对附着于墙体和楼板的传声源部件采取防止结构声传播的措施。

会议室隔墙、楼板空气声隔声标准

表6-36

构件名称	空气声隔声单值评价+频谱修正量（dB）	特别重要、重要办公建筑（dB）	普通办公建筑（dB）
会议室与产生噪声的房间之间的隔墙、楼板	计权隔声量+交通噪声频谱修正量	＞50	＞45
会议室与普通房间之间的隔墙、楼板	计权隔声量+粉红噪声频谱修正量	＞50	＞45

6.8.4 声学设计

在会议厅内吸声材料和结构具有控制混响时间和音质缺陷的双重功能。

由于会议厅采用短混响，因此，必须选用强吸声的结构。又因强吸声处理，因此建筑师经常采用各种容易引起声学缺陷的体形，如圆形、椭圆形、卵形平面、穹形屋顶等。而控制音质缺陷的措施，除配置扩散结构外，通常用强吸声方法，因为它同时起到控制混响时间的作用。

会议厅吸声结构的配置和选择要根据它的容积和标准（即装修要求）而定：在100m³左右的特小型会议室内（一般的圆桌会议），如果室内陈设有地毯、窗帘和沙发座，通常不需另作吸声处理，即可达到预计的混响时间值。在200m³以上的会议厅，一般都应配置吸声材料或结构。

在大、中型会议厅内控制混响的难点是低频混响时间。由于厅内的观众、座椅、地毯、门窗帘幕和多数建筑材料，都在中、高频范围内显示其较好的吸声性能。因此，如不对低频作有效的吸声处理，势必造成低频混响过长而影响语言清晰度。适合于会议厅用的低频吸声结构有如下三类：

（1）薄板共振吸声结构：用胶合板（5～7mm厚）作木护墙，离刚性墙面100～200mm的结构是控制低频混响的有效措施，同时，也有很好的装修效果，最适合于会议厅内使用。但需做防火处理。

（2）共振吸声器，即亥氏共振器，这类结构可将其共振频率设计在控制范围内，会获得显著的效果。它的表面形式通常为穿孔吸声板结构，常用的如木质吸声板、硅陶吸声板。

（3）大空腔吸声结构，即在厚度较大的多孔性吸声材料后面设置符合控制低频所需的空腔。如在多孔吸声板背后设200～500mm空腔。

在会议厅内控制中、高频混响时间，除了主要依靠听众本身和座椅的吸声外，应根据混响计算，确定在墙面配置强吸声材料，这对平行侧墙和凹弧形墙面来说，还可以消除颤动回声和声聚焦等缺陷。作为墙面控制中、高频的吸声材料，通常有聚砂吸声板、吸声软包、聚酯纤维板等，也可以配置穿孔吸声结构如穿孔铝板、木质吸声板、硅陶吸声板等。

会议厅讲台的后墙，也应作适当的吸声处理，以免后部反射声，引起讲台上传声器的声反馈；在放映电影时，则由于后墙反射声与扬声系统直射声的相位差，引起不利的声干扰。

会议厅的顶部，当厅内的声吸收是以控制混响时间达到设计值时，通常不作吸声处理。而作为反射面。

6.9　录音棚

6.9.1　声环境概述

录音棚是录制电影、歌曲、音乐等的录音场所，录音棚的声学特性对于录音制作及其制品的质量起着十分重要的作用。录音棚有着较高的声学要求，保证室内各处有足够的响度和均匀度，防止回声、颤动回声、声聚焦等房间声学缺陷。

根据录音内容，录音室又可分为音乐录音和语言录音两类。

音乐录音棚的类别很多，它大致可按如下几方面分类：

（1）按音乐录音棚所属系统分类，它可分为电影系统、广播电视系统、音像出版系统、电教系统等四类。其中唯有电影系统的音乐录音棚，要求在棚内设置银幕和电影放映机房，以便对口形配音。因此，通常容积较大。

（2）按音乐录音棚的录音工艺和声学处理方式，可分为自然混响音乐棚、强吸声分声道音乐棚、自然混响与分声道录音组合音乐棚、混响渐变音乐棚和多功能音乐棚等五类。

（3）按音乐录音棚的规模可分为大、中、小三类：其中大型音乐棚可容纳 120 名乐师和 100 名合唱演员，棚的面积约需 400m²，如北京电影制片厂的音乐录音棚；中型音乐棚，应可容纳 70 名乐师，建筑面积为 200 ~ 250m²，如农业电影制片厂和中央新闻电影制片厂的音乐录音棚；小型音乐棚应可容纳 30 名乐师，建筑面积约为 120m² 左右，如北京音乐研究所、中国新闻社等音乐棚。

6.9.2　声学设计依据

《民用建筑隔声设计规范》GB 50118—2010。

《广播电视录（播）音室、演播厅声学设计规范》GY/T 5086—2012。

《广播电视中心声学装修工程施工及验收规范》GY/T 5087—2012。

《广播电视中心技术用房容许噪声标准》GYJ 42—1989。

《民用建筑隔声设计规范》GB 50118—2010。

6.9.3　室内声学设计指标

1. 混响时间

自然混响音乐录音室的混响时间通常是低于同容积音乐厅的混响时间，根据《广播电视录（播）音室、演播室声学设计规范》GY/T 5086—2012 中规定，不同容积的音乐录音室混响时间（500Hz）如图 6-13 所示，各频段混响时间频率特性曲线与 500Hz 混响时间的比值规定见表 6-37。

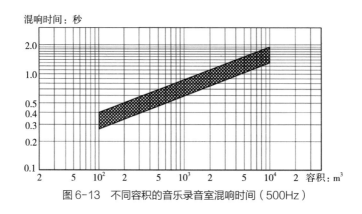

图 6-13　不同容积的音乐录音室混响时间（500Hz）

各频段与 500Hz 混响时间的比值　　　　表 6-37

类别	中心频率（Hz）							
	63	125	250	500	1000	2000	4000	8000
文艺类录音室	0.70 ~ 1	0.80 ~ 1	0.90 ~ 1	1	1	1	1	0.80 ~ 1

2. 房间比例和体型

录音室一般体积较小，尤其是语言录音室，面积小的只有 $10m^2$ 左右。在这么小的室内，低频区共振频率分布很小，如体型设计不当，很容易出现因共振频率分布不均而引起的声染色。因此，录音室长、宽和高三者比例要满足一定的要求，表 6-38 为矩形录音室的推荐比例。

矩形录音室的推荐比例　　　　表 6-38

录音室类型	高	宽	长
小录音室	1	1.25	1.60
一般录音室	1	1.50	2.50
低顶棚录音室	1	2.50	3.20
细长形录音室	1	1.25	3.20

3. 背景噪声控制

在 125 ~（1/1 倍频程）的频率范围内，室内噪声的平均声压级的允许值与播音室的种类有关外，还与站内设备系统本身的噪声有关。根据《广播电视录（播）音室、演播室声学设计规范》GY/T 5086—2012 中规定，录音室内，连续稳态噪声的平均声压级不应超过表 6-39 内各噪声评价曲线所规定的数值。

各噪声评价曲线所规定的数值　　　　　　　　　　　　　　　　　表 6-39

房间名称	规模	标称面积（m²）	噪声容许标准	
			一级标准	二级标准
广播剧录音室	—	50 ~ 200	NR10	NR15
配音室	—	30 ~ 100	NR15	NR20
效果录音室	—	50 ~ 200	NR10	NR15
音乐录音室	中、小型	100 ~ 200	NR15	NR20
	大型	> 200	NR15	NR20
录音控制室	—	20 ~ 40	NR25	NR30
录音控制室（音乐）	—	40 ~ 60	NR10	NR15
编辑、复制室，音频制作室，视频制作室	—	12 ~ 25	NR25	NR30

4. 围护结构的隔声标准

（1）录（播）音室、文艺类录音室和演播室之间的隔声性能规定见表 6-40。

录（播）音室、演播室之间的隔声性能要求　　　　　　　　　　　　表 6-40

房间名称	评价量（dB）	相邻房间		
		语言、小型演播室（无扩声）	音乐类录音室	中型及以上演播室（有扩声）
录（播）音室、小型演播室（无扩声）	计权隔声量 R_w	≥ 50	≥ 65	≥ 75
文艺类录音室	计权隔声量 R_w	—	≥ 65	≥ 75
中型以上演播室	计权隔声量 R_w	—	—	—

（2）录音室顶部楼板的撞击声隔声性能规定见表 6-41。

录音室顶部楼板的撞击声隔声性能要求　　　　　　　　　　　　表 6-41

分类	撞击声隔声单值评价量（dB）			
	一级标准		二级标准	
	计权规范化撞击声压级 $L_{n,w}$（实验室测量）	计权标准化撞击声压级 $L'_{nT,w}$（现场测量）	计权规范化撞击声压级 $L_{n,w}$（实验室测量）	计权标准化撞击声压级 $L'_{nT,w}$（现场测量）
语言类录（播）音室 文艺类录音室	≤ 40	≤ 40	≤ 50	≤ 50

（3）在录音室的出入口处，宜设 1 道或 2 道隔声门，设置 2 道隔声门时，声闸内应有强吸声处理。单道隔声门的空气声隔声性能应符合表 6-42 的规定。同时，隔声门应有良好的机械性能。

隔声门的空气声隔声性能要求 表 6-42

隔声门	空气声隔声单值评价量 + 频谱修正量（dB）	
简易隔声门	计权隔声量 + 粉红噪声频谱修正量 $R_W + C$	≥ 35
带声闸的隔声门	计权隔声量 + 粉红噪声频谱修正量 $R_W + C$	≥ 40
不带声闸的隔声门	计权隔声量 + 粉红噪声频谱修正量 $R_W + C$	≥ 45

（4）录音室技术用房隔声窗和隔墙的综合空气声计权隔声量应大于 65dB。

5. 声场均匀度

室内声场均匀，声场不均匀度在 100 ~ 6.3kHz 频率范围内小于 ±2dB。录音室内应无颤动回声、声聚焦和声染色等明显的声缺陷。

6.9.4　音乐录音棚的声学设计

1. 自然混响音乐录音棚的设计

自然混响音乐录音棚声学设计的特点是：棚是乐队的组成部分。棚内的音质在很大程度上决定录音效果。录制的内容主要是传统的交响乐。因此，其规模通常是大、中型的（即 70 ~ 120 名乐师），小型的很少。

自然混响音乐棚的声学设计与音乐厅类同，要考虑体形、混响时间、声扩散、早期反射声和允许噪声标准等方面的问题。

（1）音乐棚的体形。

在大、中型自然混响音乐棚内，体形设计要适当考虑棚的长、宽、高比例，以免房间低频共振而引起失真。为尽可能增加房间的低频共振数目，房间的各向尺寸应当不同，经研究发现：房间的理想比例是 2 的立方根次幂，即 1：1.26：1.59；同样适用的比值还包括这几个值中的一个或几个的整倍数，例如：1：2.52：1.59，1：1.26：3.18 或 1：2.52：3.18。对于大型音乐棚来说，并不要求非常严格地遵守这些比值，但是整数比（1：1,1：2,1：3）是应当避免的。如果采用不规则体形，对声扩散和防止平行墙面的不利声反射是有利的。在大型自然混响音乐录音棚内，为了便于配置乐队的各声部，建筑、结构设计简单等原因，通常采用矩形平、剖面的形式。只要注意房间比例和两对平行墙面的声学处理，一般不会在体形设计上出现问题。

对中、小型自然混响音乐棚，由于跨度小，现浇屋盖和墙体的难度不大，有可能时，尽可能采用不规则形体，免得在两对平行墙面上设置多种形式的扩散结构，以及减少由此而占用的面积和空间。

（2）混响时间。

自然混响音乐录音棚的混响时间，通常要低于同容积音乐厅的混响时间，这是因为接收对象不同，音乐厅是人的双耳听闻，而录音棚是传声器接收（单耳听闻）。混响长了，会严重影响清晰度和各声部的层次。其最佳的经验值可根据棚内的容积在 1.2 ~ 1.4 秒（中频 500Hz）内选择。

低频混响（125Hz）的提升（相对于中频）也低于音乐厅，因为低频混响长了，会影响乐器的质感和清晰度，通常选用中频混响的 1.1 ~ 1.2 倍。

高频混响时间原则上要求不低于中频，否则会影响高音乐器的亮度。但实际上不易做到，特别在大型音乐棚内，空气对高频的声衰减很大，追加乐师本身对高频的声吸收，影响了高频混响达到理想的要求。因此，在工程实践中，允许高频混响稍低于中频，但差异过大是不允许的。

应该指出，在上述提及的混响时间值，均指空场混响时间，这是录音棚建筑与其他各类会堂的不同之处，其原因在于：

1）影剧场和音乐厅内，大厅的每座容积最大值通常都低于 $10m^3$，听众的数量对大厅混响有较大的影响，因此，都按满场确定混响时间指标。而音乐录音棚内，每个乐师通常要占 25 ~ $40m^3$，因此，乐师本身的声吸收影响很小。

2）音乐厅和剧场内本底混响较长，听众声吸收的影响较大，而录音棚内本底混响相对地比音乐厅短，因而听众声吸收的影响不大。

由于以上原因，对所有录音棚的混响时间，都按空场考虑。

（3）声扩散。

在自然混响音乐录音棚内，声扩散是至关重要的，室内的声扩散不仅可以获得均匀的声场分布，从而使乐队演奏的声音均衡和融洽，同时可以减少录音室为选择"最佳"拾音位置所带来的麻烦。

通过对墙面进行凸凹的变化，使房间简正模式均匀分布从而实现平滑的低频响应，改善室内声场。对于由于反射声引起的声像定位偏移现象，可以在引起反射的墙面设置扩散体或者强吸声材料，消除反射声的影响。扩散构造常用的做法主要包括以下做法。

设置倾斜墙面改变室内的规则形状，改变室内声音由墙面反射后的传播方向，从而改变室内声场的振动模式。此种做法可以造成室内形状不规则，但由于在室内出现锐角造成室内部分空间无法使用，造成空间浪费，降低室内使用效率。此类做法适用于面积较大的录音室。

在墙面设置扩散体。扩散体可采用简单的折板造型或圆弧造型对入射到扩散体表面的声音能量进行散射，同样能起到改善室内声场的作用。此种做法可以与装修设计结合，避免出现声学痕迹，如图 6-14 所示。

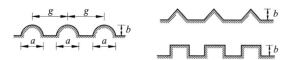

图 6-14　有效的扩散体尺寸和声波波长应有一定关系

根据经验，它们的尺寸关系可由下式估算：

$$\frac{2\pi f}{c}a \geqslant 4, \quad \frac{b}{a} \geqslant 0.15, \quad \lambda \leqslant g \leqslant 3\lambda \qquad (6-3)$$

式中　a——扩散体宽度（m）；

　　　b——扩散体凸出高度（m）；

　　　g——扩散体间距（m）；

　　　c——空气中声速（m/s）；

　　　f——声波的频率（Hz）；

　　　λ——声波的波长（m）。

近年来有的学者提出了一种扩散表面，称为"二次剩余扩散面（Quadratic Residue Diffusor）"。这是按照数论中的二次剩余序列来设计扩散面的起伏，可以使扩散面在较宽的频率范围内有近乎理想的扩散反射，如图 6-15 所示。在墙面设置 QRD 等通过数论计算得到的扩散体。通过调整 QRD 的排列方式和阶梯深度，可以调整该扩散体的扩散频率和吸声特性。但是该扩散体形状怪异，很难通过装修设计达到美观的效果。

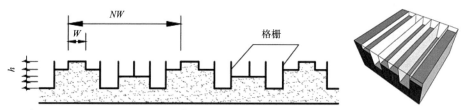

$S_n = n^2 \bmod N$（$n=1, 2, 3, \cdots$）。即 S_n 是 n^2 除以 N 的余数。S_n 以 N 为周期重复，且以（$N\pm1$）/ 2 对称

图 6-15　二次剩余扩散体示意（$N=7$）

因此在小空间室内声场设计过程中，应结合装修设计与声学设计，因地制宜地选择扩散方式，融声学设计于装修设计之中，在保证美观的情况下满足声学要求。

（4）早期反射声。

50 毫秒以内的反射声可以提高到达传声器直达声的强度和亲切感，从而增加录音效果的活跃度。但在大型的自然混响录音棚内，依靠棚的界面使传声器获得早期反射声是很困难的。原因是传声器离棚的界面较远，且传声器位置经常有变化。最常用的有效措施是设置活动声屏障，它可以在传声器配置的位置周围，根据需要设置反射面；也可以采用在传声器区域内的顶部悬吊反射板，然后按需要调整其悬吊高度和倾角。

（5）声场的不均匀度。

声扩散是同一位置上来自不同方向的声压分布状况；而声场不均匀度是指厅内不同位置上接收到的声压级差别。都以棚内测得的声压级最大值 P_{max} 与最小值 P_{min} 之差值来表征，即 $P_{max} - P_{min} < \pm 3.0dB$ 为允许值。它与棚的声扩散是属同一问题的两个方面，一般说来声扩散好，声场不均匀度值就小。因此，达到均匀声场的具体措施与声扩散是相同的。

（6）低噪声。

由于自然混响音乐棚是采用单点收录的录音方式，传声器离各声部的距离较大，因此，棚内噪声对录音效果有明显的影响。根据经验棚内背景噪声应控制在 A 声级 25dB 以下，与此相应的噪声评价曲线为 NR-20（或 PNC-20）。为了要控制棚内噪声达到设计要求，必须严格把握围护结构的隔声和空调系统的消声设计。

1）录音棚的墙体必须采用重结构，如 490mm 厚砖墙，当周围环境噪声较高时，应设置双层 240mm 厚砖墙，中间设 100mm 厚空气层，或双层相同面密度的钢筋混凝土墙体。

2）录音棚的屋顶应采用 180 ～ 240mm 厚钢筋混凝土预制楼板，并在下面追加轻质水泥板（如 FC 板）吊顶，以防止雨点撞击屋顶板引起的噪声。

3）当采用大型屋面板或其他轻质屋面时，必须追加能起到隔声作用的吊顶。

4）出入录音棚的门，必须设双层隔声门所构成的"声锁"，开向棚内控制室的窗，通常需用三层 6mm 厚玻璃的固定窗，并使玻璃间隔在垂直方向有所变化，以防止共振。

5）空调、制冷系统的噪声控制内容包括减低通风机噪声通过管道的传播，抑制气流噪声（限定管道和出风口的流速）和隔离空调、制冷设备的固体传声等三方面。因此，必须做周密设计，因为录音棚内要在空调运行时录音，噪声超过设计要求就无法使用。这也是与其他厅堂设计的不同之处。

6）对于中、小型自然混响音乐棚，如设在业务楼（办公楼）内，就必须设置"浮筑"结构，即"屋中屋"的结构形式，以防止楼内撞击声的干扰。这时，应在初步设计时就作全面考虑，因为它关系到建筑工程的各个专业。这类结构形式，不仅要大量增加投资（约增加工程投资的 30%），同时，施工程序复杂。因而，有关这类建筑尽可能脱离业务楼而单独修建，通过连接廊沟通业务。

7）自然混响音乐录音棚被公认为是录制传统交响乐的最佳方式。但由于声学设计难度大。

8）造价高且用途单一，因而使用效率不高，故近年来，国内、外建造这类棚的很少。倾向于在音乐厅或被挑选过的剧场内录制传统交响乐，或在中、小型棚内分声道录制，经后期加工、合成。据专家们认为这种方式也能获得满意的录音效果。

2. 强吸声多声道录音棚的设计

强吸声多声道录音棚的特点是将乐队的乐师（或声部）分别配置在各个相互隔离的空间

内，分声道录制直达声，然后，根据需要通过人工混响器（混响室）追加混响后合成。这种录音工艺的特点是乐器的质感强、清晰度高、层次分明、节奏感强，便于进行后期艺术加工、合成，与自然混响棚一次合成相比，减少了重复录音的时间。此外，由于分声道录音，一个乐队可以分期分批进行录音，这样就可压缩录音棚的面积，节约基建投资和经常维护费用。因此，国内、外建造这类棚的最多。由于不需要棚内混响声和早期反射声，且传声器离乐器（或演唱者）很近，因此，声学设计和噪声控制要比自然混响音乐棚简单得多，它仅要求考虑下述几方面的问题：

（1）棚内要求（或各个小室、小隔离空间）短混响，且有接近平直的混响时间频率特性曲线。按棚的容积，中频（500Hz）混响时间控制在 0.4 ~ 0.6 秒范围内，根据经验是适宜的。考虑到控制低频混响较为困难，故允许低频提升（相对于中频）1.1 倍。隔离小室内的混响时间应控制在 0.4 秒左右，打击乐和铜管乐的小室应适当降低至 0.3 秒。

（2）各分声道之间应有一定的隔离度，通常是指传声器之间的隔离度，对于这一问题目前有两种观点：

1）一种观点认为各声部（或乐器）之间的隔离度可控制在 15 ~ 20dB，不要求完全隔离，即隔而不断，在隔离的前提下，相互间有一定的声音耦合，可使录制声音融洽和有活度。因此，可在棚内设置各种活动隔断或声屏障即可。

2）另一种观点则认为应完全隔离，即要求传声器有 35 ~ 40dB 的隔离度，理由是可提高声音的力度，防止相互干扰，减少某一声道演奏差错，以免影响整体效果。这种状况就要求建立完全隔离的小室。

以上两种观点至今没有统一，因此建筑师必须按甲方录音师的要求，进行设计。

（3）防止棚内各界面的强反射声。

无论在活动隔断空间内或隔离小室内，都要避免由界面传至传声器的强反射声，特别是延时较长的反射声，仅允许录制乐器本身演奏的直达声。因此，棚内各个界面都应作强吸声处理。

（4）噪声控制。

噪声控制的内容与自然混响音乐棚相同，但标准要求原则上应低于自然混响音乐棚，理由是传声器通常离乐器不到 1.0m，当选用方向性较强的传声器时，周围噪声的干扰影响较小。因此，棚内（或小室内）的允许噪声级在 30 ~ 35dBA 范围内是不会影响分声道录音效果的。但录音师习惯于以听不到乐器演奏声以外的其他声音作为标准，因此，通常也要求沿用 25dBA 作为设计指标，其实是没有必要的。

多声道录音棚在噪声控制中应特别注意各个隔离小室通过风道（送、回风）串音，以免影响相互的隔离度。此外，打击乐的振动也应作特殊隔振处理，以免引起棚内地面振动，使各传声器受到干扰。

（5）防止房间共振。

当多声道录音棚采用多个隔离小室的形式时，小室的比例要严格控制，如采用矩形平面时，根据经验可按长、宽、高比例确定其尺寸，见表6-43。

矩形隔离小室长、宽、高比例建议值　　　　　　　表6-43

宽：长，L_y/L_x	0.83	0.79	0.68	0.70
高：长，L_z/L_x	0.65	0.63	0.42	0.59

多数选用不规则室形，通过大量实验研究和工程实践表明，不规则室形，具有声场均匀、防止驻波等优点。因此，建议采用不规则室形。

（6）自然混响、强吸声组合录音棚的设计在强吸声多声道录音棚内录音的实践表明：对某些乐器，如弦乐、木管乐录取直达声，追加人工混响的效果不佳，主要表现在声音不自然和缺乏柔和感。因此，趋向于自然混响和强吸声相组合的录音棚，即在棚内设置强吸声的隔离小室和具有较长混响的大空间，按需要分别配置各类乐器，进行分声道录音。这类棚在近期的录音棚建设中，占主导地位。

（7）活跃——寂静渐变录音棚的设计。

这类录音棚是一端强吸声逐渐过渡到另一端的长混响，即由长混响（活跃区）逐渐减低混响至另一端的短混响区（寂静区），录音时，根据各类乐器对混响的不同要求，配置在所要求的区域内。此外，在活跃区内通常还设有各种活动的声反射板和声屏障，以适应录音的要求，这类棚可以充分显示各类乐器的特点，使录音达到完美的效果，但对录音师的要求（技术水平和经验）相当高。同时，棚的声学设计难度较大。因此，这类棚的多数形式是一端为活跃区，另一端作强吸声，两者之间自然形成，不做特殊的声学处理。

3. 多功能音乐录音棚

不同的录音工艺，要求有与之相适应的录音棚。录制不同的音乐，希望录音棚有不同的声学条件。为了满足各种要求，而去建造多种类型的录音棚，这在经济上往往是不现实的。多功能录音棚就是通过创造一个可变声学条件的声学环境来满足多种录音要求的录音棚。

为使录音室混响时间可调，在多功能录音棚的墙面和顶棚设置可调吸声结构，并备有活动吸声、隔声屏障，以便需要时围成隔声小室。

多功能录音棚设计中，可调吸声结构的设计是关键。这种可调吸声结构应满足以下几个方面的要求：

（1）可调幅度大，吸声面暴露时为强吸声结构，反射面暴露时几乎不吸声。

（2）在80～8000Hz频率范围内各频带吸声的调幅量接近相同。

（3）处于反射状态时，不产生声学缺陷，仍具有良好的声扩散。

（4）使用中便于操作、控制。

6.10 住宅建筑

6.10.1 声环境概述

居住空间的环境营造无疑成为建筑空间环境的重点话题之一。房屋已经不再是单纯的栖身之地，更多的是追求一个健康、安静、舒适的休息、休闲空间。

近年，居住空间的声环境日益受到国民的关注。工业发展、交通便捷、家用电器增多、娱乐设施完善的同时，大量噪声也入侵了人们的生活环境，致使理应安静、休闲、温馨的居住空间充斥着各种噪声。居住空间噪声过大会使人难以入睡，无法正常休息，对人体的精神状态有很大影响。同时，噪声对人的神经系统、心血管系统、内分泌系统等都有不同程度的影响，长时间处于噪声环境下，可能会引起心跳加快、心律不齐、神经衰弱、血压升高、心肌梗死等，高噪声时还会引起听力下降、头晕、头痛、失眠、多梦、全身乏力、记忆力减退以及恐惧、易怒、自卑甚至精神错乱。居住空间是我们最佳休息的场所，大量的噪声会极大影响生理和心理健康，需要健康的居住声环境来度过我们休闲、团聚的时光。这里围绕营造静谧、舒适、休闲的居住空间声环境，对居住空间声环境指标及如何建立健康的居住空间声环境进行探究。

6.10.2 声学设计依据

声环境设计依据如下：

《声环境质量标准》GB 3096—2008。

《民用建筑隔声设计规范》GB 50118—2010。

《住宅建筑室内振动限值及其测量方法标准》GB/T 50355—2018。

《绿色生态住宅小区建设要点与技术导则》。

6.10.3 主要声学技术指标

居住空间是人们长时间休息、休闲、团聚的地方，其内部的环境对人的身体健康有很大影响，声环境的状况更是对人们的身体健康会产生直接的影响。健康舒适的居住环境，应该保证低噪声和私密性。

低噪声的环境就是要求所居住的环境中，噪声等级不仅对居住者的心理和生理不会产生不良影响，而且有益于居住者的身心健康。低噪声环境具体表现为居住者自己的居住空间不被外界噪声打扰，并且内部噪声级适宜，拥有静谧、舒适的休息、休闲、娱乐空间。居住空间的私密性对每个居住者来说，也是极为重要；例如在住宅内的谈话、家庭团聚、亲友聚会等活动都不想被外人知晓，同样临近房屋内的活动也不想对自己有所干扰。因此，为了创建健康、优良的居住空间声环境，居住建筑理应符合相应的噪声级、隔声量等限值标准。

1. 噪声级限值

（1）住宅噪声级要求见表 6-44、表 6-45。

卧室、起居室（厅）内的基本噪声级要求　　　　　　　表 6-44

房间名称	允许噪声级（A 声级，dB）	
	昼间	夜间
卧室	≤ 45	≤ 37
起居室（厅）	≤ 45	

高要求住宅的卧室、起居室（厅）内的允许噪声级　　　　　表 6-45

房间名称	允许噪声级（A 声级，dB）	
	昼间	夜间
卧室	≤ 40	≤ 30
起居室（厅）	≤ 40	

（2）住宅小区噪声级要求。

国家标准《声环境质量标准》GB 3096—2008 中指出，按区域的使用功能和环境质量要求，声环境功能区分的五种类型中，1 类声环境功能区：指以居民住宅、医疗卫生、文化教育、科研设计、行政办公为主要功能，需要保持安静的区域，昼间环境噪声等效声级限值为 55dB，夜间环境噪声等效声级限值为 45dB。应当注意：这里的噪声级限值是指小区、居民住宅周边的声环境，并非住宅内的声环境标准。

2. 隔声性能

（1）分户墙、分户楼板及分隔住宅和非居住用途空间楼板的空气声隔声性能见表 6-46。

分户构件空气声隔声标准　　　　　　　　　　表 6-46

构件名称	空气声隔声单值评价量 + 频谱修正量（dB）	
分户墙、分户楼板	计权隔声量 + 粉红噪声频谱修正量 $R_w + C$	> 45
分隔住宅和非居住用途空间的楼板	计权隔声量 + 交通噪声频谱修正量 $R_w + C_{tr}$	> 51

（2）相邻两户房间之间及住宅和非居住用途空间分隔楼板上下的房间之间空气声隔声性能见表 6-47。

房间之间空气声隔声标准　　　　表 6-47

房间名称	空气声隔声单值评价量 + 频谱修正量（dB）	
卧室、起居室（厅）与邻户房间之间	计权标准化声压级差 + 粉红噪声频谱修正量 $D_{nT,w} + C$	$\geqslant 45$
住宅和非居住用途空间分隔楼板上下的房间之间	计权标准化声压级差 + 交通噪声频谱修正量 $D_{nT,w} + C_{tr}$	$\geqslant 51$

（3）高要求住宅分户墙、分户楼板的空气声隔声性能见表 6-48。

高要求住宅分户构件空气声隔声标准　　　　表 6-48

构件名称	空气声隔声单值评价量 + 频谱修正量（dB）	
分户墙、分户楼板	计权隔声量 + 粉红噪声频谱修正量 $R_w + C$	> 50

（4）高要求住宅相邻两户房间之间的空气声隔声性能见表 6-49。

高要求住宅房间之间空气声隔声标准　　　　表 6-49

房间名称	空气声隔声单值评价量 + 频谱修正量（dB）	
卧室、起居室（厅）与邻户房间之间	计权标准化声压级差 + 粉红噪声频谱修正量 $D_{nT,w} + C$	$\geqslant 50$
相邻户的卫生间之间	计权标准化声压级差 + 粉红噪声频谱修正量 $D_{nT,w} + C$	$\geqslant 45$

（5）外窗（包括未封闭阳台的门）的空气声隔声性能见表 6-50。

外窗（包括未封闭阳台的门）的空气声隔声标准　　　　表 6-50

构件名称	空气声隔声单值评价量 + 频谱修正量（dB）	
交通干线两侧卧室、起居室（厅）的窗	计权隔声量 + 交通噪声频谱修正量 $R_w + C_{tr}$	$\geqslant 30$
其他窗	计权隔声量 + 交通噪声频谱修正量 $R_w + C_{tr}$	$\geqslant 25$

（6）外墙、户（套）门和户内分室墙的空气声隔声性能见表 6-51。

外墙、户（套）门和户内分室墙的空气声隔声标准　　　　表 6-51

构件名称	空气声隔声单值评价量 + 频谱修正量（dB）	
外墙	计权隔声量 + 交通噪声频谱修正量 $R_w + C_{tr}$	$\geqslant 45$
户（套）门	计权隔声量 + 粉红噪声频谱修正量 $R_w + C$	$\geqslant 25$
户内卧室墙	计权隔声量 + 粉红噪声频谱修正量 $R_w + C$	$\geqslant 35$
户内其他分室墙	计权隔声量 + 粉红噪声频谱修正量 $R_w + C$	$\geqslant 30$

（7）卧室、起居室（厅）的分户楼板的撞击声隔声性能见表 6-52。

分户楼板撞击声隔声标准　　　　　　　　　　　　　表 6-52

构件名称	撞击声隔声单值评价量（dB）	
卧室、起居室（厅）的分户楼板	计权规范化撞击声压级 $L_{n,w}$（实验室测量）	< 75
	计权规范化撞击声压级 $L'_{nT,w}$（现场测量）	≤ 75

注：当确有困难时，可允许住宅分户楼板的撞击声隔声单值评价量小于或等于 85dB，但在楼板结构上应预留改善的可能条件。

（8）高要求住宅卧室、起居室（厅）的分户楼板的撞击声隔声性能见表 6-53。

高要求住宅分户楼板撞击声隔声标准　　　　　　　表 6-53

构件名称	撞击声隔声单值评价量（dB）	
卧室、起居室（厅）的分户楼板	计权规范化撞击声压级 $L_{n,w}$（实验室测量）	< 65
	计权规范化撞击声压级 $L'_{nT,w}$（现场测量）	≤ 65

6.10.4　声学设计内容

1. 墙体隔声

保证住宅的隔声性能是提高居住声环境的一个重要途径，居住空间内部存在对噪声不敏感和敏感的房间，也有不功能的墙体，如分户墙、紧邻电梯井隔墙、内隔墙、外隔墙等，不同房间之间隔墙的隔声性能应分别确定。

2. 楼板隔振

噪声一般以空气传声和结构传声两种方式进行传递。在建筑构件中，楼上房间所产生的结构传声噪声，对楼下房间的干扰主观感受特别明显，严重干扰了正常生活。因此做好楼板的声学处理对良好的居住品质是必不可少的一个环节。楼板面层可铺设弹性材料，降低楼板本身的振动，使撞击声能减弱。特殊需求可采用浮筑地板方式，即在楼板的基层和面层之间增设一层弹性垫层材料，将基层和面层完全隔离，以降低结构声振动。不同类型房间的分户楼板撞击声隔声应满足现行标准规定。

3. 吊顶隔声

前面讲的楼板隔振是指本家施工中采取的主动降噪措施，避免本家对楼下的噪声干扰，吊顶隔声是针对楼上住户带来噪声干扰的一种被动降噪措施，效果不如主动降噪明显，施工时可以通过增加隔声措施来增加隔声量，使用减振吊杆可有效降低刚性连接，粘贴阻尼隔声毡并填充隔声棉再封闭隔声板，阻尼隔振的同时增加空气声隔声量。

4. 管道降噪

建筑内部上下水管道的噪声是建筑噪声最主要的来源之一。管道噪声以马桶排污和污水管落水拍击为主,解决此类噪声需要由内向外进行处理,首先管道支架需要采用隔振支架,并在管道外侧完全包裹具有一定阻尼特性的隔声毡,围护结构内需要填充憎水玻璃棉或聚酯纤维棉再抹灰贴砖。有条件的户型也可采用平层排水系统,可有效缓解排水带来的噪声污染。

5. 门窗隔声

门窗的隔声量需要厂家提供具有 CMA 认证的官方检测报告,结合住宅声环境质量标准要求和该区域声源特性,选用合适的隔声门窗即可,无须过度配置适合就好。

(1)考虑门的选用及安装时,首先需要注意门扇整体的隔声性能,同时需要考虑到门缝的处理,两者的开合必须确保密闭,居家门的隔声性能差距很大,正确认识门对声学的影响有助于采购到合适的门,通常厚重的门优于薄且轻的门,门的密封性也是隔声量的决定因素之一,密封条的耐久性可确保长期有效的隔声,如有必要可选用自带扫地密封条的居室门,安装时门洞填充宜采用水泥砂浆填充。

(2)窗户:

1)必须是双层或者多层中空玻璃制作的隔声窗扇。

2)窗框添加橡胶软质密封条,关闭时不透气,不透光。

3)窗户开启形式建议平开窗,平开窗户比推拉窗效果好。

4)安装时不可采用泡沫胶填充孔洞,需要用水泥砂浆填堵。

6. 设备噪声

别墅、大平层、俱乐部等空间是提供住宿、饮食、娱乐活动的综合性空间,该空间比较普通住宅而言,厨房设备、空调暖通设备需求量大,且配备有专用机房,加强噪声控制工作才能有效保证正常运行。

(1)建筑和装饰阶段总平面布置应根据噪声状况进行分区。

(2)公共走廊内宜采用铺设地毯、安装吸声吊顶等吸声处理措施。

(3)房间之间的送风和排气管道,采取系统消声处理措施。

(4)电梯机房的噪声控制,在电梯房内加装减振隔声板和全频吸声结构,电梯井壁加强减振隔声措施。

(5)设备机组的噪声控制,水泵、变压器在安装前做减振处理,做浮筑基础或安装减振器。

7. 家用电器的声学处理措施

(1)正确选用家用电器,选择家用电器不仅要考虑家电的外观和使用功能,还要注意家电本底噪声输出。

（2）合理地摆放家用电器，尽量避免把噪声大的电器放置到安静需求较高的房间。

（3）合理使用家用电器，使用电视机、音响时，应尽量控制音量，避免影响正常的起居休息。

（4）合理的室内装修，室内合理地吸声、悬挂窗帘，可以起到吸收室内混响声的作用，有效地降低噪声。

（5）洗衣机和空调外机安装需要采用隔振支架；及时维修有异响的家电，避免越来越严重构成噪声污染。

居家住宅的琴房、KTV、影音室等特殊空间需要进行专项设计，避免带来严重的噪声干扰，影响社区和谐。

第七章

建筑声学测量

7.1 实验室测量

7.1.1 混响室法测量吸声材料或构件的吸声系数

1. 吸声测量用混响室的设计要求和声学特性要求

（1）设计要求。

混响室法吸声测量的首要前提是建一座满足测试要求的混响室，因为混响室法吸声系数/吸声量是通过测量加入吸声材料或构件前后混响室内的混响时间，再通过计算得到的。根据《声学　混响室吸声测量》GB/T 20247—2006 标准，新建混响室容积不应小于 200m³（截止频率 100Hz），但不宜超过 500m³（由于空气吸收而不能准确测量高频段的吸声特性）。

混响室的形状应满足 $l_{max} < 1.9V^{1/3}$，其中 l_{max} 为房间的最大限度（例如矩形房间的主对角线），单位为米（m），V 为房间容积，单位为立方米（m³）。通常情况下，混响室的高、宽、长之比不应呈小整数比，合适比例为 1 : 1.25 : 1.6，同时混响室各个内壁面不宜相互平行，以免产生驻波，或者将相互平行的两个壁面之一设置成一系列不规则圆弧结构。但是，为达到满意的扩散度，不论将混响室设计成何种形状，通常均需要设置固定或悬挂的扩散体或旋转扩散体（这一步骤是必需的），固定或悬挂扩散体的设置原则如下：

1）扩散体吸声小，面密度约为 5kg/m²。

2）扩散体应该有不同尺寸，每块面积（单面）约为 0.8 ~ 3m²，并随机朝向，随机布置。

3）选择一种合适的试件，其 500 ~ 4000Hz 频率范围内的吸声系数均大于 0.90（通常 5 ~ 10cm 的离心玻璃棉、岩棉或聚酯纤维棉均是合适的），按照《声学　混响室吸声测量》GB/T 20247—2006 标准要求安装，并按下面步骤进行试件的吸声测量，从而确定最佳的扩散体数量（面积）。

①没有扩散体。

②安装少量扩散体（大于 5m²）。

③逐量增加固定扩散体，每次增加约 5m²。

每组测量，均计算 500 ~ 5000Hz 频率范围内的吸声系数平均值，将出现随着扩散体数量的增加，平均吸声系数逐渐增大的趋势，并最终趋于稳定，吸声系数达到稳定值时的数量即为扩散体数量的最佳值。

混响室土建结构应有良好的隔声性能，通常采用基础分离的"房中房"结构，内层结构与地面之间做隔振处理，同时混响室门需采用大隔声量隔声门，或采用"声闸"结构，以上处理均为了保证混响室内的本底噪声足够低的要求，混响室内部做法示例，如图 7-1 所示。

（2）声学特性要求。

根据《混响室声学特性校准规范》JJF 1143—2006 规定，混响室声学特性校准项目包括混响时间、本底噪声、室内声压均匀性，其中：

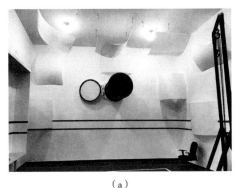 

（a）　　　　　　　　　　　　　　　　（b）

图 7-1　混响室扩散体悬挂示例
（a）混响室墙面示例；（b）混响室扩散体悬挂示例

1）混响时间要足够长，即空场混响室的吸声量要尽量小，一方面是为了增加简正波的数量，提高房间扩散效果，另一方面可提高吸声系数的测试精度。

2）本底噪声要足够低，通常为 15 ～ 20dB（A），目的是保证混响时间的测试准确性。

3）混响室声压的均匀性要满足《混响室声学特性校准规范》JJF 1143—2006 中规定的室内声压标准偏差最低要求（即 1/3 倍频程 100 ～ 315Hz，$S_m \leqslant 3dB$；$\geqslant 400Hz$，$S_{m \leqslant} 1.5dB$），目的是保证各个测点测得的混响时间一致性较好。

2. 混响室法吸声测量的步骤

（1）混响室法吸声测量所需要的测试设备。

混响室法吸声性能测量是通过测量空场混响室的混响时间和加入吸声材料 / 构件后的混响时间，继而通过计算求得的。因此，混响室法吸声测量所需要的测试设备除了一间满足测试标准要求的混响室外，还包括一套室内混响时间测量系统。

该系统主要包括声源系统、数据采集与分析系统。

其中声源系统包括扬声器（正十二面体声源为宜）、噪声信号发生器（可输出白噪声、粉红噪声）、功率放大器。常见的室内混响时间测量系统通常兼容噪声信号发生器的功能，噪声信号通过数据采集仪的输出端口和功率放大器输入给扬声器，亦可单独外接噪声信号发生器。

数据采集与分析系统包括电容传声器（0 型或 1 型准确度）、数据采集仪、PC 以及安装在 PC 端的建筑声学测试软件（包含室内混响时间测试模块），其中室内混响时间测试模块采用的测试方法通常有中断声源法和脉冲响应积分法两种，其中中断声源法定义为激励房间的窄带噪声或粉红噪声声源中断发声后，直接记录声压级的衰变来获取衰变曲线的方法；脉冲相应积分法定义为通过把脉冲响应的平方对时间反向积分来获取衰变曲线的方法。

由于中断声源法测出的衰变曲线是一个统计过程的结果，为获取合适的可重复性的结果，必须把数条传声器 / 扬声器位置测得的曲线或数个混响时间进行平均；而脉冲响应积分是一个确定函数，不会出现统计偏差，所以不必平均。所以，后者比前者要求有更高级的仪器和数据处理功能，常见的测量软件采用的方法主要为中断声源法。

（2）混响室法吸声测量的步骤。

1）测试混响室的空场混响时间。

按照《声学 混响室吸声测量》GB/T 20247—2006 标准规定，测量混响时间的传声器应为无指向传声器，测试时应设置不同的传声器位置，位置间距不小于 1.5m，距离声源距离不小于 2m，距离房间任意表面和试件距离不小于 1m；声源需使用正十二面体无指向扬声器，同时设置不同的声源位置，位置间距不小于 3m。同时，要求传声器位置与扬声器位置数的乘积至少为 12，其中传声器位置至少为 3，声源位置至少为 2。需要注意：允许同时使用两个或两个以上的声源，只要它们各个 1/3 倍频程声功率级之差不超过 3dB，此时空间独立测量的衰变曲线可减少为 6 条。如采用中断声源法进行测量，可选用以下测点布置方式：

①确定声源位置，将声源分别放置于混响室内 2 个不同的墙角处。

②每个声源位置对应 6 个传声器位置（测点），传声器摆放遵循上述要求。

③每个测点测量 3 条（次）衰变曲线（混响时间），最终将得到 36 条（次）衰变曲线（混响时间）。

2）待测试件数量要求和放置要求。

对于平面吸声体，试件面积应为 10 ~ 12m²，如果混响室容积 V 大于 200m³，则试件面积应乘以（V/200）²ᐟ³。需要注意的是，试件面积的选择取决于混响室容积和试件的吸声能力，房间容积越大，试件面积宜越大。对于吸声系数小的试件，宜选择试件面积要求的上限。平面吸声体样件应做成宽度与长度之比为 0.7 ~ 1 的矩形，距房间任何边界宜不小于 1m，试件边界不宜平行于距其最近的房间边界。对于平面吸声体试件边缘应利用反射性强的框架进行围护，框架四周与地面接触的边界不应留有缝隙。通常在混响室侧墙砌筑固定式混凝土测试框（边框厚度 50mm 左右）或利用相近面密度的水泥板或石膏板搭建的临时测试框是合适的做法，如图 7-2 所示。

对于分立吸声体，应按实际应用中的典型安装方式安装，如图 7-2 所示。比如，座椅或独立式屏风可直接坐落在混响室地面上，但距房间任何其他边界不小于 1m；空间吸声体应安装在距混响室任何边界、扩散体以及传声器至少 1m 的地方。分立吸声体试件数量应至少包含 3 个，以提供混响室内的吸声量改变量大于 1m²，但不超过 12m²。如果混响室容积 V 大于 200m³，则相应吸声量改变量应乘以（V/200）²ᐟ³。如果分立吸声体试件只是一个物体，则需要至少测试 3 个位置，每个位置间距不小于 2m，并将所有测试结果平均。

其他关于混响室吸声测试的试件安装细节，可参考《声学 混响室吸声测量》GB/T 20247—2006 的附录 B（规范性附录）：吸声测试的试件安装进行确定。

3）测量放入吸声试件后混响室的混响时间。

测试方法与上述第 1 步空场混响时间测试方法相同，但需要注意的是，由于混响室法吸声测量，温湿度的变化对测得的结果有很大影响，特别是在高频段和相对湿度较小时。因此，

图 7-2　混响室吸声测量试件安装现场照片

《声学　混响室吸声测量》GB/T 20247—2006 中规定，空场和放入吸声试件后混响室内的吸声测量宜在温湿度近乎相同的情况下进行，保证两次测量空气吸收的影响不大。但无论如何，整个测量过程混响室内的湿度应至少为 30%，最大为 90%，温度不低于 15℃。

4）吸声量和吸声系数的计算方法。

通常将混响室空场测得的各个频带（覆盖 100 ~ 5000Hz 的 1/3 倍频程）混响时间的算数平均值记为 T_1，将混响室放入试件后测得的各个频带混响时间的算数平均值记为 T_2，通常保留小数点后 2 位有效数字。据此可计算出混响室空场的吸声量 A_1（单位：m^2）和放入试件后的吸声量 A_2（单位：m^2），如公式（7-1）、公式（7-2）所示：

$$A_1 = \frac{55.3V}{c_1 T_1} - 4Vm_1 \qquad\qquad (7-1)$$

$$A_2 = \frac{55.3V}{c_2 T_2} - 4Vm_2 \qquad\qquad (7-2)$$

式中　V——混响室体积，单位为 m^3；

　　　c_1——混响室空场条件下的声速（空气中传播），单位为 m/s；

　　　$c = 331.45 + 0.6t$，适用温度 15 ~ 30℃，t 为空气温度，单位为℃；

T_1——混响室空场的混响时间，单位为秒（s）；

m_1——混响室空场条件的声强衰减系数，单位为 m^{-1}。根据测量过程中混响室空场的空气条件按照《声学　户外声传播衰减　第1部分：大气声吸收的计算》GB/T 17247.1—2000、ISO 9613-1：1993 标准计算得出。m 值可通过该标准中应用的衰减系数 α 按公式（7-3）计算得出（如此处遇到计算困难，读者可与本书作者联系索要计算程序）：

$$m = \frac{\alpha}{10\lg(e)} \tag{7-3}$$

式中　c_2——混响室放入试件后条件下的声速（空气中传播），单位为 m/s；

T_2——混响室放入试件后的混响时间，单位为秒（s）；

m_2——混响室放入试件后条件的声强衰减系数，单位为 m^{-1}。

由此可得出试件的吸声量 A_T，单位为平方米（m^2），按照公式（7-4）计算得出：

$$A_T = A_2 - A_1 = 55.3V\left(\frac{1}{c_2T_2} - \frac{1}{c_1T_1}\right) - 4V(m_2 - m_1) \tag{7-4}$$

需要注意的是，当空场和放入吸声试件后混响室内的吸声测量在温湿度近乎相同的情况下进行时，则两次测量的声强衰减系数也近乎相同，因此公式（7-4）中 $4V(m_2-m_1)$ 项可忽略不计。

对于平面吸声体，其吸声系数 a_S 应按公式（7-5）计算；对于分立吸声体，其单个吸声体的吸声量 A_{obj} 应按（7-6）计算。

$$a_S = \frac{A_T}{S} \tag{7-5}$$

其中 S 为试件面积，单位为 m^2。

$$A_{obj} = \frac{A_T}{n} \tag{7-6}$$

其中 n 为分立吸声体的数量。

7.1.2　建筑构件空气声隔声的实验室测量

1. 隔声试件的安装要求

（1）对填隙墙的要求。

填隙墙即测量洞口一侧除了洞口外的墙体，一般由双层混凝土墙或双面抹灰砖砌墙建成，两墙体之间的空腔用矿棉填充，并在表面覆盖密闭的反射性材料（如橡胶、硅酮密封胶等，有时油性腻子也是可以使用的，但需要保证未硬化），每层墙体厚度通常在 200mm 左右，两层墙体之间空腔深度通常为 30～60mm，总厚度不宜超过 500mm。

填隙墙的隔声性能要保证通过其传递的声能量比通过试件传递的声能量至少低 6dB，最

446

好低 15dB 以上。

（2）墙体（间壁）隔声试件安装要求。

墙体试件的安装洞口面积宜为 $10m^2$ 左右，并且短边尺寸不应小于 2.3m。如果实际使用当中的墙体面积较小，也可以采用较小面积的试件洞口，但需要注意的是试件越小，测量结果对边界条件（比如密封的形式、试件和洞口之间的间隙等）和声场的局部变化越敏感，测量误差越大。

对于轻薄建筑板材（如水泥板、金属板、硅酸钙板、玻镁板等）的安装，主要考虑板材与试件洞口边缘间隙的密封，间隙尽量小，同时密封后不能有任何空隙存在。

对于实体墙的安装（如砌块墙体）要注意砌块间灰缝要饱满密实，与试件洞口的间隙亦需要良好密封，不能有空隙存在。如果墙体两侧需要抹灰，则需要厚度均匀，且干燥后不应出现裂缝。

对于多层复合轻质墙体的安装，需尽量避免将墙体安装在跨越实验室的隔离缝之上，而是应将其安装在声源室一侧。如果因墙体厚度较大，而不得已将试件跨越隔离缝布置，则需要采用特制的构架（《声学　建筑和建筑构件隔声测量　第 1 部分：侧向传声受抑制的实验室测试设施要求》GB/T 19889.1—2005 中规定双层隔墙中最重一层墙的面密度与测量洞口构架的面密度之比应至少达到 1 ： 6）。

对于一面有吸声的墙体，需要根据实际用途将吸声侧面向声源室或接收室（大多数情况下，吸声侧面向声源室），此时需要检查吸声侧的声学扩散性，如果房间的声场均匀性发生变化，则需要安装扩散体。

（3）门 / 窗隔声试件安装要求。

门窗的尺寸一般比隔声实验室的试件洞口要小，实际应用也较小，因此用面积小于 $10m^2$ 的试件安装洞口是合适的。但需要事先根据待测量件的尺寸在原始试件洞口砌筑隔墙，然后再将门窗试件安装在新砌筑的洞口内。

新砌筑的隔墙的隔声量应至少比将要测量试件的隔声量高 6dB，最好高 15dB 以上，其外观与填隙墙一致即可。根据实际经验，双层实心红砖墙（灰缝填充饱满）其中声源室一侧双面抹灰，接收室一侧单面抹灰（或相反），中部空腔填充矿棉并在表面覆盖密闭的反射性材料的隔墙结构对于测量通常门窗隔声结构是合适的。

在计算门窗隔声试件的面积时，应充分考虑试件框架和四周缝隙的面积。安装门隔声试件时，门下部应尽量接近实验室的地面，并能够自由开关（与实际应用一致）；安装窗隔声试件时，窗与试件洞口之间的缝隙（通常为 10mm 左右）需用矿棉填充，并用弹性密封胶（如硅酮密封胶）对四周缝隙进行密封，或根据厂家规定的密封方式进行密封。

2. 隔声试件性能测量的步骤

（1）空气声隔声测量所需测量设备。

测量设备除经过"特殊"建造实验室测量设施外（声源室和接收室），主要是声源系统、数据采集与分析系统。其中声源系统包括扬声器（正十二面体声源为宜）、噪声信号发生器（可输出白噪声、粉红噪声）、功率放大器。数据采集与分析系统包括测量电容传声器、数据采集仪、噪声信号分析软件。其中，噪声信号分析软件应至少包含混响时间测量模块、1/1 倍频程和 1/3 倍频程数字滤波器模块、声级测量模块。

常见的数据采集与分析系统通常包含噪声信号发生器的功能，噪声信号通过数据采集仪的输出端口和功率放大器的输入端相连，再输出给扬声器，亦可单独外接噪声信号发生器。空气声隔声的实验室测量系统图如图 7-3 所示。

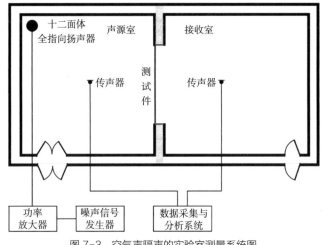

图 7-3　空气声隔声的实验室测量系统图

（2）空气声隔声的测量步骤。

1）试件安装。

2）确定测量频率范围。

空气声隔声的测量步骤包含接收室混响时间测量、声源室和接收室的平均声压级测量、接收室的背景噪声测量。上述测量均采用 1/3 倍频程滤波器，至少应包含 100 ~ 5000Hz 范围内 18 个中心频率。

3）测量接收室的混响时间，并据此计算接收室的吸声量。

混响时间测量方法参考标准《声学　混响室吸声测量》GB/T 20247—2006/ISO 354：2003，由赛宾公式（7-7）计算接收室的吸声量。

$$A = \frac{0.16V}{T} \tag{7-7}$$

式中　A——吸声量，单位为平方米（m^2）；

　　　V——接收室容积，单位为立方米（m^3）；

　　　T——接收室混响时间，单位为秒（s）。

按照《声学　建筑和建筑构件隔声测量　第 3 部分：建筑构件空气声隔声的实验室测量》

GB/T 19889.3—2005 标准的规定，混响时间测量每个频带的衰变测量要求至少进行 6 次，即至少使用 1 个扬声器（正十二面体声源）位置和 3 个传声器位置分别读数 2 次。但按照《声学 混响室吸声测量》GB/T 20247—2006 的规定，衰变曲线至少为 12 条（传声器位置与扬声器位置数的乘积至少为 12），其中传声器位置最少为 3，扬声器位置最少为 2，实际测量建议采用后者，混响时间测量的传声器位置宜与隔声量（传声损失）测量的传声器位置相对应。

接收室混响时间测量通常采用中断声源法或脉冲响应积分法，以中断声源法为例，衰变曲线的测量应从声源断开后大约 0.1 秒开始，或者从声源断开后声压级下降 5dB（或 10dB）算起，衰变范围不应小于 20dB（即测量 RT_{20}），确保衰变曲线接近直线，衰变段下端应高于背景噪声 10dB 以上，如果条件允许（接收室背景噪声足够低），建议测量 RT_{30}。

4）测量声源室和接收室的平均声压级。

平均声压级可以通过多种方法得到：采用单个传声器在不同位置测量；或采用固定排列的一组传声器；或连续移动单个传声器；或用转动的传声器。对于不同的声源位置，在不同测点测得的声压级应按能量进行平均，见式（7-8），每个测点平均声压级的测量时间建议设置为 15 ~ 30 秒。

$$L = 10\lg\left(\frac{1}{n}\sum_{i=1}^{n}10^{L_i/10}\right)\text{dB} \tag{7-8}$$

式中 L_i——室内 n 个不同测点的声压级。

根据两个房间可用空间的大小，每个房间至少要包含 5 个传声器位置，这些传声器位置应满足下列要求：两个传声器位置之间距离不小于 0.7m；传声器与房间边界或扩散体之间距离不小于 0.7m；任一传声器与声源之间距离不小于 1m；任一传声器与试件之间距离不小于 1.0m。对于正十二面体声源，宜放置在声源室远离试件框的墙角处，声源位置至少为 2 个。

5）测量接收室的背景噪声级。

对背景噪声进行测量，以确保接收室的测量结果未受外来入侵声音的影响，例如来自房间之外的噪声、接收系统的电噪声等。背景噪声级应比接收室实测噪声信号和背景噪声叠加后的总声压级低 6dB，最好低 15dB 以上。如果差值在 6 ~ 15dB 之间，可由式（7-9）进行修正。

$$L = 10\lg(10^{L_{sb}/10} - 10^{L_b/10})\text{dB} \tag{7-9}$$

式中 L——修正后的接收室实测噪声信号声压级（dB）；

L_{sb}——信号和背景噪声叠加的总声压级（dB）；

L_b——背景噪声级（dB）。

需要注意如果任一频带内的声压级差值小于或等于 6dB，则采用差值为 6dB 时的修正值 1.3dB 进行修正。在这种情况下，测量报告中所给出的隔声量 R，要清楚地指出该 R 值是测量的极限。

6）隔声量的计算。

隔声量 R 可由式（7-10）求得：

$$R = L_1 - L_2 + 10\lg\frac{S}{A}\,\mathrm{dB} \qquad (7\text{-}10)$$

式中　R——空气声隔声量（dB）；

　　　L_1——声源室内平均声压级（dB）；

　　　L_2——接收室内平均声压级（dB）；

　　　S——试件面积，单位为平方米（m²），等于测量洞口面积；

　　　A——接收室内的吸声量，单位为平方米（m²）。

7）空气声隔声的单值评价量与频谱修正量的计算。

在实际应用中，我们可以看到建筑构件空气声隔声性能的第三方检测报告或产品手册中通常用一个单值评价量和频谱修正量求和的表达方式（R_w+C 或 R_w+C_{tr}）来表征其空气声隔声性能。这个值是依据本章节测量得到的数据，再按照《建筑隔声评价标准》GB/T 50121—2005 中规定的方法计算得到的。其中计权隔声量 R_w 是建筑构件通过实验室测量方法得到的空气声隔声量 R 的单值评价量；当建筑构件用作建筑物内部分隔构件时，计权隔声量 R_w 用 A 计权粉红噪声频谱修正量 C 来进行修正；当建筑构件用作建筑物外部围护结构时，计权隔声量 R_w 用 A 计权交通噪声频谱修正量 C_{tr} 来进行修正。

上述评价量的计算方法，可参考《建筑隔声评价标准》GB/T 50121—2005 第 3 章节的内容，如果本书读者在此处遇到计算困难，可与本书作者联系索要计算程序。

7.1.3　楼板撞击声隔声的实验室测量

1. 楼板撞击声隔声试件的安装要求

待测楼板试件的尺寸由实验室测试设施中测量洞口的尺寸决定，待测楼板试件的面积应大致在 10～20m² 之间，且短边的长度不小于 2.3m。

试件的安装应尽量接近实际构造，试件四周的密封条件以及内部节点的连接方式宜仔细模拟常用的做法。

2. 楼板撞击声隔声性能测量的步骤

（1）楼板撞击声隔声测量所需测量设备。

测量设备除了经过"特殊"建造的房间外，主要是标准撞击器和数据采集与分析系统。其中数据采集与分析系统包括测量电容传声器、数据采集仪、噪声信号分析软件。其中，噪声信号分析软件应至少包含混响时间测量模块、1/1 倍频程和 1/3 倍频程数字滤波器模块、声级测量模块。

楼板撞击声隔声的实验室测量系统图如图 7-4 所示。

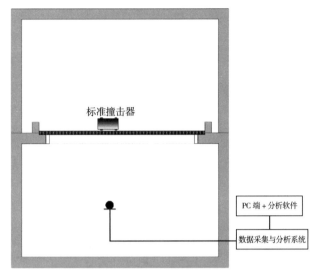

标准撞击器

PC 端 + 分析软件

数据采集与分析系统

图 7-4　楼板撞击声隔声的实验室测量系统图

（2）楼板撞击声隔声的测量步骤。

1）试件安装。

2）确定测量频率范围。

楼板撞击声隔声的测量步骤包含接收室混响时间测量、接收室的撞击声压级测量、接收室的背景噪声测量。上述测量均采用 1/3 倍频程滤波器，至少应包含 100 ~ 5000Hz 范围内 18个中心频率。

3）测量接收室的混响时间，并据此计算接收室的吸声量。

混响时间测量方法参考标准《声学　混响室吸声测量》GB/T 20247—2006/ISO 354：2003，由赛宾公式（7-11）计算接收室的吸声量。

$$A = \frac{0.16V}{T} \tag{7-11}$$

式中　A——吸声量，单位为平方米（m^2）；

　　　V——接收室容积，单位为立方米（m^3）；

　　　T——接收室混响时间，单位为秒（s）。

按照《声学　建筑和建筑构件隔声测量　第 6 部分：楼板撞击声隔声的实验室测量》GB/T 19889.6—2005 标准的规定，混响时间测量每个频带的衰变测量要求至少进行 6 次，即至少使用 1 个扬声器（正十二面体声源）位置和 3 个传声器位置分别读数 2 次。但按照《声学　混响室吸声测量》GB/T 20247—2006 的规定，衰变曲线至少为 12 条（传声器位置与扬声器位置数的乘积至少为 12），其中传声器位置最少为 3，扬声器位置最少为 2，实际测量建议采用后者，混响时间测量的传声器位置宜与撞击声压级测量的传声器位置相对应。

接收室混响时间测量通常采用中断声源法或脉冲响应积分法，以中断声源法为例，衰变曲线的测量应从声源断开后大约 0.1 秒开始，或者从声源断开后声压级下降 5dB（或 10dB）算起，衰变范围不应小于 20dB（即测量 RT_{20}），确保衰变曲线接近直线，衰变段下端应高于背景噪声 10dB 以上，如果条件允许（接收室背景噪声足够低），建议测量 RT_{30}。

4）接收室撞击声场的产生。

撞击声应通过标准撞击器产生。标准撞击器在被测楼板上应至少放置 4 个随机分布的不同位置，标准撞击器位置与楼板边缘的距离应不小于 0.5m。对非均质楼板结构（如有梁或肋等）或是粗糙及不规则的楼板面层，标准撞击器可能要放置更多的位置。标准撞击器锤头的连线宜与梁或肋的方向成 45° 角。标准撞击器开始撞击时的撞击声压级可能会显示出随时间变化的特性，在噪声级未达到稳定的情况下，不宜开始测量。

当用标准撞击器撞击带有软质面层或不平整表面的楼板时，应保证标准撞击器的 5 个锤头可下落至支撑脚平面以下至少 4mm。若待测楼板表面为特别软的面层或表面很不平整，以至于锤头下落高度达不到所要求的 40mm，即锤子下落不到支撑脚平面时，可以在支脚下铺设垫层以保证准确的 40mm 下落高度。

5）测量接收室内的撞击声压级。

撞击声压级可以采用单个传声器在不同位置测量获得，也可采用固定排列的传声器阵列或一个连续移动或转动的传声器获得。对所有的标准撞击器位置，在不同测点测得的声压级应按能量进行平均，见式（7-12），每个测点平均声压级的测量时间建议设置为 15 ~ 30 秒。

$$L = 10\lg\left(\frac{1}{n}\sum_{i=1}^{n}10^{L_i/10}\right)\text{dB} \tag{7-12}$$

式中　L_i——室内 n 个不同测点的声压级。

对于固定的传声器，接收室内应至少均匀布置 4 个传声器位置，这些传声器位置应满足下列要求：两个传声器位置之间距离不小于 0.7m；传声器与房间边界或扩散体之间距离不小于 0.7m；任一传声器与试件之间距离不小于 1.0m。

6）测量接收室的背景噪声级。

对接收室背景噪声进行测量，以确保接收室的测量结果未受外来入侵声音的影响，例如来自实验室之外的噪声、接收系统的电噪声等。背景噪声级应比接收室实测噪声信号和背景噪声叠加后的总声压级低 6dB，最好低 15dB 以上。如果差值在 6 ~ 15dB 之间，可由式（7-13）进行修正。

$$L = 10\lg(10^{L_{sb}/10} - 10^{L_b/10})\text{dB} \tag{7-13}$$

式中　L——修正后的接收室实测噪声信号声压级（dB）；

　　　L_{sb}——信号和背景噪声叠加的总声压级（dB）；

　　　L_b——背景噪声级（dB）。

需要注意如果任一频带内的声压级差值小于或等于 6dB，则采用差值为 6dB 时的修正值

1.3dB 进行修正。在这种情况下，测量报告中所给出的规范化撞击声压级 L_n，要清楚地指出该 L_n 值是测量的极限。

7）规范化撞击声压级的计算，如图 7–5 所示。

规范化撞击声压级 L_n 可由式（7–14）求得：

$$L_n = L_i + 10\lg\frac{A}{A_0}\,\mathrm{dB}\qquad\qquad（7\text{–}14）$$

式中　L_n——规范化撞击声压级（dB）；

　　　L_i——撞击声压级（dB）；

　　　A——接收室实测的吸声量，单位为平方米（m^2）；

　　　A_0——取值 $10m^2$。

8）撞击声隔声的单值评价量计算。

在实际应用中，我们可以看到楼板撞击声隔声性能的第三方检测报告或产品手册中通常用一个单值评价量（$L_{n,\,w}$）来表征其楼板撞击声隔声性能。这个值是依据本章节测量得到的数据，再按照《建筑隔声评价标准》GB/T 50121—2005 中规定的方法计算得到的。其中计权规范化撞击声压级 $L_{n,w}$ 是通过实验室测量方法得到的楼板规范化撞击声压级 L_n 的单值评价量。

上述评价量的计算方法，可参考《建筑隔声评价标准》GB/T 50121—2005 第 4 章节的内容，如果本书读者在此处遇到计算困难，可与本书作者联系索要计算程序。

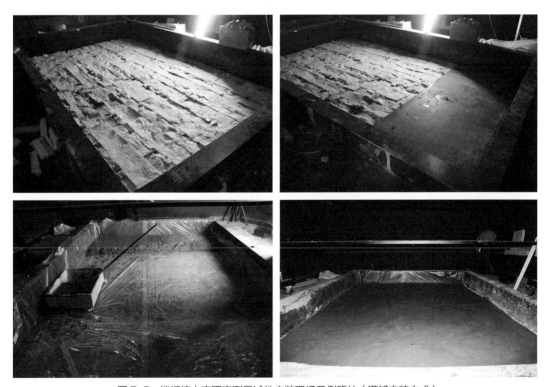

图 7-5　楼板撞击声隔声测量试件安装现场示例照片（满铺安装方式）

7.1.4 管道消声器和风道末端降噪装置的实验室测量

1. 测试装置说明

通风和空调系统作为建筑设备的重要组成部分，其噪声问题一直备受建筑声学专业的工程师关注，出现了各类应用于通风和空调系统中的消声降噪装置，如专用于该系统的管道消声器、风道末端消声器、消声弯头以及其他类似系统所有类型的消声器。

上述各类消声器的性能，可在拥有专业测试装置的实验室进行测量，如图 7-6 所示。该测试装置由 4 部分组成：声源端设备、测试管道和试件 / 替换管、接收端设备（混响室和连接管）、气流测试设备（包含风机系统、风速仪、压差仪等）。

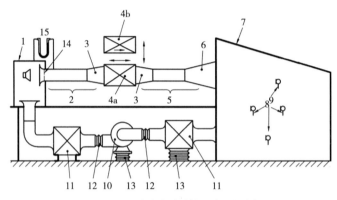

图 7-6　混响室法测试装置（最优选）

1—声源箱内的扬声器；2—试件前方测试管道；3—变径管；4—试件 a 和替换管 b；5—试件后方测试管道；
6—连接管；7—混响室；8—带防风罩的传声器；9—混响室中的传声器位置；10—风机；11—风机消声器；
12—软连接；13—风机隔振器；14—流量测试装置；15—静压测试

2. 测量步骤

（1）确定测试频率范围、测试内容、试件尺寸。

管道消声器和风道末端单元的实验室测量，标准规定声学参数（插入损失、再生气流噪声）的测试频率范围为 50 ~ 10000Hz 的 1/3 倍频带（如需获得 1/1 倍频带数据，需根据 1/3 倍频带测量值来转换计算）。

测试内容包括：有气流和无气流状态下，消声器的频带插入损失；消声器再生气流噪声的频带声功率级；有气流通过时，消声器的全压损失；风道末端单元的频带传声损失。

之所以要在测量前与客户确定待测试件的尺寸，是因为受到测试装置中测试管道截面尺寸的限制。当试件截面与测试管道截面不一致时，需要通过前后两段变径管将试件与测试管道连接起来，如果变径管两端截面尺寸差异较大，将不符合标准中规定的空气动力学要求。因此测量标准中对变径管的设计要求如下：

1）当测试管道和待测试件的截面均为圆形时，变径管为圆锥形，此时要求圆锥角约为 10°。

2）对于任意形状的变径管（如"天圆地方"变径管），最小长度由变径管两端的截面积 S_1 和 S_2 决定，两者比值不得超过 $1：4$ 或 $4：1$，如图 7-7 所示。

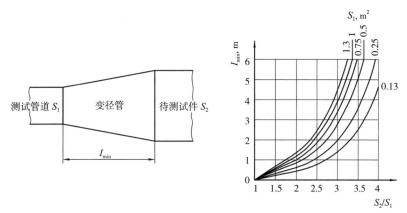

图 7-7 变径管最小长度与面积比 S_2/S_1 的函数关系

例如，当测试管道截面积 S_1 为 0.5m^2，待测消声器截面积 S_2 为 1.5m^2 时，要求变径管的最小长度接近 3m。考虑到测试装置中试件段的总长度由于空间限制通常并不会预留很长，所以要想通过符合空气动力学要求的变径管将测试管道和待测消声器进行连接，合理控制待测消声器的截面尺寸是合理的做法。例如，在不改变消声器内部声学结构的前提下，通过减小截面尺寸将截面积 S_2 设计为 1.0m^2 时，此时变径管要求的最小长度仅为不到 1m，通常可满足实验室要求。

所以当本书读者需要送检消声器前，首先需要与实验室沟通上述内容。

（2）管道消声器的插入损失和再生气流噪声的测量。

插入损失为管道中安装替换管以及用消声器替代替换管后，在末端测试室（混响室）中测量的声功率级差值；再生气流噪声为气流通过消声器产生的噪声。

该项测量分五步完成：

第一步安装消声器并开启声源后，测量混响室内的空间能量平均声压级，测量工况分为静态测试（关闭风机）和动态测试（开启风机，调节至不同的面风速）两部分。

第二步安装消声器并关闭声源后，测量混响室内气流噪声的空间能量平均声压级，测量工况为动态测试（开启风机，面风速与第一步设置相同）。

第三步用替换管替换消声器并开启声源后，测量混响室内的空间能量平均声压级，测量工况分为静态测试（关闭风机）和动态测试（开启风机，面风速与消声器测试工况相同）两部分。

第四步用替换管替换消声器并关闭声源后，测量混响室内背景噪声的空间能量平均声压级，测量工况为动态测试（开启风机，面风速与消声器测试工况相同）。

第一步和第三步中的声源发出的声信号（白噪声或粉红噪声）声功率谱须保持一致，同时上述所有测量内容的测试装置和测试环境也应保持一致。

第五步测量混响室内的等效吸声面积，目的是按照《声学 声压法测定噪声源声功率级 混响室精密法》GB/T 6881.1—2002 规定的方法测定噪声源的声功率级。测试方法与 7.1.1 章节规定的空场混响时间测试方法相同。

（3）管道消声器的全压损失测量。

全压损失为待测试件上游与下游之间的全压差，单位为帕斯卡（Pa）。此处仅提供一种可供参考的管道消声器全压损失测量方法，分四步完成：

第一步确定管道消声器待测面风速（注：面风速即管道消声器进排气端法兰内口截面平均风速，通常与动态插入损失和再生气流噪声测试时的面风速一致），至少包含 5 个不同的面风速数值。

第二步根据消声器法兰口截面积与测试管道截面积的比值确定测试管道内平均风速（注：由于通常将压力测点放置于上下游测试管道内，利用压力计测得的风速为测试管道内风速，因此要根据待测试件面风速进行换算）。

第三步在安装消声器状态下开启风机，将上游测试管道设置的皮托管全压探头和静压探头与压力计（或压差仪）相连以测定管道内气流速度，通过调节风机变频器，使压力计（或压差仪）风速示值与第二步所确定的测试管道风速一致（注：通常还需要测量下游测试管道内的气流速度，检查压力计示值风速是否与上游风速一致，如果上下游测试管道截面不一致，需要换算成流量，目的是判断试件段是否有明显漏气现象发生）。再将上游皮托管的静压探头和下游皮托管的静压探头与压力计（或压差仪）相连，以测定在设定风速下管道消声器（包含变径管）前后的静压损失（注：由于上下游测试管道内动压相同，测量面上的全压等于静压和动压的算数和，因此此处的静压损失即为全压损失）。

第四步用替换管替换消声器后开启风机，同时重复第三步的操作。在相同风速下，第三步全压损失测量值与第四步全压损失测量值之间的差值，即为管道消声器（不含变径管）的全压损失。

上下游管道的动压和静压测点应分布在相应测点的假想截面（矩形或圆形）上，且均匀分布，通常沿径向布置是合适的，测点数量不少于 4 个。对于包含变径管的管道消声器全压损失的测量，只需进行前三步操作即可。

3. 插入损失、气流噪声、全压损失的计算

（1）插入损失的计算。

计算基于"管道消声器的插入损失和再生气流噪声的测量"测量步骤中的第一步和第三步获得的混响室内空间能量平均声压级数据。管道消声器插入损失 D_i 可由式 7–15 求得：

$$D_i = L_{wII} - L_{wI} \tag{7-15}$$

式中　L_{wI}——当消声器试件安装时，沿测试管道传播到与管道连接的混响室中的各测量频带

的声功率级（dB）；

L_{WII}——把试件换成替换管，沿测试管道传播到与管道连接的混响室中的各测量频带的声功率级（dB）。

测试末端为混响室时，在进行消声器测量和替换管测量前后，如果测试装置和测试环境保持一致，且温湿度变化的允许范围见表 7-1，可认为插入损失 D_i 即为两次测量混响室内空间能量平均声压级的差值，如式（7-16）所示。

$$D_i = L_{\text{pII}} - L_{\text{pI}} \tag{7-16}$$

式中　L_{pI}——当消声器试件安装时，沿测试管道传播到与管道连接的混响室中的各测量频带的空间能量平均声压级（dB）；

L_{pII}——把试件换成替换管，沿测试管道传播到与管道连接的混响室中的各测量频带的空间能量平均声压级（dB）。

混响室内测量时温度和相对湿度变化的允许范围　　　　　　　表 7-1

温度范围 θ（℃）	相对湿度范围		
	< 30%	30% ~ 50%	> 50%
	温度和相对湿度变化的允许范围		
$-5 \leq \theta < 10$	± 1℃ ± 3%	± 1℃ ± 5%	± 3℃ ± 10%
$10 \leq \theta < 20$		± 3℃ ± 5%	
$20 \leq \theta < 50$	± 2℃ ± 3%	± 5℃ ± 5%	± 5℃ ± 10%

（2）气流噪声（再生噪声）声功率级的计算。

气流噪声声功率级的测量要根据气流方向和面风速来测定。优先采用《声学　声压法测定噪声源声功率级　混响室精密法》GB/T 6881.1—2002 来测试声功率级。计算基于"管道消声器的插入损失和再生气流噪声的测量"测量步骤中的第二步和第四步获得的混响室内空间能量平均声压级数据。

管道消声器 / 替换管的气流噪声声功率级 L_{W}，按式 7-17 计算。

$$L_{\text{W}} = \overline{L_{\text{p}}} + D_{\text{td}} + C$$

$$C = 10\lg\frac{A}{A_0} + 4.34\frac{A}{S} + 10\lg\left(1 + \frac{Sc}{8Vf}\right) - 25\lg\left[\frac{427}{400}\sqrt{\frac{273}{273+\theta}} \times \frac{B}{B_0}\right] - 6$$

$$D_{\text{td}} = 10\lg\left[1 + \frac{\Omega}{\left(\frac{4\pi f\sqrt{S'}}{c}\right)^2}\right]$$

（7-17）

式中 $\overline{L_{\mathrm{p}}}$——1/3 倍频带声压级的空间能量平均值，依据《声学 声压法测定噪声源声功率级 混响室精密法》GB/T 6881.1—2002 测定，无背景噪声修正（dB）；

D_{td}——接入混响是的管道开口末端的传声损失（dB）；

C——辐射入混响室内的声功率和声压级差值，此处按《声学 声压法测定噪声源声功率级 混响室精密法》GB/T 6881.1—2002 规定的用混响室等效吸声面积的测定方法确定（dB）；

A——混响室内的等效吸声面积（m^2）；$A_0=1\mathrm{m}^2$；

S——混响室总的表面积（m^2）；

V——混响室容积（m^3）；

f——测量频带的中心频率（Hz）；

c——温度 θ 时的声速，$c=20.05\sqrt{273+\theta}$ m/s；

θ——温度（℃）；

B——大气压，Pa；$B_0=1.013\times10^5$ Pa；

Ω——测试管道与混响室连接管末端声辐射的立体角，见表 7-2；

S'——连接管末端的开口横截面积（m^2）。

不同开口布局形式的 Ω 值　　　　　　　　　　　　　　表 7-2

布局形式	Ω
A	2π
B	π
C	4π
D	2π
E	4π

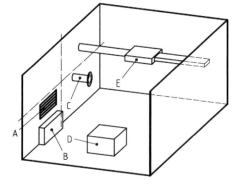

（3）全压损失和平均全压损失系数的计算。

测量标准《声学 管道消声器和风道末端单元的实验室测量方法 插入损失、气流噪声和全压损失》GB/T 25516—2010 中规定了两种全压损失和全压损失系数的计算方法：简易法和基本方法。由于简易法更易于操作和计算，这里只对该方法进行描述。整个计算过程基于"管道消声器的全压损失测量"中所述四个步骤获得的数据，计算过程如下：

测量平面上的全压 P_{t} 等于测得的静压 P_{s} 和动压 P_{d} 的算术和，全压损失 ΔP_{t} 为设定风速下管道消声器或替换管上下游测试管道压力测点的全压差，如式 7-18 所示。

$$p_t = p_s + p_d = p_s + \frac{p}{2}v^2$$

全压损失：

$$\Delta p_t = p_{t1} - p_{t2} = (p_{s1} + p_{d1}) - (p_{s2} + p_{d2}) = \Delta p_s - \Delta p_d = \Delta p_s + p_{d1}\left[1 - \left(\frac{S_1}{S_2}\right)^2\right] \quad （7-18）$$

其中：$p_{d1} = \frac{p}{2}v_1^2$

式中　S_1——上游测试管道的截面积（m^2）；

$\quad\quad S_2$——下游测试管道的截面积（m^2）；

$\quad\quad P_{d1}$——上游测试管道内平均动压（Pa）；

$\quad\quad v$——测试管道内平均风速（m/s）；

$\quad\quad v_1$——上游测试管道内平均风速（m/s）。

当待测管道消声器不包含变径管时，全压损失 ΔP_t 可按式 7-19 计算。

$$\Delta p_t = \Delta p_{t_{DS}} - \Delta p_{t_{SD}} \quad （7-19）$$

式中　$\Delta p_{t_{DS}}$——管道消声器 Ducted Silencer（含变径管）的全压损失（Pa）；

$\quad\quad \Delta p_{t_{SD}}$——替换管 Substitution Duct（含变径管）的全压损失（Pa）。

全压损失系数 ζ，如式 7-20 所示。

$$\zeta = \frac{\Delta p_t}{p_{d1}} = \frac{\Delta p_s}{p_{d1}} + 1 - \left(\frac{S_1}{S_2}\right)^2 \quad （7-20）$$

通常上下游测试管道的截面积 S_1 和 S_2 是相同的，此时 $\zeta = \frac{\Delta p_s}{p_{d1}}$。平均全压损失系数是在所有待测面风速下测量结果的平均值。

7.2　现场测量

7.2.1　室内混响时间及其频率特性的测量

声源在室内发声，其声场变化可分为 3 个过程：声音逐渐增大的过程、声音达到稳定状态、关闭声源后声音逐渐减小或叫作声音的衰减过程。第 3 个过程中声音衰减得快慢，取决于室内容积和表面的声吸收，即容积大衰减慢、容积小衰减快、表面材料吸声小声音衰减慢、表面材料吸声大声音衰减快。

所谓混响，就是室内声源关掉停止发声后，室内产生声音延续的现象。但是，衡量房间混响的长短需要一个客观量来度量，以便对不同国家、不同地区、不同房间的混响有统一的标准来计量，从而可以进一步作比较。因此，提出混响时间的定义，即当房间内声场达到稳定状态后，突然关掉声源使其停止发声，当声能逐渐减小为原来稳态声能的百万分之一所经历的时间。通常用声压级降低 60dB 所需的时间 T_{60} 来表示，单位为秒。

1. 室内混响时间测量的实际意义

混响时间是建筑声学音质评价中最重要和最基本的一个评价参数。混响理论提出上百年以来直到今天仍然是厅堂音质设计的主要依据。测量室内混响时间的意义如下：通过测量室内的混响时间，可清楚地评判室内进行声学装修前后音质的变化，同时可检验声学装修的最终效果是否满足设计要求。混响对室内音质的影响主要包括：对室内语言清晰度的影响、对音色的影响、对声场均匀度的影响。

2. 室内混响时间测量的方法和步骤

（1）所需测量设备及测量方法说明。

室内混响时间测量方法依据国家标准《室内混响时间测量规范》GB/T 50076—2013。标准中规定的室内混响时间测量采用的测试方法有：中断声源法、脉冲响应积分法。

中断声源法所需的测量设备分为两部分：可中断声源系统和数据采集与分析系统。其中可中断声源系统包括正十二面体声源或现场扩声系统、功率放大器、噪声信号发生器（可输出窄带噪声或粉红噪声信号）；数据采集与分析系统包括测量电容传声器、数据采集仪、中断声源法混响时间测试软件（需包含 1/1 倍频程和 1/3 倍频程数字滤波器模块）。

脉冲响应积分法所需测量设备也分为两部分：声源和数据采集与分析系统。其中声源包括电火花、刺破气球、发令枪等脉冲声源或 MLS 信号；数据采集与分析系统包括测量电容传声器、数据采集仪、脉冲响应积分法混响时间测试软件（需包含 1/1 倍频程和 1/3 倍频程数字滤波器模块）。

中断声源法是使用扬声器发出窄带噪声信号或粉红噪声信号激励房间，待声场稳定后突然中断，同时使用具有相应功能的测量设备和软件直接获得声压级衰变曲线。脉冲响应积分法是测量声源使用脉冲声源发声，并使用传声器接收直接获得脉冲响应；也可使用扬声器发出最大长度序列 MLS 信号，使用传声器接收，通过相关运算获得脉冲响应。脉冲响应通过带通滤波器，平方后反向积分得出各个频带的衰变曲线。

相关管理标准中认为，1 次脉冲响应积分法的测量精度与 10 次中断声源法的平均值相当。所以在用中断声源法测量时，通常需要多次测量，效率较低，但测试方法简单，对于信号处理软件的要求较低。

（2）室内混响时间测量的步骤。

室内混响时间测量的频率不应少于 125Hz、250Hz、500Hz、1000Hz、2000Hz、4000Hz 等倍频程中心频率，在测量文艺演出类厅堂、电影院音质验收时，还需加测 63Hz 和 8000Hz 倍频程中心频率。如果采用 1/3 倍频程测量混响时间时，频率范围应覆盖 100 ~ 5000Hz。

室内混响时间测量，可分为三个步骤：

1）确定声源位置。

①用于降噪计算或扩声系统计算时，声源应选择有代表性的位置。

②用于演出型厅堂音质验收时。

A. 有大幕的镜框式舞台：声源置于舞台中轴线大幕线后 3m，距离舞台面高度 1.5m。

B. 非镜框式或无大幕舞台：声源置于舞台中央，距离舞台面高度 1.5m。

C. 当舞台防火幕无法升起：声源置于舞台中轴线距防火幕 1.5m，距离舞台面高度 1.5m。

③用于体育馆混响时间验收时

A. 声源置于场内中央，距地面高度 1.5m。

B. 用于体育馆内电声系统测量时，使用场内扩声系统作为声源，工况与实际使用一致。

2）确定传声器位置，如图 7-8、图 7-9 所示。

①传声器应根据听众耳位高度确定，宜置于地面以上 1.2m 处。当前排座椅遮挡传声器时，可将高度升高至高于前排椅背 0.15m。

②用于降噪计算或扩声系统计算时，应在人员主要活动区域或听众区域均匀布置传声器测点，数量至少为 3 个。

③用于演出型厅堂音质验收时，传声器宜在听众区域均匀布置。

④对于普通房间，对其音质作考察而进行混响时间测量时，传声器测点位置宜置于与声源所在房间对角线交叉的另一条对角线上，应至少 3 个位置，并应均匀布置。

⑤用于体育馆混响指标验收测量，房间为轴对称型时，可选择在对称象限内的观众区布置传声器位置，满场时不宜少于 6 个，空场时不宜少于 9 个，并应均匀布置；房间为非轴对称型时，测点宜按倍数相应增加。

⑥传声器位置的最小间距不宜小于 2m，传声器与最近反射面的距离不宜小于 1.2m。传声器位置且不宜靠近声源，最小距离通常需大于 1m。

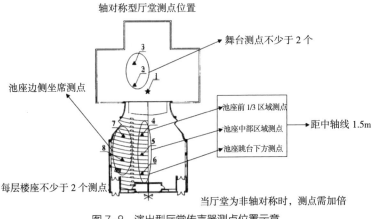

图 7-8　演出型厅堂传声器测点位置示意

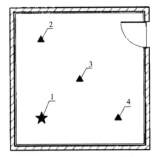

图 7-9　普通房间传声器测点示意
注：图中数字代表测点编号

3）混响时间测量，如图 7-10 所示。

①中断声源法：每个传声器位置的混响时间应测量 3 次，宜测量 6 次，并将所有测量数据的算数平均值作为测量结果；

②脉冲响应积分法：每个传声器位置的混响时间可测量 1 次，并将所有测量数据的算数平均值作为测量结果。

图 7-10　室内混响时间现场测量示例照片

7.2.2　房间之间空气声隔声的现场测量

1. 房间之间空气声隔声现场测量的实际意义

目前房间之间空气声隔声的现场测量方法是依据国家标准 GB/T 19889.4《声学　建筑和建筑构件隔声测量　第 4 部分：房间之间空气声隔声的现场测量》确定的。该标准规定了两房间之间在扩散声场条件下内墙、楼板和门的空气声隔声性能的现场测量方法，可为房屋使用者或建设者提供现场实际的隔声性能。

2. 房间之间空气声隔声现场测量的方法和步骤

（1）所需测量设备。

房间之间空气声隔声现场测量所需的测量设备通常由两部分组成：声源系统和数据采集与分析系统。其中声源系统包括扬声器（正十二面体声源为宜）、噪声信号发生器（可输出白噪声、粉红噪声）、功率放大器；数据采集与分析系统包括测量电容传声器、数据采集仪、噪声信号分析软件（需包含混响时间测量模块、1/1 倍频程和 1/3 倍频程数字滤波器模块、声级测量模块）。

（2）声源室和接收室的选择。

如果待测隔墙相邻的两个房间容积不同，在计算标准化声压级差 D_{nT} 时，应选择大房间作为声源室，不允许采用相反的方向。如果是计算表观隔声量 R'，单方向测试或两个方向测试的结果都可以。但在《建筑隔声评价标准》GB/T 50121—2005 中，是采用计权标准化声压级差 $D_{nT, w}+C$ 来表征建筑物内部两个空间之间的空气声隔声性能等级的。因此，从实际应用角度，本章节仅介绍标准化声压级差 D_{nT} 的测量方法。

（3）房间之间空气声隔声现场测量的步骤。

1）确定测量频率范围。

房间之间空气声隔声现场测量的步骤包含接收室混响时间测量、声源室和接收室的平均声压级测量、接收室的背景噪声测量。上述测量均采用 1/3 倍频程滤波器，至少应包含 100 ~ 5000Hz 范围内 18 个中心频率。

2）测量接收室的混响时间。

按照《声学　建筑和建筑构件隔声测量　第 4 部分：房间之间空气声隔声的现场测量》GB/T 19889.4—2005 标准的规定，混响时间测量每个频带的衰变测量要求至少进行 6 次，即至少使用 1 个扬声器（正十二面体声源）位置和 3 个传声器位置分别读数 2 次。实际测量建议采用 2 个扬声器位置和 6 个传声器位置分别读数 3 次，衰变曲线为 36 条。混响时间测量的传声器位置宜与隔声量测量的传声器位置相对应。

接收室混响时间测量通常采用中断声源法或脉冲响应积分法，以中断声源法为例，衰变曲线的测量应从声源断开后大约 0.1 秒开始，或者从声源断开后声压级下降 5dB（或 10dB）算起，衰变范围不应小于 20dB（即测量 RT_{20}），确保衰变曲线接近直线，衰变段下端应高于背景噪声 10dB 以上，如果条件允许（接收室背景噪声足够低），建议测量 RT_{30}。

3）测量声源室和接收室的平均声压级。

平均声压级可以通过多种方法得到：采用单个传声器在不同位置测量；或采用固定排列的一组传声器；或连续移动单个传声器；或用转动的传声器。对于不同的声源位置，在不同测点测得的声压级应按能量进行平均，见式（7–21），每个测点平均声压级的测量时间建议设置为 15 ~ 30 秒。

$$L = 10 \lg \left(\frac{1}{n} \sum_{i=1}^{n} 10^{L_i/10} \right) dB \qquad (7-21)$$

式中　L_i—室内 n 个不同测点的声压级。

根据两个房间可用空间的大小，每个房间至少要包含 5 个传声器位置，这些传声器位置应满足下列要求：两个传声器位置之间距离不小于 0.7m；传声器与房间边界或扩散体之间距离不小于 0.5m；任一传声器与声源之间距离不小于 1m。对于正十二面体声源，宜放置在声源室远离待测隔墙的墙角处，声源位置至少为 2 个。

4）测量接收室的背景噪声级。

对背景噪声进行测量，以确保接收室的测量结果未受外来入侵声音的影响，例如来自房间之外的噪声、接收系统的电噪声等。背景噪声级应比接收室实测噪声信号和背景噪声叠加后的总声压级低 6dB，最好低 10dB 以上。如果差值在 6 ~ 10dB 之间，可由式（7–22）进行修正。

$$L = 10\lg(10^{L_{sb}/10} - 10^{L_b/10})\,\text{dB} \qquad (7-22)$$

式中　L——修正后的接收室实测噪声信号声压级（dB）；

　　　L_{sb}——信号和背景噪声叠加的总声压级（dB）；

　　　L_b——背景噪声级（dB）。

需要注意如果任一频带内的声压级差值小于或等于 6dB，则采用差值为 6dB 时的修正值 1.3dB 进行修正。在这种情况下，测量报告中所给出的标准化声压级差 D_{nT}，要清楚地指出该 D_{nT} 值是测量的极限。

5）标准化声压级差的计算。

标准化声压级差 D_{nT} 可由式 7-23 求得：

$$D_{nT} = L_1 - L_2 + 10\lg\frac{T}{T_0}\,\text{dB} \qquad (7-23)$$

式中　D_{nT}——标准化声压级差（dB）；

　　　L_1——声源室内平均声压级（dB）；

　　　L_2——接收室内平均声压级（dB）；

　　　T——接收室内的混响时间；

　　　T_0——参考混响时间；对于住宅 $T_0=0.5$ 秒。

6）标准化声压级差的单值评价量与频谱修正量的计算，如图 7-11 所示。

在实际应用中，通常用一个单值评价量和频谱修正量求和的表达方式（$D_{nT, w} + C$）来表征房间之间空气声隔声的现场测量结果。这个值是依据本章节测量得到的数据，再按照《建筑隔声评价标准》GB/T 50121—2005 中规定的方法计算得到的。其中计权标准化声压级差 $D_{nT, w}$ 是内墙、楼板和门的空气声隔声性能通过现场测量方法得到的标准化声压级差 D_{nT} 的单值评价量。由于本章节所述测量方法仅针对建筑物内部分隔构件，因此计权标准化声压级差 $D_{nT, w}$ 用 A 计权粉红噪声频谱修正量 C 来进行修正。

图 7-11　某酒店房间之间隔墙空气声隔声性能现场测量示例照片

上述评价量的计算方法，可参考《建筑隔声评价标准》GB/T 50121—2005 第三章节的内容，如果本书读者在此处遇到计算困难，可与本书作者联系索要计算程序。

7.2.3　建筑物楼板撞击声隔声的现场测量

1.楼板撞击声隔声现场测量的实际意义

楼板构件撞击声隔声性能的现场测量方法是依据国家标准《声学　建筑和建筑构件隔声测量　第 7 部分：撞击声隔声的现场测量》GB/T 19889.7—2022 确定的。该标准规定了用标准撞击器现场测量建筑物楼板隔离撞击声性能的方法。本方法适用于对光裸楼板的测量，也适用于对有覆面层楼板（如铺设木地板、地毯等）的测量。

为保证设计选用的楼板构件能够满足对上层房间冲击噪声源（如脚步声、拖拽家具声等）的隔声需求。在《民用建筑隔声设计规范》GB 50118—2010 以及《住宅设计规范》GB 50096—2011 标准中，均规定了楼板撞击声的隔声限值。我国现行的楼板撞击声隔声评价指标和测量方法既包括楼板构件，也包括建筑现场。

2.楼板撞击声隔声现场测量的方法和步骤

（1）所需测量设备。

楼板撞击声隔声现场测量所需的测量设备通常由两部分组成：标准撞击器和数据采集与分析系统。其中数据采集与分析系统包括测量电容传声器、数据采集仪、噪声信号分析软件。其中，噪声信号分析软件应至少包含混响时间测量模块、1/1 倍频程和 1/3 倍频程数字滤波器模块、声级测量模块。

（2）楼板撞击声隔声现场测量的步骤。

1）确定测量频率范围和测量参量。

楼板撞击声隔声现场测量的步骤包含接收室混响时间测量、接收室的平均声压级测量、接收室的背景噪声测量。上述测量均采用 1/3 倍频程滤波器，至少应包含 100 ~ 5000Hz 范围内 18 个中心频率。

在《建筑隔声评价标准》GB/T 50121—2005 中，是采用计权标准化撞击声压级 $L'_{nT, w}$ 来表征建筑物中楼板撞击声隔声性能等级的。因此，从实际应用角度，测量参量应定为标准化撞击声压级 L'_{nT}。

2）测量接收室的混响时间。

按照《声学　建筑和建筑构件隔声测量　第 7 部分：撞击声隔声的现场测量》GB/T 19889.7—2022 标准的规定，混响时间测量每个频带的衰变测量要求至少进行 6 次，即至少使用 1 个扬声器（正十二面体声源）位置和 3 个传声器位置分别读数 2 次。实际测量建议采用 2 个扬声器位置和 4 个传声器位置分别读数 3 次，衰变曲线为 24 条。混响时间测量的传声器位置宜与接收室撞击声压级测量的传声器位置相对应。

接收室混响时间测量通常采用中断声源法或脉冲响应积分法，以中断声源法为例，衰变曲线的测量应从声源断开后大约 0.1 秒开始，或者从声源断开后声压级下降 5dB（或 10dB）算起，衰变范围不应小于 20dB（即测量 RT_{20}），确保衰变曲线接近直线，衰变段下端应高于背景噪声 10dB 以上，如果条件允许（接收室背景噪声足够低），建议测量 RT_{30}。

3）接收室撞击声场的产生。

撞击声应通过标准撞击器产生。标准撞击器在被测楼板上应至少放置 4 个随机分布的不同位置，标准撞击器位置与楼板边缘的距离应不小于 0.5m。对于有梁或肋等的各向异性楼板结构，标准撞击器可能要放置更多的位置。标准撞击器锤头的连线宜与梁或肋的方向成 45°角。标准撞击器开始撞击时的撞击声压级可能会显示出随时间变化的特性，在噪声级未达到稳定的情况下，不宜开始测量。

当用标准撞击器撞击带有软质面层或不平整表面的楼板时，应保证标准撞击器的 5 个锤头可下落至支撑脚平面以下至少 4mm。若待测楼板表面为特别软的面层或表面很不平整，以至于锤头下落高度达不到所要求的 40mm，即锤子下落不到支撑脚平面时，可以在支脚下铺设垫层以保证准确的 40mm 下落高度。

4）测量接收室内的撞击声压级。

撞击声压级可以采用单个传声器在不同位置测量获得，也可采用固定排列的传声器阵列或一个连续移动或转动的传声器获得。对所有的标准撞击器位置，在不同测点测得的声压级应按能量进行平均，见式（7-24），每个测点平均声压级的测量时间建议设置为 15 ～ 30 秒。

$$L = 10\lg\left(\frac{1}{n}\sum_{i=1}^{n}10^{L_i/10}\right)\text{dB} \qquad (7-24)$$

式中　L_i——室内 n 个不同测点的声压级。

对于固定的传声器，接收室内应至少均匀布置 4 个传声器位置，这些传声器位置应满足下列要求：两个传声器位置之间距离不小于 0.7m；传声器与房间边界或扩散体之间距离不小于 0.5m；任一传声器与待撞击的测试楼板之间距离不小于 1.0m。

5）测量接收室的背景噪声级。

对接收室背景噪声进行测量，以确保接收室的测量结果未受外来入侵声音的影响，例如来自实验室之外的噪声、接收系统的电噪声等。背景噪声级应比接收室实测噪声信号和背景噪声叠加后的总声压级低 6dB，最好低 10dB 以上。如果差值在 6 ～ 10dB 之间，可由式（7-25）进行修正。

$$L = 10\lg(10^{L_{sb}/10} - 10^{L_b/10})\text{dB} \qquad (7-25)$$

式中　L——修正后的接收室实测噪声信号声压级（dB）；

　　　L_{sb}——信号和背景噪声叠加的总声压级（dB）；

　　　L_b——背景噪声级（dB）。

需要注意如果任一频带内的声压级差值小于或等于 6dB，则采用差值为 6dB 时的修正值 1.3dB 进行修正。在这种情况下，测量报告中所给出的标准化撞击声压级 L'_{nT}，要清楚地指出该 L'_{nT} 值是测量的极限。

6）标准化撞击声压级的计算。

标准化撞击声压级 L'_{nT} 可由式（7-26）求得：

$$L'_{nT} = L_i - 10\lg\frac{T}{T_0}\ dB \tag{7-26}$$

式中　L'_{nT}——标准化撞击声压级（dB）；

　　　　L_i——撞击声压级（dB）；

　　　　T——接收室内的混响时间；

　　　　T_0——参考混响时间；对于住宅 $T_0=0.5$ 秒。

7）标准化撞击声压级的单值评价量计算。

在实际应用中，通常用一个单值评价量（$L'_{nT,w}$）来表征建筑物中楼板撞击声隔声性能的现场测量结果。这个值是依据本章节测量得到的数据，再按照《建筑隔声评价标准》GB/T 50121—2005 中规定的方法计算得到的。

上述评价量的计算方法，可参考《建筑隔声评价标准》GB/T 50121—2005 第 4 章节的内容，如果本书读者在此处遇到计算困难，可与本书作者联系索要计算程序。

7.2.4　室内噪声级测量

1. 室内噪声级测量的实际意义

室内噪声级的测量方法是依据国家标准《民用建筑隔声设计规范》GB 50118—2010 附录 A 确定的。进行室内噪声级测量的目的是需要根据房间的使用功能，评估室内噪声级是否满足标准正文中对建筑物中各类房间允许噪声级的要求。同时，对于有降噪需求的房间，通过测量降噪前后的室内噪声级，可直观获取实际的降噪效果。

根据房间的使用功能，房间的室内允许噪声级分为昼间标准、夜间标准及单一全天标准。例如住宅中的卧室、旅馆的客房、医院的病房等房间的室内允许噪声级分为昼间标准和夜间标准，因此测量需分别在昼间、夜间两个时段进行；例如教室、办公室、诊室等房间的室内允许噪声级仅设置单一全天标准，因此测量需在房间的使用时段进行。

2. 室内噪声级测量的方法和步骤

（1）室内噪声级的测量参量和测量仪器。

室内噪声级的测量值为等效连续 A 计权声级（后称等效 A 声级），有时还需要测量 1/3 倍频带频谱。

测量仪器主要包含两种：

1）1 型或性能优于 1 型的积分声级计或性能相当的其他声学测量仪器，且内置 1/3 倍频程滤波器。

2）满足 1 级要求的声校准器。

上述两种仪器应每年送法定计量部门检定一次，且每次测量前后，应利用声校准器对测量系统进行校准，测量前后校准示值偏差不超过 0.5dB。

（2）室内噪声级的测量方法说明。

1）测量应遵循的原则。

在进行室内噪声级测量时，应选择在对室内噪声较为不利的时间段，且应在影响较为严重的噪声源发声时进行。对于临界建筑，道路交通噪声是影响室内噪声级的主要噪声，测量应在昼间、夜间，交通繁忙，车流量大的时段内进行；对于机场周边建筑，飞机的飞行噪声是影响室内噪声级的主要噪声，测量应在飞机经过架次较多的时间内进行；对于建筑物内部的服务设备，如电梯、水泵等，测量应在这些设备运行时进行。

测试时，室内应无人（测试人员除外）。测量住宅、学校、旅馆、办公、商业建筑的室内噪声时，应关闭门窗；测量医院建筑的室内噪声时，应关闭房间门并根据房间的实际使用状态决定房间窗的开关状态。

2）测点布设原则和方法。

对于住宅、学校、医院、旅馆、办公、商业建筑中，面积小于 $30m^2$ 的房间，在被测房间内选取 1 个测点，位于房间中央。

对于面积大于等于 $30m^2$，小于 $100m^2$ 的房间，选取 3 个测点，测点均匀分布在房间长方向的中心线上；房间平面为正方形时，测点均匀分布在与窗面积最大的墙面平行的中心线上。

对于面积大于等于 $100m^2$ 的房间，可根据具体情况，优化选取能代表该房间室内噪声水平的测点和测点数量。例如开敞式办公室、商场等，由于情况复杂并没有给出具体的测点数量和布置方法，此时应遵循的原则如下：

①选取的测点数量应能代表该区域的室内噪声水平。

②测点分布应均匀，同时测点设在人的活动区。如开敞式办公室测点可设在办公区域；商场测点可设在购物区或收银区；超市测点可设在购物通道及收银台。

测点的布设方法如下：

①测点距地面高度应为 1.2 ~ 1.6m。

②测点距房间内各反射面的距离应不小于 1.0m。

③各测点之间的距离应不小于 1.5m。

④测点距房间内噪声源的距离应不小于 1.5m。

⑤对于拥挤的房间，上述测点条件无法满足要求时，测点距离房间各反射面（不包括重要传声单元，如窗）的距离应不小于 0.7m，测点之间距离不小于 0.7m。

3）测量方法。

室内噪声级测量方法包含以下几种情形：

①对于稳态噪声（定义：在测量时间内，被测声源的声级欺负不大于 3dB 的噪声），在各测点测量 5 ~ 10 秒的等效 A 声级，每个测点测量 3 次，并将各个测点的所有值进行能量平均，计算结果保留整数。

②对于声级随时间变化较复杂的持续的非稳态噪声（如交通噪声、工业噪声等），在各测点处测量 10 分钟的等效 A 声级，将各测点的所有测量值进行能量平均，计算结果保留整数。

③对于间歇性非稳态噪声（如飞机噪声、铁路噪声等），测量噪声源密集发声时的 20 分钟等效 A 声级。

④当建筑物内部的水泵是影响室内噪声级的主要噪声源时，室内噪声级测量应在水泵正常运行时，按稳态噪声的测量方法进行。

⑤当建筑物内部的电梯是影响室内噪声级的主要声源时，室内噪声级的测量应在电梯正常运行时进行，测量电梯完成一个运行过程的等效 A 声级，被测运行过程是电梯噪声在室内产生较不利影响的运行过程。

√ 运行过程：轿厢内载 1 ~ 2 人，打开并立即关闭电梯门→立即启动→运行→停止→打开并立即关闭电梯门。

√ 测量方法：测量从运行过程开始到结束的这个时间段的等效 A 声级，每个测点测量 5 个向上过程和 5 个向下过程，并将各个测点的测量值进行能量平均，计算结果保留整数。

√ 需要注意的是，当楼层很高时并不需要每次运行电梯都要走完全程，可以选择临近待测楼层房间的相邻几层即可。以 20 层高层住宅楼为例，假如待测房间位于 10 层，那么可设定的运行过程为：8 ~ 12 层启动到停止，12 ~ 8 层启动到停止；9 ~ 11 层启动到停止，11 ~ 9 层启动到停止；或者通过人员现场控制，找到影响明显的运行楼层范围。

⑥当在室内噪声级测量时，主观判断噪声中包含有调声（可听纯音或窄带噪声），在测量等效 A 声级的同时，还应同步测量对应的线性 1/3 倍频程频谱。噪声中是否包含有调声的判定依据如下：

√ 在测量过程中有调声可清楚听到。

√ 在测量结果的 1/3 倍频程频谱中，某一个 1/3 倍频程声压级应超过相邻的两个频带声压级某个恒定的声级差，声级差随频率改变。声压级差至少为：

——低频段（25 ~ 125Hz）15dB。

——中频段（160 ~ 400Hz）8dB。

——高频段（500 ~ 10000Hz）5dB。

在判定确实存在有调声时，则需要对测量值进行修正，见表 7-3。

因噪声特性的不同对噪声测量值的修正值　　　　　　　　　　　表 7-3

噪声特性		修正值（dB）
稳态噪声	持续稳定的噪声	0
	包含有调声的稳态噪声	+5
非稳态噪声	声级随时间起伏变化复杂的噪声	0
	包含有调声的持续非稳态噪声	+5
	飞机噪声	+3

7.2.5　环境噪声测量

1. 环境噪声测量的实际意义

随着我国经济社会的发展，环境噪声污染状况发生了重大改变，污染区域由城市扩展到了农村，高铁、城市轨道交通等新型噪声源不断出现，室外活动噪声、室内噪声污染也日益多发、多样。环保热线举报平台中噪声投诉长期高居不下，位居各污染要素的第 2 位，仅次于大气污染。

面对上述问题，我国于 2022 年 6 月 5 日正式实施新版《中华人民共和国噪声污染防治法》（以下简称《新噪声法》），《新噪声法》的颁布其主要目的是防治噪声污染，保障公众健康，保护和改善生活环境，维护社会和谐，推进生态文明建设，促进经济社会可持续发展。新噪声法将工业噪声、建筑施工噪声、交通运输噪声、社会生活噪声均界定为人为产生的且干扰周围生活环境的声音。将噪声污染重新界定为：超过噪声排放标准或未依法采取防控措施而产生的噪声。

这里所述的环境噪声测量，即依据相关国家标准对新噪声法规定的各类噪声污染情况进行测量与评估，为噪声污染治理、声环境质量改善、居民声舒适度的提高提供数据支撑。

2. 环境噪声测量的方法和步骤

（1）环境噪声测量和排放标准。

我国现行有效的环境噪声测量和排放标准主要包括以下 4 项：

《声环境质量标准》GB 3096—2008。

《工业企业厂界环境噪声排放标准》GB 12348—2008。

《社会生活环境噪声排放标准》GB 22337—2008。

《建筑施工场界环境噪声排放标准》GB 12523—2011。

（2）声环境功能区的分类。

声环境功能区是按照《声环境功能区划分技术规范》GB/T 15190—2014 进行规定的，分为以下五种类型：

0 类声环境功能区：指康复疗养区等特别需要安静的区域。

　　1 类声环境功能区：指以居民住宅、医疗卫生、文化教育、科研设计、行政办公为主要功能，需要保持安静的区域。

　　2 类声环境功能区：指以商业金融、集市贸易为主要功能，或者居住、商业、工业混杂，需要维护住宅安静的区域。

　　3 类声环境功能区：指以工业生产、仓储物流为主要功能，需要防止工业噪声对周围环境产生严重影响的区域。

　　4 类声环境功能区：指交通干线两侧一定距离之内，需要防止交通噪声对周围环境产生严重影响的区域，包括 4a 类和 4b 类两种类型。4a 类为高速公路、一级公路、二级公路、城市快速路、城市主干路、城市次干路、城市轨道交通（地面段）、内河航道两侧区域；4b 类为铁路干线两侧区域。

　　（3）环境噪声限值及环境噪声排放限值。

　　按照《新噪声法》的规定，"夜间"是指晚上十点至次日早晨六点之间的期间，设区的市级以上人民政府可以另行规定本行政区域夜间的起止时间，夜间时段长度为八小时；除"夜间"规定时段外的其他时段，为"昼间"，见表 7-4 ～ 表 7-7。

　　"环境噪声限值"是指 0 类～ 4 类声环境功能区内，昼间和夜间所允许的最大噪声值。

　　"环境噪声排放限值"是指当厂界外或边界外所处的声环境功能区类别为 0 类～ 4 类时，在厂界外或边界外规定位置处昼间和夜间所允许的最大噪声值。

　　厂界　指的是由法律文书（如土地使用证、房产证、租赁合同等）中确定的业主所拥有使用权（或所有权）的场所或建筑物边界。各种产生噪声的固定设备的厂界为其实际占地的边界。

　　边界　指的是由法律文书（如土地使用证、房产证、租赁合同等）中确定的业主所拥有使用权（或所有权）的场所或建筑物边界。各种产生噪声的固定设备、设施的边界为其实际占地的边界。

环境噪声限值

表 7-4

声环境功能区类别	时段	昼间 / dB（A）	夜间 / dB（A）
0 类		50	40
1 类		55	45
2 类		60	50
3 类		65	55
4 类	4a 类	70	55
	4b 类	70	60

　　注：各类声环境功能区**夜间突发噪声**，其最大声级超过环境噪声限值的幅度不得高于 15dB（A）。突发噪声指突然发生，持续时间较短，强度较高的噪声。如锅炉排气、工程爆破等产生的较高噪声。环境噪声测点一般设于噪声敏感建筑物户外，不得不在噪声敏感建筑物室内测量时，应在门窗全打开状况下进行室内噪声测量，并采用较该噪声敏感建筑物所在声环境功能区对应环境噪声限值低 10dB（A）的值作为评价依据。

工业企业厂界环境噪声排放限值　　　　　　　　表 7-5

时段 厂界外 声环境功能区类别	昼间 / dB（A）	夜间 / dB（A）
0 类	50	40
1 类	55	45
2 类	60	50
3 类	65	55
4 类	70	55

注：**夜间频发噪声**的最大声级超过限值的幅度不得高于 10dB（A）；**夜间偶发噪声**的最大声级超过限值的幅度不得高于 15dB（A）。**频发噪声**指频繁发生、发生的时间和间隔有一定规律、单次持续时间较短、强度较高的噪声，如排 噪声、货物装卸噪声等。**偶发噪声**指偶然发生、发生的时间和间隔无规律、单次持续时间较短、强度较高的噪声。如短促鸣笛声、工程爆破噪声等。当厂界与噪声敏感建筑物距离小于 1m 时，厂界环境噪声应在噪声敏感建筑物的室内测量，并将表中相应的限值减 10dB（A）作为评价依据。

社会生活噪声排放源边界噪声排放限值　　　　　　　表 7-6

时段 边界外 声环境功能区类别	昼间 / dB（A）	夜间 / dB（A）
0 类	50	40
1 类	55	45
2 类	60	50
3 类	65	55
4 类	70	55

注：在社会生活噪声排放源边界处无法进行噪声测量或测量的结果不能如实反映其对噪声敏感建筑物的影响程度的情况下，噪声测量应在可能受影响的敏感建筑物窗外 1m 处进行。当社会生活噪声排放源边界与噪声敏感建筑物距离小于 1m 时，应在噪声敏感建筑物的室内测量，并将表中相应的限值减 10dB（A）作为评价依据。

建筑施工场界环境噪声排放限值　　　　　　　　表 7-7

昼间 / dB（A）	夜间 / dB（A）
70	55

注：夜间噪声最大声级超过限值的幅度不得高于 15dB（A）；当场界距噪声敏感建筑物较近，其室外不满足测量条件时，可在噪声敏感建筑物的室内测量，并将表中相应的限值减 10dB（A）作为评价依据。

（4）结构传播固定设备室内噪声排放限值。

在《工业企业厂界环境噪声排放标准》GB 12348—2008 和《社会生活环境噪声排放标准》GB 22337—2008 两个标准中，涉及固定设备排放的噪声通过建筑物结构传播至噪声敏感建筑物室内的情形，标准中对该情形下噪声敏感建筑物室内等效声级限值进行规定，见表 7-8、表 7-9。

结构传播固定设备室内噪声排放限值（等效声级）　　　　表 7-8

房间类型 时段 噪声敏感 建筑物所处声 环境功能区类别	A 类房间		B 类房间	
	昼间 /dB（A）	夜间 /dB（A）	昼间 /dB（A）	夜间 /dB（A）
0	40	30	40	30
1	40	30	45	35
2、3、4	45	35	50	40

注：A 类房间是指以睡眠为主要目的，需要保证夜间安静的房间，包括住宅卧室、医院病房、宾馆客房等。
　　B 类房间是指主要在昼间使用，需要保证思考与精神集中、正常讲话不被干扰的房间，包括学校教室、会议
　　室、办公室、住宅中卧室以外的其他房间等。

结构传播固定设备室内噪声排放限值（倍频带声压级）　　　　表 7-9

噪声敏感建筑所 处环境功能区 类别	时段	倍频程 房间类型 中心频率 /Hz	室内噪声倍频带声压级限值 /dB（无计权声级）				
			31.5	63	125	250	500
0	昼间	A、B 类房间	76	59	48	39	34
	夜间	A、B 类房间	69	51	39	30	24
1	昼间	A 类房间	76	59	48	39	34
		B 类房间	79	63	52	44	38
	夜间	A 类房间	69	51	39	30	24
		B 类房间	72	55	43	35	29
2、3、4	昼间	A 类房间	79	63	52	44	38
		B 类房间	82	67	56	49	43
	夜间	A 类房间	72	55	43	35	29
		B 类房间	76	59	48	39	34

（5）环境噪声测量方法和步骤。

1）测量仪器的选择。

测量仪器可选积分平均声级计或环境噪声自动监测仪，其性能应不低于《电声学　声级计　第 1 部分：规范》GB/T 3785.1—2010；《电声学　声级计　第 2 部分：型式评价试验》GB/T 3785.2—2010 中对 2 级声级计的要求。测量 35dB 以下的噪声应使用 1 级声级计，且测量范围应满足所测量噪声的需要。校准所用仪器应符合《电声学　声校准器》GB/T 15173—2010 对 1 级或 2 级声校准器的要求。当需要进行噪声的频谱分析时，仪器性能应符合《电声学　倍频程和分数倍频程滤波器》GB/T 3241—2010 中对滤波器的要求。

测量仪器和校准仪器应定期检定合格，并在有效使用期限内使用；每次测量前、后必须在测量现场进行声学校准，其前、后校准示值偏差不得大于 0.5dB，否则测量结果无效。

测量时传声器加防风罩。测量仪器时间计权特性设为 “F” 档，采样时间间隔不大于 1 秒。

2）测量条件。

测量应在无雨雪、无雷电天气，风速为 5m/s 以下时进行。当测量排放噪声时，应在被测声源正常工作时间进行，并记录当时的工况。

3）测点选择。

①测量环境噪声时，可选择以下三种测点条件（即传声器所在的位置）：

a. 一般户外。距离任何反射物（地面除外）至少 3.5m 外测量，距地面高度 1.2m 以上。必要时可置于高层建筑上，以扩大监测测量受声范围。使用监测车辆测量，传声器应固定在车顶部 1.2m 高度处。

b. 噪声敏感建筑物户外。在噪声敏感建筑物外，距墙壁或窗户 1m 处，距地面高度 1.2m 以上。

c. 噪声敏感建筑物室内。距离墙面和其他反射面至少 1m，距窗约 1.5m 处，距地面 1.2 ~ 1.5m 高。

②测量环境噪声排放时，应按以下规定布置测点：

a. 根据工业企业声源、社会生活噪声排放源、周围噪声敏感建筑物的布局以及毗邻的区域类别，在工业企业厂界、社会生活噪声排放源边界布设多个测点，其中包括距噪声敏感建筑物较近以及受被测声源影响大的位置。对于建筑施工噪声源，应根据施工场地周围噪声敏感建筑物位置和声源位置的布局，测点设在对噪声敏感建筑物影响较大、距离较近的位置。

b. 一般情况下，测点选在工业企业厂界外、社会生活噪声排放源边界外以及建筑施工场界外 1m、高度 1.2m 以上、距任一反射面距离不小于 1m 的位置。

c. 当工业企业厂界、社会生活噪声排放源边界有围墙且周围有受影响的噪声敏感建筑物时，测点应选在厂界外 1m、高于围墙 0.5m 以上的位置；如果是建筑施工场界，上述测点还应同时位于建筑施工噪声影响的声照射区域。

d. 当工业企业厂界、社会生活噪声排放源边界、建筑施工场界无法测量到声源的实际排放状况时，如声源位于高空、厂界／边界／场界设有声屏障等，应按 B 所述设置测点，同时在受影响的噪声敏感建筑物户外 1m 处另设测点。

e. 在噪声敏感建筑物室内测量时，室内测量点位设在距任一反射面至少 0.5m 以上、距地面 1.2 m 高度处，在受噪声影响方向的窗户开启状态下测量。当噪声源为建筑施工噪声时，测点还应位于室内中央。

f. 工业企业噪声排放源及社会生活噪声排放源的固定设备结构传声至噪声敏感建筑物室内，在噪声敏感建筑物室内测量时，测点应距任一反射面至少 0.5m 以上、距地面 1.2m、距外窗 1m 以上，窗户关闭状态下测量。被测房间内的其他可能干扰测量的声源（如电视机、空调机、排气扇以及镇流器较响的日光灯、运转时出声的时钟等）应关闭。

4）测量时段选择。

①测量噪声敏感建筑物户外（或室内）的环境噪声水平时，应在周围环境噪声源正常工

作条件下测量，视噪声源的运行工况，分昼、夜两个时段连续进行。根据环境噪声源的特征，可优化测量时间：

a. 当受到固定噪声源的影响时，稳态噪声（在测量时间内，被测声源的声级起伏不大于3dB 的噪声）测量 1 分钟的等效声级；非稳态噪声（在测量时间内，被测声源的声级起伏大于 3dB 的噪声）测量整个正常工作时间或代表性时段的等效声级。

b. 当受到交通噪声源的影响时，对于铁路、城市轨道交通地面段、内河航道，昼、夜各测量不低于平均运行密度的 1 小时等效声级，若城市轨道交通地面段的运行车次密集，测量时间可缩短至 20 分钟。

②测量工业企业厂界环境噪声排放水平和社会生活环境噪声排放水平时，需要分别在昼间、夜间两个时段测量。夜间有频发、偶发噪声影响时同时测量最大声级；当被测声源是稳态噪声时，测量 1 分钟等效声级；当被测声源是非稳态噪声，测量被测声源有代表性时段的等效声级，必要时测量被测声源整个正常工作时段的等效声级。

③测量建筑施工场界环境噪声排放水平时，测量要选择施工期间，测量连续 20 分钟的等效声级，夜间同时测量最大声级。

5）背景噪声的测量。

背景噪声是指被测量噪声源以外的声源发出的环境噪声的总和。在测量环境噪声排放水平时，需要对背景噪声进行测量。测量环境应不受被测声源影响且其他声环境与测量被测声源时保持一致。如果背景噪声为稳态噪声，则测量 1 分钟的等效声级；如果背景噪声为非稳态噪声，则测量 20 分钟的等效声级。

6）测量结果修正。

①测量排放噪声后，需要对测量结果进行修正。当噪声测量值与背景噪声值相差大于10dB（A）时，噪声测量值不做修正。

②当噪声测量值与背景噪声值相差在 3 ~ 10dB（A）之间时，噪声测量值与背景噪声值的差值取整后，测量结果修正表见表 7-10。

测量结果修正表　　　　　　　　　　　　表 7-10

差值 / dB（A）	3	4 ~ 5	6 ~ 10
修正值 / dB（A）	−3	−2	−1

③如果噪声测量值与背景噪声值相差小于 3dB（A）时，应采取措施降低背景噪声后，视情况按①或②执行；仍无法满足要求的，应按《环境噪声监测技术规范　噪声测量值修正》HJ 706—2014 有关规定执行，该技术规范对背景噪声测量方法、噪声测量值与背景噪声值相差大于或等于 3dB 时的修正、特殊情况的达标判定、倍频带声压级的修正、数值修约规则等内容均进行了详细的规定。

参考文献

[1] 詹姆斯·考恩，李晋奎，燕翔，等.建筑声学设计指南 [M].北京：中国建筑工业出版社，2004.

[2] 徐龙道.物理学词典 [M].北京：科学出版社，2007.

[3] 崔欣.声环境功能区噪声监测技术及分析 [J].环境与生活，2014，10.

[4] 夏登文，康健.海洋能开发利用词典 [M].北京：海洋出版社，2014.

[5] 全国勘察设计注册工程师环保专业管理委员会，中国环境保护产业协会编，注册环保工程师专业考试复习教材 物理污染控制工程技术与实践 [M].北京：中国环境出版社，2017.

[6] 何志军.钢铁冶金过程环保新技术 [M].北京：冶金工业出版社，2017.

[7] 姜乃斌，冯志鹏，臧峰刚.核工程中的流致振动理论与应用 [M].上海：上海交通大学出版社，2018.

[8] 朱美文，谢子赢.中文版 SolidWorks 2016 从入门到精通 [M].北京：中国铁道出版社，2017.

[9] 董瑶海，周徐斌，满孝颖等.航天器结构 [M].北京：国防工业出版社，2017.

[10] 赵文华，海上测控技术名词术语 [M].北京：国防工业出版社，2013.

[11] 杜翠凤，宋波，蒋仲安.物理污染控制工程 第 2 版 [M].北京：冶金工业出版社，2018.

[12] 钟祥璋.建筑吸声材料与隔声材料 [M].北京：化学工业出版社，2012.

[13] 中国科学院声学研究所，中国建筑科学研究院.声学 建筑声学和室内声学中新测量方法的应用 MLS 和 SS 方法：GB/T 25079—2010 / ISO 18233：2006[S].北京：中国标准出版社，2011.

[14] 洪昕晨.当代城市声景研究进展 [J].风景园林，2021，28（04）.

[15] 康健.声景：现状及前景 [J].新建筑，2014（05）.

[16] 唐子清.汉传与藏传佛教建筑声环境研究——基于山西省典型寺院的实例分析 [D].太原：太原理工大学，2020.

[17] 李国棋.声景研究和声景设计 [D].北京：清华大学，2004.

[18] 张道永，陈剑，徐小军.声景理念的解析 [J].合肥工业大学学报（自然科学版），2007.

[19] 洪昕晨，王欣，段芮等.基于声漫步法的森林公园声景喜好度评价研究 [J].声学技术，

2018，37（06）.

[20] 李文竹 . 城市公共空间中声景元素的运用与营造 [D]. 西安：西安建筑科技大学 .

[21] 刘晶，闫增峰，赵星 . 城市遗址公园声景观生态营建智慧研究 [J]. 中国园林，2018，34（A01）.

[22] 马蕙，王丹丹 . 城市公园声景观要素及其初步定量化分析 [J]. 噪声与振动控制，2012，32（01）.

[23] 张圆 . 城市公共开放空间声景的恢复性效应研究 [D]. 哈尔滨：哈尔滨工业大学，2016.

[24] 任欣欣 . 视听交互作用下的乡村声景研究 [D]. 哈尔滨：哈尔滨工业大学，2016.

[25] 吕玉恒 . 噪声与振动控制技术手册 [M]. 北京：化学工业出版社，2019.

[26] 中国科学院声学研究所等 . 声学 管道消声器和风道末端单元的实验室测量方法 插入损失、气流噪声和全压损失：GB/T 25516—2010[S]. 北京：中国标准出版社，2011.

[27] 清华大学建筑学院 . 室内混响时间测量规范：GB/T 50076—2013[S]. 北京：中国建筑工业出版社，2014.

[28] 南京大学，等 . 声学 声压法测定噪声源声功率级 混响室精密法：GB/T 6881.1—2002[S]. 北京：中国标准出版社，2002.

[29] 同济大学 . 声学 建筑和建筑构件隔声测量 第 3 部分：建筑构件空气声隔声的实验室测量：GB/T 19889.3—2005[S]. 北京：中国标准出版社，2006.

[30] 东南大学，等 . 声学 建筑和建筑构件隔声测量 第 4 部分：房间之间空气声隔声的现场测量：GB/T 19889.4—2005[S]. 北京：中国标准出版社，2006.

[31] 中国建筑科学研究院，等 . 声学 建筑和建筑构件隔声测量 第 6 部分：楼板撞击声隔声的实验室测量：GB/T 19889.6—2005[S]. 北京：中国标准出版社，2006.